高职高专药学类专业创新教材

（供药学类、检验及相关专业使用）

有 机 化 学

主　编　宋海南　罗婉妹

副主编　王文礴　俞晨秀　黄声岚

编　者（以姓氏笔画为序）

卫月琴（山西药科职业学院）

王文礴（漳州卫生职业技术学院）

尹宏月（黑龙江护理高等专科学校）

石焱芳（泉州医学高等专科学校）

许小青（江苏建康职业学院）

李国喜（安徽医学高等专科学校）

宋海南（安徽医学高等专科学校）

罗婉妹（泉州医学高等专科学校）

俞晨秀（安徽中医药高等专科学校）

黄声岚（福建卫生职业技术学院）

人民卫生出版社

图书在版编目（CIP）数据

有机化学/宋海南等主编. —北京：人民卫生出版社，
2012.12

ISBN 978-7-117-16441-2

Ⅰ.①有… Ⅱ.①宋… Ⅲ.①有机化学-医学院校-
教材 Ⅳ.①O62

中国版本图书馆 CIP 数据核字（2012）第 236733 号

人卫社官网 www.pmph.com	出版物查询，在线购书
人卫医学网 www.ipmph.com	医学考试辅导，医学数据库服务，医学教育资源，大众健康资讯

有 机 化 学

主　　编：宋海南　罗婉妹

出版发行：人民卫生出版社（中继线 010-59780011）

地　　址：北京市朝阳区潘家园南里 19 号

邮　　编：100021

E - mail：pmph @ pmph.com

购书热线：010-67605754　010-65264830
　　　　　010-59787586　010-59787592

印　　刷：三河市富华印刷包装有限公司

经　　销：新华书店

开　　本：787×1092　1/16　　印张：18

字　　数：449 千字

版　　次：2012 年 12 月第 1 版　　2012 年 12 月第 1 版第 1 次印刷

标准书号：ISBN 978-7-117-16441-2/R·16442

定　　价：35.00 元

打击盗版举报电话：010-59787491　　E-mail：WQ @ pmph.com

（凡属印装质量问题请与本社销售中心联系退换）

高职高专药学类专业创新教材

编写委员会成员名单

总 主 编 林春明

副总主编 郭素华 朱世泽 王 斌 廖伟坚

编 委（以姓氏笔画为序）

于沙蔚 马旭东 王长连 王明军 王润霞

史道华 刘文娟 刘璎婷 朱扶蓉 宋海南

张钦德 杨丽珠 杨宗发 陈天顺 陈瑄瑄

周 勤 林 萍 林小兰 郑韵芳 倪 峰

郭幼红 郭宝云 盖一峰 黄幼霞 甄会贤

蔡扬帆

秘 书 林颖峰

出版说明

为进一步贯彻落实《国家中长期教育改革和发展规划纲要(2010—2020年)》和教育部《关于全面提高高等职业教育教学质量的若干意见》(教高[2006]16号)精神,强化学生职业技能培养和以就业为导向的课程建设与改革,适应当前我国医药行业高速发展和高等职业教育教学改革的需要,高职高专药学类专业创新教材编写委员会在人民卫生出版社的指导和大力支持下,组织一批具有丰富教学经验和实践经验的教师与专家共同参与,对药学专业的相关课程体系和课程标准展开调查与分析,深入研究药学专业所对应的职业岗位(群)的任职要求和有关职业资格标准,编写了本套教材。

在教材编写过程中,坚持教材建设的"三基(基本理论、基本知识、基本技能)、五性(思想性、科学性、先进性、启发性、适用性)",以培养高端技能型应用人才为核心,以就业为导向,以能力为本位,以学生为主体的指导思想和原则。语言通俗,简化理论,侧重应用。

本套教材坚持"理实一体",整体优化。基础课教材围绕后续药学专业核心课程教材的内容需要编写;专业课教材根据岗位需要或工作过程而设计,与生产实践、职业资格标准(技能鉴定)对接。"以例释理",将基础理论融入大量的实例解析或案例分析中,以培养学生应用理论知识分析问题和解决问题的能力。

教材编写形式模块化,插入了"学习导航"、"案例/问题"、"小贴士"、"专家提示"、"你问我答"、"案例分析"、"瞭望台"、"学习小结"、"自我测评"等模块,有助于激发学生的学习兴趣,拓展专业知识视野,强化知识的应用和技能的培养,突出了教材的实用性和可读性。

本套教材充分体现理论与实践的结合,知识传授与能力、素质培养的结合,可供三年制高职高专药学、医学检验、卫生管理等相关医药学专业使用。

本套教材编写得到了数十所院校和部分医院、企业领导、专家及教师的积极支持和参与。在此,向有关单位领导和个人表示衷心的感谢!

希望本套教材对高端技能型药学专门人才的培养和教育教学改革能够产生积极的推动作用;更希望各位教师、学生在使用过程中能将意见反馈给我们,以便及时更正和修订完善。

高职高专药学类专业创新教材编写委员会

人民卫生出版社

2012年6月

附：高职高专药学类专业创新教材

目　　录

序号	教材名称	主编	单位
1	无机化学及化学分析	郭幼红	泉州医学高等专科学校
		张　威	江苏建康职业学院
2	正常人体结构与功能	林　萍	福建卫生职业技术学院
		盖一峰	山东中医药高等专科学校
3	生物化学	刘璎婷	福建卫生职业技术学院
		付达华	漳州卫生职业学院
4	微生物学与免疫学	郑韵芳	福建卫生职业技术学院
		王　剑	漳州卫生职业学院
5	医药数理统计	杨宗发	重庆医药高等专科学校
		刘宝山	黑龙江护理高等专科学校
6	有机化学	宋海南	安徽医学高等专科学校
		罗婉妹	泉州医学高等专科学校
7	仪器分析技术	王润霞	安徽医学高等专科学校
		叶桦珍	福建卫生职业技术学院
8	临床医学概要	陈瑄瑄	漳州卫生职业学院
		刘庆国	厦门医学高等专科学校
9	天然药物学基础与应用	朱扶蓉	福建卫生职业技术学院
		彭学著	湖南中医药高等专科学校
10	天然药物化学技术	郭素华	漳州卫生职业学院
		唐荣耀	福建卫生职业技术学院
11	药理学	倪　峰	福建卫生职业技术学院
		杨丽珠	漳州卫生职业学院
12	药物化学	刘文娟	山西药科职业学院
		林小兰	福建卫生职业技术学院

序号	教材名称	主编	单位
13	药物制剂技术	王明军	厦门医学高等专科学校
		陈筱瑜	福建卫生职业技术学院
14	药事管理与法规	蔡扬帆	漳州卫生职业学院
		刘叶飞	湖南中医药高等专科学校
15	药物检验技术	甄会贤	山西药科职业学院
		黄建凡	福建卫生职业技术学院
16	医药市场营销	张钦德	山东中医药高等专科学校
		章立新	衢州职业技术学院
17	医院药学概要	史道华	福建省妇幼保健院
		潘雪丰	福建卫生职业技术学院
18	中医药学概论	林春明	福建卫生职业技术学院
		郭宝云	漳州卫生职业学院
19	临床药物治疗学概论	黄幼霞	泉州医学高等专科学校
		周　勤	厦门医学高等专科学校
20	实用药学服务知识与技能	王长连	福建医科大学附属第一医院
		洪常青	福建卫生职业技术学院

前　言

本教材根据高职高专药学类专业创新教材编写会议的精神,结合编者多年教改和教学经验编写而成。与国内其他教材相比,本教材的特色有:

(1) 贴近学生实际:本教材充分考虑高职高专学生学习的特点,采用通俗易懂的日常生活语言解释专业术语,便于理解;多图表,少文字,生动活泼,便于记忆。适当降低某些章节的难度,注意突出重点。

(2) 贴近教学实际:贯彻以问题为导向的教学理念,每章节均以药学专业及其他相关专业岗位的问题或案例为导入,使其成为很好的案例教学版。

(3) 贴近行业实际:引入行业新知识、收集临床上普遍使用的药物及部分新药品,作为认识有机物结构和性质的切入点,并介绍有机物作为药物合成原料和中间体的应用新趋势,满足用人单位对学生的专业知识要求。

教材编写时,充分考虑到高职高专教育的特点,故在内容选取上按照"以技能型人才为核心,以就业为导向、能力为本位、学生为主体"的指导思想,尽量以医学、药学中常见的化合物或化学现象为实例,从药品实例方面以结构、命名及反应类型为主线进行讲解,从而克服了传统的以有机官能团为线索的授课体系的弊端,以利于提高学生的学习兴趣,培养学生分析问题、解决问题的能力。

全书内容按 72 学时编写,含理论 14 章和 9 个实训项目。可供高职高专药学类、医学检验类的各专业学生使用,各章后附有习题,供学生练习。各校教师在使用时,可根据本校具体情况酌情选用。

本书编写时参考了部分已出版的教材和有关著作,从中借鉴了许多有益的内容,在此谨向有关作者和出版社表示感谢。

鉴于编者的水平和能力有限,虽经努力并多次修改,但书中尚有不妥和谬误之处,恳请专家和同行以及使用本教材的老师和同学们批评指正。

宋海南、罗婉妹

2012 年 7 月

目 录

第一章 绪 言

学习导航

　　地球,原是一个无生命的死寂世界,是谁点燃了生命之火,使之充满蓬勃生机? 答案是"碳"元素,是碳孕育并延续了生命。有机化学是研究含碳化合物的化学分支学科,它是由有机反应及机制、有机化合物结构理论等组成的知识体系。有机化合物主要由共价键组成。本章以共价键为中心,重点叙述了共价键的分类、共价键断裂方式与有机化学反应类型;简要描述了有机化合物的特点和分类。提出了对有机化学这门课程的学习建议。

　　化学是一门在原子水平上研究物质的组成、结构和性能以及相互转化的学科。因此,化学与生物学、生理学、物理学有紧密的联系。有机化学是化学的一个分支,是一门十分重要的科学,与人类生活有着极为密切的关系,是药学专业重要的专业基础课程。

案 例

　　从前人们把来源于有生命的动物和植物的物质叫做有机化合物,而把从无生命的矿物中得到的物质叫无机化合物。1828 年德国化学家韦勒(F.Wohler)在实验室里蒸发无机物氰酸铵水溶液得到了尿素,而尿素是哺乳动物进行蛋白质新陈代谢时的一种有机产物(普通人每天排泄 30g 尿素)。

$$NH_4CNO \xrightarrow{\triangle} H_2NCONH_2$$
　　　　　氰酸铵　　　　　　尿素

　　有机化合物与无机化合物之间有严格的界线吗?

一、有机化合物与有机化学

　　人类对有机化合物的认识和对其他事物的认识一样,经历了由浅入深,由表及里的过程。韦勒(F. Wohler)用非生物体内取得的物质氰酸铵合成了尿素,成为第一个由无机物人工合成有机物的有力佐证。随后化学家们又陆续合成了不少有机化合物,开辟了人工合成有机化合物的新时期。

　　经过对有机化合物元素分析研究之后,发现所有的有机物都含有碳元素,绝大多数还含有氢元素,除了碳和氢以外,有的有机化合物还含有 O、S、N、P、X(卤素)。从而确认了碳元素才是有机物的基本元素。所以,现在人们把有机化合物定义为"碳氢化合物及其衍生物"。今天,人们所研究的有机物是指千百万种含碳化合物,其中有从动物、植物机体中提取得到的,更多的是人工合成出来的。

　　有机化学是研究有机化合物的组成、结构、性质及其制法的科学。一些具有无机化合物性质的含碳化合物,如一氧化碳、二氧化碳、碳酸盐及金属氰化物等,仍放在无机化学中讨论。

二、有机化合物中的共价键

有机化合物的性质取决于结构,反之,从性质可推测化合物的结构,结构和性质的关系是有机化学的精髓。有机物绝大多数是共价化合物,对共价键的研究,能使我们更好地理解有机物的结构与性质的关系。

(一) 共价键的形成

共价键的形成是原子轨道的重叠或电子配对的结果,如果两个原子都有未成键电子,并且自旋方向相反,就能配对形成共价键。两个电子属于成键原子共同所有(定域性),电子对在两核之间出现的几率最大,例如碳原子可与四个氢原子形成四个 C—H 键而生成甲烷。

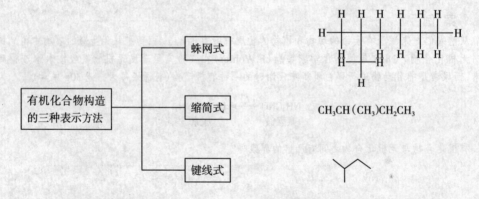

由一对电子形成的共价键称为单键,可用一条短线表示,如果两个原子各用两个或三个未成键电子构成的共价键,则构成的共价键为双键或叁键。

(二) 有机化合物构造式的表达

分子中原子间相互连接的次序和方式称为分子的构造。反映有机物分子中原子之间的连接的次序及方式的式子称为有机化合物的构造式,常用的三种构造式如下:

```
有机化合物构造        ┌── 蛛网式
的三种表示方法 ───────┼── 缩简式
                     └── 键线式
```

$CH_3CH(CH_3)CH_2CH_3$

(三) 共价键的重要物理量

在各类化合物中,共价键都具有一些基本特征,如共价键的键长、键角、键能和键的极性。由于各个形成共价键的原子杂化类型和成键方式不同,使这些特性有所差别。根据这些特性的判别,可帮助了解分子的立体结构、分子的物理性质和化学性质。

1. **键长**　以共价键结合的两个原子核间的距离称为键长。共价键的键长越长越易受到外界影响而发生极化,共价键越不稳定;反之,则越稳定。

2. **键角**　两价以上的原子形成共键价时,键与键之间的夹角称为键角。键角的大小与成键的原子特别是成键原子的杂化方式有关。

3. **键能**　原子形成共价键所放出的能量或共价键断裂所需吸收的能量称为键能。键能可衡量一个键的强度,单位为 kJ/mol。对于双原子分子来说,键能就是共价键断裂时所需的能量,又称为解离能。而在多原子分子之中,即使是相同的共价键,它们的解离能也不相同,所以,多原子分子之中共价键的键能是指同一类共价键离解能的平均值。如甲烷的四个

C—H 键的离解能是不同的。

4. **键的极性与极化性** 由两个相同原子形成的共价键,如 H—H 键和 Cl—Cl 键,其成键电子云对称地分布在两个核周围,键内电量平均分布,正负电荷中心重叠在一起,该共价键没有极性,称为非极性共价键。当两个不同原子结合成共价键时,由于两原子的电负性不同而使得形成的共价键的一端带电荷多些,而另一端带电荷少些,这种由于电子云不完全对称而呈极性的共价键叫做极性共价键,可用箭头表示这种极性键,也可以用 δ^+、δ^- 标出极性共价键的带电情况。例如:

$$\overset{\delta^+}{H}\longrightarrow\overset{\delta^-}{Cl} \qquad \overset{\delta^+}{CH_3}\longrightarrow\overset{\delta^-}{Cl}$$

共价键的极性大小取决于成键两原子电负性之差,两个原子电负性相差越大,共价键的极性就越大。共价键的极性是键的内在性质,与外界影响无关,是永久的性质。

共价键的极性大小常用偶极矩 μ 表示:

$$\mu=q\cdot d$$

q 为正电中心或负电中心的电荷;d 为两个电荷中心之间的距离;μ 的单位用 D(德拜 Debye)表示。

偶极矩有方向性,通常规定其方向由正到负,用箭头→表示。例如:

$$\overset{\delta^+}{H}\longrightarrow\overset{\delta^-}{Cl} \qquad \overset{\delta^+}{CH_3}\longrightarrow\overset{\delta^-}{Cl}$$
$$\mu=1.03D \qquad\qquad\quad \mu=1.94D$$

分子的偶极矩是各个键的偶极矩的向量和(与键的极性和分子的对称性有关)。在外电场的影响下,共价键的电子云的分布发生改变,即分子的极性状态发生了改变。但在外界电场消失后,共价键以及分子的极性状态又会恢复原状。共价键这种对外界电场的敏感性称为键的极化性(或极化度)。极化性与外界电场、成键原子的电负性和键的种类有关。成键原子的体积越大,电负性越小,核对成键电子的约束也越小,键的极化性就会越大。例如 C—X 键的极化性大小顺序为:C—Cl<C—Br<C—I。共价键的极性与极化性是共价键的一种重要性质,它与化学键反应的活泼性有密切关系。

(四) 共价键的类型

根据原子轨道最大重叠原理,成键时轨道之间可有两种不同的重叠方式,从而形成两种类型的共价键——σ 键和 π 键。共价键是电子云的重叠,所以共价键最本质的分类方式就是它们的重叠方式。我们在高中就知道可根据共价键所共享的电子对数将共价键划分为单键、双键以及三键。在有机化合物中,通常共价单键是 σ 键;双键和三键中一个是 σ 键,其余的只能是 π 键。

1. **σ 键** 当原子之间只共用一对电子时,这对电子形成的化学键为单键。σ 键是成键的两个原子的轨道沿着两核连线方向"头碰头"进行重叠而形成的共价键。s 与 s 轨道,s 与 p 轨道,p 与 p 轨道以及 s、p 与杂化轨道,杂化轨道和杂化轨道之间都可以形成 σ 键。σ 键的特点是重叠的原子轨道在两核连线上,受原子核束缚力较大,重叠程度也大,比较牢固,σ 键绕轴旋转时,电子云重叠程度不受影响。电子云对两个原子核的连线——

你问我答

1. 试从存在形式、性质等方面比较 σ 键和 π 键的主要特点。

2. 以上特点会导致与有机分子产生何种异构?

键轴,呈圆柱形对称。σ键的形成见图1-1。

σ键能以键轴为旋转轴自由旋转,这正是有机分子产生构象异构的原因。

2. π键　p电子和p电子除能形成σ键外,还能形成π键。每个π键的电子云由两块组成,分别位于由两原子核构成平面的两侧,如果以它们之间包含原子核的平面为镜面,它们互为镜像,这种特征称为镜像对称。成键方式为"肩并肩",如图1-2:

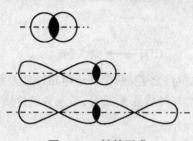

图1-1　σ键的形成

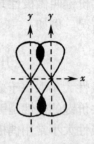

图1-2　π键的形成

由于其轨道重叠程度低于σ键的重叠程度,因此,π键的稳定性要小于σ键,π键的电子活泼性较高,是化学反应的积极参与者。

π键不能自由旋转,这正是含有π键的化合物存在顺反异构的原因之一。

(五) 共价键的断裂方式与有机化学反应类型

任何一个有机反应过程,都包括原有的化学键的断裂和新键的形成。共价键的断裂方式有两种:均裂和异裂。由此可以把有机反应分为两种类型——自由基反应和离子型反应。

1. 均裂与自由基型反应　共价键断裂后,两个键合原子共用的一对电子由两个原子各保留一个,用黑点表示,如H·、H_3C·,这种带单电子的原子或基团,称自由基,它是电中性的。共价键的这种断裂方式叫均裂。

$$C·|·X \longrightarrow C· + X·$$
$$\text{自由基} \quad \text{自由基}$$

有自由基参加的反应叫做自由基型反应。这种反应往往被光、辐射、高温或过氧化物所引发。自由基型反应是有机化学中的一个重要的反应,它也参与许多生理或病理过程。

2. 异裂与离子型反应　共价键断裂后,其共用电子对只归属于原来生成共价键的两部分中的一部分。共价键的这种断裂方式叫做异裂。产生异裂反应的条件除催化剂外,多数由于极性试剂进攻共价键,或反应在极性溶剂中进行。

碳与其他原子间的σ键断裂时,可得到碳正离子或碳负离子:

$$C \overset{(1)}{\underset{(2)}{|:|}} X \longrightarrow \begin{array}{l} \overset{(1)}{\longrightarrow} C^+ + X^- \quad \text{碳正离子} \\ \overset{(2)}{\longrightarrow} C^- + X^+ \quad \text{碳负离子} \end{array}$$

小 贴 士

协 同 反 应

有些反应不受外界条件的影响,如周环反应并不经历自由基或离子等活性中间体,反应物分子中化学键的断裂与产物分子中化学键的生成是经过多中心环状过渡态协同进行的,这类反应叫协同反应。根据反应活性中间体、过渡态,有机反应分为三种类型:自由基反应、离子反应及协同反应。

通过共价键的异裂而进行的反应叫做离子型反应,它有别于无机化合物瞬间完成的离子反应。它通常发生于极性分子之间,通过共价键的异裂而完成。

在异裂过程中,形成共价键的一对电子属于两个原子中的一个,得到一对电子带负电荷的成为负离子,失去一对电子带正电荷的成为正离子。通常用 $R^{\oplus}$ 代表正离子,如 $CH_3^{\oplus}$ 叫甲基正离子;用 $R^{\ominus}$ 代表负离子,如 $CH_3^{\ominus}$ 叫甲基负离子。

按照路易斯的定义,接受电子对的物质为酸,提供电子对的物质为碱。有机化学常常把一个化学反应的原因,归因于两个分子或离子的不同电性部分(亲核部分和亲电部分)相互作用的结果。所以,路易斯酸碱概念以及亲核亲电概念,都是学习有机化学时经常使用的基本概念。

碳正离子和路易斯酸是亲电的,在反应中它们总是进攻反应中电子云密度较大的部位,所以是一种亲电试剂。碳负离子和路易斯碱是亲核的,在反应中它们往往寻求质子或进攻一个荷正电的中心以中和其负电荷,是亲核试剂。由亲电试剂的进攻而发生的反应叫亲电反应;由亲核试剂的进攻而发生的反应叫亲核反应。

三、有机化合物的特点和分类

有机化合物都含有碳元素,由于碳元素在周期表中的特殊位置,使得有机化合物在组成、结构和性质等方面有着明显的特点。但有机化合物种类繁多,结构复杂,要把全部有机化合物归纳在同一共性中是很困难的。现将绝大多数有机物的一般特点进行归纳,同时为了便于对有机物进行系统研究,也需将其进行科学的分类。

(一)有机化合物的特点

碳元素最外层含有四个电子,一般通过与别的元素的原子共用电子而达到稳定的电子构型。这种共价键的结合方式决定了有机化合物的特性。由于有机化合物种类繁多,结构复杂,要把全部的有机化合物的同一共性全部归纳是十分困难的。现仅就绝大多数有机化合物的一般特性归纳如下。

小 贴 士

反应是有机化学的"词汇",机制则是有机化学的"语法"

反应物可能先生成一种或更多的未能观察到的物质(称为 X)并进而迅速转变为可观察到的产物。反应潜藏的这些细节就是反应机制。如甲烷与氯气反应生成一氯代甲烷和氯化氢:$CH_4+Cl_2 \longrightarrow CH_3Cl+HCl$。以上简单的反应也经过了一连串复杂的步骤。机制包含两步:①$CH_4+Cl_2 \longrightarrow X$;②$X \longrightarrow CH_3Cl+HCl$。在决定总的反应如何进行时,可能每一步反应都起到一定的作用。X 是反应中间体,它是从反应物到产物的反应历程中生成的化学物质。在今后学习和应用有机化学时,与学习和使用一门语言相似,你需要掌握词汇(即反应)才能使用正确的词语,同时你也需要了解语法(即机制)才能正常交流,两者缺一不可。

1. 有机化合物数目繁多,且自成系统 组成有机化合物的元素甚少,除碳以外,还有氢、氧、硫、氮、磷及卤素等为数不多的元素。但有机化合物的数目却极为庞大,迄今已逾1000万种,而且新合成或被新分离和鉴定的有机化合物还在与日俱增。由碳以外的其他100多种元素组成的无机化合物的总数,还不到有机化合物的十分之一。有机化合物数目繁多,也是我们把有机化学作为一门独立的学科进行研究的理由之一。

同分异构现象:有机化合物中的许多物质具有相同的分子组成,但又有不同的结构,因而具有不同的性质,即结构决定性质。例如,乙醇和甲醚具有相同的分子式 C_2H_6O,但它们具有不同的结构。

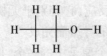

沸点 78.5℃,能与钠反应　　　　沸点 –23.6℃,不能与钠反应

有机化合物之所以数目众多,主要有两个原因:①碳原子彼此之间能够进行多种方式的结合,生成稳定的、长短不同的直链、支链或环状化合物;②碳是周期表中第 2 周期第Ⅳ主族的元素,不仅能与电负性较小的氢原子结合,也能与电负性较大的氧、硫、卤素等元素形成化学键。

> **你 问 我 答**
>
> 1. 在衣物上沾染了油污时,可用汽油清洗,你能说明其原因吗?
> 2. 从某有机反应液中分离出少量白色固体,其熔点高于300℃。能否用一种简单方法预测它是无机物还是有机物?

有机化合物的数目虽然很多,但根据它们之间的相互关系,可以统一在一个完整的体系中。

2. **热稳定性差,容易燃烧**　与典型的无机化合物相比,有机化合物一般对热不稳定,有的甚至常温下就能分解。虽然大多数的有机化合物在常温下是稳定的,但放在坩埚中加热,即炭化变黑,并且在完全燃烧后不留灰烬(有机酸的盐类等除外),这是识别有机化合物的简单方法之一。

3. **熔点较低**　有机化合物的熔点通常比无机化合物要低,一般在 300℃ 以下就熔化。有机化合物室温下常为气体、液体或低熔点的固体。

4. **难溶于水,易溶于有机溶剂**　多数有机化合物,易溶于有机溶剂而难溶于水。但是当有机化合物分子中含有能够同水形成氢键的羟基、磺基等时,该有机化合物也有可能溶于水中。

5. **反应速率慢,常有副反应发生**　虽然在有机酸和有机碱中,也有一些电离度较大的物质,但大多数的有机化合物电离度很小。所以,很多有机反应,一般都是反应速率缓慢的分子间的反应,往往需要加热或使用催化剂,而瞬间进行的离子反应很少。例如:

> **小 贴 士**
>
> 为了提高主要产物的收率和加快反应,常采用加热、光照或使用催化剂等方法来促进反应的发生和进行。某些试剂和反应物易被水和氧气破坏,因此需要在无水无氧的条件下操作。随着人们对分子结构和反应过程的深入了解,现已发现了一些产物专一、产率可达 95%~100% 的有机化学反应。

$$Cl^- + Ag^+ \longrightarrow AgCl\downarrow \quad 快$$
$$RCl + Ag^+ \longrightarrow AgCl\downarrow$$

RCl 要和 Ag$^+$ 反应,首先要打开 R—Cl 键,使氯转变为离子型,才能与 Ag$^+$ 反应。

另外,分解或取代反应都是在分子中的某一部位发生,且在大多数情况下,反应分阶段进行,所以,往往有副产物生成或能够分离出多种反应中间产物。

(二) 有机化合物的分类

有机化合物数目近 2000 万种,每年还在不断增加。对这样庞大数目的有机化合物必须进行系统的科学分类,才能有一个概括的认识,这对于有机化学的学习和研究是十分必要的。

从不同的角度出发,可以对有机化合物进行不同的分类。目前较普遍的方法是以碳架(碳原子的连接方式)为基础的分类和以官能团为基础的分类,它们都是以碳化合物的结构作为分类基础的。

1. 按碳架分类 按照形成有机分子构造骨架上的碳原子的结合方式,有机化合物可分类如下:

- 有机化合物
  - 链状化合物（脂肪族化合物），如 $CH_3CH_2CH_2CH_3$ 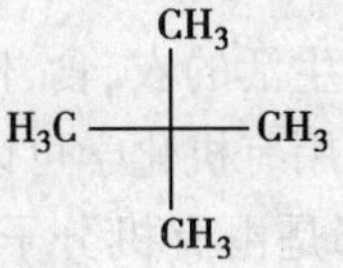
  - 环状化合物
    - 脂环族化合物，如 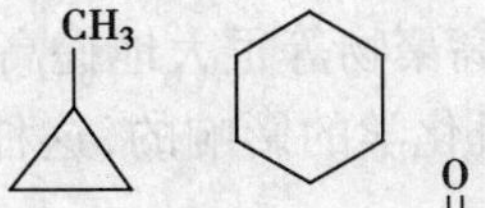
    - 芳香族化合物，如 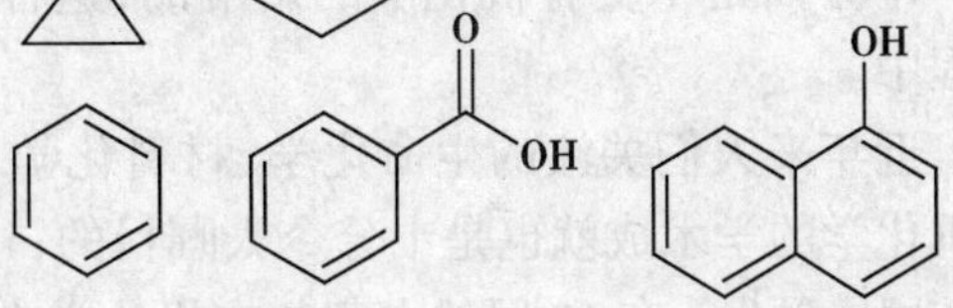
    - 杂环化合物，如 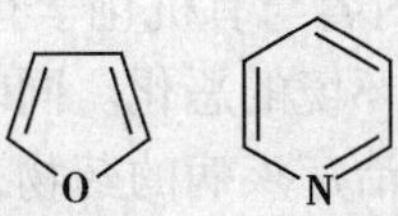

链状化合物之所以称为脂肪族化合物,是因为它们是最早从有长链结构的脂肪酸和脂肪中分离出来的,因此被认为是链状化合物的代表。芳香族化合物是具有苯环的一类化合物。在有机化学发展的初期,这类化合物是从树脂或香脂中得到的,而且它们大多数都具有芳香气味,所以称为芳香化合物。但是具有苯环的化合物不一定都有芳香气味,而有芳香气味的化合物也不一定含有苯环。所以,芳香族化合物中的“芳香”二字已失去了其原有的涵义。

2. 按官能团分类 官能团是指有机化合物分子中能起化学反应的一些原子和原子团,官能团可以决定化合物的主要性质。因此,我们可采用按官能团分类的方法来研究有机化合物,见表 1-1。

表 1-1 有机化合物的分类及其官能团

官能团结构	官能团名称	化合物的类别
$>C=C<$	双键	烯烃
$—C\equiv C—$	三键	炔烃
—OH	羟基	醇(脂肪族),酚(芳香族)
—O—	醚键	醚
—CHO	醛基	醛
$>C=O$	酮基	酮
—COOH	羧基	羧酸
$—SO_3H$	磺基	磺酸
$—NO_2$	硝基	硝基化合物
$—NH_2$	氨基	胺
—CN	氰基	腈
—X(F,Cl,Br,I)	卤素	卤代物

烷烃没有官能团,但各种含有官能团的化合物可以看作是它的氢原子被官能团取代而衍生出来的。

四、有机化学与药学的关系和任务

我们日常生活的衣、食、住、行离不开有机化学,人体本身的变化也是一系列有机物质的变化过程。利用有机化学可以制造出无数种在生活和生产方面不可缺少的产品。我们所穿的衣物几乎都是由有机分子组成的,如人造的聚酯或天然的纤维。有机物如汽油、药物、杀虫剂、昆虫信息素和高聚物等很大地提高了我们的生活质量。很难设想,在人类生活的哪一个方面是不受有机化学的影响的,这种密切的关系就明显地反映在这门内容丰富的课程中。

近年来人们关注的生命化学、材料化学、金属有机化学、配位化学均与有机化学相关。有机化学的学术成就也是十分令人瞩目的,1901年到1996年颁发的化学诺贝尔奖中(其中有8届未颁发),有67届的内容与有机化学有关。然而,有机物的随意丢弃越来越造成环境的污染,引起了动植物生活环境的恶化。同时,也使我们人类受到伤害,感染疾病。如果我们想要制造有用的分子,能治疗疾病的药物,就需同时掌握如何控制它们的影响,就需要了解它们的性质和行为,掌握并运用有机化学的原理。

(一)有机化学与药学的关系

药学与有机化学的关系更为密切。早在公元前1600年,古埃及人就有使用糖类药物强心苷的记载:小剂量能使心肌收缩的作用加强、脉搏加速;大剂量能使心脏中毒而心搏骤停。目前人类用于防治疾病的西药中,如对乙酰氨基酚(扑热息痛)、乙酰水杨酸(阿司匹林)等,绝大多数是通过化学途径合成的有机化合物,这种根据一定结构建立有机分子的手段需要有机化学的指导。我国有着世界上最丰富的中草药资源,自古以来中草药就被用于治疗各种疾病,有机化学工作者通过提取、分离纯化,搞清其有效成分,再根据有效成分的化学结构和理化性质,分析和寻找其他动植物中是否含有该成分,从而扩大药源。然后根据有效成分的结构特点进行人工合成或结构改造,以扩大药源和创出低毒高效的新药物。如盐酸哌替啶成为镇痛药物吗啡的合成代用品,它既保留了吗啡镇痛的有效结构部分,又使成瘾性比吗啡小很多。

有机分子组成了生命的化学构筑单元。脂肪、糖、蛋白质以及核酸等天然的生物大分子是主要成分为碳的化合物。这些有机物参与了遗传、代谢等人类生命活动,因此对这些天然大分子的研究也是很重要的。这些有机化合物在体内进行着一系列复杂的变化(也包括化学变化),以维持体内新陈代谢作用的平衡。为了防治疾病,除了研究病因以外,还要了解药物在体内的变化,它们的结构与药效、毒性的关系,这些都与有机化学密切相关。现今,有机化学通过与物理学、生物学、生理学等学科的紧密配合,将对未来征服疾病、控制遗传基因、延长生命

瞭 望 台

药物合成化学上的一次革新——组合化学

组合化学是一门将化学合成、组合理论、计算机辅助设计及机械手结合为一体的科学。传统合成方法每次只合成一个化合物;组合合成用一个构建模块的 n 个单元与另一个构建模块的 n 个单元同时进行一步反应,得到 $n \times n$ 个化合物;若进行 m 步反应,则得到 $(n \times n)m$ 个化合物。有人作过统计,一个化学家用组合化学方法 $2\sim6$ 周的工作量,十个化学家用传统合成方法要花费一年的时间才能完成。所以,组合化学大幅度提高了新化合物的合成和筛选效率,减少了时间和资金的消耗,成为20世纪末化学研究的一个热点。

等起到巨大作用。如果说 21 世纪是生命科学光辉灿烂的时代,那么化学学科通过与生物学科相结合,同样也会光辉灿烂。由此可见,学习并掌握有机物的组成、结构、性质等有机化学知识,是为今后学习生物化学、药物化学、天然药物化学和药物分析等后续课程打下坚实的基础。

(二) 有机化学的任务

1. 分离 提取自然存在的有机物,测定其结构和性质,加以利用,如中草药成分、昆虫信息素等。

2. 研究新的规律 即研究有机物结构与性质间的关系,反应历程影响因素等,以便控制反应方向。

3. 合成有机物 前提是确定分子结构,了解有机反应历程、条件等因素。合成就是制造新分子,是有机化学极其重要的一部分。可提供新的高科技材料,推动国民经济和科学技术的发展,同时探索生命的奥秘。

(三) 有机化学的发展及重要性

人类使用有机物质虽已有很长的历史,但是对纯物质的认识和取得是比较近代的事情。直到 18 世纪末期,才开始由动植物取得一系列较纯的有机物质。例如,1769 年从葡萄汁中取得酒石酸;1773 年,首次由尿内取得纯的尿素;1805 年,由鸦片内取得第一个生物碱——吗啡等。由于当时化学研究的对象多是矿物质,因而把从有机体中取得的化合物称为有机物,即"有生机之物"。1806 年瑞典科学家贝采尼乌斯(Berzelius J,1778—1848)首先使用有机化学这个名词,但他错误地认为有机物都是从生物体中取得的,只能在有机体内受生命力的作用才能产生,不能由人工的方法来合成,因此是有机的。

1828 年,韦勒(F. Wohler)首次人工用氰酸铵合成了尿素,实现由无机物合成有机物,给了"生命力"学说第一次有力的冲击;1845 年,柯乐柏(Kolbe H)合成醋酸,使"生命力"学说被逐渐抛弃。1848 年,德国化学家葛霉林(Leopold Ginelin)对有机化学提出了新的定义,即现在所用的定义:碳化合物化学就是有机化学。1854 年,Berthelot M. 合成油脂,彻底推翻了"生命力"学说。今天,人们所说的有机物是指成千上万种含碳化合物,其中有从动物、植物机体中提取得到的,更多的是人工合成的。

1857 年凯库勒(Kekule A)提出了碳是四价的学说。1858 年,库帕(Couper A)提出:"有机化合物分子中碳原子都是四价的,而且互相结合成碳链",构成了有机化学结构理论基础。1861 年,布特列洛夫提出了化学结构的观点,指出分子中各原子以一定化学力按照一定次序结合,这称为分子结构;一个有机化合物具有一定的结构,其结构决定了它的性质;而该化合物结构又是从其性质推导出来的;分子中各原子之间存在着互相影响。1865 年,德国化学家凯库勒(F. A. Kekule)提出了苯的构造式,在此基础上发展了有机化合物结构学说。1874 年,荷兰化学家范霍夫和法国化学家勒贝尔(J. A. Le Bel)提出饱和碳原子的四个价指向以碳为中心的四面体的四个顶点,开创了有机化合物的立体化学。建立了分子的立体概念,说明了旋光异构现象。1885 年,拜尔(Von Baeyer. A)提出张力学说。至此,经典的有机结构理论基本建立起来。

到了 20 世纪初,在物理学新成就的推动下,建立了价键理论。30 年代量子力学的原理和方法引入化学领域以后,建立了量子化学,使化学键理论获得了理论基础,阐明了化学键的微观本质。例如,1931 年,德国化学家休克尔(E. Huckel)用量子化学的方法讨论共轭有机分子的结构和性质;1933 年,英国化学家英果(K. Ingold)等用化学动力学的方法研究饱和碳原子上亲核取代反应机制;20 世纪 60 年代,合成了维生素 B$_{12}$,发现了分子轨道守恒原理;20 世纪 90 年代初,合成了海葵毒素,有人誉之为珠穆朗玛峰式的成就。

费歇尔确定了许多糖类化合物的结构,并从蛋白质水解产物分离出氨基酸,开创了研究天然产物的新时代。天然产物的研究已成为有机化学研究的一个重要方向。有机合成是有机化学的核心之一,也是有机化合物的重要来源之一。

近 40 年中国的有机化学发展最快。在当今重大前沿课题中,我国有机化学家和生物化学家一起,在蛋白质及核酸化学方面作出了重要的贡献。例如,1965 年 9 月,中国率先人工合成牛胰岛素,这是世界上第一个合成的结晶蛋白质,具有生物活性(与天然胰岛素相同);1981 年人工合成酵母丙氨酸转移核糖核酸,这是利用化学合成和酶促法结合方法的全合成,这种核糖核酸由 76 个核糖核苷组成,在当时国外只能合成出 9 个核糖核苷组成的核苷酸。另外,天花粉蛋白的研究及其在药物中的应用也引起了人们的重视。我国有机化学家在甾族化合物研究及对甾体药物工业的建议方面有着重要的贡献。

五、学习建议

有机化学是药学专业一门重要的基础课程,由于有机物的结构特点,使其在性质上与无机物有较大的差异。在学习本课程时,要注意以下几点。

(一) 理解"三基",掌握学习规律

学习有机化学最重要的是理解基本概念、基本理论和基本原理,首要的是掌握各类官能团的性质。性质决定物质存在的形式,也是决定物质实际应用的基础。抓住有机化合物的结构特点,学会归纳总结,掌握物质结构—理化性质—化学反应间的相互联系,就会达到很好的效果。要学会用对比、归纳、总结的方法,使知识系统化、网络化。

(二) 要勤学多问,注意问题的提出

学习是一个艰苦的劳动过程,要想有收获,必须勤于耕耘,这种耕耘包括多问、勤练。学问就是要勤学多问,不懂的地方问老师、问同学,更多的是问自己、问书本。在学习时,对于任何一个概念、一个规律、一类反应都应反复思考,要注意问题是如何提出的,解决问题靠什么。

(三) 注重实践,学以致用

有机化学是一门以实验为主的自然科学。通过实验,能培养我们用辩证唯物主义理论和科学的思维方法去分析问题和解决问题。能培养我们的科学态度和创新精神,培养我们良好的知识素质和能力素质。通过实验,能加深我们对理论知识的理解和记忆,这是课堂教学的一种补充和另一形式。作为职业教育,是一种重要的实操实训形式。

(四) 明确学习目的,培养学习兴趣

有机化学是药学专业、生物制药技术专业学生学习专业所必须掌握的基础知识,是为后续课程学习奠定基础。明确学习有机化学的目的,能增强我们学习有机化学的信心和克服学习困难的勇气。另外要培养学习有机化学的浓厚兴趣,认识有机化学在基础课中的重要地位,激发我们学习的激情和积极性,变被动学习为主动学习,这才有可能真正学好有机化学。

(五) 介绍一种很好的学习方法——团队练习

1. 什么是团队练习 团队练习是讨论式学习法的一种形式,是为了鼓励同学们在学习过程中的互相协作。个体需尝试与同一个合作者或学习小组一起学习并解决一个团队练习。

2. 如何进行团队练习　①将问题分成几个部分,不要独立解决每个部分,要在一起讨论问题的每个部分;②在你转向下一个部分前,尽量使用你在本章所学的词汇相互提问,确信自己进入正确途径。

3. 成效　①教材中的一些术语和概念,你使用得越多,你就能更好地理解分子结构与化学反应性能间的联系,以及化学键的断裂与形成的形式。你将开始体会到有机化学巧妙的模式而不会成为记忆的奴隶。②与同伴或小组成员一起学习的过程能强迫你表达你的想法,将问题的答案在听众面前而不是对自己讲出来,有利于对答案的检查和验证。③通过教导他人和从他人那里学习,你能巩固自己的理解。

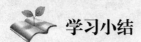 **学习小结**

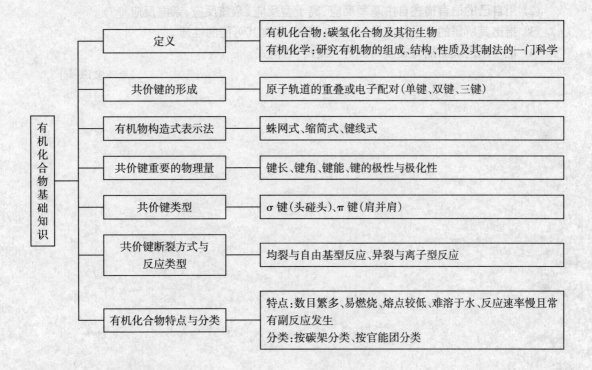

	定义	有机化合物:碳氢化合物及其衍生物 有机化学:研究有机物的组成、结构、性质及其制法的一门科学
	共价键的形成	原子轨道的重叠或电子配对(单键、双键、三键)
有机化合物基础知识	有机物构造式表示法	蛛网式、缩简式、键线式
	共价键重要的物理量	键长、键角、键能、键的极性与极化性
	共价键类型	σ键(头碰头)、π键(肩并肩)
	共价键断裂方式与反应类型	均裂与自由基型反应、异裂与离子型反应
	有机化合物特点与分类	特点:数目繁多、易燃烧、熔点较低、难溶于水、反应速率慢且常有副反应发生 分类:按碳架分类、按官能团分类

自我测评

一、单项选择题

1. 下列化合物哪个是有机化合物(　　)

A. CS_2　　　　　　　B. 尿素　　　　　　　C. CaC_2　　　　　　　D. $NaHCO_3$

2. 下列说法正确的是(　　)

A. 键的解离能就是键能

B. 具有偶极矩的分子不一定都是极性分子

C. 成键两个原子的电负性差越大,键的极性就越强

D. 有机化合物大多能溶于浓硫酸

3. 下列化合物哪些互为同分异构体（　　　）

    A. $CH_3CH_2OCH_3$ 与 CH_3COCH_3 B. CH_3CH_2CHO 与 CH_3COCH_3

    C. $CH_3C(CH_3)_3$ 与 $CH_3CH_2OCH_3$ D. 乙醇与乙醚

二、分析题

1. 为什么有机化合物的熔点、沸点比无机化合物的低？

2. 现代有机化合物的含义是什么，有什么特征？

三、团队练习题

以 CH_3CH_2Cl 为例，

(1) 试写出 CH_3CH_2Cl 分子中碳氯键的均裂和异裂的化学反应式。

(2) 用自己的语言描述自由基型反应、离子型反应（亲核反应、亲电反应）。

(3) 指出其所属的有机物分类，分析官能团，预测其可能的性质。

(4) 把一氯乙烷的缩写式改写成键 - 线式、结构式。

（宋海南）

第二章 烷 烃

学习导航

　　石油是古代动、植物的尸体在隔绝空气的情况下逐渐分解而产生的碳氢化合物,天然气作为家庭能源燃料,也来自于地球底层,主要存在于石油上方。石油和天然气都是国民经济和国防建设的重要资源,它们的主要成分之一就是各类烷烃的混合物。在医药中常用作缓泻剂的液体石蜡及各种软膏基质的凡士林也都是烷烃的混合物。本章将带领大家进入烷烃的世界,学习烷烃的结构、命名及性质,了解重要烷烃在医药中的应用。

　　分子中只含有碳氢两种元素的化合物叫做碳氢化合物,简称为烃。烃是最基本的有机化合物,其他有机化合物可以看作是烃的衍生物。

　　开链的碳氢化合物叫做脂肪烃,碳原子以单键相互连接,其余价键为氢原子所饱和的脂肪烃称作饱和脂肪烃,即烷烃。

第一节　烷烃的通式、同系列和结构

问 题

　　甲烷、乙烷、丙烷都属于烷烃,它们各自的分子式如何表达? 通式又如何表达?

　　对于分子式为 C_5H_{12} 的烷烃,它又会存在几种构造异构体?

一、烷烃及其同系列

　　由碳和氢两种元素组成的饱和链烃称为烷烃。最简单的烷烃是甲烷,分子式为 CH_4。其他的烷烃随碳原子数目的增加,分子中氢原子的数目也相应地增加,见表 2-1。

表 2-1　一些简单烷烃的结构简式与分子式

碳原子数	名称	结构简式	分子式
1	甲烷	CH_4	CH_4
2	乙烷	CH_3CH_3	C_2H_6
3	丙烷	$CH_3CH_2CH_3$	C_3H_8
4	正丁烷	$CH_3CH_2CH_2CH_3$	C_4H_{10}

　　比较上述烷烃的组成,可以看出:从甲烷开始,每增加 1 个碳原子,就相应增加 2 个氢原子,如果将碳原子数定为 n,则氢原子数就是 $2n+2$。因此烷烃的通式为 C_nH_{2n+2} ($n \geqslant 1$)。在烷烃分子中,碳与碳、碳与氢都以单键相连,相邻的两种烷烃分子组成上相差一个碳原子和两个氢原子。像这种结构相似,而在组成上相差一个或几个"CH_2"的一系列化合物称为同系

列。同系列中的成员之间,互称为同系物,其组成上的差异"CH_2"称为系列差。

同系物的结构相似,性质相近,掌握了同系物中典型的、具有代表性的化合物,便可推知其他同系物的一般性质。这为学习和研究有机化合物提供了方便。

二、烷烃的结构

有机化合物的构造式,只能说明分子中原子的连接方式和次序,不能表示出分子的立体形状。例如,甲烷的构造式,只能说明甲烷分子中的碳原子与 4 个氢原子以共价键相连,并没有表示出碳原子和 4 个氢原子的相对位置,也就是说从甲烷的构造式,不能判断甲烷分子的立体形状。

> **你问我答**
>
> 根据原子核外电子排布规律,碳原子核外应有几个单电子? 按照共价键形成的一般规律,它可以形成几个共价键? 与实验结果吻合吗?

1. 甲烷的分子结构　实验证明,甲烷分子为正四面体型。4 个氢原子占据正四面体的四个顶点,碳原子处于正四面体的中心,四个碳氢键的键长完全相等,所有键角均为 109.5°,如图 2-1 所示。

为了形象地表示甲烷的立体结构,常用凯库勒模型(又称球棍模型)和斯陶特模型(又称比例模型)来演示。甲烷的立体模型如图 2-2 所示。

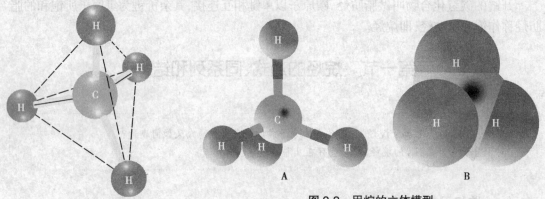

图 2-1　甲烷的分子构型

图 2-2　甲烷的立体模型
A. 凯库勒模型　B. 斯陶特模型

2. 烷烃中碳原子的成键方式　杂化轨道理论认为碳原子的外层电子排布式为 $2s^2sp^2$,甲烷分子中的碳原子是以激发态的 1 个 2s 轨道和 3 个 2p 轨道进行杂化,形成 4 个能量完全相同的 sp^3 杂化轨道。其 sp^3 杂化过程可表示为:碳原子在成键时,首先由一个 2s 电子吸收能量受到激发,跃迁到 2p 的空轨道中,形成 $2s^1 2p^3$ 的电子排布。然后,1 个 2s 轨道和 3 个 2p 轨道混合,重新组合成 4 个具有相同能量的新轨道,称为 sp^3 杂化轨道。每个 sp^3 杂化轨道均含有 1/4s 轨道和 3/4p 轨道成分。

sp^3 杂化轨道的形状是不对称的葫芦形,一头大一头小,大的一头表示电子云偏向的一边。4 个 sp^3 杂化轨道在碳原子核周围对称分布,2 个相邻轨道的对称轴间夹角为 109.5°,相当于正四面体的中心伸向 4 个顶点,见图 2-3。在形成甲烷分子时,4 个氢原子的 s 轨道分

别沿着碳原子的 sp^3 杂化轨道对称轴靠近,当它们之间的引力与斥力达到平衡时,形成了 4 个等同的碳氢 σ 键。由于 4 个碳氢 σ 键的组成和性质完全相同,所以甲烷分子为正四面体结构。

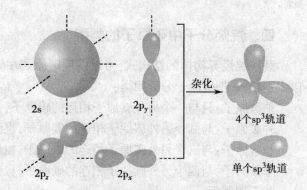

图 2-3 sp^3 杂化轨道的形成及形状

含有两个或多个碳原子的烷烃,所有的碳原子都是 sp^3 杂化。相邻的 2 个碳原子,各用 1 个 sp^3 杂化轨道重叠成键,其电子云分布也是呈圆柱形轴对称的,所以也是 σ 键。由于各种烷烃的碳链中 C—C—C 的键角保持正常键角 109.5°,因此碳链的立体形状不是直线形,而呈曲折状态,如图2-4所示。因此,含有多个碳原子的烷烃,碳链呈锯齿形。若用键线式来表示,戊烷可简写为 ∧∧∧。在键线式中,每一个拐角处及链端均有一个碳原子,氢原子全部省去了。

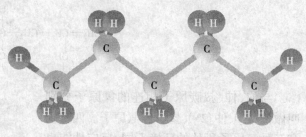

图 2-4 戊烷的分子结构

三、烷烃的构造异构

在一个、两个、三个碳原子的烷烃中,碳原子只有一种连接方式,因此甲烷、乙烷和丙烷没有构造异构体。从丁烷开始,碳原子之间不只有一种连接方式,可出现碳链异构,如丁烷有两种碳链异构,而戊烷有三种碳链异构体。这种由于碳原子结合方式或顺序不同所导致的同分异构现象,称为构造异构。

$CH_3CH_2CH_2CH_3$ CH_3CHCH_3
        $|$
        CH_3

  正丁烷   异丁烷

$CH_3CH_2CH_2CH_2CH_3$ $CH_3CHCH_2CH_3$ CH_3
                            $|$ $|$
                            CH_3 CH_3CCH_3
                                            $|$
                                            CH_3

  正戊烷   异戊烷   新戊烷

烷烃碳链异构体数目随着碳原子数的增加而迅速增多,表2-2列出了部分烷烃碳链异构体的数目。

表 2-2 烷烃碳链异构体的数目

分子式	异构体数目	分子式	异构体数目
C_4H_{10}	2	C_8H_{18}	18
C_5H_{12}	3	C_9H_{20}	35
C_6H_{14}	5	$C_{12}H_{26}$	355
C_7H_{16}	9	$C_{15}H_{32}$	4374

四、烷烃分子中碳原子的类型

观察烷烃异构体的结构式,可以发现碳原子在碳链中所处的环境并不完全相同。为加以识别,通常把碳原子分为四类:

伯碳原子:只与一个另外碳原子相连的碳原子,也称一级碳原子,用1°表示。

仲碳原子:与两个另外碳原子相连的碳原子,也称二级碳原子,用2°表示。

叔碳原子:与三个另外碳原子相连的碳原子,也称三级碳原子,用3°表示。

季碳原子:与四个另外碳原子相连的碳原子,也称四级碳原子,用4°表示。

如下例所示:

$$\underset{1°}{CH_3}-\underset{3°}{CH}-\underset{2°}{CH_2}-\underset{4°}{C}-\underset{1°}{CH_3}$$

与伯、仲、叔碳原子相连的氢原子分别叫做伯(1°)、仲(2°)、叔(3°)氢原子。四种碳和三种氢原子所处的环境不同,反应性能也有差别。

你 问 我 答

为什么碳原子分为伯、仲、叔、季四种碳原子,而氢原子却只有伯、仲、叔三种氢原子?

五、烷烃的构象

构象是具有一定构造的分子,因单键(σ键)旋转改变其原子或原子团在空间的相对位置而呈现的不同立体形象。这里以乙烷为例简单讨论一下烷烃的构象。

乙烷(CH₃—CH₃)分子中的两个甲基可以围绕 C—C σ 键轴自由旋转。如果使乙烷分子中的一个甲基固定不动,另一个甲基的碳原子绕σ键轴旋转,那么一个甲基上的三个氢原子相对于另一个甲基上的三个氢原子,可以有无数种空间排列方式(构象)。理论上,乙烷有无数种构象异构体,但具有典型意义的构象只有两种,一种是最稳定的交叉式构象,一种是最不稳定的重叠式构象。

常用来表达构象的书面方式有锯架式和纽曼投影式两种,图 2-5 和图 2-6 分别给出了乙烷的交叉式构象和重叠式构象。

乙烷分子的交叉式构象中,不同碳原子上的氢原子之间距离最远,相互间的斥力最小,

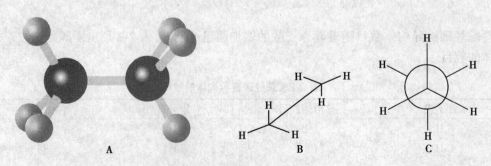

图 2-5 乙烷的交叉式构象

A.球棍模型   B.锯架式   C.纽曼投影式

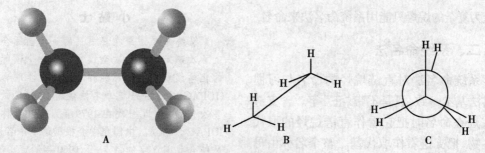

图 2-6 乙烷的重叠式构象
A. 球棍模型　B. 锯架式　C. 纽曼投影式

内能最低,分子也最稳定。而重叠式构象中,两个碳原子上的氢原子距离最近,排斥力最大,内能最高,最不稳定。

乙烷分子的重叠式和交叉式构象间的能量差为 12.6kJ/mol,室温下分子所具有的动能已超过此能量,足以使 C—C σ 键"自由"旋转。所以,各种构象在不断地迅速地相互转化,不可能分离出单一构象的乙烷分子。因此室温下的乙烷分子是各种构象的动态平衡混合体系,达到平衡时,稳定的交叉式构象(优势构象)所占比例较大。

第二节　烷烃的命名

有机化合物结构复杂,种类繁多,如何正确命名是学习有机化学的重要内容之一。正确的名称不仅能反映有机物的组成,还能准确、简便地反映其分子结构。

有机化合物的命名方法有多种,常用的主要有普通命名法和系统命名法。

一、普通命名法

普通命名法又称习惯命名法,适用于结构简单的烷烃,命名方法如下:

1. 含有 10 个或 10 个以下碳原子的直链烷烃　用天干顺序甲、乙、丙、丁、戊、己、庚、辛、壬、癸十个字分别表示碳原子的数目,后面加"烷"字。

2. 含有 10 个以上碳原子的直链烷烃　用小写中文数字表示碳原子的数目。例如:

CH_4	C_5H_{12}	C_9H_{20}	$C_{12}H_{26}$	$C_{20}H_{42}$
甲烷	戊烷	壬烷	十二烷	二十烷

3. 对于含有支链的烷烃　常用"正"、"异"、"新"等字来区别不同的碳链异构体;"正"表示无任何支链存在的直链烷烃;"异"表示碳链链端第二个碳原子上有一个甲基支链;"新"表示碳链链端第二个碳原子上有两个甲基支链。例如:

$$CH_3CH_2CH_2CH_2CH_2CH_3 \qquad CH_3CHCH_2CH_3 \qquad H_3C-\overset{\displaystyle CH_3}{\underset{\displaystyle CH_3}{\overset{|}{\underset{|}{C}}}}-CH_2CH_3$$
$$\qquad\qquad\qquad\qquad\qquad\quad | \qquad\qquad\qquad\qquad\quad$$
$$\qquad\qquad\qquad\qquad\qquad CH_3 \qquad\qquad\qquad\qquad\qquad$$

正己烷　　　　　　　　异己烷　　　　　　　　新己烷

随着烷烃碳链异构体数目的增加,普通命名法难以准确地进行命名,因而使用范围有限。结构较为复杂的烷烃只能用系统命名法来命名。

二、系统命名法

系统命名法对直链烷烃的命名与习惯命名法基本一致,只是不带"正"字。含支链的烷烃在命名时把它看作直链烷烃的取代衍生物,把支链看作取代基。整个名称由母体和取代名称两部分组成。

1. 烷基的命名　烷基是指烷烃分子中去掉 1 个氢原子后所剩余的原子团。通式为 C_nH_{2n+1}—,用 R—表示。表 2-3 列出了一些常见的烷基。

> **小 贴 士**
>
> 系统命名法是在日内瓦的一次国际会议上首次确定的。这次会议成立了一个国际性的化学组织——国际纯粹和应用化学联合会(IUPAC)。以后系统命名法经过 IUPAC 做了多次修改(最近一次在 1979 年),所以也称为 IUPAC 命名法。中国化学会根据这个命名法,又结合我国汉字的特点,于 1960 年制定了《有机化学物质的系统命名原则》,1980 年经增补修订为《有机化学命名原则》。

表 2-3　常见烷基的结构式与名称

烷基	烷基名称	烷基	烷基名称
CH_3—	甲基	$(CH_3)_2CHCH_3$—	异丁基
CH_3CH_2—	乙基	$CH_3CH_2\overset{\|}{C}H$—	仲丁基
$CH_3CH_2CH_2$—	正丙基		
$(CH_3)_2CH$—	异丙基	$(CH_3)_3C$—	叔丁基
$CH_3CH_2CH_2CH_2$—	正丁基		

2. 烷烃的命名　对于结构复杂的烷烃按以下步骤进行命名:

(1) 选主链:选择分子中最长碳链为主链,根据其含有碳原子数目称为某烷,并以它作为母体,支链作为取代基。如有等长碳链时,应选择含取代基最多的碳链作主链。例如:

$$\overset{1}{C}H_3\overset{2}{C}H_2\overset{3}{C}H\overset{}{C}H_2CH_3$$
$$\underset{4\ \ \ 5\ \ \ 6}{CH_2CH_2CH_3}$$

母体为含 6 个碳原子的己烷

$$CH_3CH_2\overset{}{C}H\overset{}{C}HCH_3$$

母体为含 5 个碳原子的戊烷

(2) 编号:从距离支链最近的一端开始,将主链碳原子用阿拉伯数字依次编号。若主链上连有 2 个或 2 个以上的取代基时,则主链的编号顺序应使支链位次尽可能小。

(3) 命名:将取代基的名称写在母体名称的前面,并逐一标明取代基的位次,表示各位次的数字间用","隔开。如果有几个相同取代基,则在取代基前加上二、三……等字样,取代基的位次与名称之间加"-"隔开;如果有几个不相同的取代基,则依次按照小的在前,较大的在后的次序。常见的烷基顺序为:异丙基 > 丙基 > 乙基 > 甲基。例如:

$$CH_3CH_2\overset{}{C}H\overset{}{C}HCH_2CH_3$$

4-甲基-3-乙基庚烷

$$CH_3CH_2\overset{}{C}HCH_2\overset{}{C}HCH_2CH_3$$

3-甲基-5-乙基庚烷

(4) 如果支链上还有取代基,则须从与主链相连的碳原子开始,给支链上的碳原子编号,然后补充支链上烷基的位次、名称及数目。例如

$$\overset{1}{C}H_3\overset{2}{C}H_2\overset{3}{C}H\overset{4}{C}H\overset{5}{C}H\overset{6}{C}H_2\overset{7}{C}H_2\overset{8}{C}H\overset{9}{C}H_2\overset{10}{C}H_3$$

3,8-二甲基-4-乙基-5-(1′,2′-二甲基丙基)癸烷

你问我答

你能尝试着命名下列化合物吗? (2)式可以称为 2,4,4-三甲基戊烷吗?

(1) $CH_3CH_2CHCHCH_3$
　　　　　$\underset{|}{\overset{|}{CH_2CH_2CH_3}}$

(2) $CH_3CH_2CHCHCH_3$
　　　　　　　$\underset{|}{\overset{|}{CH_3}}$
　　$H_3C{-}\underset{|}{\overset{|}{C}}{-}CH_3$
　　　　CH_3

系统命名法能准确地给每种有机化合物命名,而且每个化合物只有一个名称。反过来我们也可从某化合物的系统名称,写出它的结构式来。因为名称和结构式是一一对应的。

第三节　烷烃的理化性质

案例

2011年2月,某国际著名品牌电脑公司发布《2011年供应商责任进展报告》,指出该公司的在华供应商在生产电脑的过程中使用正己烷,造成137名生产工人因正己烷中毒出现头晕、手脚麻木等症状而入院接受治疗。正己烷是一种什么样的物质? 它又是如何被用于电脑产品的生产过程的呢?

一、物理性质及其变化规律

有机化合物的物理性质,通常包括聚集状态、沸点、熔点、相对密度、溶解度等。它们在一定条件下都有固定的数值,常把这些数值称为物理常数。物理常数对有机化合物的鉴定、分离、纯化等具有重要意义。表2-4列出了一些正烷烃的物理常数,从中可以看出,烷烃的物理性质随着分子量的增加而呈现出规律性的变化。

1. **聚集状态**　在常温常压下(25℃、101.3kPa)下,1至4个碳原子的直链烷烃是气体;5至16个碳原子的直链烷烃是液体;17个以上碳原子的直链烷烃是固体。

2. **沸点**　直链烷烃的沸点随碳原子数的增加而升高,同系物之间,每增加一个碳原子,沸点升高20~30℃。这是由于烷烃的碳原子数越多,分子间作用力越大,使之沸腾就必须提供更多的能量,所以沸点就越高。但在同分异构体中,支链越多,沸点越低。这是因为随着支链的增多,分子的形状趋于球形,减小了分子间有效接触的程度,使分子间的作用力变弱而降低沸点。

3. **熔点**　烷烃熔点的变化规律基本上与沸点相似。直链烷烃的熔点也是随分子质量的增加而升高。但偶数碳原子的烷烃熔点增高幅度比奇数碳原子的烷烃熔点增高的幅度要大一些。因为偶数碳原子的烷烃呈锯齿状排列,末端两个甲基处于相反位置,具有较大对称性,因而分子之间可以靠得更近,分子间作用力更大,含偶数碳原子的熔点比奇数升高的更多,见图2-7。

表2-4 正烷烃的物理常数

状态	名称	分子式	沸点(℃)	熔点(℃)	相对密度(d^{20})
气	甲烷	CH_4	-161.7	-182.6	0.466
	乙烷	C_2H_6	-88.6	-172.0	0.572
	丙烷	C_3H_8	-42.2	-187.1	0.5005
	丁烷	C_4H_{10}	-0.5	-138.3	0.6012
液	戊烷	C_5H_{12}	36.1	-129.7	0.6262
	己烷	C_6H_{14}	69.0	-95.0	0.6603
	庚烷	C_7H_{16}	98.4	-154.0	0.6838
	辛烷	C_8H_{18}	125.7	-98.0	0.7025
	壬烷	C_9H_{20}	150.7	-51.0	0.7176
	癸烷	$C_{10}H_{22}$	174.0	-29.7	0.7298
	十一烷	$C_{11}H_{24}$	195.9	-25.6	0.7402
	十二烷	$C_{12}H_{26}$	216.3	-9.6	0.7487
	十三烷	$C_{13}H_{28}$	235.4	-5.5	0.7564
	十四烷	$C_{14}H_{30}$	253.7	5.9	0.7628
	十五烷	$C_{15}H_{32}$	270.6	10.0	0.7685
	十六烷	$C_{16}H_{34}$	287.0	18.2	0.7733
固	十七烷	$C_{17}H_{36}$	301.8	22.0	0.7780
	十八烷	$C_{18}H_{38}$	316.1	28.2	0.7768
	十九烷	$C_{19}H_{40}$	329.7	32.1	0.7774
	二十烷	$C_{20}H_{42}$	343.0	36.8	0.7886
	三十烷	$C_{30}H_{62}$	—	66	—
	四十烷	$C_{40}H_{82}$	—	81	—

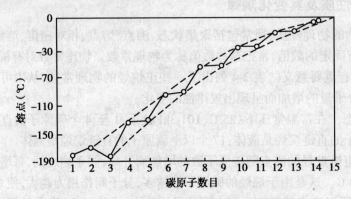

图2-7 正烷烃的熔点与分子中所含碳原子数关系

案例分析

　　正己烷是一种低毒、有微弱特殊气味的无色液体,通常作为工业生产的化学溶剂,常用于清洁某些制造工序所用的零部件。案例中的电脑供应商正是要求生产员工使用正己烷来清洁电脑产品及其显示屏的。但由于其具有高度的挥发性与高脂溶性,且有蓄积作用,因此容易通过呼吸道、皮肤等途径进入人体,长期接触可导致人体出现头痛、头晕、乏力、四肢麻木等慢性中毒症状,严重的可导致神志丧失甚至死亡。

4.溶解度　烷烃是非极性分子,又不具备形成氢键的结构条件,所以不溶于水,而易溶于非极性或弱极性的有机溶剂,如苯、氯仿、四氯化碳及其他烃类。

5.密度　烷烃是在所有有机化合物中密度最小的一类化合物。无论是液体还是固体,烷烃的密度均比水小。随着分子量的增大,烷烃的密度也逐渐增大。

二、化学性质

烷烃是非极性分子,分子中的碳碳键或碳氢键是非极性或弱极性的 σ 键,键能较高,又不易极化,因此在常温下烷烃是不活泼的,特别是直链烷烃,更不活泼。它们与强酸、强碱、强氧化剂、强还原剂及活泼金属都不发生反应。所以,烷烃的混合物应用较广。如石油醚用作溶剂,凡士林用作机械润滑剂和药膏,石蜡用作药物基质等。但是,烷烃的稳定性是相对的,在一定的条件下,烷烃也能参与某些化学反应。

1.氧化反应　通常把在有机化合物分子中加氧或脱氢的反应称为氧化反应。反之,脱氧或加氢的反应称为还原反应。烷烃燃烧是剧烈氧化反应,被其他氧化剂所氧化属于缓慢氧化反应。

(1) 燃烧:烷烃很容易燃烧,燃烧时发出光并放出大量的热,生成二氧化碳和水。如:

$$CH_4 + 2O_2 \xrightarrow{\text{点燃}} CO_2 + 2H_2O + 890kJ/mol$$

沼气、天然气、液化石油气、汽油、柴油等的主要成分都是烷烃,燃烧时可产生大量的热量,它们都是重要的能源。

(2) 控制氧化:传统的概念认为烷烃是一类性质稳定的化合物,因为烷烃常温下难以被氧化剂所氧化。然而在有机合成工业中,常用某些金属催化剂将烷烃氧化成有价值的工业产品。在控制条件下,烷烃可以部分氧化,生成烃的含氧衍生物。

例如石蜡(含 20~40 个碳原子的高级烷烃的混合物)在特定条件下得到高级脂肪酸。

$$RCH_2CH_2R' + 2O_2 \xrightarrow{MnO_2(107\sim110\text{℃})} RCOOH + R'COOH$$

工业用此反应得到含 12~18 个碳原子的高级脂肪酸来代替天然油脂生产肥皂。

2.取代反应　烷烃分子中的氢原子被其他原子或原子团取代的反应,称为取代反应。被卤素原子取代的反应称为卤代反应。例如,甲烷在光照或加热下可与氯气发生取代反应,得到多种氯代甲烷和氯化氢的混合物。

$$CH_4 + Cl_2 \xrightarrow{h\nu} CH_3Cl + HCl$$
$$CH_3Cl + Cl_2 \xrightarrow{h\nu} CH_2Cl_2 + HCl$$
$$CH_2Cl_2 + Cl_2 \xrightarrow{h\nu} CHCl_3 + HCl$$
$$CHCl_3 + Cl_2 \xrightarrow{h\nu} CCl_4 + HCl$$

烷烃发生卤代反应的速率,与卤素的活性顺序有关,卤素越活泼,反应速率越快,其活性次序为 $F_2>Cl_2>Br_2>I_2$;还与碳原子的类型有关,实验证明,叔氢原子最容易被取代,仲氢原子次之,伯氢原子最难被取代。

实验证明,烷烃的卤代反应为自由基链锁反应,即反应一旦引发,就会像一个链锁,一环扣一环进行下去。此类反应一般分为三个阶段:链引发、链增长、链终止。

(1) 链引发:在光照或加热至 250~400℃时,氯分子吸收光能而发生共价键的均裂,产生两个带单电子的氯原子(这种带单电子的原子或原子团叫自由基),使反应引发。

$$Cl_2 \xrightarrow{h\nu} 2Cl\cdot$$

(2) 链增长:氯原子自由基能量很高,反应性能很活泼。当它与体系中浓度很高的甲烷分子发生碰撞时,从甲烷分子中夺得一个氢原子,结果生成了氯化氢分子和一个新的自由基——甲基自由基。

$$Cl\cdot + CH_4 \longrightarrow HCl + CH_3\cdot$$

甲基自由基与体系中氯分子碰撞,生成一氯甲烷和氯原子自由基。

$$CH_3\cdot + Cl_2 \longrightarrow CH_3Cl + Cl\cdot$$

反应一步又一步地传递下去,所以称为链锁反应。

$$CH_3Cl + Cl\cdot \longrightarrow CH_2Cl\cdot + HCl$$
$$CH_2Cl\cdot + Cl_2 \longrightarrow CH_2Cl_2 + Cl\cdot$$
$$\cdots\cdots$$

(3) 链终止:随着反应的进行,甲烷迅速消耗,自由基的浓度不断增加,自由基与自由基之间发生碰撞结合生成分子的机会就会增加。

$$Cl\cdot + Cl\cdot \longrightarrow Cl_2$$
$$CH_3\cdot + CH_3\cdot \longrightarrow CH_3CH_3$$
$$CH_3\cdot + Cl\cdot \longrightarrow CH_3Cl$$

随着体系中自由基的减少直至消失,反应逐渐停止。

由于烷烃的卤代反应是一个自由基链反应,高级烷烃的卤代也经历甲烷卤代相似的过程,不过反应更加复杂,最终的产物是由多种物质组成的混合物。

第四节　烷烃与药物的关系

烷烃在自然界主要来源于天然气和石油。天然气的主要成分是甲烷,石油是各种烃的混合物。常见的烷烃与药物之间的关系简述如下:

一、石油醚

石油醚是轻质石油产品中的一种,主要是戊烷和己烷等低分子量烃类的混合物。常温下为无色澄清的液体,有类似乙醚的气味,故称石油醚。石油醚不溶于水,溶解于大多数有机溶剂,它能溶解油和脂肪。相对密度为 0.63~0.66,沸点范围为 30~90℃。石油醚容易挥发和着火,使用时应注意。

小　贴　士

甲烷又名沼气,是沉积于池沼底部的植物残体在厌氧菌的作用下产生的。根据这一原理人们发明了使用发酵法获得沼气的沼气池。沼气池用的原料是人畜的粪便、杂草和垃圾等,而产生的沼气可用来做饭、发电等,从而节约石油、煤炭和其他燃料。将沼气净化后得到的甲烷可用来制取 CCl_4 和炭黑等化工原料;粪便、杂草和垃圾等经过沼气池发酵后,大部分寄生虫卵和病菌被杀死,改善了卫生条件,防止 SARS 等疾病的发生;粪便等在发酵过程中,其中的蛋白质分解为氨,最终转化为铵态氮肥,从而提高了肥效。

二、石蜡

石蜡是高级烷烃的混合物,由天然石油、人造石油或页岩油的含蜡馏分经冷榨或溶剂脱蜡等方法制得。石蜡是一种无臭无味,不溶于水,无刺激性的物质,具有化学性质稳定,不会酸败,可与多种药物配伍,在体内不易被吸收的特点,在医药中常用于肠道润滑的缓泻剂或滴鼻剂的溶剂及软膏剂类药物的载体(基质)。液状石蜡还可用于蜡疗、中成药的密封材料和药丸的包衣等。在工业上用于制造蜡烛、蜡纸、防水剂和电绝缘材料等。

三、凡士林

一般为黄色,经漂白后为白色,以软膏状的半固体存在,为液状石蜡与固体石蜡的混合物。凡士林易溶于乙醚和石油醚,但不溶于水。凡士林常用于化妆品及医药工业。

 学习小结

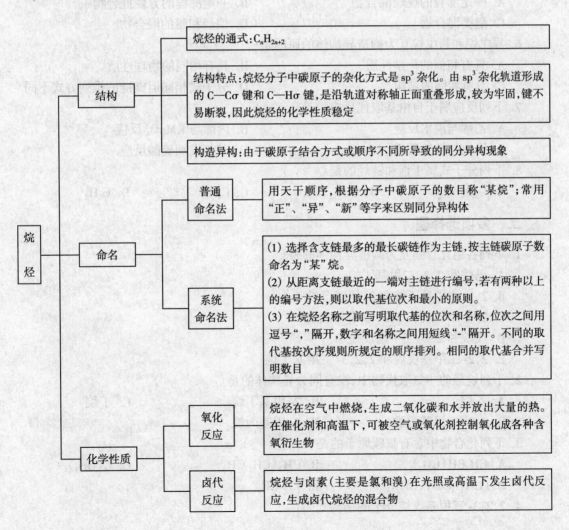

烷烃	结构	烷烃的通式:C_nH_{2n+2}
		结构特点:烷烃分子中碳原子的杂化方式是sp^3杂化。由sp^3杂化轨道形成的$C—C\sigma$键和$C—H\sigma$键,是沿轨道对称轴正面重叠形成,较为牢固,键不易断裂,因此烷烃的化学性质稳定
		构造异构:由于碳原子结合方式或顺序不同所导致的同分异构现象
	命名 / 普通命名法	用天干顺序,根据分子中碳原子的数目称"某烷";常用"正"、"异"、"新"等字来区别同分异构体
	系统命名法	(1) 选择含支链最多的最长碳链作为主链,按主链碳原子数命名为"某"烷。 (2) 从距离支链最近的一端对主链进行编号,若有两种以上的编号方法,则以取代基位次和最小的原则。 (3) 在烷烃名称之前写明取代基的位次和名称,位次之间用逗号","隔开,数字和名称之间用短线"-"隔开。不同的取代基按次序规则所规定的顺序排列。相同的取代基合并写明数目
	化学性质 / 氧化反应	烷烃在空气中燃烧,生成二氧化碳和水并放出大量的热。在催化剂和高温下,可被空气或氧化剂控制氧化成各种含氧衍生物
	卤代反应	烷烃与卤素(主要是氯和溴)在光照或高温下发生卤代反应,生成卤代烷烃的混合物

自我测评

一、单项选择题

1. 甲烷的空间结构呈(   )
   A. 正四面体   B. 正方形   C. 直线形   D. 正三角形

2. 下列烷烃,有 3 种构造异构体的是(   )
   A. C_3H_8 B. C_4H_{10} C. C_5H_{12} D. C_6H_{14}

3. 在 2,2- 二甲基丁烷中,不存在的 C 原子是(   )
   A. 伯碳原子   B. 仲碳原子   C. 叔碳原子   D. 季碳原子

4. 在一定条件下,能与烷烃发生取代反应的是(   )
   A. 氯化氢   B. 溴蒸气   C. 水蒸气   D. 二氧化碳

5. 石油醚是实验室中常用的有机试剂,它的成分是(   )
   A. 一定沸程的烷烃混合物   B. 一定沸程的芳烃混合物
   C. 醚类混合物   D. 烷烃和醚的混合物

6. 异戊烷和新戊烷互为构造异构体的原因是(   )
   A. 具有相似的化学性质   B. 具有相同的物理性质
   C. 具有相同的结构   D. 分子式相同但碳链的排列方式不同

7. 下列反应属于自由基取代反应的是(   )
   A. 乙烯与溴水反应   B. 丙烯与 $KMnO_4$ 反应
   C. 甲烷与氯气反应   D. 苯与发烟硫酸反应

8. 下列分子式属于饱和链烃的是(   )
   A. C_3H_4 B. C_5H_{12} C. C_4H_8 D. C_7H_8

二、多项选择题

1. 下列各组化合物互为碳链异构体的是(   )
   A. 己烷和 2,2- 二甲基丁烷
   B. 2,2- 二甲基丁烷和 2- 甲基己烷
   C. 2- 甲基己烷和 2,2- 二甲基戊烷
   D. 戊烷和 2,2- 二甲基戊烷
   E. 2,2- 二甲基戊烷和 2,2,3- 三甲基丁烷

2. 下列烷烃的一氯取代物中,没有同分异构体的是(   )
   A. 乙烷   B. 2- 甲基丁烷   C. 丁烷
   D. 2,2- 二甲基丙烷   E. 2- 甲基丙烷

3. 下列化合物中含有叔碳原子的是(   )
   A. $CH_3CH(CH_3)_2$ B. $CH_3(CH_2)CH_3$ C. $C(CH_3)_4$
   D. $(CH_3)_3CCH(CH_3)_2$ E. CH_3CH_3

4. 2,2,3- 三甲基戊烷分子的结构式为(   )

$$A. \quad CH_3CH_2CH \underset{CH_3}{\overset{CH_3}{-}} C \underset{CH_3}{\overset{|}{-}} CH_3$$

$$B. \quad CH_3CH \underset{CH_3}{\overset{CH_3}{-}} C \underset{CH_3}{\overset{|}{-}} CH_2CH_3$$

$$C. \quad CH_3C \underset{CH_3}{\overset{CH_3 \quad CH_2CH_3}{-}} CHCH_3$$

$$D. \quad CH_3C \overset{CH_3 \quad CH_3}{\underset{CH_3}{-}} CHCH_2CH_3$$

$$E. \quad CH_3CH \overset{CH_3}{\underset{CH_3 \quad CH_2CH_3}{-}} CCH_3$$

三、用系统命名法命名下列化合物或写出结构简式

1. 用系统命名法命名下列化合物。

(1) $CH_3CH_2CH_2C \overset{CH_3}{\underset{CH_3}{-}} C_2H_5$

(2) $(CH_3)_3CCH_2CH_3$

(3) $CH_3CH \overset{CH_3}{-} CH_2CH \overset{CH_3}{-} C_2H_5$

(4) $CH_3CH_2CH CH_2CH_2CHCH_2CH \overset{CH_3}{-} CHCH_3$ 下 CH_3 CH_2CH_3

(5) $(CH_3)_2CHCH_2C(CH_3)_3$

2. 写出下列化合物的结构简式。

(1) 2,3- 二甲基己烷

(2) 3,3- 二甲基己烷

(3) 2,4- 二甲基 -3- 乙基戊烷

(4) 2,2,5- 三甲基 -4- 乙基己烷

四、分析题

某烷烃的相对分子质量是 86,它的分子里带有一个侧链甲基,写出该烷烃的可能结构式和学名。

五、团队练习题

某烷烃主链含有 5 个碳原子,有甲基、乙基 2 个支链。

(1) 试写出该烷烃的分子式;

(2) 推测该烷烃含几种构造异构体,并用系统命名法命名;

(3) 在各个异构体当中,伯、仲、叔、季碳原子分别有哪些?氢原子种类又有哪些?

(石焱芳)

第三章 不饱和烃

学习导航

　　不饱和烃是非常重要的有机化合物,有些是人类生命活动不可缺少的物质,如维生素 A、β- 胡萝卜素等。不饱和烃与饱和烃结构有何差异? 由此导致了哪些化学性质不同? 如何用化学方法区别它们? 带着这些思考,请你走进本章的学习,你将获得相关的知识,为后续课程奠定基础。

　　分子中含有碳碳双键或碳碳叁键的烃称为不饱和烃。含碳碳双键($\diagup$C=C$\diagdown$)的不饱和烃称为烯烃;含碳碳叁键(—C≡C—)的不饱和烃称为炔烃。"烯"是氢原子"稀"少的意思,"炔"是氢原子"缺"乏的意思。双键和叁键统称不饱和键,因不饱和键的存在,使它们的化学性质比烷烃活泼得多,且性质有许多相似之处。

第一节 不饱和烃的结构和命名

问 题

$$\begin{array}{ccc}
\overset{\displaystyle CH_2CH_3}{\underset{|}{}} & \overset{\displaystyle CH_2CH_3}{\underset{|}{}} & \\
CH_3CHCH=CHCH_3 & CH_3CHCH_2-C≡CH & CH_2=CH-CH_2-C≡CH
\end{array}$$

1. 指出上述化合物各碳原子杂化状态并指出各化合物 σ 键、π 键数目。
2. 如何用系统命名法为它们命名?

一、不饱和烃的结构

(一) 单烯烃及其结构

　　烯烃根据分子中碳碳双键的数目分为单烯烃和多烯烃。含一个碳碳双键的烯烃称为单烯烃,简称烯烃,其分子通式 C_nH_{2n}($n≥2$);含两个或两个以上碳碳双键的烯烃称为多烯烃。

　　碳碳双键($\diagup$C=C$\diagdown$)是烯烃的官能团,乙烯是最简单的烯烃,以它为例分析烯烃结构特点。

　　1. **碳原子的 sp^2 杂化**　碳原子在形成双键时,如图 3-1 所示:

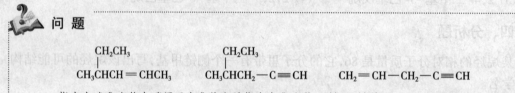

图 3-1　碳原子的 sp^2 杂化

以 sp^2 杂化方式进行轨道杂化,3 个 sp^2 杂化轨道对称分布,处于同一平面上,轨道对称轴之间的夹角为 120°,未参与杂化的 p 轨道,其对称轴垂直于 sp^2 杂化轨道对称轴所在的平面,如图 3-2 所示。

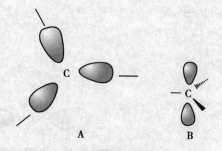

图 3-2 sp^2 杂化碳原子
A. 3 个 sp^2 杂化轨道在同一平面上
B. 未杂化的 p 轨道垂直于 3 个 sp^2 杂化轨道的平面

2. 乙烯的结构式 乙烯分子中,每个碳原子各用 1 个 sp^2 杂化轨道沿键轴方向"头碰头"重叠,形成 1 个碳碳 σ 键,以 2 个 sp^2 杂化轨道分别和两个氢原子的 1s 轨道形成 2 个碳氢 σ 键,这 5 个 σ 键都处于同一平面上(图 3-3)。所以,乙烯是平面型分子。两个碳原子上未参与杂化的 p 轨道对称轴垂直于该平面,它们彼此相互平行,"肩并肩"从侧面重叠形成 π 键(图 3-4)。这样碳碳双键中一个是 σ 键,另一个是 π 键,π 键垂直于 σ 键所在的平面。π 键的一对电子称为 π 电子。

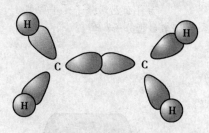

图 3-3 乙烯分子的 σ 键

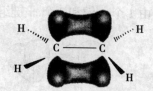

图 3-4 乙烯分子的 π 键

π 键不能旋转,碳碳双键所连接的基团具有固定的空间排列,会产生顺反异构。

(二)炔烃及其结构

含一个碳碳叁键的炔烃称为单炔烃,简称炔烃,其分子通式 $C_nH_{2n-2}(n \geq 2)$。碳碳叁键(—C≡C—)是炔烃的官能团,乙炔是最简单的炔烃,以它为例分析炔烃的结构特点。

1. 碳原子的 sp 杂化 碳原子在形成叁键时,如图 3-5 所示:

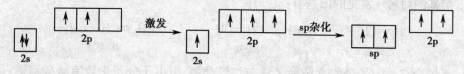

图 3-5 碳原子的 sp 杂化

以 sp 杂化方式进行轨道杂化形成 2 个 sp 杂化轨道,2 个 sp 杂化轨道对称轴在一条直线上,彼此之间的夹角为 180°(图 3-6),每个 sp 杂化碳原子还余下 2 个未参与杂化的 p 轨道,这 2 个 p 轨道的对称轴互相垂直,并都垂直于 sp 杂化轨道对称轴所在的直线(图 3-7)。碳原子的 4 个电子分别填充在 2 个 sp 杂化轨道及 2 个 p 轨道上。

2. 乙炔的结构式 乙炔分子 H—C≡C—H 中,2 个碳原子各用 1 个 sp 杂化轨道沿键轴方向"头碰头"重叠,形成 1 个碳碳 σ 键。每个碳原子分别用剩下的 1 个 sp 杂化轨道分别和

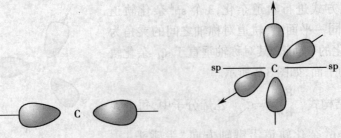

图 3-6　2 个 sp 杂化轨道的分布　　　图 3-7　sp 杂化碳原子

一个氢原子的 1s 轨道形成 1 个碳氢 σ 键，这 3 个 σ 键都处于同一直线上(图 3-8)，所以，乙炔是直线型分子。每个碳原子上未参与杂化的 2 个相互垂直的 p 轨道，分别从侧面与另一碳原子的 p 轨道"肩并肩"平行重叠形成 2 个相互垂直的 π 键(图 3-9)，对称地分布在 σ 键周围，形成圆筒形(图 3-10)。所以，碳碳叁键是由 1 个 σ 键和 2 个 π 键组成的。

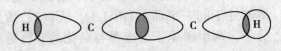

图 3-8　乙炔分子的 σ 键

你 问 我 答

为什么乙烯分子是平面型分子，乙炔分子是直线型分子？

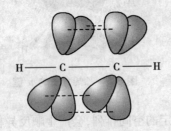

图 3-9　乙炔分子的两个 π 键

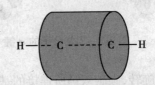

图 3-10　乙炔分子中 π 电子云

二、不饱和烃的命名

(一) 单烯烃的系统命名

1. 烯基的命名　常见的烯基有：

$$CH_2{=}CH{-} \qquad CH_3{-}CH{=}CH{-} \qquad CH_2{=}CH{-}CH_2{-}$$

乙烯基　　　　　　　　丙烯基　　　　　　　　烯丙基

2. 系统命名法　烯烃的系统命名法与烷烃类似，但由于分子中含有碳碳双键，所以命名要以双键为主，对于有顺反异构(第四节详细阐述)的还需用顺、反或 Z、E 标记构型，具体命名原则如下：

(1) 选主链：选择含官能团碳碳双键($\diagdown$C=C$\diagup$)在内的最长碳链为主链，根据主链碳原子数目称为"某烯"作为母体名称；超过十个碳原子的烯烃，"烯"前要加"碳"，如十一碳烯。支链则作为取代基。

(2) 编号：从靠近官能团的一端开始给主链碳原子依次编号；如果碳碳双键居中，则从靠近取代基的一端开始。

（3）位次：以双键碳原子中编号较小的数字表示出双键的位次，写在某烯之前，其余命名原则方法与烷烃相同。

举例：

$$CH_3CHCH=CHCH_3$$
$\overset{\displaystyle CH_3}{|}$

4-甲基-2-戊烯

$$CH_3CCH=CHCH_2CH_3$$
上 CH_3，下 CH_3

2,2-二甲基-3-己烯

$$CH_3CHCH=CHCH_3$$
$\overset{\displaystyle CH_2CH_3}{|}$

4-甲基-2-己烯

$$CH_3CHC=CHCH_3$$
上 CH_2CH_3，下 CH_2CH_3

4-甲基-3-乙基-2-己烯

（二）炔烃的命名

炔烃的系统命名与烯烃相似，只要把"烯"字改成"炔"即可。如：

$$CH_3C≡CCH_2CH_3$$

2-戊炔

$$CH_3CHC≡CCH_3$$
$\overset{\displaystyle CH_3}{|}$

4-甲基-2-戊炔

$$CH_3CHCH_2-C≡CH$$
$\overset{\displaystyle CH_2CH_3}{|}$

4-甲基-1-己炔

若炔烃分子中同时含有双键和叁键，选择含双键和叁键在内的最长碳链为主链，称为某烯炔，主链编号从靠近双键或叁键的一端开始编号，如果双键和叁键离碳链末端位置相同，则按先烯后炔的顺序编号。例如：

$$CH_3-CH=CH-CH_2-C≡CH$$

4-己烯-1-炔

$$CH_2=CH-CH_2-C≡C-CH_3$$

1-己烯-4-炔

$$CH_2=CH-CH_2-C≡CH$$

1-戊烯-4-炔

第二节 不饱和烃的理化性质

 问 题

把乙烯和乙炔分别通入高锰酸钾酸性溶液及溴的四氯化碳溶液中，颜色都会褪去，它们的反应类型是什么？如何用简便的化学方法把两者区分开来？

一、不饱和烃的物理性质

（一）烯烃的物理性质

烯烃的物理性质与相应的烷烃相似，常温常压下，C_2~C_4 的烯烃为气体，C_5~C_{18} 的烯烃为液体，C_{19} 以上的烯烃为固体。密度比水小，有微弱的极性，难溶于水，易溶于有机溶剂中。熔点、沸点、密度随相对分子质量的增加而升高。

（二）炔烃的物理性质

炔烃的物理性质与烷烃、烯烃相似，常温下，乙炔、丙炔和1-丁炔为气体。炔烃也难溶于水，易溶于丙酮、石油醚及苯等有机溶剂。简单炔烃的沸点、熔点及密度等比相应烯烃高。

二、不饱和烃的化学性质

由于 π 键不稳定,易被极化,π 键比 σ 键容易断裂。所以不饱和烃烯烃、炔烃的化学性质比烷烃活泼得多,易发生亲电加成、氧化、聚合等反应。炔烃由于碳碳叁键的 p 轨道重叠程度比碳碳双键的 p 轨道重叠程度大,其 π 电子与碳原子结合更紧密,不易受极化。所以,碳碳叁键的活性不如碳碳双键。此外,端基炔(RC≡CH)还有一些特殊的性质。

(一) 氧化反应

烯烃、炔烃很容易发生氧化反应,随氧化剂和反应条件的不同,氧化产物也不同。

用碱性(或中性)冷高锰酸钾稀溶液氧化烯烃,则烯烃的 π 键断开,反应结果使双键碳原子上各引入一个羟基,生成邻二醇。而高锰酸钾的紫红色很快褪去,并生成二氧化锰褐色沉淀,可用此现象鉴别不饱和烃。

> **你 问 我 答**
>
> 某开链烃 A 分子式为 C_4H_8,被高锰酸钾酸性溶液氧化得到一种产物;B 分子式为 C_4H_6,被高锰酸钾酸性溶液氧化也得一种产物。A、B 是什么化合物?

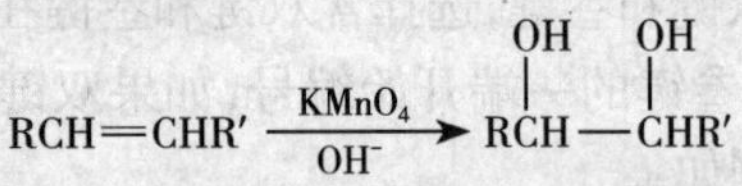

$$RCH=CHR' \xrightarrow[OH^-]{KMnO_4} \overset{\displaystyle OH \quad\ OH}{RCH-CHR'}$$

若在比较强烈的反应条件下,如用酸性或热的高锰酸钾溶液氧化烯烃,则反应迅速,此时,不仅 π 键打开,σ 键也可断裂。双键断裂时,由于双键碳原子连接的烃基不同,氧化产物也不同。例如:

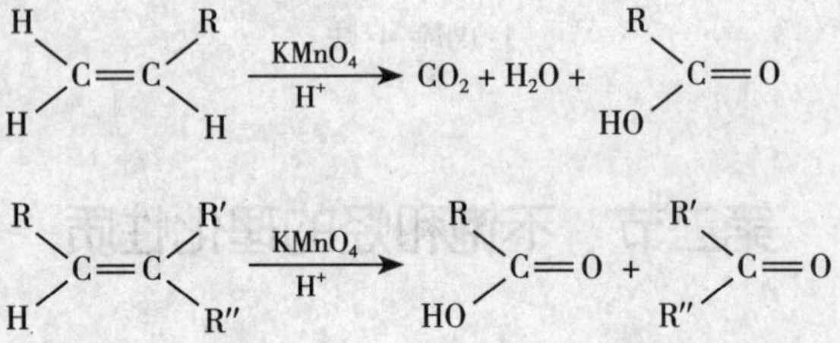

反应现象是高锰酸钾溶液的紫红色褪去。根据氧化后的产物不同,可以推断烯烃的结构。

炔烃被高锰酸钾溶液氧化,生成羧酸或二氧化碳。如:

$$R-C\equiv C-R' \xrightarrow{KMnO_4}_{H^+} RCOOH + R'COOH$$

$$R-C\equiv C-H \xrightarrow{KMnO_4}_{H^+} RCOOH + CO_2 + H_2O$$

与烯烃一样,根据氧化产物不同,可推断炔烃的结构。

(二) 加成反应

烯烃的加成反应是碳碳双键中的 π 键断裂,两个一价原子或原子团分别加到 π 键两端的碳原子上,形成两个新的 σ 键,生成饱和的化合物。双键碳原子由原来的 sp^2 杂化转变成 sp^3 杂化。烯烃的加成反应可用下列通式表示:

$$\overset{>}{\underset{}{C}}=C\overset{<}{\underset{}{}} + A - B \longrightarrow \overset{>}{\underset{A}{C}}-\overset{<}{\underset{B}{C}}$$

1. 催化加氢 在催化剂(Pt、Pd、Ni)作用下,烯烃与氢气发生加成反应,生成相应的烷烃。

$$RCH = CHR' + H_2 \xrightarrow{Pt} RCH_2CH_2R'$$

此反应只有在催化剂存在下才能进行,所以又称催化氢化。由于反应定量地完成,所以可以根据反应吸收氢的量确定双键数目。

炔烃的催化加氢分两步进行,第一步加一个氢分子,生成烯烃;第二步再与一个氢分子加成,生成烷烃。反应通常不能停留在烯烃一步,而是直接生成烷烃。

$$RC \equiv CR' + H_2 \xrightarrow{Pt} RCH = CHR' \xrightarrow[H_2]{Pt} RCH_2CH_2R'$$

喹啉处理过的吸附在硫酸钡或碳酸钙上的金属钯,称为林德拉(Lindlar)催化剂。如果选用林德拉催化剂,由于催化剂"中毒"而催化作用减弱,可使反应停留在生成烯烃阶段。例如:

$$RC \equiv CR' + H_2 \xrightarrow{Lindlar} RCH = CHR'$$

2. 加卤素 烯烃与卤素在四氯化碳或氯仿等溶剂中进行反应,生成邻二卤烃。

$$RCH = CHR' + X_2 \longrightarrow \overset{}{\underset{X}{R}CH}\overset{}{\underset{X}{C}HR'}$$

氟与烯烃反应太剧烈,同时伴有副反应;碘的活性太低,通常不反应。因此,烯烃与卤素的加成主要是加氯和加溴。烯烃与溴水或溴的四氯化碳溶液反应,溴的红棕色很快褪去,常用这个反应来检验不饱和烃。

炔烃与卤素的加成也是分两步进行的。先加一分子氯或溴,生成二卤代烯,在过量的氯或溴的存在下,再进一步生成四卤代烷。

$$RC \equiv CR' + Br_2 \longrightarrow \overset{}{\underset{Br}{R}C}=\overset{}{\underset{Br}{C}R'} \xrightarrow{Br_2} RCBr_2CBr_2R'$$

虽然炔烃比烯烃更不饱和,但炔烃进行亲电加成活性比烯烃小。

这是由于 sp 杂化碳原子的电负性比 sp^2 杂化碳原子的电负性强,因此电子与 sp 杂化碳原子结合更为紧密,不容易提供电子与亲电试剂结合,所以叁键的亲电加成反应比双键慢。如:烯烃可使溴的四氯化碳溶液很快褪色,而炔烃却需要一两分钟才能使之褪色。故当分子中同时存在双键和叁键时,与溴的加成首先发生在双键上。如:

$$HC \equiv CCH_2CH = CH_2 + Br_2(1mol) \longrightarrow HC \equiv CCH_2\overset{}{\underset{Br}{C}H}-\overset{}{\underset{Br}{C}H_2}$$

3. 加卤化氢 同一烯烃与不同的卤化氢加成时,活性顺序:碘化氢 > 溴化氢 > 氯化氢。

$$CH_2=CH_2 + HX \longrightarrow \underset{\underset{H}{|}}{CH_2}-\underset{\underset{X}{|}}{CH_2}$$

结构不对称的烯烃与卤化氢加成,可生成两种不同的产物。

$$CH_2=CHCH_3 + HX \longrightarrow \begin{cases} \underset{\underset{X}{|}}{CH_2CH_2CH_3} \quad (1) \\[2em] \underset{\underset{X}{|}}{CH_3CHCH_3} \quad (2) \end{cases}$$

实验证明:(2)为主要产物。

从上述实验结果可发现,不对称烯烃与不对称试剂(如 HX、H_2SO_4)进行亲电加成时,不对称试剂中带正电荷的部分总是加到含氢较多的双键碳原子上,而带负电荷的部分则加到含氢较少的双键碳原子上。这是由俄罗斯化学家马尔科夫尼可夫(V.V.Markovnikov)提出的经验规则,简称马氏规则。应用马氏规则,我们可预测反应的主产物。

在光照或有过氧化物(如 R—O—O—R 或 H_2O_2,)存在时,因改变了反应历程,不对称烯烃与 HBr 的加成产物不符合马氏规则(反马氏取向),这一现象称为过氧化物效应。例如:

$$CH_3—CH=CH_2 + HBr \xrightarrow{\text{过氧化物}} CH_3CH_2CH_2Br$$
$$\text{反马氏产物}$$

该反应只适用于 HBr 与烯烃的加成,不对称烯烃与 HCl、HI 加成仍然服从马氏规则。

马氏规则可以用诱导效应加以解释。在不同原子形成的共价键中,成键电子云偏向电负性较大的一方,使共价键出现极性。一个键的极性会影响到分子中其他部分,从而使整个分子的电子云密度分布发生一定程度的改变。如:

$$\underset{3}{\overset{\delta\delta\delta^+}{C}} \longrightarrow \underset{2}{\overset{\delta\delta^+}{C}} \longrightarrow \underset{1}{\overset{\delta^+}{C}} \longrightarrow \overset{\delta^-}{Cl}$$

首先 C—Cl 键的电子云偏向于氯,产生偶极,箭头所指的方向是电子云偏移的方向,C-1 带部分正电荷;C-1 的正电荷吸引 C-2 与 C-3 之间共价键的电子云偏向于 C-1,但这种偏移程度要小些,C-2 也带少许正电荷,同理 C-3 也带更少的正电荷。

这种由于成键原子或原子团电负性不同,引起分子中电子云沿着碳链向某一方向移动的现象称为诱导效应,常用符号 I 表示。诱导效应是一种静电作用,是一种永久性的效应。诱导效应可由近及远沿分子链传递,并随传递距离增长迅速减弱,一般传递 3 个 σ 键后可忽略不计。诱导效应的方向是以 C—H 键中的氢作为比较标准,如:

$$—\overset{|}{\underset{|}{C}}\rightarrow X \qquad\qquad —\overset{|}{\underset{|}{C}}—H \qquad\qquad —\overset{|}{\underset{|}{C}}\leftarrow Y$$

$$\text{X 是吸电子基} \qquad\quad \text{比较标准} \qquad\quad \text{Y 是供电子基}$$
$$\text{-I 效应} \qquad\qquad\qquad\qquad\qquad\qquad\quad \text{+I 效应}$$

当电负性大于氢原子的基团 X 取代了 C—H 键中氢原子后,电子云偏向于 X,X 为吸电子基,吸电子基引起的诱导效应称为吸电子诱导效应,用 -I 表示;反之,当电负性小于氢原子的基团 Y 取代了 C—H 键中的氢原子后,电子云偏向于碳原子,Y 就为供电子基(也称斥电子基),由供电子基引起的诱导效应称为供电子诱导效应,用 +I 表示。

常见的吸电子基和供电子基及强弱顺序如下:

吸 电 子 基(−I):—NO_2>—CN>—COOH>—F>—Cl>—Br>—I>—OH>—C_6H_5>—CH═CH_2>—H

供电子基(+I):—O^->—COO^-—C(CH_3)$_3$>—CH(CH_3)$_2$>—CH_2CH_3>—CH_3>—H

诱导效应可以很好地解释马氏规则。如上述实例,丙烯与氢卤酸亲电加成,由于丙烯中甲基的供电子诱导效应,使双键中的 π 键电子云偏移,C-1 带部分负电荷,C-2 带部分正电荷,当与氢卤酸发生亲电加成时,亲电试剂 H^+ 首先进攻带部分负电荷的双键碳原子,形成碳正离子中间体,然后卤素负离子加到带正电荷的碳原子上。

$$\overset{\delta^-}{CH_2}═\overset{\delta^+}{CH}\longleftarrow CH_3 + \overset{\delta^+}{H}—\overset{\delta^-}{X} \xrightarrow{慢} \left[CH_3\overset{+}{C}H_2CH_3 \right] + X^- \xrightarrow{快} CH_2CHCH_3 \atop \qquad\qquad\qquad\qquad\qquad\qquad\qquad\qquad\qquad\qquad\qquad | \atop \qquad\qquad\qquad\qquad\qquad\qquad\qquad\qquad\qquad\qquad\qquad X$$

炔烃与卤化氢的加成,加碘化氢容易进行,加氯化氢则难进行,一般要在催化剂存在下才能进行。不对称炔烃加卤化氢时,服从马氏规则。例如:

$$HC≡CCH_3 + HBr \longrightarrow CH_2═CBrCH_3 \xrightarrow{HBr} CH_3CBr_2CH_3$$

在汞盐的催化作用下,乙炔与氯化氢在气相发生加成反应,生成氯乙烯,这是工业上生产氯乙烯的重要反应。

$$HC≡CH + HCl \xrightarrow{HgCl_2} CH_2═CHCl$$

与烯烃类似,在光或过氧化物作用下,炔烃与溴化氢的加成反应,得到反马氏规则的加成产物。如:

$$HC≡CCH_3 + \xrightarrow{H_2O_2} CHBr═CHCH_3 \xrightarrow[H_2O_2]{HBr} CHBr_2CH_2CH_3$$

4. 加硫酸(加水) 烯烃能与浓硫酸反应,生成烷基硫酸氢酯并溶于硫酸中,用水稀释后水解生成醇。工业上用这种方法合成醇,称为烯烃间接水合法。因生成的烷基硫酸氢酯易溶于硫酸,而烷烃不与浓硫酸反应而难溶于硫酸中,利用此反应可以除去混在烷烃中的少量烯烃。

$$RCH═CH_2 + HOSO_2OH \longrightarrow RCHCH_3 \atop \qquad\qquad\qquad\qquad\qquad\qquad | \atop \qquad\qquad\qquad\qquad\qquad OSO_2OH \xrightarrow{H_2O} RCHCH_3 \atop \qquad\qquad\qquad\qquad\qquad\qquad\qquad\qquad\qquad | \atop \qquad\qquad\qquad\qquad\qquad\qquad\qquad\qquad OH$$

一般情况下,烯烃不能与水直接发生加成反应,如果在硫酸或磷酸等催化下,可直接加成制得醇,称烯烃的直接水合法。

$$CH_2═CH_2 + H_2O \xrightarrow[300℃,7MPa]{H_3PO_4} CH_3CH_2OH$$

在汞盐的催化下,炔烃在稀硫酸中,能与水加成,先生成烯醇,然后异构化为更稳定的羰基化合物,此反应称为炔烃的水合反应。不对称烯烃水合也遵守马氏规则。

例如:乙炔水化得到乙醛。

$$CH \equiv CH + H_2O \xrightarrow[H_2SO_4]{HgSO_4} \left[\begin{array}{c} CH_2 = CH \\ | \\ OH \end{array} \right] \longrightarrow CH_3CHO$$

其他的炔烃水化得到酮。如:

$$CH \equiv C - CH_3 + H_2O \xrightarrow[H_2SO_4]{HgSO_4} \left[\begin{array}{c} H_2C = C - CH_3 \\ | \\ OH \end{array} \right] \longrightarrow CH_3\overset{O}{\overset{\|}{C}}CH_3$$

(三) 聚合反应

烯烃在催化剂作用下,分子中的 π 键断裂,发生同类分子间的加成反应,生成高分子化合物(聚合物),这种由低分子结合成高分子的过程称为聚合反应。发生聚合反应的烯烃分子称为单体。如:

$$nCH_2 = CH_2 \xrightarrow{催化剂} \underset{聚乙烯}{+CH_2CH_2\frac{}{}_n}$$

n 称为聚合度。聚乙烯是无毒、电绝缘性好、生产量最大的一种塑料,广泛用于食品袋、塑料杯等日用品的生产。其他烯烃也可发生聚合反应。

乙炔也可发生聚合反应,与烯烃不同,炔烃一般不聚合成高分子化合物,而是二聚、三聚成链状或环状化合物。

> **小 贴 士**
>
> **聚 乙 烯**
>
> 聚乙烯(PE)属惰性材料,难于自然降解,而且收集、再生、利用成本高昂。大量使用聚乙烯一次性塑料会对环境造成污染,破坏生态平衡。2007 年 12 月 31 日,中华人民共和国国务院下发《国务院办公厅关于限制生产销售使用塑料购物袋的通知》。但"限塑"只是一种手段,最终目标是合成可自然降解的塑料,消除其对环境的破坏,使塑料进入生态的良性循环。

$$CH \equiv CH \xrightarrow[NH_4Cl]{Cu_2Cl_2} CH_2 = CH - C \equiv CH \xrightarrow[CH \equiv CH]{Cu_2Cl_2, NH_4Cl} CH_2 = CH - C \equiv C - CH = CH_2$$

$$CH \equiv CH \xrightarrow[高温]{催化剂} \text{⬡}$$

(四) 端基炔的特性

乙炔和有 RC≡CH 结构的端基炔,叁键碳原子上有氢原子,因 sp 杂化的叁键碳原子表现出较大的电负性,所以碳氢键极性增强,显示出弱酸性,可被金属取代生成金属炔化物。

1. **被碱金属取代**　乙炔和有 RC≡CH 结构的端基炔可与强碱氨基钠反应生成炔化钠。

$$RC \equiv CH \xrightarrow[NH_3]{NaNH_2} RC \equiv CNa$$

在有机合成中,炔化钠是非常有用的中间体,它可与卤代烷反应,碳链增长,合成高级炔烃。

$$RC \equiv CNa + R'X \longrightarrow RC \equiv CR' + NaX$$

2. 被重金属取代 乙炔和有 $RC \equiv CH$ 结构的端基炔可与硝酸银的氨溶液或氯化亚铜的氨溶液反应,分别生成白色的炔化银沉淀和棕红色的炔化亚铜沉淀。

$$RC \equiv CH + \left[Ag(NH_3)_2 \right]^+ \longrightarrow RC \equiv CAg \downarrow \quad 炔化银(白色)$$
$$RC \equiv CH + \left[Cu(NH_3)_2 \right]^+ \longrightarrow RC \equiv CCu \downarrow \quad 炔化亚铜(棕红色)$$

上述反应灵敏,常用于鉴定乙炔和端基炔。金属炔化物在低温和潮湿环境比较稳定,但在干燥时受撞击或受热易爆炸。所以,实验完成后,应立即加硝酸将其分解,然后倒入废液缸中,以防发生危险。

第三节 不饱和烃在药学上重要应用举例

一、乙烯

乙烯为无色、略有甜味的气体,密度 $0.567g/cm^3$,难溶于水,易溶于乙醇、乙醚等有机溶剂,易燃,燃烧时火焰明亮且有黑烟。当空气中含有 3%~36% 乙烯时,形成爆炸性的混合物,遇火星发生爆炸。乙烯可作为未成熟果实的催熟剂。乙烯在医药上与氧气混合可做麻醉剂,麻醉迅速,苏醒也快。长期接触乙烯会有头晕、乏力等中毒症状。乙烯用量最大的在于生产聚乙烯,聚乙烯是日常生活应用最广的高分子材料之一,可用于制造食品袋、塑料水壶、塑料瓶等。聚乙烯在医药方面主要可制作薄膜、人工关节、注射制品及药品的包装,还用作绝缘材料及防辐射保护材料。

二、丙烯

丙烯为无色气体,燃烧时有明亮火焰,广泛用于有机合成,丙烯聚合后生成的聚丙烯相对密度小,力学强度比聚乙烯高,耐热性好。主要用作薄膜、纤维、耐热和耐化学腐蚀的管道及装置、电缆和医疗器械等。

三、柠檬烯

动物实验显示具有良好的镇咳、祛痰、抑菌作用,复方柠檬烯在临床上用于利胆、溶石、促进消化液分泌和排除肠内积气。

1-甲基-4-(1-甲基乙烯基)环己烯

 知识拓展

α-氢的卤代反应

烯烃中与官能团碳碳双键直接相连的碳原子上的氢称 α-H 原子,α-H 原子因受碳碳双键的影响而表现出较高的活性。在高温或光照下与卤素发生卤代反应,生成相应的卤代烯烃。而在常温则发生亲电加成反应。如:

$$CH_3CH \equiv CH_2 + Cl_2 \xrightarrow[气相]{500\sim600℃} CH_2CH \equiv CH_2$$
$$\mid$$
$$Cl$$

$$CH_3CH == CH_2 + Cl_2 \xrightarrow[CCl_4 \text{溶液}]{\text{低温}} CH_3CH — CH_2$$
$$| \quad | $$
$$Cl \quad Cl$$

第四节　顺反异构体及其命名法

 案 例

药物的顺反异构体存在很大的活性差异,如己烯雌酚是雌激素,供药用的是反式异构体,生理活性强,而顺式异构体活性弱。盐酸雷尼替丁的反式异构体具有抗溃疡的作用,而顺式异构体无活性。

那么到底什么是顺反异构呢? 该如何命名顺反异构体呢?

烯烃的异构现象比较复杂,其异构体的数目比同碳数的烷烃多。概括起来,主要有三种异构:

碳链异构:由于碳链骨架不同而引起的异构现象。如:

$$H_2C == CHCH_2CH_2CH_3 \qquad CH_2 == CCH_2CH_3$$
$$|$$
$$CH_3$$

　　　　1-戊烯　　　　　　　　　　2-甲基-1-丁烯

位置异构:由于双键在碳链上位置不同引起的异构现象。如:

$$H_2C == CHCH_2CH_2CH_3 \qquad\qquad CH_3CH == CHCH_2CH_3$$

　　　1-戊烯　　　　　　　　　　　　　2-戊烯

顺反异构:由于双键中 π 键不能旋转而引起的异构现象。它属于立方体异构,本节主要学习顺反异构。

一、顺反异构现象及其产生的原因

在烯烃分子中,由于 π 键的存在限制了碳碳双键的自由旋转,当两个双键碳原子分别连接不同的原子或原子团时,在空间就有两种不同的排列方式(即构型),如2-丁烯就有如下两种构型:

$$\begin{matrix} H & & H \\ & C == C & \\ CH_3 & & CH_3 \end{matrix} \qquad\qquad \begin{matrix} H & & CH_3 \\ & C == C & \\ CH_3 & & H \end{matrix}$$

　　　顺-2-丁烯　　　　　　　　　　反-2-丁烯

上述左边的化合物,相同的基团在双键的同侧,为顺式构型;右边的化合物,相同的基团在双键的异侧,为反式构型。

这种因碳碳双键(或碳环)不能旋转而导致分子中原子或原子团在空间的排列方式不同所产生的异构现象,称为顺反异构。顺反异构属于立体异构中的构型异构。

二、顺反异构的判断

只有每个双键碳上所连的两个原子或原子团不同时,才有顺反异构体。如下式中,(4)式有一个双键碳连着相同基团,就没有顺反异构体。

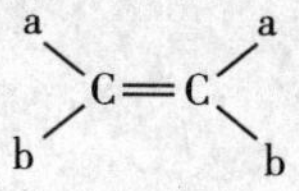

产生顺反异构必须具备两个条件:①分子中存在限制旋转的因素(如双键或碳环);②每个不能自由旋转的碳原子必须连接两个不同的原子或原子团。

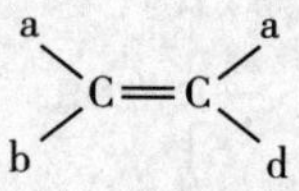

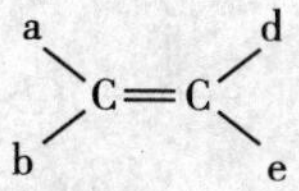

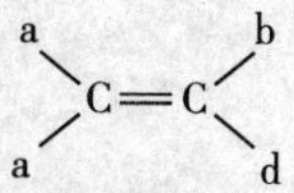

你 问 我 答

1. 1-戊烯、2-戊烯、3-甲基-2-戊烯有顺反异构体吗? 为什么?

2. 顺、反标记法和 Z、E 标记法如何标记它们?

三、顺反异构体的命名

对于顺反异构体的命名,只要在其名称之前加上构型标记即可。目前常用的标记方法有两种:顺、反标记法和 Z、E 标记法。

(一) 顺、反命名法

顺、反命名法主要用于命名两个双键碳原子上连有相同的原子或原子团的顺反异构体。例如:

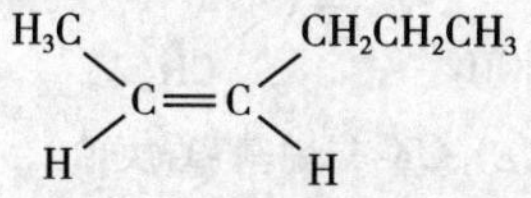

顺-2-己烯

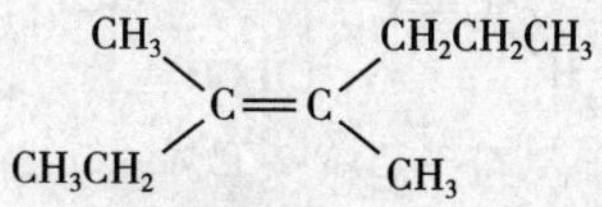

反-3,4-二甲基-3-庚烯

如果两个双键碳原子上连有不同的原子或原子团,则需采用以次序规则为基础的 Z、E 命名法。

(二) Z、E 命名法

1. **次序规则** 次序规则是确定基团优先次序的规则。

(1) 先比较直接与双键相连的原子,原子序数大的为优先基团。常见基团的优先次序为:
—I>—Br>—Cl>—F>—OH>—NH_2>—CH_3>—H

(2) 如果与双键碳原子直接相连的原子相同时,则依次向外延伸比较与该原子相连的其他原子的原子序数,直到比出大小为止。注意不是计算原子序数之和,而是以原子序数大的原子所在的基团为优先。如:—CH_2CH_3>—CH_3,原因是两者第一个原子都为碳原子,—CH_2CH_3 中与第一个碳原子相连的 3 个原子是 H、H、C;而—CH_3 中与第一个碳原子相连的 3 个原子是 H、H、H。

同理, —$C(CH_3)_3$>—$CH(CH_3)_2$>—$CH_2CH_2CH_3$>—CH_2CH_3>—CH_3;

—CH_2Br>—CH_2CH_2Br>—$CH_2CH_2CH_3$

(3) 若比较的基团含不饱和键时,将双键或叁键看作是以 2 个或 3 个相同的原子相连。

如：$\text{C}=\text{O}$　看作　$\overset{O}{\underset{O}{\text{C}}}$　$—\text{C}\equiv\text{N}$　看作　$—\overset{N}{\underset{N}{\text{C}}}-\text{N}$

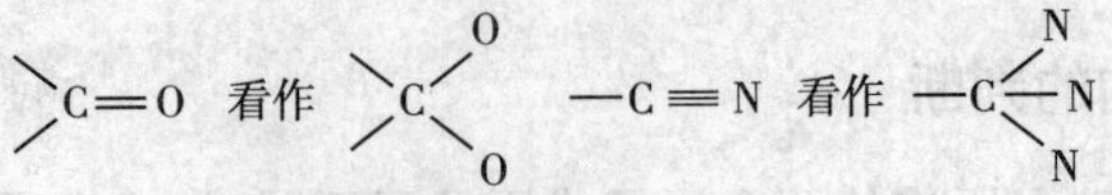

$$—\text{COOH} > —\text{CHO} > —\text{CH}_2\text{OH}$$

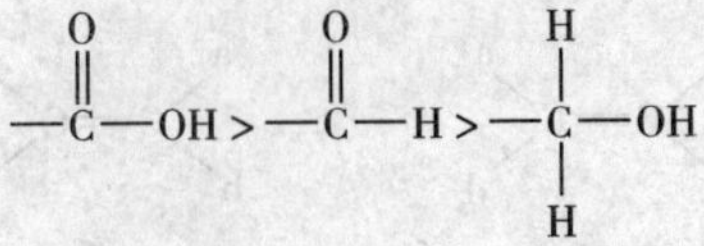

$$\underset{\text{C(O.O.O)}}{—\overset{O}{\underset{}{\text{C}}}-\text{OH}} > \underset{\text{C(O.O.H)}}{—\overset{O}{\underset{}{\text{C}}}-\text{H}} > \underset{\text{C(O.H.H)}}{—\overset{H}{\underset{H}{\text{C}}}-\text{OH}}$$

2. *Z* 构型和 *E* 构型的确定及命名实例　用 *Z*、*E* 标记法时,首先按照次序规则分别确定双键碳原子上所连接的原子或原子团的优先次序。优先基团在双键的同侧,为 *Z* 构型;反之,优先基团在双键的异侧,为 *E* 构型;如果双键的两个碳原子上连接的次序大的原子或原子团在双键的异侧时,则为 *E* 构型。如:

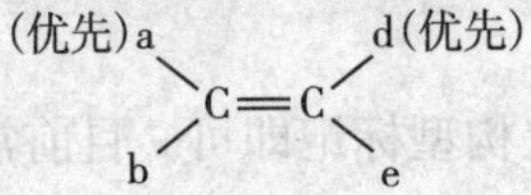

(优先)a　　　d(优先)
　　$\text{C}=\text{C}$　　　a>b;d>e　　　(优先)a　　　e
b　　　e　　　　　　　　　$\text{C}=\text{C}$
Z- 构型　　　　　　　　　b　　　d(优先)
　　　　　　　　　　　　　　E- 构型

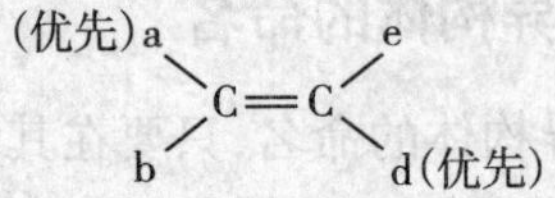

利用 *Z*、*E* 命名法可以命名所有的顺反异构体。例如:

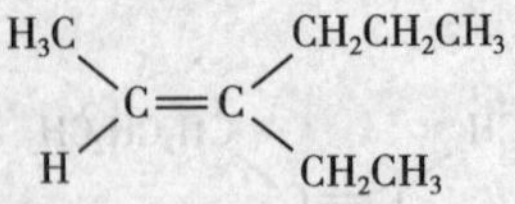

H_3C　　　$\text{CH}_2\text{CH}_2\text{CH}_3$
　　$\text{C}=\text{C}$
H　　　CH_2CH_3

(*Z*)-3- 乙烯 -2- 己烯

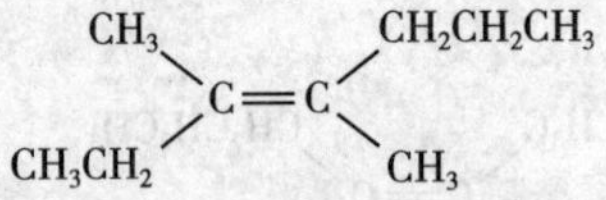

CH_3　　　$\text{CH}_2\text{CH}_2\text{CH}_3$
　　$\text{C}=\text{C}$
CH_3CH_2　　　CH_3

(*E*)-3,4- 二甲基 -3- 庚烯

CH_3　　　$\text{CH}_2\text{CH}_2\text{CH}_3$
　　$\text{C}=\text{C}$
$(\text{CH}_3)_2\text{CH}$　　　CH_2CH_3

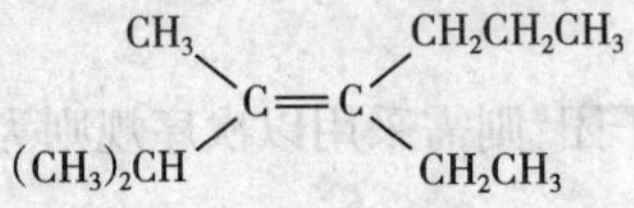

(*E*)-2,3- 二甲基 -4- 乙基 -3- 庚烯

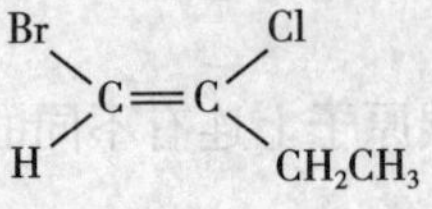

Br　　　Cl
　　$\text{C}=\text{C}$
H　　　CH_2CH_3

(*Z*)-2- 氯 -1- 溴 -1- 丁烯

必须注意:顺、反命名法与 *Z*、*E* 命名法是两个不同的体系,两者之间没有必然的联系。例如:

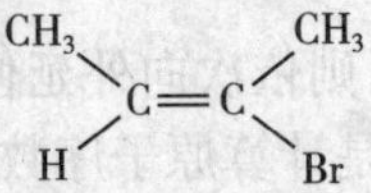

CH_3　　　CH_3
　　$\text{C}=\text{C}$
H　　　Br

顺 -2- 溴 -2- 丁烯
(*E*)-2- 溴 -2- 丁烯

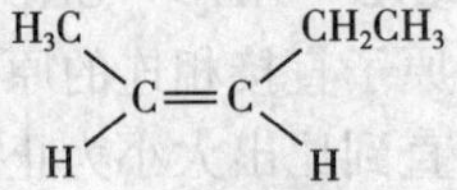

H_3C　　　CH_2CH_3
　　$\text{C}=\text{C}$
H　　　H

顺 -2- 戊烯
(*Z*)-2- 戊烯

案例分析

　　顺反异构体最大的性质差异就是生理活性的不同。这主要是因为双键所连的原子或基团的空间距离不同,原子或基团之间的相互作用力大小也不同,在生物体内造成药物和受体表面作用的强弱不同,导致其生理活性出现差别。

第五节 共轭二烯烃的结构和共轭效应

案 例

共轭多烯在自然界较为常见,有许多都具有生物活性。例如胡萝卜中存在的β-胡萝卜素在体内可分解为视黄醛,视黄醛可被还原成维生素A,因此β-胡萝卜素被称作维生素A源。山梨酸对酵母、霉菌等有抑制作用,作为食品防腐剂被广泛使用。那么,什么是共轭烯烃呢? 结构、性质有何特点?

分子中含有两个或两个以上碳碳双键的不饱和烃称为多烯烃。多烯烃中最重要的是二烯烃,其通式为 $C_nH_{2n-2}(n \geqslant 3)$。

根据二烯烃中两个双键的相对位置的不同,可将二烯烃分为三类:①聚集二烯烃:两个双键与同一个碳原子相连接的二烯烃;②隔离二烯烃:两个双键被两个或两个以上的单键隔开的二烯烃;③共轭二烯烃:两个双键被一个单键隔开的二烯烃。本节重点讨论的是共轭二烯烃。

一、共轭二烯烃及其结构

两个双键被一个单键隔开 $\left(\underset{}{\overset{|}{C}} = \overset{|}{C} - \overset{|}{C} = C \underset{}{\overset{}{<}} \right)$ 的二烯烃叫共轭二烯烃。

最简单的共轭二烯烃是 1,3-丁二烯。以物理方法测得 1,3-丁二烯的结构见图 3-11。

在 1,3-丁二烯分子中,4 个碳原子都是以 sp^2 杂化,它们彼此各以 1 个 sp^2 杂化轨道结合形成碳碳 σ 键,其余的 sp^2 杂化轨道分别与氢原子的 s 轨道重叠形成 6 个碳氢 σ 键。分子中所有 σ 键和全部碳原子、氢原子都在一个平面上。此外,每个碳原子还有 1 个未参加杂化的与分子平面垂直的 p 轨道,在形成碳碳 σ 键的同时,对称轴相互平行的 4 个 p 轨道可以侧面重叠形成 2 个 π 键,即 C_1 与 C_2 和 C_3 与 C_4 之间各形成一个 π 键。同时,C_2 与 C_3 的 p 轨道由于相邻又平行,也可侧面发生一定程度的重叠,把两个 π 键连接起来,形成一个包含 4 个碳原子的大 π 键。

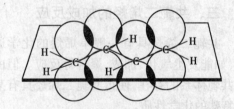

图 3-11　1,3-丁二烯分子中的大 π 键

小 贴 士

番 茄 红 素

番茄红素($C_{40}H_{56}$)是类胡萝卜素的一种,红色,它是含有两个单独双键和 11 个共轭双键的长链分子。因从番茄中提取而得名。番茄红素的抗氧化作用及清除自由基的能力比β-胡萝卜素和维生素A还强,并具有防癌、抗衰老、降低心血管疾病的危害、提高免疫力等多种功效。

人体体内不能合成番茄红素,只能由食物摄取。成熟的红色果实(如番茄、石榴、西瓜)中含量较高。

在 1,3-丁二烯分子中,由于 C_2 与 C_3 的重叠使得 C_2 与 C_3 之间的键长(0.146nm)比一般烷烃分子中碳碳单键(0.154nm)要短,而碳碳双键则由于大 π 键的形成,键长(0.137nm)比一般烯烃中的碳碳双键(0.134nm)要长。因此,大 π 键的形成造成了共扼体系中的键长平均化。

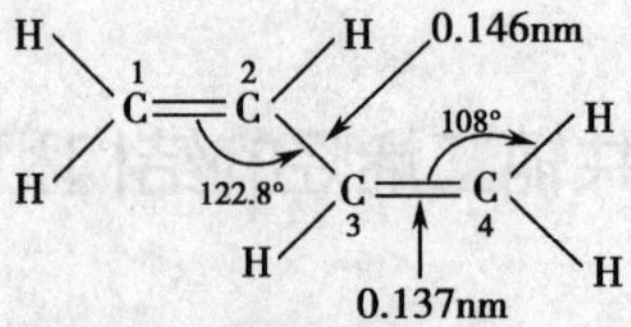

1,3-丁二烯分子中的键长和键角

由此可见,在共轭二烯烃如1,3-丁二烯分子中的 π 键不是局限于某两个碳原子之间,而是运动于四个碳原子间,这样形成的键叫大 π 键,也称离域键或称共轭 π 键。"离域"是相对于通常局限于两个原子间(定域)的化学键而言。具有离域键的体系称为共轭体系。

二、共轭效应

共轭体系通常有三个显著特点:一是键长平均化;二是体系能量降低,稳定性明显增强;三是当进行反应时,外界试剂的作用不仅使一个双键极化,而且会沿着共轭链传递到整个共轭体系中,使整个共轭体系电子云变形,产生交替极化现象。在共轭体系中,π 电子的离域使电子云密度平均化,键长趋于平均化,体系能量降低,稳定性增强,这种效应称为共轭效应。共轭效应与诱导效应不同,不会因链的增长而减弱,它的影响是远程的。

像1,3-丁二烯分子这种单双键交替的共轭体系称为 π-π 共轭,此外还有 p-π 共轭和 σ-π 超共轭。

三、共轭二烯烃的加成反应

共轭二烯烃具有一般单烯烃的化学通性,如能发生氧化、加成、聚合等反应。但由于共轭体系的存在,使得共轭二烯烃具有某些特殊的化学性质。

1,2-加成与1,4-加成:共轭二烯烃与一分子卤素、卤化氢等亲电试剂发生加成反应,有两种不同的加成方式。一种是发生在一个双键上的加成,称为1,2-加成;另一种加成方式是试剂的两部分分别加到共轭体系的两端,即加到 C_1 和 C_4 两个碳原子上,分子中原来的两个双键消失,而在 C_2 与 C_3 之间形成一个新的双键,称为1,4-加成(又称共轭加成)。例如:

> **小 贴 士**
>
> **Diels-Alder 反应**
>
> 双烯合成也称 Diels-Alder 反应,是德国化学家奥托·狄尔斯(Otto Diels)和库尔特·阿尔德(Kurt Alder)在研究1,3-丁二烯与顺丁烯二酸酐时发现的反应。他们因对此重要反应的发现和发展而获得1950年的诺贝尔化学奖。不对称的 Diels-Alder 反应是不对称合成中最常用的反应之一,广泛应用于药物、天然产物及各种手性化合物的合成。目前,使用手性助剂控制 Diels-Alder 反应过程中的立体化学的研究备受重视。

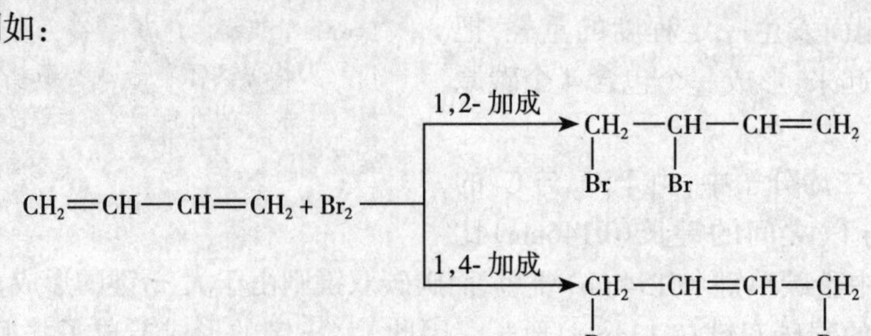

两种加成是竞争反应,哪一种占优势,取决于反应条件。一般低温及非极性溶剂中以1,2-加成为主;高温及极性溶剂中以1,4-加成为主。

 知识拓展

双烯加成反应

共轭二烯烃与某些具有碳碳双键的不饱和化合物发生1,4-加成,生成环状化合物的反应称为双烯合成,也叫狄尔斯-阿尔德(Diels-Alder)反应。

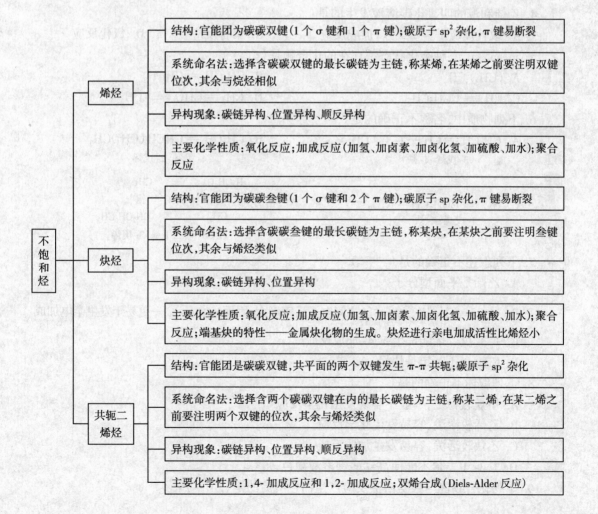

一般把进行双烯合成的共轭二烯烃称作双烯体,另一个不饱和的化合物称为亲双烯体。实践证明,当亲双烯体的双键碳原子上连有一个吸电子基团(如—CHO、—CN、—NO₂)时,则反应易于进行。

学习小结

不饱和烃
- 烯烃
  - 结构:官能团为碳碳双键(1个σ键和1个π键);碳原子sp² 杂化,π键易断裂
  - 系统命名法:选择含碳碳双键的最长碳链为主链,称某烯,在某烯之前要注明双键位次,其余与烷烃相似
  - 异构现象:碳链异构、位置异构、顺反异构
  - 主要化学性质:氧化反应;加成反应(加氢、加卤素、加卤化氢、加硫酸、加水);聚合反应
- 炔烃
  - 结构:官能团为碳碳叁键(1个σ键和2个π键);碳原子sp 杂化,π键易断裂
  - 系统命名法:选择含碳碳叁键的最长碳链为主链,称某炔,在某炔之前要注明叁键位次,其余与烯烃类似
  - 异构现象:碳链异构、位置异构
  - 主要化学性质:氧化反应;加成反应(加氢、加卤素、加卤化氢、加硫酸、加水);聚合反应;端基炔的特性——金属炔化物的生成。炔烃进行亲电加成活性比烯烃小
- 共轭二烯烃
  - 结构:官能团是碳碳双键,共平面的两个双键发生 π-π 共轭;碳原子sp² 杂化
  - 系统命名法:选择含两个碳碳双键在内的最长碳链为主链,称某二烯,在某二烯之前要注明两个双键的位次,其余与烯烃类似
  - 异构现象:碳链异构、位置异构、顺反异构
  - 主要化学性质:1,4-加成反应和1,2-加成反应;双烯合成(Diels-Alder反应)

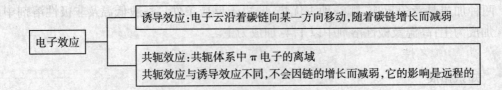

诱导效应：电子云沿着碳链向某一方向移动,随着碳链增长而减弱

共轭效应：共轭体系中 π 电子的离域
共轭效应与诱导效应不同,不会因链的增长而减弱,它的影响是远程的

电子效应

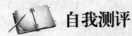 **自我测评**

一、单项选择题

1. 下列物质中,不能使酸性高锰酸钾溶液褪色的是( )

    A. 丁烷   B. 丙烯   C. 1-丁炔   D. 1,3-丁二烯

2. 下列物质与溴发生的反应不是取代反应的是( )

    A. 正戊烷   B. 异戊烷   C. 新戊烷   D. 1-戊烯

3. 下列物质间不能发生反应是( )

    A. 乙烯与水   B. 乙炔与水   C. 甲烷与水   D. 甲烷与溴

4. 乙烯和溴的四氯化碳溶液发生的是( )

    A. 取代反应   B. 加成反应   C. 聚合反应   D. 氧化反应

5. sp、sp^2、sp^3 三种杂化状态都存在的化合物是( )

    A. $(CH_3)_3CH$ B. $CH_3CH = CHCH_3$

    C. $CH \equiv CCH_2CH_3$ D. $CH_2 = CHC \equiv CCH_3$

6. 下列物质中,名称不正确的是( )

    A. $CH_3CH = CH — C \equiv CH$ B. $CH_3CH = CHCH(CH_3)CH_3$

              3-戊烯-1-炔   4-甲基-2-戊烯

    C. $HC \equiv CCH_2CH = CH_2$ D.

             1-戊烯-4-炔 (Z)-3,4-二甲基-3-庚烯

7. 下列叙述不正确的是( )

    A. 乙烯是平面型分子

    B. $—C \equiv C—$ 比 $\diagdown C = C \diagup$ 之间电子云密度大,因而 $—C \equiv C—$ 更易于发生亲电加成

    C. 1,3-戊二烯能发生 1,4-加成反应

    D. C_nH_{2n-2} 不一定是炔烃

8. 下列叙述不正确的是( )

    A. 甲烷较稳定,一般不容易发生化学反应

    B. 乙烯较活泼,容易发生化学反应

    C. 乙炔较活泼,容易发生加成反应

    D. 1,3-丁二烯不能使高锰酸钾溶液褪色

9. 下列化合物能与银氨溶液反应产生白色沉淀的是( )

A. 乙烯 　　　　 B. 1- 丁炔 　　　　 C. 2- 戊炔 　　　　 D. 1,3- 丁二烯

10. 乙炔与足量的 HBr 反应最终产物为（　　　）

A. 溴乙烷 　　　　　　　　　　 B. 二溴乙烷

C. 1,1- 二溴乙烷 　　　　　　　 D. 1,2- 二溴乙烷

二、多项选择题

1. 下列化合物属于共轭二烯烃的是（　　　　　）

A. 1,3- 戊二烯 　　　　　 B. 丙二烯 　　　　　 C. 2,4- 己丁烯

D. 2,5- 庚二烯 　　　　　 E. 1,4- 戊二烯

2. 下列属于吸电子基的是（　　　　　）

A. —COOH 　　 B. —CH_2CH_3 　 C. —NO_2 　　 D. —CH_3 　　 E. —Cl

3. 鉴定末端炔烃的常用试剂有（　　　　）

A. 高锰酸钾溶液 　　　　　 B. 卢卡斯试剂

C. 氯化亚铜的氨溶液 　　　 D. 硝酸银的氨溶液

E. 溴水

4. 下列叙述正确的是（　　　　）

A. 分子通式为 C_nH_{2n} 的烃不一定是烯烃

B. 炔烃和烯烃都可以聚合成高分子化合物

C. 同碳原子的炔烃异构体比烯烃少

D. 乙烯和 1,3- 丁二烯都是平面型分子

E. 同系物一定是同分异构体

5. 下列化合物能被高锰酸钾氧化生成 CO_2 的是（　　　　　）

A. $CH_2 = CH_2$ 　　　　　　　 B. $CH_3C \equiv CCH_3$

C. $CH_3C \equiv CCH_2CH_3$ 　　　 D. $CH_3 — CH = CH_2$

E. $CH \equiv CCH_2CH_3$

三、用系统命名法命名下列化合物或写出结构简式

1. $CH_3CH = CHCHCH_3$ 上 CH_2CH_3

2. $CH_3CH = CHCH_2CH = CHCH_2CHCH_3$ 上 CH_3

3. $\underset{H}{\overset{H_3C}{}}C = C\underset{CH_2CH_3}{\overset{CH_2CH_2CH_3}{}}$

4. $CH_2 = CHCHC \equiv CH$ 上 CH_2CH_3

5. 2- 甲基 -1- 戊烯

6. 顺 -2- 戊烯

7. 1- 戊烯 -3- 炔

8. 1,5- 己二烯 -3- 炔

四、完成下列反应方程式

1. $(CH_3)_2CHCH = CH_2 + Br_2 \xrightarrow{CCl_4}$

2. $CH_3C = CHCH_3 \xrightarrow[H^+]{KMnO_4}$ 上 CH_3

3. $CH_3CH_2C = CH_2 + HBr \xrightarrow{\text{过氧化物}}$
　　　　|
　　　CH_3

4. $CH_3C \equiv C - CH = CH_2 + Br_{2(1mol)} \xrightarrow{CCl_4}$

5. $CH_3C \equiv CH \xrightarrow[H^+]{KMnO_4}$

6. $CH \equiv CH + Cu(NH_3)_2Cl \longrightarrow$

7. $+$ COOH $\xrightarrow{\text{20～40MPa,200℃}}$

8. $CH \equiv CH + H_2O \xrightarrow[H_2SO_4]{HgSO_4}$

9. $CH_2 = C - CH = CH_2 + Br_2 \xrightarrow{\text{1,4-加成}}$
　　　　　|
　　　　CH_3

10. $CH_3CH = CH_2 + H_2SO_4 \longrightarrow \quad\quad \xrightarrow{H_2O}$

五、分析题

1. 用简便的化学方法鉴别下列各组化合物

(1) 乙烷、乙烯、乙炔

(2) 1-戊炔、2-戊炔

(3) 丁烷、1-丁炔、1,3-丁二烯

2. 推断结构

(1) 化合物 A 的分子式为 C_4H_8,能使溴水褪色;经催化加氢生成正丁烷;用酸性高锰酸钾溶液氧化后只生成一种羧酸,试推测 A 的结构简式和名称,并写出有关的反应式。

(2) 化合物 A 和 B 互为同分异构体,二者都能使溴的四氯化碳溶液褪色。A 能与硝酸银的氨溶液反应而 B 不能。A 用酸性高锰酸钾溶液氧化后生成 $(CH_3)_2CHCOOH$ 和 CO_2,B 用酸性高锰酸钾溶液氧化后生成 CO_2 和 $CH_3COCOOH$。试推测 A 和 B 的名称和结构简式并写出有关的反应式。

六、团队练习题

有一分子式为 C_4H_6 的化合物,

(1) 讨论它可能是哪类化合物? 写出可能的结构简式并命名。

(2) 分析各个可能的化合物其结构有什么特点? 化学性质有什么相似与不同之处?

(3) 如果该化合物能使高锰酸钾酸性溶液褪色,又能与硝酸银的氨溶液反应生成白色沉淀,你能断定它的结构简式吗? 写出相应的反应方程式。

(王文礤)

第四章　脂环烃、萜类及甾族化合物

学习导航

　　自然界存在的有机化合物多数都含有环的结构。许多基本的生命过程都与环状化合物密切相关。如果没有这些含环的化合物,生命将不复存在。萜类及甾族化合物都属碳环衍生物。萜类广泛存在于中草药中含有的挥发油里。而当你听到甾族化合物时可能会联想到一些运动员非法"服用甾族化合物"来增加他们的肌肉。除了以上联想,你对它们还了解多少呢? 它们的性质和作用如何? 不同的甾族化合物有什么差别? 本章将介绍脂环烃和萜类及甾族化合物、命名、物理性质、结构特征和构象性质。

　　脂环烃及其衍生物广泛存在于自然界中,特别是在石油和动植物体内,有的是植物中含有的挥发油(精油),如柠檬醛、薄荷醇、樟脑等,其成分大多是环烯烃及其含氧衍生物,有的是中草药中重要的有效成分,有的可作香料,如茴香、八角、桂皮等。药物中也常含有脂环烃结构,如吗啡类的镇痛药,生物碱类的解痉药莨菪碱、阿托品(消旋化的莨菪碱)等。

　　具有环状结构的碳氢化合物称为环烃,又称为闭链烃,根据其构造和性质可分为脂环烃和芳香烃。

第一节　脂环烃的结构、分类和命名

问　题

脂环烃的结构特性和稳定性如何?

　　脂环烃是具有环状结构的碳氢化合物,它与开链式的脂肪烃化合物在结构上有所不同,由于碳原子的成键特点,脂环烃在化学性质上较开链脂肪烃活泼,且随着环的增大,脂环烃的化学性质逐渐呈现惰性,那么,脂环烃与脂肪烃相比较,其环状结构究竟有什么特殊性呢? 有哪些因素共同影响着脂环烃的稳定性呢?

一、脂环烃的结构

　　从环烷烃的化学性质可以看出,环丙烷最不稳定,环丁烷次之,环戊烷比较稳定,环己烷以上的大环都稳定,这反映了环的稳定性与环的结构有着密切联系。

(一) 环丙烷的结构

　　环烷烃中的碳原子是采取 sp^3 杂化轨道成键的。根据环烷烃的构象分析得知环烷烃除环丙烷处于一个平面外,三元环以上的环烷烃,其成环碳原子都不在一个平面上。

　　以环丙烷为例,在环丙烷分子中,相邻两个碳上的两个氢原子彼此成重叠式,具有很大的张力。成环时,碳碳键是以弯曲键(香蕉键)相互交盖的,且 C—C—C 键角为 105.5°,H—C—H 键角为 114° (图 4-1,图 4-2),碳碳键的 p 电子成分高,重叠程度较少,使电子云分布在连接两个碳

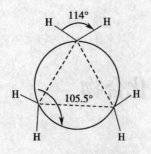

图 4-1　环丙烷的结构

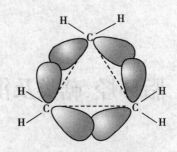

图 4-2　环丙烷的电子云结构

原子直线的外侧,因此容易被亲电试剂(Br_2、HBr 等)进攻,从而具有一定的烯烃性质,并易开环。

(二) 环丁烷、环戊烷和环己烷的结构

1. 环丁烷的结构　环丁烷的结构与环丙烷相似,碳碳键也是弯曲成键,但弯曲程度略小,且碳原子不都在一个平面上,环张力减小,因此环丁烷较环丙烷稍稳定些。

环丁烷的结构　　　　　　　　环戊烷的结构

2. 环戊烷的结构　在环戊烷分子中,C—C—C 键之间的夹角为 108°,接近 sp^3 杂化轨道间夹角 109.5°,分子中几乎没有什么角张力,因此环戊烷是比较稳定的环烷烃,不易开环,环戊烷的性质与开链烷烃相似。

3. 环己烷的结构　在环己烷分子中,六个碳原子不在同一平面内,C—C—C 键之间的夹角可以保持 109.5°,因此环很稳定。

环己烷的结构有椅式排列和船式排列,由于椅式排列中两个碳原子分别处于平面的上下方,空间距离远,斥力最小,能量最低,因此,环己烷的椅式排列比船式排列稳定。

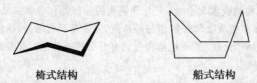

椅式结构　　　　　　　　　　船式结构

(三) 脂环烃的稳定性

1. 环张力与稳定性　在环丙烷分子中,电子云的重叠不能沿着 sp^3 轨道轴对称重叠,只能偏离键轴一定的角度以弯曲键侧面重叠,形成弯曲键(香蕉键),其 C—C—C 键角为 105.5°(图 4-3)。由于 C—C—C 键角要从 109.5°压缩到 105.5°,因此,环内存在一定的张力,这种由偏离正常键角引起的张力称为角张力(Baeyer 张力)。

此外,环丙烷分子中还存在着另一种张力——扭转张力。扭转张力是指由非成键原子的重叠引起的张力(或由围绕单键的旋转而偏离稳定交叉式构象引起的张力)。环丙

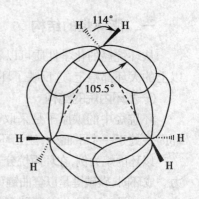

图 4-3　环丙烷中的弯曲键

烷中的扭转张力是由于环中三个碳位于同一平面，相邻的 C—H 键互相处于重叠式构象，有旋转成交叉式的趋向而产生的张力。环丙烷的总张力能为 114kJ/mol。环张力越大，分子的能量越高，稳定性越差，越容易开环加成。环丁烷与环丙烷相似，其分子中存在着张力，但因为在环丁烷分子中四个碳原子不在同一平面上，故环丁烷的环内张力比环丙烷较小，稳定性比环丙烷较好。

总而言之，环烷烃的角张力、扭转张力越大环烷烃越不稳定，因此三元环中三个碳原子处于同一平面，角张力最大，最不稳定，而其他多元环中碳原子不在同一平面，张力较小，稳定性较高。一般三元环易发生开环反应，而五元以上的环难于发生开环反应。

小 贴 士

张力学说的提出

1885 年，德国化学家拜尔提出有机化合物的碳原子和不对称碳原子一样，一般均位于正四面体的中心，其价键伸向四隅，各价键互成 109°28′ 的角度。当两个碳原子结合时，拜尔假定其价键在两个碳原子的中心之间直线连接（即在一个平面上）。依此理论，则三或四个原子成环时，其价键必向内挠屈，形成张力，并且张力愈大，环愈易破裂，因此该化合物易与其他试剂反应而开环，这就是最初的张力学说。据张力学说的原理，小环如环丙烷、环丁烷易开环，正是由于其碳原子间具有大的张力，而五元及六元环之所以稳定，是由于其环内张力极小，而五元环犹如没有张力存在。

2. 燃烧热与稳定性　燃烧热是指 1mol 化合物完全燃烧生成二氧化碳和水所放出的能量，通常用 kJ/mol 表示，燃烧热的大小反映了分子内能的高低。

环烷烃可看作是由数量不等的—CH_2—单元连接起来的，但不同环烷烃中—CH_2—的燃烧热由于环的大小有着明显的差别。环烷烃中每个 CH_2 的平均燃烧热，高于开链烷烃，这表明环烷烃分子中每个 CH_2 比开链烷烃具有较高的能量而较不稳定。从环丙烷到环己烷，每个 CH_2 的燃烧热逐渐降低，说明环越小，燃烧热就越高，分子内能越大，分子就越不稳定。六元环以上的环烷烃，每个 CH_2 燃烧热相差不多，稳定性也相似，是稳定的无张力环。

你 问 我 答

燃烧热与化合物的稳定性有什么关系？

（四）脂环烃的构象

在有机化合物分子中，由于碳碳单键的自由旋转，引起结合在碳原子上的原子或基团的相对位置发生改变，产生若干种不同的空间排布方式，称为该分子的构象。其中，最稳定的构象，称为优势构象。一般而言，分子的优势构象是分子采取总能量最低的最稳定构象。如果在反应的活化步骤出现张力能增加，则导致反应速率降低，这种效应称为空间位阻效应。

1. 环丁烷的构象　环丁烷与环丙烷相似，分子中存在着张力，但由于在环丁烷分子中四个碳原子不在同一平面上，故其环张力比环丙烷的小。

电子衍射研究表明，环丁烷分子结构形如蝴蝶，两“翼”上下摆动，以两种处于快速转化平衡的蝶状构象存在：

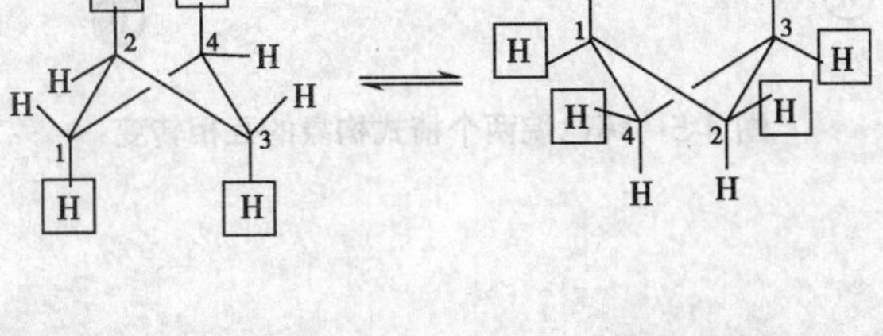

在构象转化过程中一种蝶状构象碳上的 a 键(即直立键,与分子的对称轴平行)和 e 键(即平伏键,与直立键成 109°28′)转变成另一种蝶状构象相应碳上的 e 键和 a 键。在上式中对每一个碳上的 a 键氢作了标记,便于核对。

2. 环戊烷的构象 环戊烷分子中,C—C—C 夹角为 108°,接近 sp³ 杂化轨道间夹角,环张力甚微,是比较稳定的环。但若环为平面结构,则其 C—H 键都相互重叠,会有较大的扭转张力,所以,环戊烷是以折叠式构象存在的,为非平面结构,以快速转化平衡的信封式和半椅式两种构象存在:

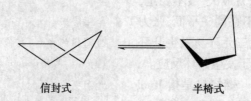

信封式   半椅式

信封式构象是指其中四个碳原子处于同一平面而一个碳原子在这一平面之外,半椅式构象是指其中三个碳原子处于同一平面而其余两个碳原子分别在这一平面的两边。

3. 环己烷的构象 在环己烷分子中,碳原子是以 sp³ 杂化的。六个碳原子不在同一平面内,碳碳键之间的夹角可以保持 109°28′ ,因此,环很稳定(图 4-4)。环己烷有两种极限构象,一种是稳定的椅式构象,另一种是不稳定的船式构象。

在椅式构象中,相邻碳碳键的氢原子以交叉式排列,因此环己烷本身的椅式构象是没有张力的,而在船式构象中,不仅两个桅杆氢之间存在范德华斥力,而且船底的两个 C—C 键的氢以重叠式排列,存在扭转张力,因此,船式构象是不稳定的。在椅式构象和船式构象的平衡中,椅式构象占绝对优势。

环己烷的一种椅式构象可以快速翻转成另一种椅式构象,在构象翻转过程中每一个碳上的 a 键(直立键)和 e 键(平伏键)转变成另一种椅式构象相应碳上的 e 键和 a 键(图 4-5)。

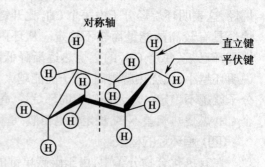

图 4-4 环己烷的直立键和平伏键

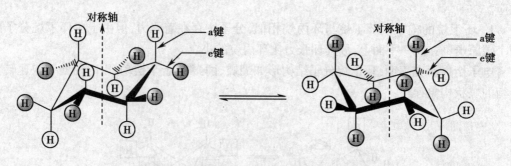

图 4-5 环己烷两个椅式构象的互相转变

二、脂环烃及其分类

脂环烃是指碳原子相互连接成环状结构而性质与开链脂肪烃相似的一类碳环化合物,称为脂肪族环烃,简称脂环烃。

根据分子中所含碳环的数目及碳、氢比例的不同,脂环烃可分为单环脂环烃和多环脂环烃。多环脂环烃又可分为桥环烃、螺环烃、稠环烃。

例如:

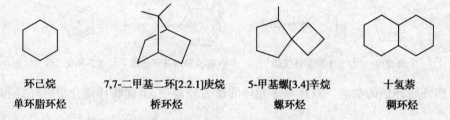

根据环的大小,脂环烃可分为小环(3~4 个 C 原子的环);普通环(5~7 个 C 原子的环);中环(8~12 个 C 原子的环);大环(12 个以上 C 原子的环)。

根据分子中饱和程度的不同,脂环烃可分为饱和脂环烃(环烷烃)和不饱和脂环烃(环烯烃、环炔烃)。例如:

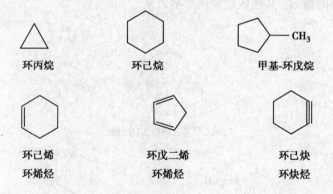

三、单环脂环烃的命名

1. 单环烷烃的命名 单环烷烃的命名是以碳环为母体,根据组成环的碳原子数目称为"某烷",并在"某烷"前面冠以"环"字,称为"环某烷"。

当环上有取代基时,应在官能团编号遵循最小位次规则的基础上,将取代基的位次尽可能采用最小数字标出;当环上有不同取代基时,则按照"次序规则"决定原子或基团的排列顺序,取代基的名称应写在环烷烃的前面。

例如:

甲基环戊烷 1-甲基-2-乙基环己烷 1,5-二甲基-2-乙基环己烷

2. 单环烯烃的命名 单环烯烃的命名是根据组成环的碳原子数目称为"某烯",并在"某烯"前面冠以"环"字,称为"环某烯"。

编号时首先应将双键的位次编为最小,取代基位次则以双键位次为准,按照"次序规则"依次编号。

例如:

环戊烯 3-甲基环戊烯 3-甲基-5-异丙基环己烯 1,3-环戊二烯

3. 多环脂环烃的命名 双环和多元环的命名较复杂,下面将详细介绍桥环烃和螺环烃的命名。

(1) 桥环烃的命名:桥环烃是指分子中含有两个或多个碳环的多环烃中,其中两个环共用两个或两个以上碳原子的多环烃称为桥环烃。①编号原则:从桥的一端开始,沿最长桥编至桥的另一端,再沿次长桥至始桥头,最短的桥最后编号;②命名:命名时应根据成环碳原子的总数目称为"环某烷",并在"环"字后面的方括号中标出除桥头碳原子外的桥碳原子数(大的数目排前,小的排后),其他同烷烃的命名方法。

例如:

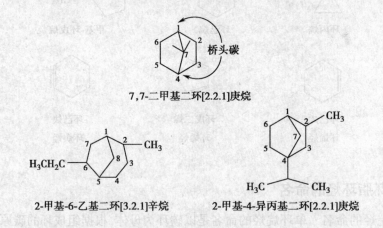

7,7-二甲基二环[2.2.1]庚烷

2-甲基-6-乙基二环[3.2.1]辛烷   2-甲基-4-异丙基二环[2.2.1]庚烷

(2) 螺环烃的命名:螺环烃是指脂环烃分子中两个碳环共用一个碳原子的环烃。①编号原则:从较小环中与螺原子相邻的一个碳原子开始,途经小环到螺原子,再沿大环至所有环碳原子;②命名:根据成环碳原子的总数称为环某烷,在方括号中标出各碳环中除螺碳原子以外的碳原子数目(小的数目排前,大的排后),其他同烷烃的命名。

例如:

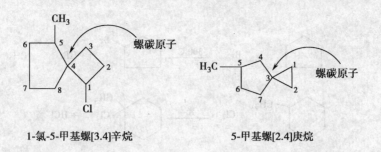

1-氯-5-甲基螺[3.4]辛烷　　　　　5-甲基螺[2.4]庚烷

第二节　脂环烃的性质

问 题

分子组成同为 C_6H_{12} 的某化学物质,经实验发现其中一种物质 A 化学性质活泼,能与高锰酸钾反应,使其紫红色褪色,而另一种物质 B 则呈现化学惰性,不易与其他物质发生反应,它们分别是什么物质呢? 为什么相同的分子组成,化学性质相差这么大呢?

案 例

分子式为 C_6H_{12} 的这两种物质分别是:

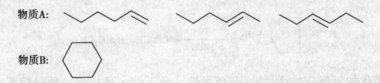

物质A:

物质B:

A 和 B 属于同分异构体,虽然它们具有相同的分子组成,但其结构截然不同,故分别表现出不同的化学性质。其中物质 A 具有不饱和双键,化学性质较为活泼,而物质 B 是饱和脂环烃,且为六元环,其化学性质稳定,不易发生化学反应。

一、环烷烃的性质

(一)环烷烃的物理性质

常温常压下,环丙烷、环丁烷为气体,环戊烷至环十一烷是液体,其他高级环烷烃为固体。环烷烃相对密度仍小于1,但其相对密度、熔点、沸点比含相同 C 原子数目的脂肪烃高,这是因为环烷烃的结构较对称,排列的较紧密,分子间作用力较大的缘故。环烷烃一般不溶于水,易溶于有机溶剂。

(二)环烷烃的化学性质

环烷烃的化学性质与开链烷烃相似。但是,由于脂环烃具有环状构造,小环烃(三元、四元环)会出现一些特殊的化学性质,主要表现在环的稳定性上,小环较不稳定,容易开环生成开链化合物,而大环则较稳定。

1. 取代反应　环戊烷、环己烷和卤素单质 $X_2(Cl_2、Br_2)$ 在一定条件下发生取代反应,生成取代环烷烃。

例如：

$$\text{（环戊烷）} + Br_2 \xrightarrow{300℃} \text{（溴代环戊烷）} + HBr$$

$$\text{（甲基环己烷）} + Cl_2 \xrightarrow{\text{光}} \text{（1-氯-1-甲基环己烷）} + HCl$$

2. 加成反应　小环环烷烃容易开环，发生与烯烃类似的加成反应，即环被打开成开链式结构，并在链的两端各加上一个原子或原子团，生成开链烃或其衍生物。

（1）催化加氢：环烷烃可在一定条件下进行催化加氢反应，加氢后环被打开，两端碳原子与氢原子结合而生成链状的烷烃。由于环的稳定性不同，其反应条件也互不相同，其中，环丙烷在较低的温度和镍催化下加氢开环生成丙烷，环丁烷在较高温度下也可以加氢开环生成丁烷，环戊烷、环己烷等要用活性高的催化剂在更高温度下才能开环生成烷烃。

例如：

$$\text{△} + H_2 \xrightarrow[80℃]{Ni} CH_3CH_2CH_3$$

$$\text{□} + H_2 \xrightarrow[200℃]{Ni} CH_3CH_2CH_2CH_3$$

$$\text{⬠} + H_2 \xrightarrow[>300℃]{Pd} CH_3CH_2CH_2CH_2CH_3$$

环烷烃催化加氢反应的活性顺序：环丙烷＞环丁烷＞环戊烷。环己烷或六元以上环烷烃加氢开环非常困难。

（2）与卤素（X_2）加成：环丙烷、环丁烷与烯烃相似，可与卤素单质发生加成反应，而环戊烷、环己烷及六元以上环烷烃则与开链烷烃相似，只能与卤素发生取代反应。

例如：

$$\text{△} + Br_2 \xrightarrow[\text{室温}]{CCl_4} \underset{Br}{CH_2} - CH_2 - \underset{Br}{CH_2}$$

（3）与氢卤酸（HX）加成：环丙烷及其衍生物易与 HBr 发生加成反应，产物为 1-溴丙烷；取代环丙烷与 HBr 发生加成时，环的断裂发生在取代基最多和取代基最少的碳碳键之间，符合马尔科夫尼科夫规则；环丁烷、环戊烷等四元以上环烷烃不易与 HBr 反应。

例如：

$$\text{△} + HBr \longrightarrow \underset{Br}{CH_2} - CH_2 - \underset{H}{CH_2}$$

$$CH_3 - \underset{\underset{CH_2}{|}}{CH} - CH_2 + HBr \longrightarrow CH_3 - \underset{Br}{CH} - CH_2 - \underset{H}{CH_2}$$

$$CH_3-\overset{CH_3}{\underset{CH_2}{\overset{|}{\underset{|}{C}}}}-CH-CH_3 + HBr \longrightarrow CH_3-\overset{CH_3}{\underset{Br}{\overset{|}{\underset{|}{C}}}}-\overset{CH_3}{\underset{H}{\overset{|}{\underset{|}{CH}}}}-CH_2$$

3. 氧化反应 环烷烃在一般条件下不能被 $KMnO_4$、O_3 等氧化剂氧化。环丙烷虽然易发生开环加成反应,但对氧化剂是稳定的。环烯烃与开链烯烃相似,可被 $KMnO_4$、O_3 等氧化。

$$\overset{}{\triangle}CH=C\overset{CH_3}{\underset{CH_3}{\big\langle}} \xrightarrow{KMnO_4} \overset{}{\triangle}COOH + \overset{CH_3}{\underset{CH_3}{\big\langle}}C=O$$

二、环烯烃的性质

环烯烃的化学性质与开链烯烃相似,主要发生加成和氧化反应。
例如:

第三节 萜类和甾族化合物

? 问 题

萜类化合物与甾体化合物结构上有何不同

维生素 A 和胆固醇都是对人体健康非常重要的化合物,它们各自具有重要的生理功能。但维生素 A 是典型的萜类化合物,而胆固醇则是典型的甾体化合物,那么,它们的结构到底有什么不同呢?

一、萜类

萜类(terpenoids)和甾体化合物(steroids)是广泛存在于自然界,与药物密切相关的天然产物。它们具有重要的生理作用,有的是中药的有效成分,可直接用来治疗疾病,有的是激素,有的是合成药物的原料。例如,樟脑属于萜类化合物,是呼吸及循环系统的兴奋剂,为急救良药,也可用于防蛀、祛痰;胆固醇属于甾体化合物,存在于人及动物的血液、肝、肾、脑及神经组织中,在药物合成上是维生素 D_3 的原料。

(一) 萜的含义和异戊二烯规则

萜类化合物是从植物中提取得到的挥发油(或称香精油)的主要成分。挥发油是指从植物的根、茎、叶、花及果实中经水蒸气蒸馏或用溶剂提取出来的不溶于水、具有挥发性和香味的油状物质,它们多是不溶于水,易挥发,具有香味的油状物质,有一定的生理及药理活性。如柠檬油、松节油、薄荷油、樟脑油等,具有祛痰、止咳、驱风、发汗和镇痛等作用,广泛用于香料和医药领域等。

1. **萜的含义**　19 世纪对香精油的研究,发现了很多具有 $C_{10}H_{18}$ 成分的烃类,且分子中含有烯烃双键,称为萜烯。进一步的研究发现,不少与萜烯具有类似构造的含氧衍生物,以及挥发性不是很大的含有 15~20 个或 30 个、40 个碳的化合物,统称为萜烯化合物或萜类。

2. **异戊二烯规则**　萜类化合物在结构上的共同点是分子中的碳原子都是 5 的整数倍,而且由异戊二烯作为基本骨架单元,可以看成是由两个或两个以上异戊二烯单位以头尾相连或互相聚合而成,这种结构特征称为“异戊二烯规则”。因此,萜类化合物也可以认为是异戊二烯的低聚合物以及它们的氢化物和含氧衍生物的总称。

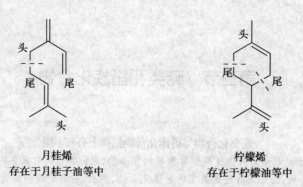

例如:月桂烯是由两分子异戊二烯头尾相连,而柠檬烯是两分子异戊二烯之间的 1,2 和 1,4 加成(一分子异戊二烯用 3,4 位双键与另一分子异戊二烯进行 1,4 加成)。异戊二烯规则是从对大量萜类分子构造的测定中归纳出来的,所以,异戊二烯规则能反过来指导萜类分子的结构测定。

然而,很多萜烯化合物虽能裂解成异戊二烯,但在生物体内并未找到异戊二烯的存在。即使萜烯是由异戊二烯单元聚合而成,具有异戊二烯骨骼,但它又是如何生物合成的呢?20 世纪 50 年代发现萜烯化合物的生源物质是醋酸。

(二) 萜的分类和命名

1. **萜的分类**　按照异戊二烯规则,萜可分为以下几类:

(1) 单萜:含有两个异戊二烯单位,包括(无环)单萜、单环萜、二环单萜等。

(2) 倍半萜:含有三个异戊二烯单位。

(3) 双萜(二萜):含有四个异戊二烯单位。

(4) 三萜:含有六个异戊二烯单位。

(5) 四萜:含有八个异戊二烯单位。

（6）其他萜。

在上述分类中，单萜或倍半萜类化合物是某些植物挥发油的主要成分，二萜、三萜、四萜和多萜类成分多为植物中所含树脂、皂苷或色素的主要成分。

2. 萜的命名 萜类化合物种类繁多，结构复杂，有链形的、环状的，又有饱和程度不同的烯键，以及含氧的衍生物，如醇、醛、酮、酸等。由于其结构复杂，在萜类命名时即使保留了一些萜类化合物的主要母环结构的名称，但在习惯上仍多采用其俗名。我国对萜类的命名一律按其英文俗名意译，再接上"烷"、"烯"、"醇"等命名而成，如樟脑、薄荷醇、月桂烯、松节烯、柠檬醛等。此外，也可用 IUPAC 规定的系统命名法，但较生僻。

为了简便起见，在书写萜类的结构时通常只写其结构简式，即只写碳碳间的键，碳原子和氢原子键的交点或末端代表一个碳原子，但当连有其他原子的基团时必须标出。例如：

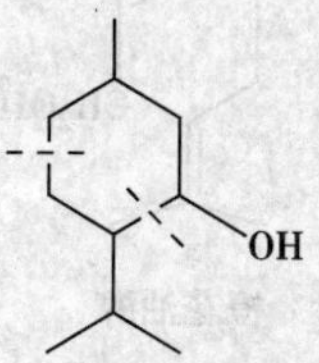

薄荷醇（单萜）
存在于薄荷油中

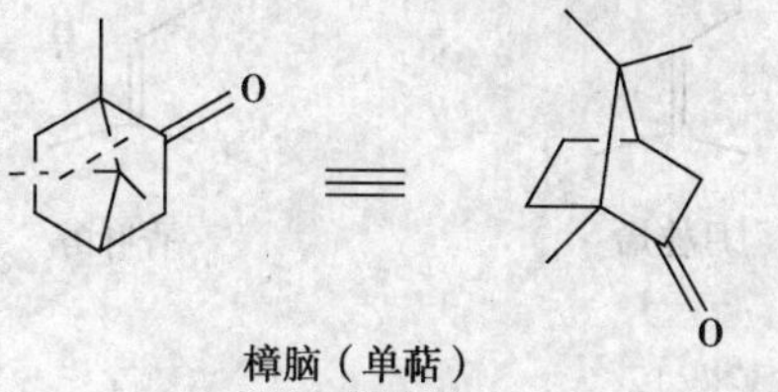

樟脑（单萜）
存在于樟树中

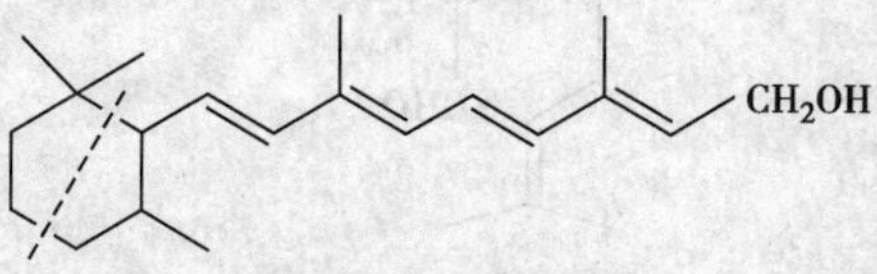

维生素A（双萜）

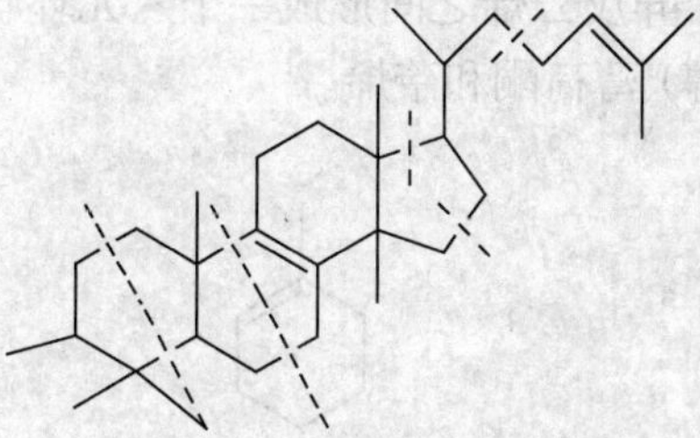

羊毛甾醇（三萜）
存在于羊毛脂中

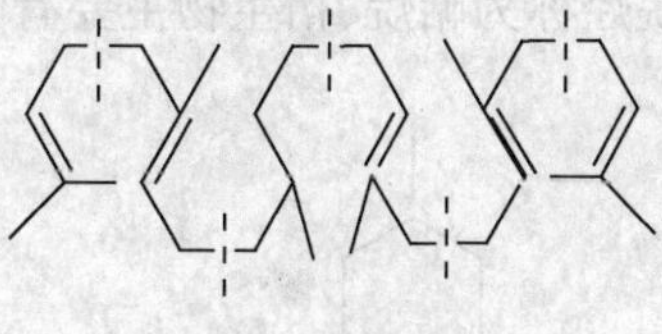

角鲨烯（三萜）
存在于鲨鱼甘油中

（三）萜类化合物举例

1. 单萜类化合物 单萜类化合物是由两个异戊二烯单元构成。根据两个异戊二烯单元的连接方式不同，单萜又可以分为链状单萜、单环单萜和双环单萜。

（1）链状单萜化合物：链状单萜类化合物具有如下骨架结构：

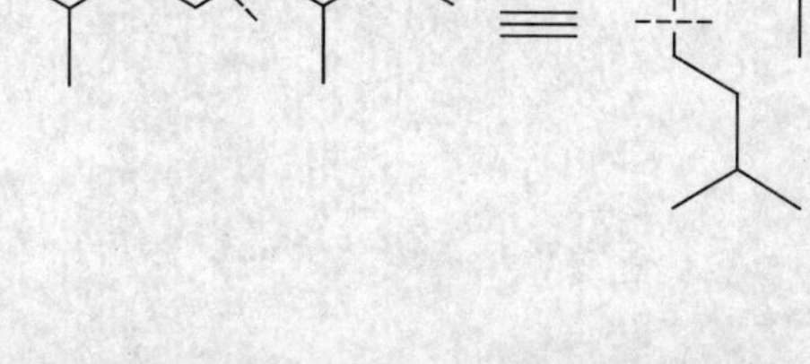

该结构由两个异戊二烯头尾相连而成。

很多链状单萜都是香精的主要成分,典型的如月桂油中的月桂烯、香叶醇、橙花油醇、柠檬醛(α-柠檬醛和 β-柠檬醛)、玫瑰油及香茅油中的香茅醇等。

香叶醇存在于多种香精油中,具有显著的玫瑰香气,在香茅油中其含量达 60% 以上,玫瑰油中含约 50%。橙花油醇是香叶醇的顺型异构体,香气比较温和,在香料中更有价值。香叶醇和橙花油醇相应的醛称为柠檬醛,有 α、β 两种,主要存在于柠檬草油、橘子油中,也是制造香料的重要原料。其中柠檬醛还是合成维生素 A 的重要原料。

它们很多在结构上是含有多个双键或氧原子的化合物:

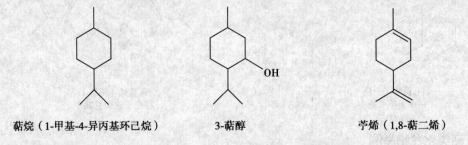

| 月桂烯 | 香叶醇 | 橙花油醇 |

| α-柠檬醛 | β-柠檬醛 | 香茅醇 |

(2) 单环萜类化合物:单环萜的基本骨架是两个异戊二烯之间形成一个六元环状结构,其饱和烷烃称为萜烷,衍生物主要有 3-萜醇(薄荷醇)、薄荷酮和苧烯。

萜烷(1-甲基-4-异丙基环己烷)　　3-萜醇　　苧烯(1,8-萜二烯)

3-萜醇俗名又称薄荷醇,或薄荷脑,可从薄荷油中分离得到。它的分子中含有三个手性碳原子,所以有 8 个光学异构体,即 4 对对映体,分别为:(±)薄荷醇、(±)新薄荷醇、(±)异薄荷醇和(±)新异薄荷醇。其中薄荷醇中的 C_1、C_3、C_4 三个手性碳上的取代基都位于环己烷椅式构象的 e 键上,为优势构象。因此比其他非对映体稳定,是薄荷油的主要成分。

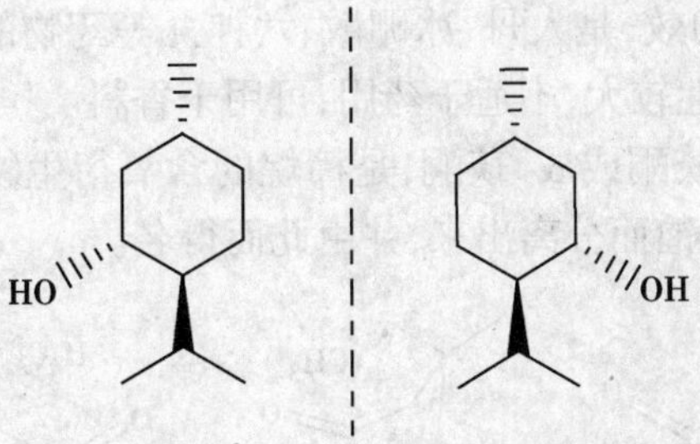

（－）薄荷醇　　　　　（＋）薄荷醇

　　天然薄荷油为无色针状结晶，难溶于水，易溶于有机溶剂，是低熔点的固体，具有穿透性的芳香、清凉气味，有杀菌、防腐作用和局部止痛、止痒的效力，在医药上可用作兴奋剂，并用来治疗皮肤病、鼻炎等，也广泛应用于化妆品、糖果、烟酒中，如清凉油、人丹、牙膏等均含有此成分。

　　苧烯又称柠檬烯或 1,8-萜二烯。因分子中含有一个手性碳原子，所以有一对对映体，其左旋体存在于松针油中，右旋体存在于柠檬油中，外消旋体则存在于松节油中。它们都是具有柠檬香味的液体，可用作香料。

　　（3）双环单萜类化合物：双环单萜是由两个异戊二烯单位连接构成的一个六元环并桥合而成三元环、四元环或五元环的桥环结构，其母体主要有苧、蒎、莰等，在自然界中存在较多的主要是蒎和莰两类化合物。

α-蒎烯　　　　　β-蒎烯

　　蒎烯（pinene）是含一个双键的蒎烷衍生物。在蒎族中比较重要的是蒎烯，蒎烯有 α 和 β 两种异构体，都存在于松节油中，其中 α-蒎烯沸点为 155~156℃，是松节油的主要成分，含量为 70%~80%，也是自然界存在较多的一种萜类化合物；β-蒎烯也存在于松节油中，但含量较少。松节油具有局部止痛作用，肌肉或神经痛可用它涂搽，是一种外用止痛药。α-蒎烯又是合成冰片、樟脑等的重要原料。

　　在莰族中重要的是 2-莰醇（冰片）和 2-莰酮（樟脑）。2-莰醇（冰片）也称为龙脑，可看成樟脑的还原产物，也是合成樟脑的中间产物。

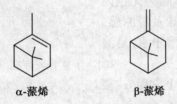

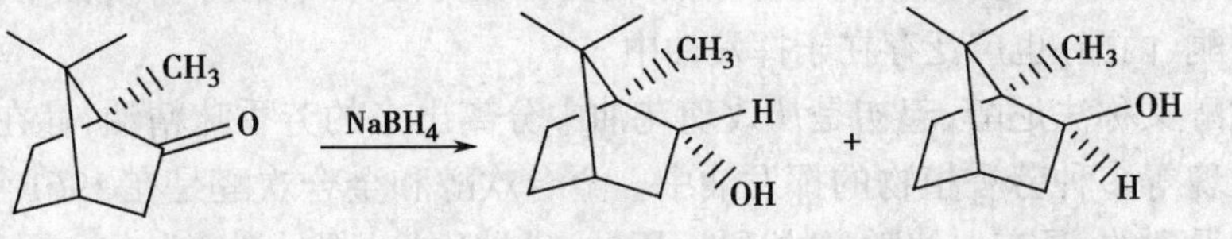

龙脑　　　　　　　异龙脑

　　龙脑主要存在于热带植物龙脑香树的木部挥发油中，具有类似胡椒又似薄荷的香气，能升华，但挥发性比樟脑小。天然的龙脑以右旋体较多，龙脑为无色透明六角形片状结晶，不溶于水，易溶于乙醚、乙醇、氯仿等有机溶剂。龙脑是一种重要的中药，具有发汗、镇痉、镇静等作用,有散郁火、止痛等功效,是人丹、冰硼散、六神丸等药物的主要成分之一。异龙脑不如龙脑气味清香,而且刺激性较大,不适于药用,可用于香料。

樟脑的化学名称为 2-莰酮或 α-莰酮,是樟烷的含氧衍生物,主要存在于樟树中,从樟科植物樟树中经由水蒸气蒸馏而分离出来,并由此而得名。

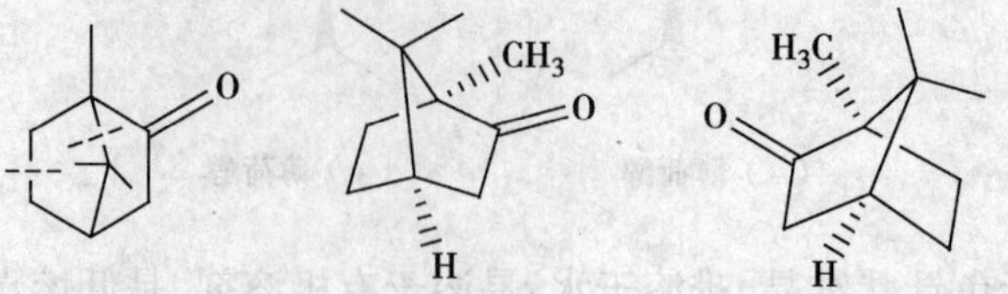

| 樟脑 | (−)樟脑 | (+)樟脑 |

樟脑分子中有两个手性碳原子,理论上应有四个对映异构体,但实际上只存在两个,分别是(+)和(−)樟脑。这是由于桥环需要的船式构象限制了桥头两个手性碳原子所连基团的构型,使得 C_1 所连的—CH_3 与 C_4 相连的 H 只能位于顺式构型。

从樟树中提取得到的樟脑是(+)樟脑,其旋光度 $[\alpha]_D$ 为 +43°~+44°(10% 乙醇),人工合成的樟脑为外消旋体。樟脑为无色闪光结晶,具有穿透性的特殊香味及清凉感,易升华,熔点为 174~179℃,难溶于水,易溶于有机溶剂。

樟脑分布不广,因此,工业上常用 α-蒎烯经过下列反应进行合成:

小 贴 士

樟脑和卫生球的区别

樟脑和卫生球都可用来防虫、防霉、除臭等,樟脑是从天然樟木提取得到的晶体,而卫生球是从原油或煤焦油中提取的一种稠环芳烃化合物,其主要成分是萘酚、对二氯苯,具有强烈的挥发性,也有一定的毒性。天然樟脑丸光滑,呈无色或白色的晶体,气味清香,浮于水中;而卫生球大多呈白色,气味刺鼻,且沉于水中。当孩子穿上放置过卫生球的衣服后,萘酚会通过皮肤进入血液,使红细胞膜发生改变,完整性受影响。红细胞的破坏会导致急性溶血,表现为进行性贫血、严重的黄疸、尿呈浓茶样,严重者可发展为心力衰竭,有生命危险。

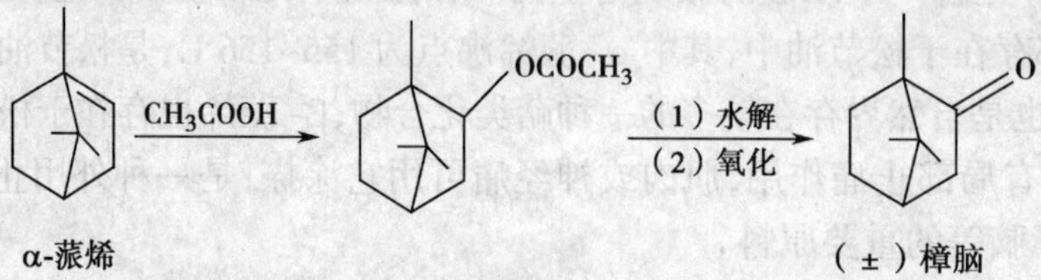

| α-蒎烯 | | (±)樟脑 |

2. 倍半萜 倍半萜类是由三个异戊二烯单元组成的萜类化合物,有链状和环状结构。如金合欢醇、山道年等均属于倍半萜。倍半萜类多数为液体,存在于挥发油中。它们的含氧衍生物(醇、酮、内酯)也广泛存在于挥发油中。

金合欢醇又称法尼醇,起初是从玫瑰花油中分离出来的芳香味精油,存在于香茅草、茉莉、橙花、玫瑰等多种芳香植物的挥发油中。金合欢醇和金合欢醛是在 1961 年从黄粉甲的粪便里分离得到的,具有保幼激素的活性,因此,也被称为"保幼激素"。

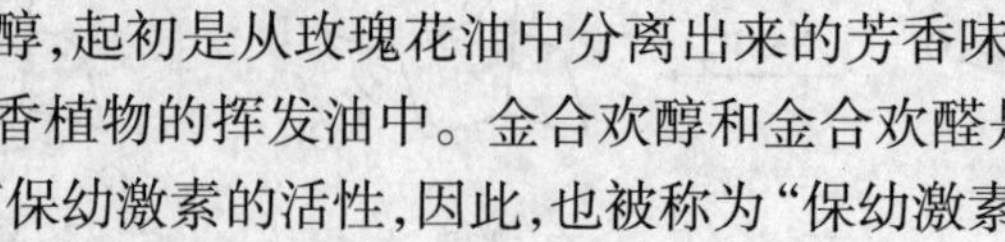

金合欢醇(倍半萜)
存在于玫瑰花油中

3. 双萜　双萜是由四个异戊二烯单元构成的一类萜类化合物。如维生素 A、松香酸等。

维生素 A 存在于动物的肝脏、奶油、蛋黄和鱼肝油中。从结构上来说，维生素 A 是单环二萜，在共轭体系中，五个双键均为反式构型。维生素 A 可以分为两种：维生素 A_1 和维生素 A_2，当维生素 A 的制剂贮存过久时，其活性会因构型转化而受到影响，维生素 A_2 的活性仅是 A_1 的 40%。

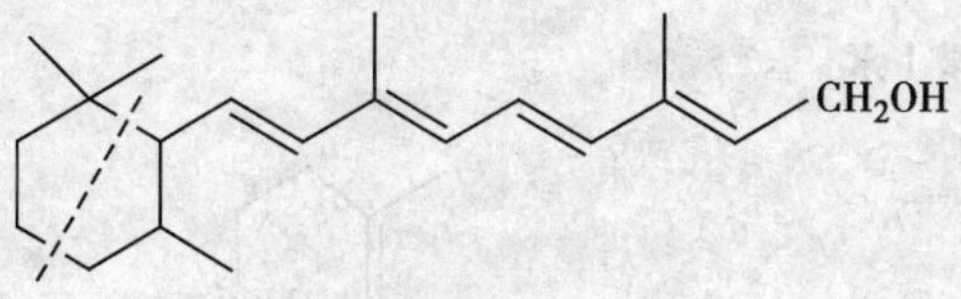

维生素A（双萜）

小 贴 士

保 幼 激 素

昆虫的生长都有从幼虫蜕皮成蛹，蛹再蜕皮成蛾的变态过程。但幼虫通常需要经过几次蜕皮后达到成熟期才蜕皮成蛹。蜕皮是在"蜕皮激素"的作用下进行的，而幼虫最初几次蜕皮仍能保持幼虫特征是"保幼激素"的作用，但若"保幼激素"过量，就会抑制昆虫的变态和性成熟，使幼虫不能成蛹，蛹不能成蛾，蛾不能产卵。天然保幼激素有一环氧基，不稳定，合成也较困难，而人工合成的保幼激素类似物，其活性比天然的高，较稳定，也易合成，可用于杀死害虫的幼虫，如蚊子、虱子等。

当体内缺乏维生素 A 时，会导致眼膜和眼角膜硬化症和夜盲症。

松香酸是双萜中另一种重要的化合物，它是松香的主要成分，松香被广泛用于造纸、涂料等工业原料。

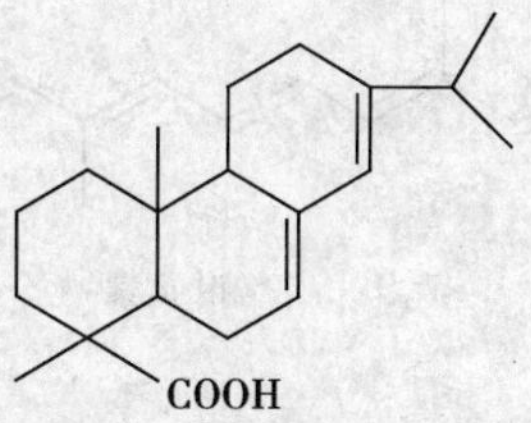

松香酸

4. 三萜　三萜是由六个异戊二烯结构单元连接而构成的，如角鲨烯。三萜类化合物广泛存在于动植物体内，以游离状态或成酯或苷的形式存在，多数是含氧衍生物，为树脂的主要成分之一。例如，角鲨烯是由一对三个异戊二烯单元头尾连接后的片段互相对称连接而成的一个链状三萜，也可看成是由金合欢醇的焦磷酸酯头头相接而形成的，角鲨烯又是羊毛甾醇的生物合成前身。角鲨烯存在于鲨鱼的鱼肝油、橄榄油、菜子油中，具有降低血脂和软化血管等作用，被誉为血管清道夫。

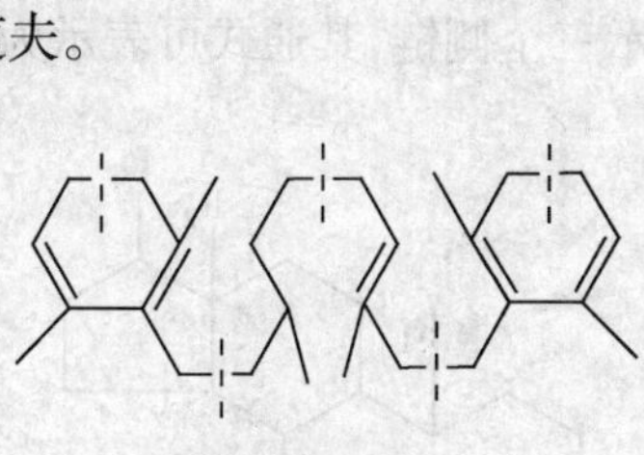

角鲨烯（三萜）
存在于鲨鱼甘油中

5. 四萜　四萜类化合物是由八个异戊二烯单元连接构成的。因最早发现的四萜多烯色素是从胡萝卜素中提取得到的，后来又发现许多色素具有与此类似的结构，所以通常又把四萜称为胡萝卜类色素。四萜类化合物及其衍生物在植物中分布很广，大多数结构复杂，含有一个较长的共轭体系,对光吸收的结果表现出由黄到红的颜色,因此,有时也称为多烯色素。例如胡萝卜素、番茄红素及叶黄素等。胡萝卜素广泛存在于植物的茎、叶和果实中,种类繁多,最常见的是 α-、β-、γ- 三种异构体,其中最主要的是 β- 胡萝卜素,它在动物体内能转化成维生素 A,可治疗夜盲症。

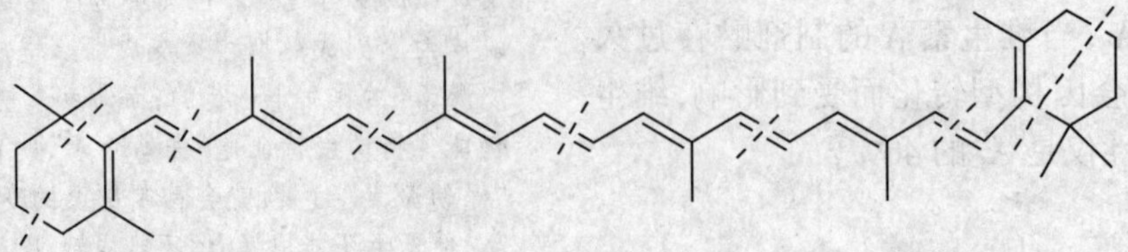

β-胡萝卜素

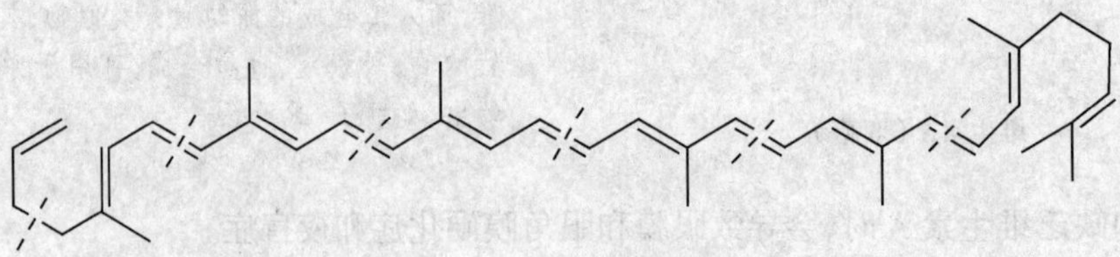

番茄红素

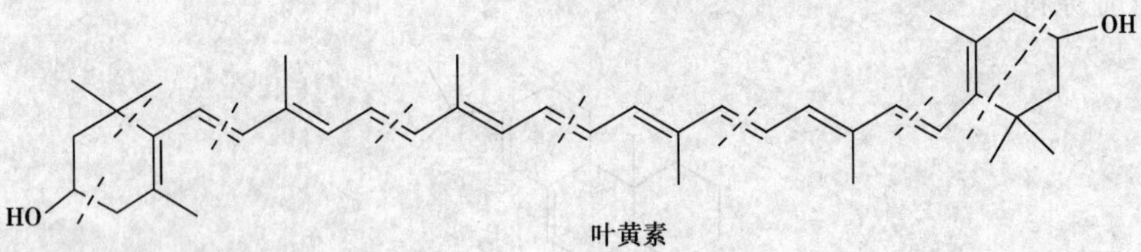

叶黄素

二、甾族化合物

甾族化合物又称甾体化合物,是广泛存在于动植物体内一类重要的天然产物,它们与医药有着密切关系。

(一) 甾族化合物的结构

甾族化合物的分子式中,都含有一个环戊烷多氢菲的基本骨架,并且带有三个侧链,"甾"是个象形字,形象地表示了甾体化合物的碳架结构特征,"田"表示四个稠合环,分别用 A、B、C、D 标示,"<<<"则表示三个侧链,其通式可表示为:

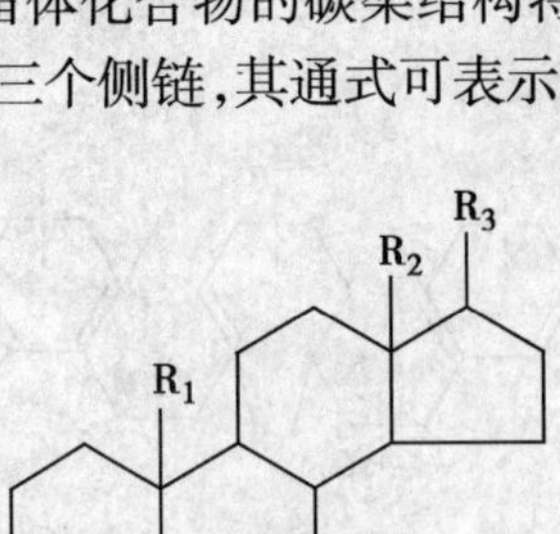

其中,R_1、R_2 一般都是甲基,通常把这种甲基称为角甲基(有时为醛基—CHO 或者醇基—CH_2OH),R_3 可为不同碳原子数的碳链或含氧基团。

甾族化合物的四个环可用 A、B、C、D 编号,碳原子按固定顺序用阿拉伯数字编号:

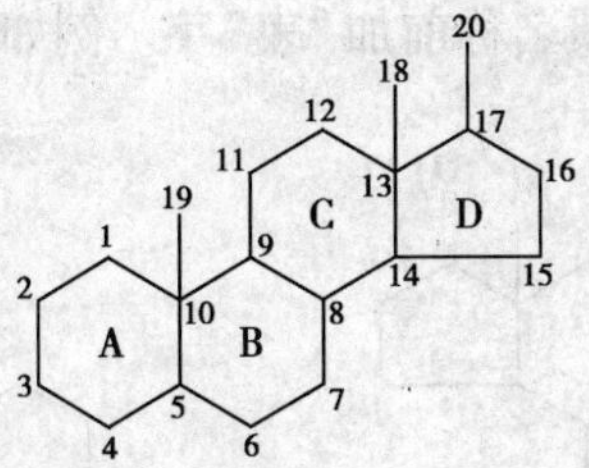

(二) 甾族化合物的分类和命名

甾族化合物根据其存在和结构可分为甾醇、胆汁酸、甾族激素和甾族生物碱等。

很多自然界的甾族化合物都有其各自的习惯名称,通常用与其来源或生理作用相关的俗名。其系统命名首先需要确定母核的名称,然后在母核名称的前后表明取代基的位置、数目、名称及构型。甾体母核上所连的基团在空间有不同的取向,位于纸平面前方(环平面上方)的原子或基团称为 β 构型,用实线或粗线表示;位于纸平面后方(环平面下方)的原子或基团称为 α 构型,用虚线表示,波纹线则表示所连基团的构型待定(或包括 α、β 两种构型)。

根据 C_{10}、C_{13}、C_{17} 所连侧链的不同,甾体化合物常见的基本母核有 6 种,其名称见表 4-1。

表 4-1　甾体常见的六种母核结构及其名称

R_1	R_2	R_3	甾体母核名称
—H	—H	—H	甾烷(gonane)
—H	—CH$_3$	—H	雌甾烷(estrane)
—CH$_3$	—CH$_3$	—H	雄甾烷(androstane)
—CH$_3$	—CH$_3$	—CH$_2$CH$_3$	孕甾烷(prgnane)
—CH$_3$	—CH$_3$	—CHCH$_2$CH$_2$CH$_3$ 丨 CH$_3$	胆烷(cholane)
—CH$_3$	—CH$_3$	—CHCH$_2$CH$_2$CH$_2$CH(CH$_3$)$_2$ 丨 CH$_3$	胆甾烷(cholestane)

确定母核名称后,再根据以下规则对甾体化合物进行命名:

1. 母核中含有碳碳双键时,将"烷"改为相应的"烯",并标出双键的位置。

2. 母核上连有取代基或官能团时,取代基的名称、位置及构型放在母核名称前,若官能团作为母体时,将其放在母核名称之后。例如:

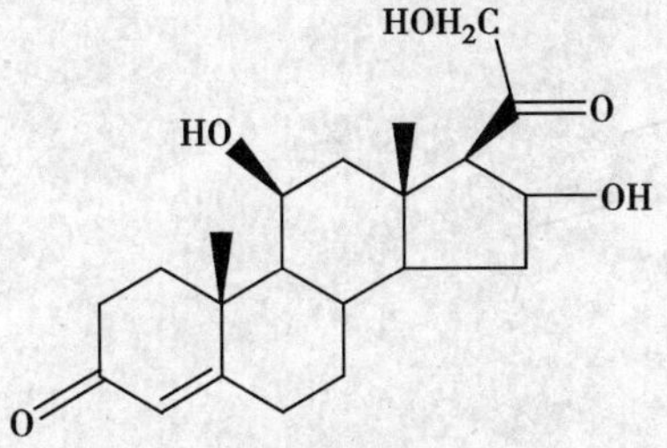

11β,17α,21-三羟基孕甾-4-烯-3,20-二酮
(氢化可的松)

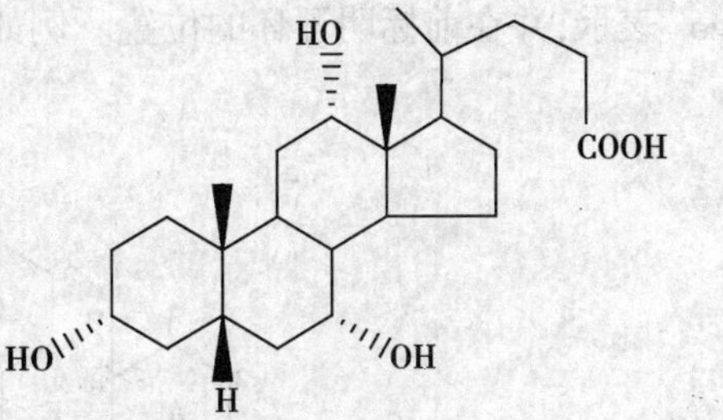

3α,7α,12α-三羟基-5β-胆烷-24-酸
(胆酸)

3. 若是差向异构体,则在习惯名称前加"表"字。例如:

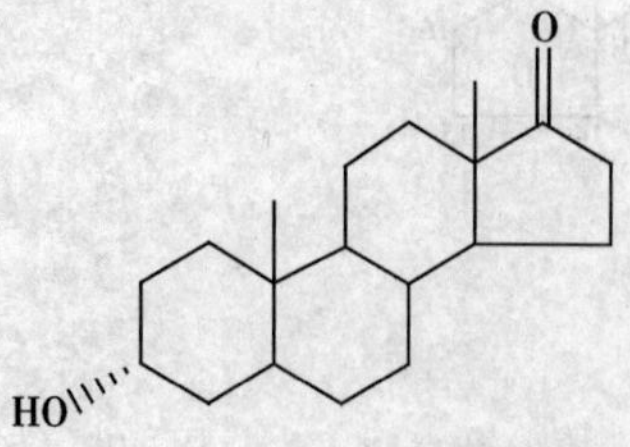

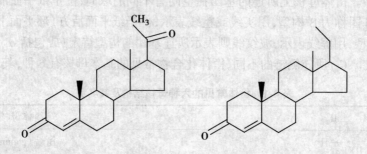

雄甾酮 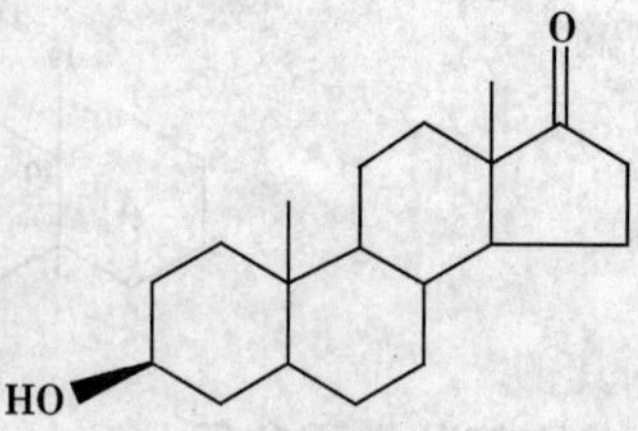　　　　　　　　　　　表雄甾酮

4. 在角甲基去除时,可加词首"去甲基",并在其前表明失去甲基的位置。若同时失去两个角甲基,可用"18,19-双去甲基"表示。例如:

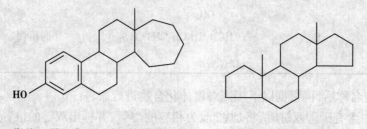

18-去甲基孕甾-4-烯-3,20-二酮　　　　　18,19-双去甲基-5α-孕甾烷

5. 当母核的碳环扩大或缩小时,分别用词首"增碳"或"失碳"表示,若同时扩增或减小两个碳原子就用词首"增双碳"或"失双碳"表示,并在其前用A、B、C或D注明是何环改变。例如:

3-羟基-D-增双碳-1,3,5(10)-雌甾三烯　　　　　A-失碳-5α-雄甾烷

6. 母核碳环开裂,而且开裂处两端的碳都与氢相连时,仍采用原名及其编号,用词首"seco"表示,并在前标明开环的位置。例如:

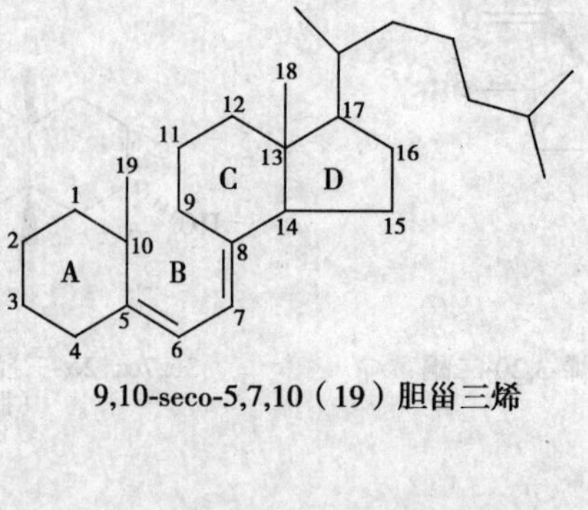

9,10-seco-5,7,10(19)胆甾三烯

（三）重要的甾族化合物

甾族化合物的结构种类、数目繁多,广泛存在于动植物体内。

1. 甾醇

（1）胆甾醇（胆固醇）:胆甾醇又名胆固醇,基本结构是胆甾烷,最初由胆石中发现,是最重要的动物甾醇,也是胆结石的主要成分。胆固醇为无色或略带黄色的蜡状固体,微溶于水,易溶于热乙醇和其他有机溶剂。它以醇或酯的形式广泛存在于动物的各种组织内,但集中存在于血液、脑髓和神经组织中。

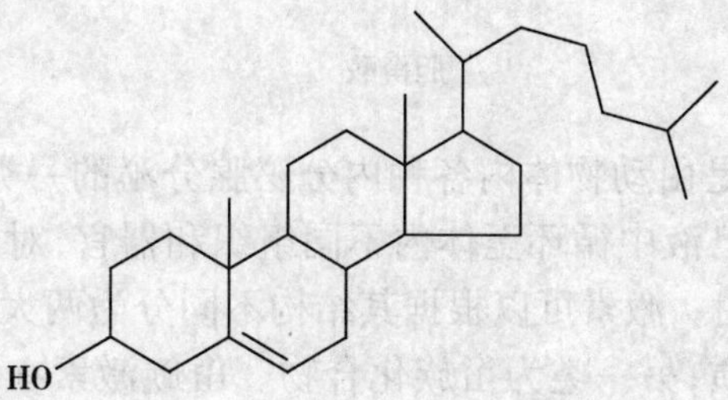

胆甾醇（胆固醇）

胆固醇在人体内含量丰富,它在血液中除以游离状态存在外,部分以胆固醇酯的形式存在。正常人每 100ml 血液中含总胆固醇 110~200mg。因胆固醇与脂肪酸都是酯源物质,食物中油脂过多时,会使血液中的胆固醇含量升高,会从血清中沉积到动脉血管壁上,导致冠心病和动脉硬化症,从而引发心脏病等。

临床上常用列伯曼-布查（Liebermann-Burchard）反应来测定血清中胆固醇的含量。此方法是将胆固醇溶于氯仿,加入乙酐和浓硫酸,溶液出现由浅红色变为深蓝,最后变为绿色的颜色变化。胆固醇也可与三氯化铁及浓硫酸作用,出现紫色,且紫色的深浅与胆固醇的含量成正比,此方法也可以作为胆固醇定性、定量测定的依据。胆固醇也是生物合成胆甾酸和甾体激素等前体的物质,在体内有重要作用。

（2）7-脱氢胆固醇:7-脱氢胆固醇的结构是在胆固醇的 C_7 和 C_8 上脱去一分子氢而形成了一个双键的结构。它主要存在于动物的皮肤中,经紫外线照射时,可转变为维生素 D_3。

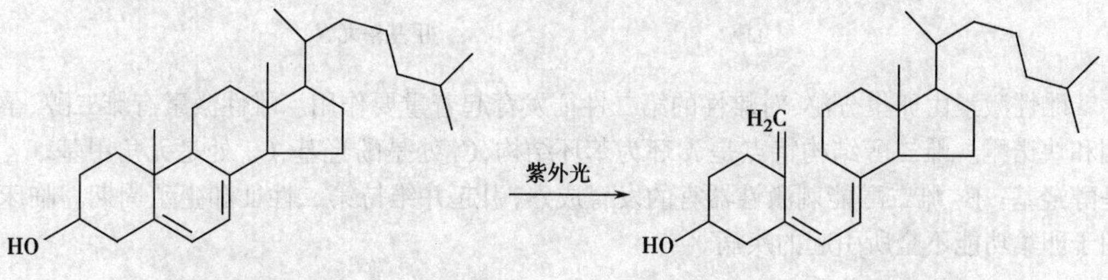

7-脱氢胆固醇　　　　　　　　　　　　　　　　　　　维生素D_3

维生素 D_3 是从小肠中吸收 Ca^{2+} 过程中的关键化合物。体内维生素 D_3 浓度太低,会引起 Ca^{2+} 缺乏,不足以维持骨骼的正常生长,从而导致儿童患佝偻病,成人则为软骨病。

2. 胆汁酸　胆汁酸存在于动物的胆汁中,从人和牛的胆汁中分离出来的胆汁酸主要是胆酸。胆酸在胆汁中与甘氨酸或牛磺酸通过酰胺键结合成甘氨胆酸或牛磺胆酸,在胆汁中存在的是它们的钾（钠）盐,它们是良好的脂肪乳化剂,其生理作用主要是乳化脂肪,促进脂肪在肠道中的水解和吸收,因此,胆酸也常被称为"生物肥皂"。胆酸钠是临床所常用的利胆药。

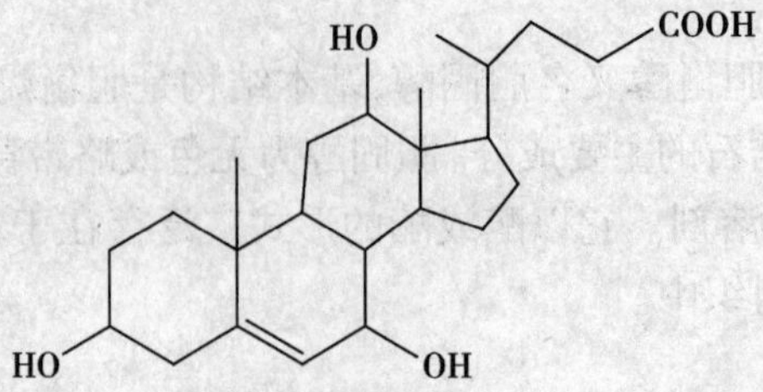

胆甾酸

3. 甾族激素 激素是由动物体内各种内分泌腺分泌的一类具有生物活性的化合物,它们直接进入血液或淋巴液中循环至体内不同组织和器官,对各种生理功能和代谢过程起着非常重要的协调作用。激素可以根据其结构不同分为两大类:一类为含氮激素,包括胺、氨基酸、多肽和蛋白质;另一类为甾族化合物。甾族激素在结构上除含有环戊烷并多菲环以外,大多数还含有—OH 官能团,根据甾族激素的来源,可分为性激素和肾上腺皮质激素。

(1) 性激素:性激素是高等动物性腺的分泌物,有控制性生理、促进动物发育、维持第二性征的作用。性激素分为两大类:分别为雄性激素和雌性激素,这两类性激素又分别有很多种,在生理上各有其特定的生理功能。

睾丸酮是雄性激素,是由胆固醇生成的,也是雌二醇生物合成的前体。人工合成的有甲基睾丸酮,它在 C_{17} 处多了一个甲基,性质比睾丸酮稳定,可以口服,在消化道内不会被破坏。

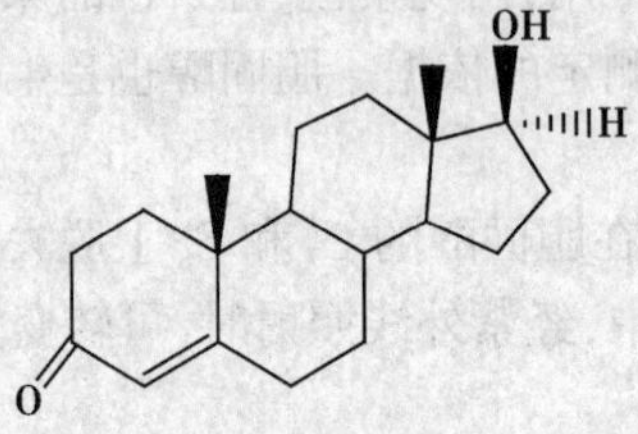

睾丸酮 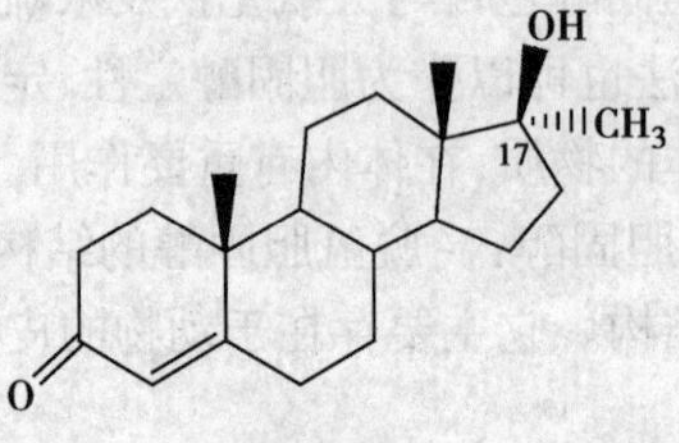   甲基睾丸酮

雌性激素由卵巢分泌,对雌性的第二性征发育起着重要作用。雌性激素有雌二醇、孕甾酮和炔诺酮。雌二醇结构特点是 A 环为苯环结构,C_3 处是酚羟基,C_{10} 处是无角甲基,C_{17} 处是醇羟基。β- 雌二醇能刺激性器官的发育成熟,引起并维持第二性征和生殖周期。临床上用于卵巢功能不全所引起的疾病。

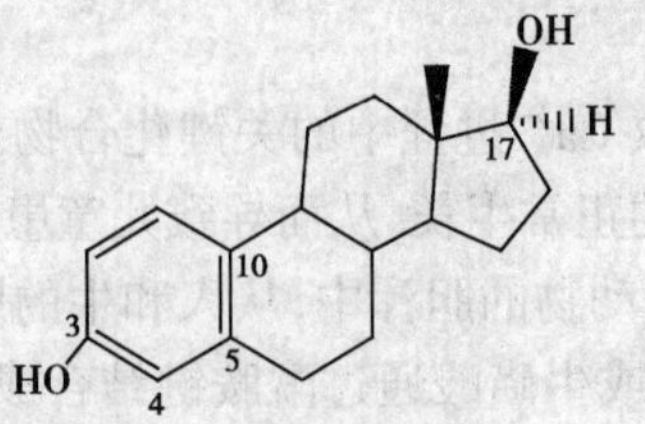

β-雌二醇

孕甾酮又称黄体酮,其结构特点是 A 环上 C_3 处是酮基,C_4 与 C_5 之间有双键,C_{10} 处有角甲基,C_{17} 处为甲基酮基。黄体酮有保胎作用,临床上用于治疗习惯性流产等。

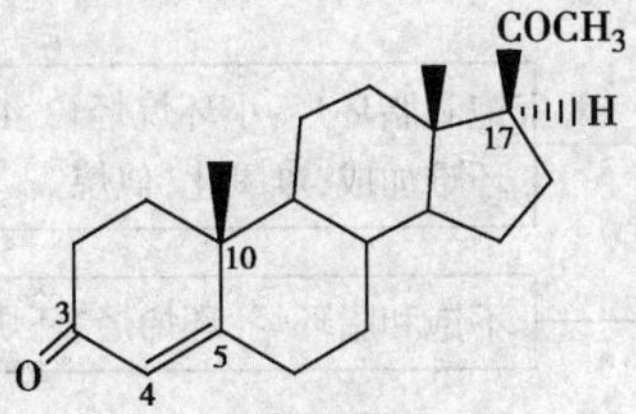

孕甾酮

炔诺酮有较强的抑制排卵作用,是一种合成的女用口服避孕药。

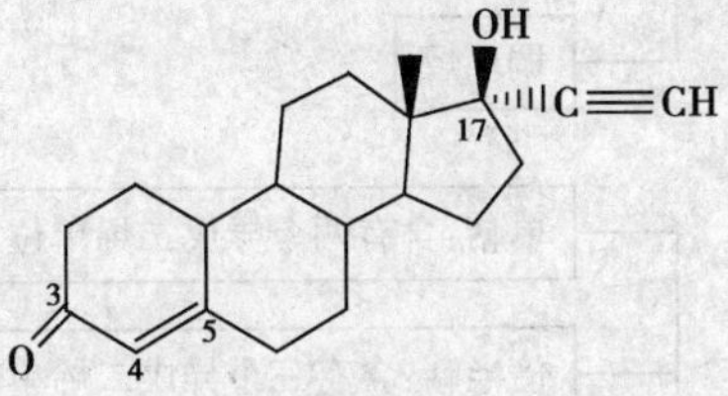

炔诺酮

(2) 肾上腺皮质激素:肾上腺皮质激素是哺乳动物肾上腺皮质分泌的激素,是一类维持生命活动的重要物质。皮质激素的主要功能是维持体液的电解质和控制碳水化合物的代谢。动物若缺乏肾上腺皮质激素会引起功能失常,甚至死亡。可的松、皮质醇、皮质甾酮等是几种重要的肾上腺皮质激素。

可的松具有抗炎、抗过敏、抗毒性和抗休克等作用,用于治疗风湿病和严重中毒感染。医院常用的有醋酸泼尼松、地塞米松和倍他米松,其结构式如下:

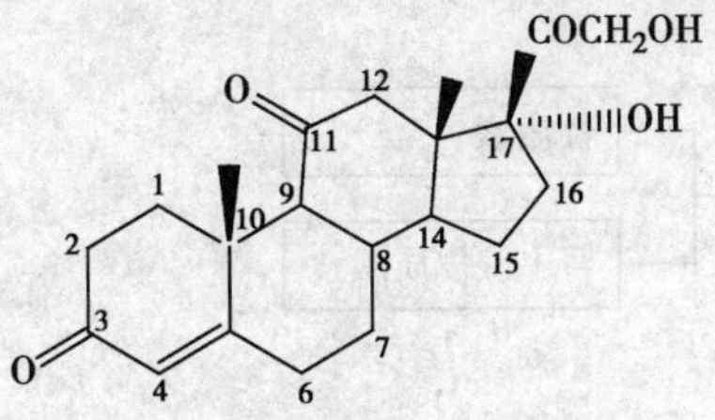

可的松

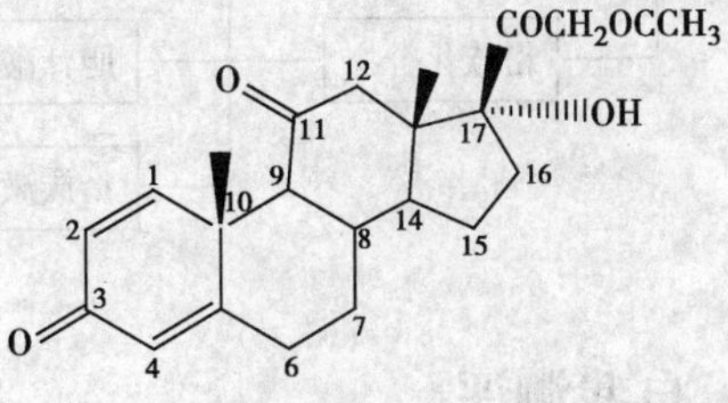

醋酸泼尼松

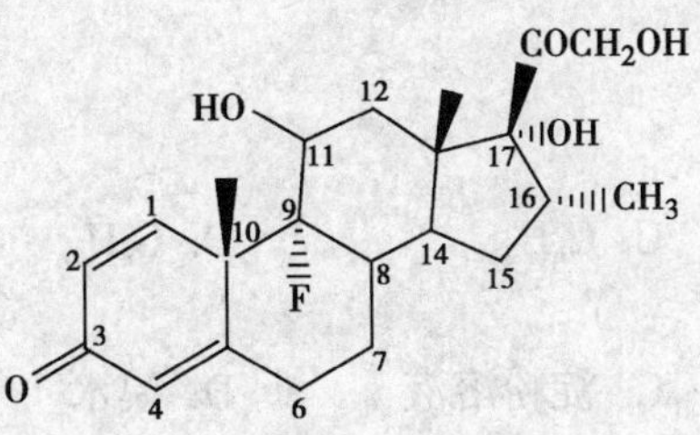

地塞米松

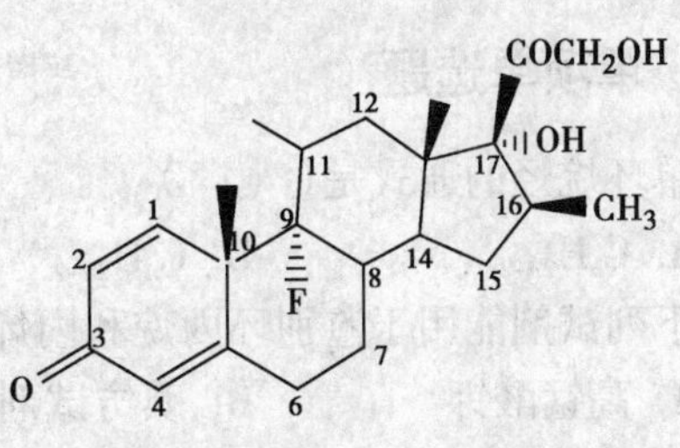

倍他米松

泼尼松的抗炎作用较可的松强 4 倍。地塞米松抗炎活性较可的松强,对类风湿关节炎的疗效迅速而显著,倍他米松的抗炎作用比地塞米松还强,使用量也较少,更受临床欢迎。

 **学习小结**

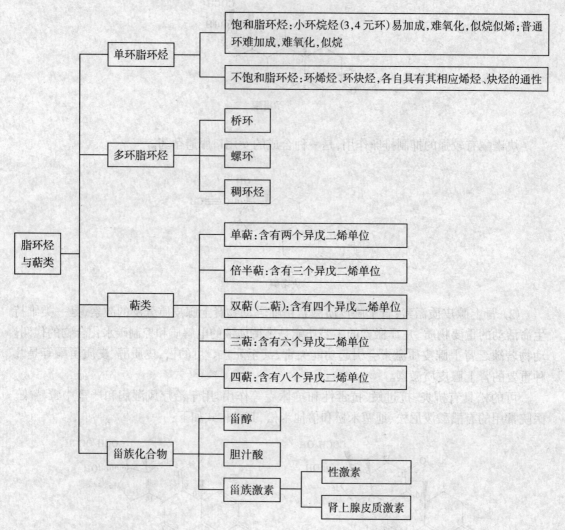

 自我测评

一、单项单选题

1. 单环烷烃的通式是(　　　)

　A. C_nH_{2n-2}　　　　　B. C_nH_{2n+2}　　　　　C. C_nH_{2n}　　　　　D. C_nH_{2n-6}

2. 下列试剂能用于鉴别环丙烷和丙烯的是(　　　)

　A. 高锰酸钾　　　　B. 碘仿试剂　　　　C. 淀粉溶液　　　D. 溴水

3. 下列化合物中,化学性质最活泼的是(　　　)

　A. 正丁烷　　　　B. 甲基 - 环丙烷　　　C. 环戊烷　　　D. 环己烷

4. 有关小环烷烃比大环烷烃性质活泼的原因,下列解释不正确的是(　　　)

　A. 小环烷烃与大环烷烃中碳原子的杂化状态不同

B. 小环烷烃分子中,碳原子之间形成弯曲键

C. 小环烷烃分子中,碳碳键已偏离的碳碳键角,在分子中产生了角张力

D. 大环烷烃分子中,碳原子可以在接近或维持正常键角的情况下形成碳碳 σ 键,因此无角张力,性质较稳定

5. 下列各组化合物互为同分异构体的是（　　　　）

A. 正丁烷与环丁烷　　　　　　　　B. 乙烯与环丙烷

C. 环戊烷与 1- 戊烯　　　　　　　　D. 环己烯与 2- 己烯

6. 分子式为 C_6H_{12} 的物质有可能是（　　　　）

A. 环己烷　　　　　　B. 环己烯　　　　　　C. 苯　　　　　　D. 2,4- 己二烯

7. 化合物 　　　　 的正确名称是（　　　　）

A. 环丙烷　　　　　　B. 1- 甲基环丙烷　　　　C. 1,1- 二甲基环丙烷　　　　D. 环戊烷

8. 关于脂环烃的稳定性,下列说法正确的是（　　　　）

A. 脂环烃中环越小,则环张力越小;环越大,则环张力也越大

B. 脂环烃中的环张力越大,分子就越不稳定

C. 分子的燃烧热越大,分子内能就越高,分子就越稳定

D. 脂环烃的环越小,则环张力就越大,分子就越稳定

9. 某物质分子式为 C_3H_6,该物质能使溴水褪色,但不能使 $KMnO_4$ 褪色,则该物质可能是（　　　　）

A. 环丙烯　　　　　　B. 丙烷　　　　　　C. 丙烯　　　　　　D. 环丙烷

10. 下列化合物在常温下不能使溴水褪色的是（　　　　）

A. 正丁烷　　　　　　B. 环己烯　　　　　　C. 环丙烷　　　　　　D. 环己炔

二、多项选择题

1. 下列能够用于鉴别环丙烷和丙炔的试剂是（　　　　）

A. 溴水　　　　B. 高锰酸钾　　　　C. 三氯化铁溶液

D. 银氨溶液　　　　E. 碘仿试剂

2. 下列说法正确的是（　　　　）

A. 环丙烷与丙烷是同系物

B. 环丙烷与丙烯互为同分异构体

C. 环丙烷能与溴单质加成,但不能与高锰酸钾发生氧化

D. 丙烯既能与溴单质加成,又能与高锰酸钾发生氧化

E. 溴水可用来鉴别环丙烷和丙烯

3. 分子式为 C_5H_{10} 的物质,其结构有可能是（　　　　）

A. 　　　　　　B. 　　　　　　C.

D. 　　　　　　E.

4. 化合物 C_6H_{12} 可能具有的化学性质是（　　　　）

A. 与溴水发生加成,使溴水褪色

B. 与银氨溶液发生加成,出现白色沉淀

C. 与卤素发生取代反应

D. 与高锰酸钾共存时发生氧化反应,使高锰酸钾褪色

E. 与淀粉溶液反应,使其显蓝色

5. 下列说法不正确的是(　　　　)

A. 脂环烃的环越小,化学性质越活泼

B. 脂环烃与烯烃都能使高锰酸钾褪色

C. 脂环烃只能与卤素发生取代反应,不能发生加成反应

D. 相同碳原子数的脂环烃与烯烃相比较,其化学性质较稳定

E. 当脂环烃上有取代基时,其化学性质较无取代基的脂环烃稳定

三、用系统命名法命名下列化合物

1.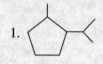

2.

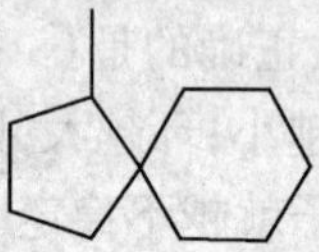

3.

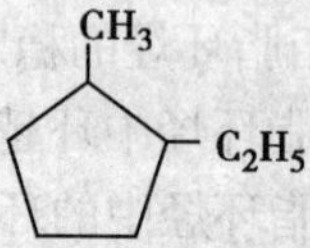

4.

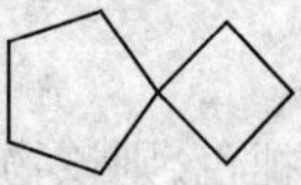

5.

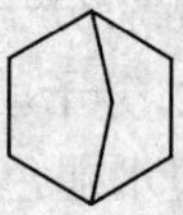

6.

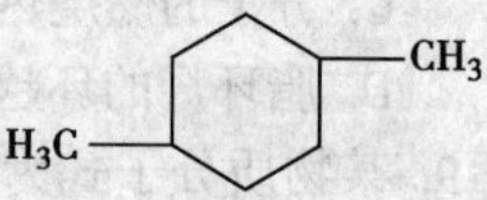

7.

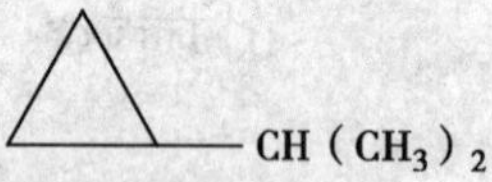

8.

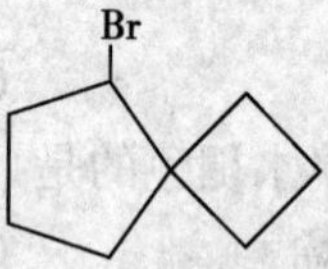

9.

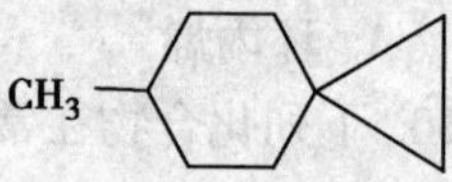

10.

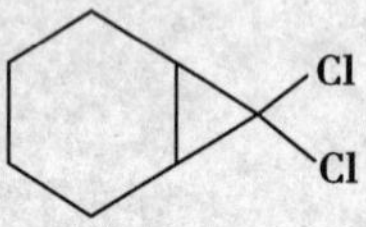

四、写出下列化合物的结构简式

1. 环戊基甲酸

2. 4-甲基环己烯

3. 3-甲基环戊烯

4. 5,6-二甲基二环[2.2.1]庚-2-烯

5. 7-溴双环[2.2.1]庚-2-烯

6. 2,3-二甲基-8-溴螺[4.5]癸烷

五、完成下列反应方程式

1. 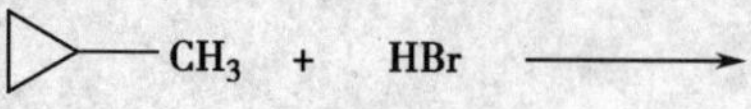 ▷—CH_3 + HBr ——→

2. 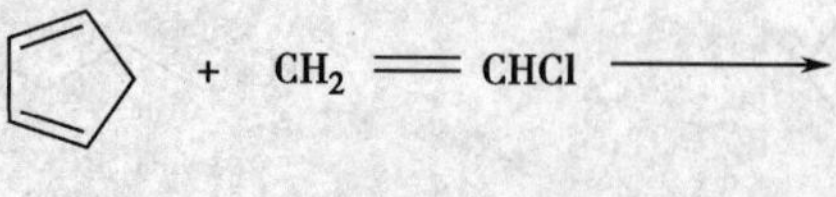 ⬠ + CH_2 ＝ CHCl ——→

3. + (O，CH_3) ——→

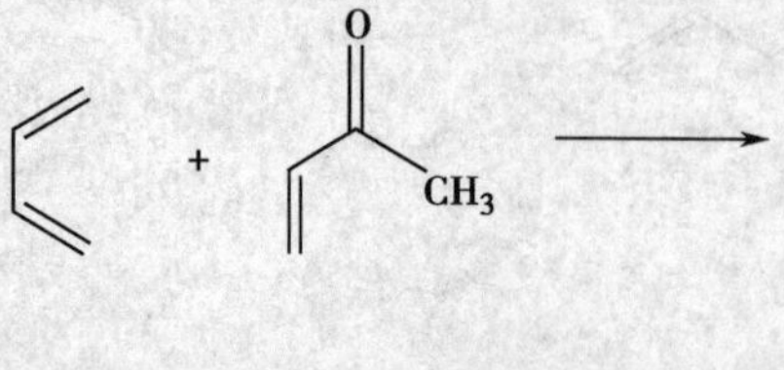

4. 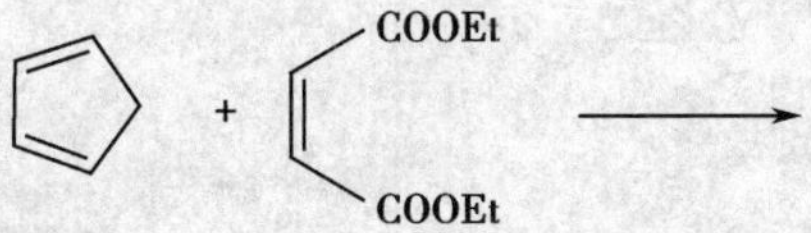 (环戊二烯) + (顺-1,2-二羧酸二乙酯 COOEt/COOEt) ⟶

5. 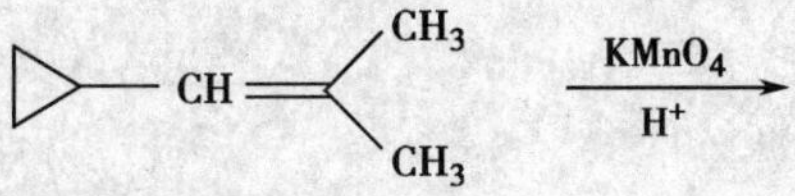 (环丙基) — CH = C(CH_3)(CH_3) $\xrightarrow[\text{H}^+]{\text{KMnO}_4}$

六、分析题

请用化学方法鉴别下列各组化合物：

1. 1,2- 二甲基环丙烷、环戊烷

2. 环己烯、苯乙炔、环己烷

3. 1- 戊烯、甲基环丁烷

4. 2- 丁烯、1- 丁炔、乙基环丙烷

5. 胆固醇、胆酸

七、简答题

1. 什么是异戊二烯规则？

2. 甾族化合物的基本结构是什么？包括哪几种物质？

八、团队练习题

某同学要分析分子式为 C_4H_8 的某化合物（A），经试验，发现该化合物能使溴水褪色，但不能使稀的高锰酸钾溶液褪色。当 1mol（A）与 1mol HBr 反应时，能得到化合物（B），（A）的同分异构体（C）与 HBr 作用也能得到（B），并且发现化合物（C）既能使溴水褪色，也能使稀的高锰酸钾溶液褪色，请根据上述现象进行讨论，推测化合物（A）的结构，并写出化合物（B）、（C）的分子式和结构式。

（许小青）

第五章　芳　香　烃

学习导航

　　你可能对芳香性、非芳香性和反芳香性的概念比较新奇,但它们实际上只是前面已经遇到的电子效应的延伸,诱导效应、共轭效应、轨道重叠和电子离域,它们会使分子趋于稳定,也会导致分子不稳定。在本章,我们将探索芳香性及其有关内容,如苯环上取代基对进一步取代的影响。从甲苯到阿司匹林,苯环作为一个基本单元广泛存在于有机物、药物的分子中。学好本章内容,你将学会怎样将苯环引入到其他分子中和怎样改变苯环上的取代基,而这恰恰是有机合成和药物合成的重要内容。

　　芳香族碳氢化合物(又名芳香烃)是一类在结构上具特殊环状结构的化合物。早期人们是从香精油、香树脂中获得的具有芳香气味的化合物,故而命名为芳香族化合物,后来发现这些物质大都是苯及其衍生物,现在人们发现芳香族化合物不一定具有香味,也不一定含有苯环结构。现在人们对于芳香烃的结构认识为:分子具有平面环状结构,高碳氢比——碳原子高度不饱和,化学性质具有特殊稳定性,难发生加成反应和氧化反应,苯环(或其他环)上易发生取代反应。与脂肪烃和脂环烃相比,这种具有特殊的稳定性、比较容易进行取代反应、难以进行加成反应和氧化反应的化学特性,称为芳香性。

　　芳香族碳氢化合物及其衍生物在有机化学和药物化学中占有非常重要的地位,相当比例的天然药物和人工合成药物的分子结构中都含有苯环。你可能曾经使用过含有苯环的防晒露,如对氨基苯甲酸;我们在日常生活中至少服用过一种含有苯环的药物,诸如阿司匹林、对乙酰氨基酚、布洛芬、泰诺或萘普生等药物,例如:

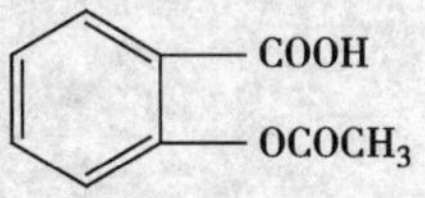

阿司匹林	对乙酰氨基酚	萘普生

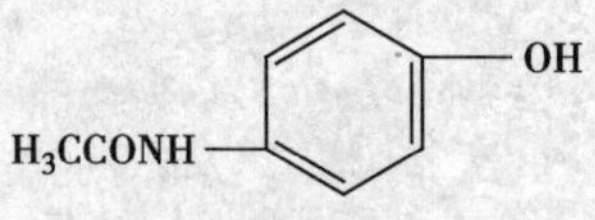

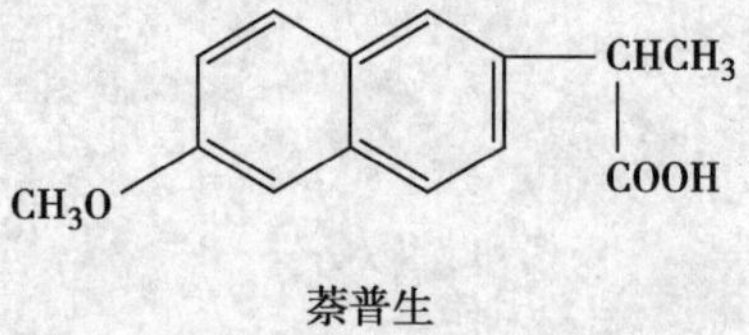

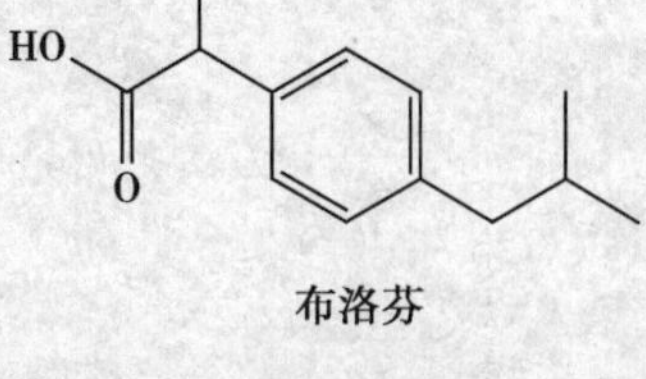

布洛芬

　　常见的芳烃是含苯环的化合物,而不含苯环的芳烃称为非苯芳烃。芳烃按其结构可分类如下:

　　1. 单环芳烃　包括苯及其同系物,如:

70

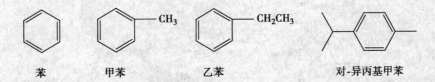

苯　　　甲苯　　　乙苯　　　对-异丙基甲苯

2. 稠环芳烃　分子中两个或两个以上苯环彼此间共用环边:

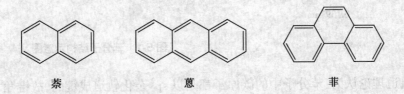

萘　　　　　　蒽　　　　　　菲

3. 多环芳烃　包括联苯、联多苯和多苯代脂肪烃:

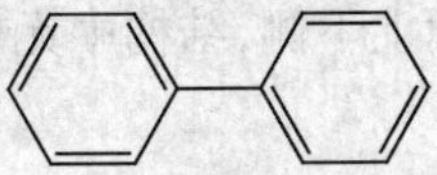

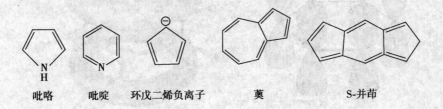

联苯 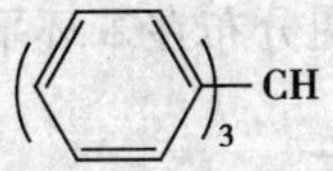　　　　三苯甲烷 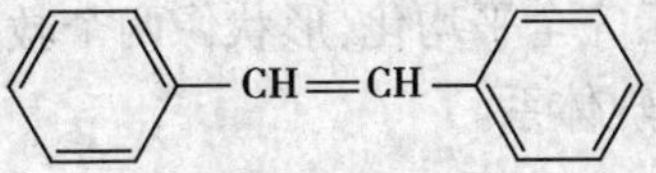　　　1,2-二苯乙烯

4. 非苯芳烃

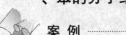

吡咯　　吡啶　环戊二烯负离子　　䓝　　　S-并茚

第一节　单 环 芳 烃

一、苯的分子结构

案　例

塑化剂事件

2011 年 3 月,台湾一位女检验员对食品做例行检验,意外地发现了食品中含有塑化剂,由此揭开了一系列惊人的事件——塑化剂在很多食品、药品领域中使用广泛。此后,台湾塑化剂风波愈演愈烈,280 多家企业相关人员受到查处。6 月 3 日,国家食品药品监督管理局紧急叫停两种含塑化剂的保健食品,随后陆续公布了 300 多家在食品、药品中使用塑化剂的企业。目前颁布的《中国药典》(2010 年版)中,还没有关于药用辅料“邻苯二甲酸二乙酯”(塑化剂)的使用剂量、安全性等方面的说明。

什么是塑化剂? 它有哪些危害? 它和我们本节学习内容有什么关系呢?

苯是由碳氢两种元素组成,分子式为 C_6H_6,是最简单的芳香烃。现代物理方法(射线法、光谱法、偶极矩的测定等)证明,苯分子中的 6 个 C 和 6 个 H 在同一平面内,是平面正六边形构型。6 个 C 构成正六边形,6 个碳碳键长都是 0.1397nm,所有键角都是 120°。苯分子中的碳碳键长比烷烃中的 C—C 键短,比烯烃中的 C=C 键长,其分子结构图 5-1 所示:

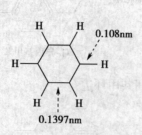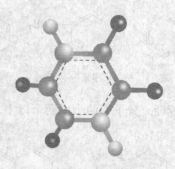

图 5-1 苯分子结构示意图

杂化轨道理论认为:苯分子中的碳原子都是以 sp^2 杂化轨道成键的,故键角均为 120°,所有原子均在同一平面上。未参与杂化的 P 轨道都垂直于碳环所在平面,彼此侧面"肩并肩"重叠,形成离域的大 π 键(图 5-2),形成一个封闭的共轭体系,由于共轭效应使 π 电子高度离域,电子云完全平均化,形状像两个救生圈分布在苯环平面上下侧,结构中无单双键之分,是一闭合共轭体系。

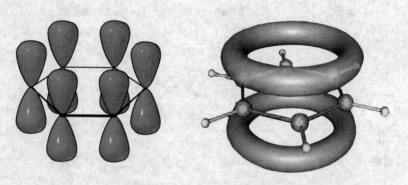

图 5-2 共轭大 π 键形成

由于苯分子的特殊结构,在书写其分子式时,可用下面的两种结构式表示:

强调π电子云的平均分布　　　　　凯库勒式

 案例解析

　　塑料加工过程中添加塑化剂,可以使之更加柔顺,易于加工成形。塑化剂产品有数百种之多,常用的是邻苯二甲酸酯类。因为很多塑料的分子结构中含有苯环,所以两者在分子结构上比较相似,有很好的相容性。

　　该类塑化剂含有苯环,在化学上非常稳定,人体吸收后很难被排出体外,易蓄积。邻苯二甲酸酯类可导致睾丸癌,是造成男子生殖问题的"罪魁祸首"。很多化妆品的芳香成分也含有该物质,指甲油的塑化剂含量最高。化妆品中的这种物质会通过女性的呼吸系统和皮肤进入体内,增加女性患乳腺癌的几率,还会危害到她们生育的婴儿。

二、单环芳烃的构造异构和命名

(一) 异构现象

单环芳烃具有一个相同的苯环,所以其异构体只能是苯环上取代基异构和位置异构两种情况,具体情况如下:

1. 一烃基苯,只有烃基的异构

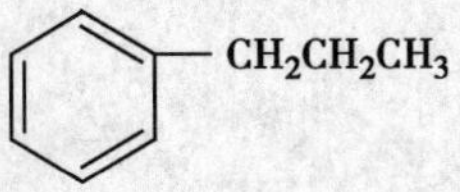

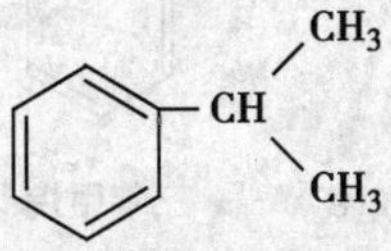

2. 二烃基苯,除了有烃基异构外,还有三种位置异构,如:

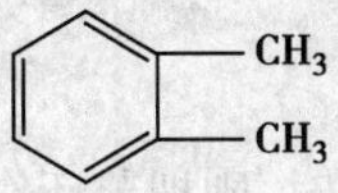

邻二甲苯 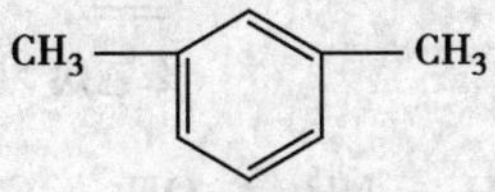　　　　　　　　间二甲苯 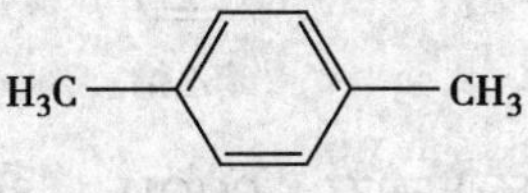　　　　　　　　对二甲苯

3. 三取代苯,除了有烃基异构外,也有三种位置异构,如:

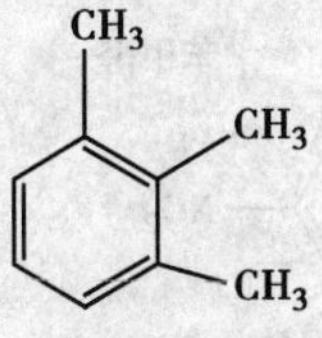

1, 2, 3-三甲苯　　　　　1, 3, 5-三甲苯　　　　　1, 2, 4-三甲苯
连-三甲苯　　　　　　　均-三甲苯　　　　　　　偏-三甲苯

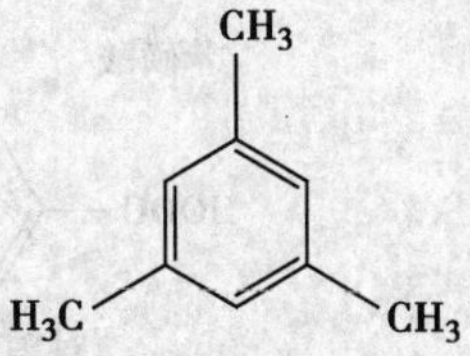

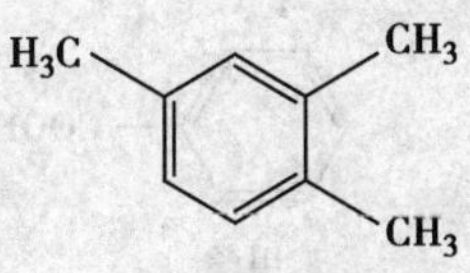

(二) 命名

1. 芳基的概念　芳烃分子去掉一个氢原子所剩下的基团称为芳基(Aryl),用 Ar 表示。重要的芳基有:

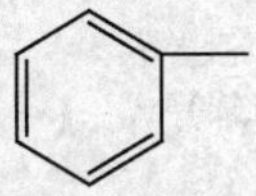

苯基,用Ph或φ表示

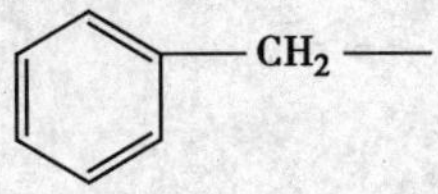

$—CH_2—$　$(C_6H_5CH_2—)$苄基(苯甲基),用Bn表示

2. 一元取代苯的命名

(1) 当苯环上连的是简单烷基(R—)、—NO_2、—X 等简单基团时,则以苯环为母体,其他基团作为取代基,叫做某基苯。

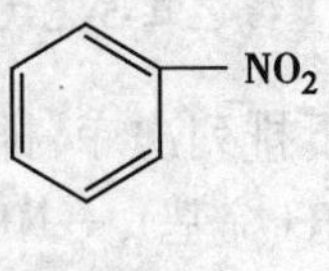

硝基苯 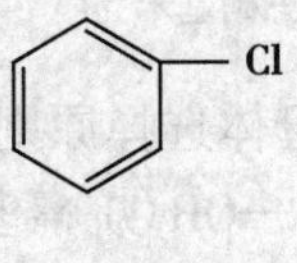　　　　　　　　　氯苯 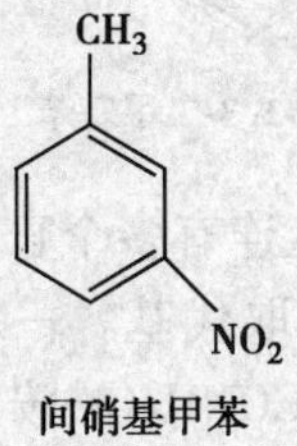　　　　　　　　　间硝基甲苯

(2) 复杂烃基苯的衍生物,可把苯环当作取代基命名;当苯基与含有双键或三键的烃基相连时,一般以苯基为取代基来命名,偶尔以双键或三键为取代基。

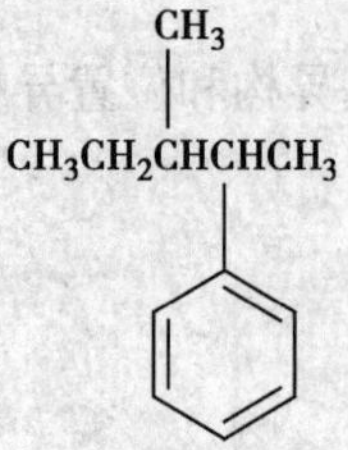

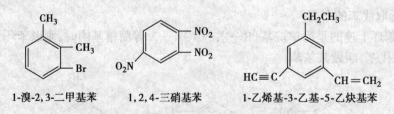

3-甲基-2-苯基戊烷 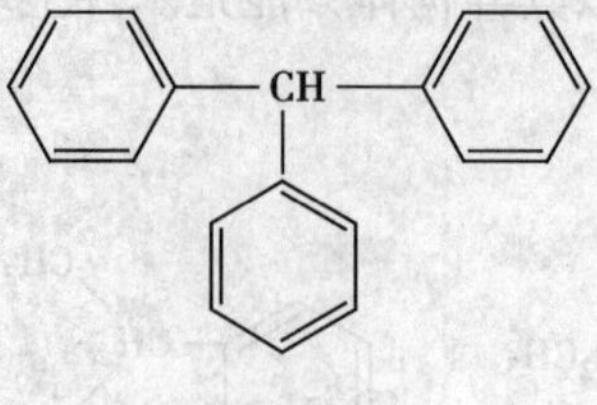　　　　　三苯甲烷 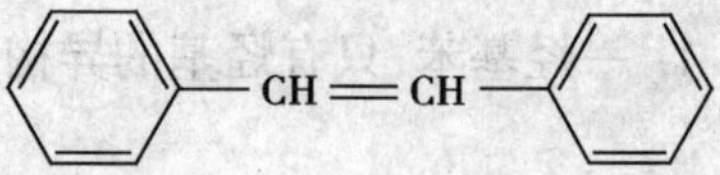　　　　　1, 2-二苯乙烯

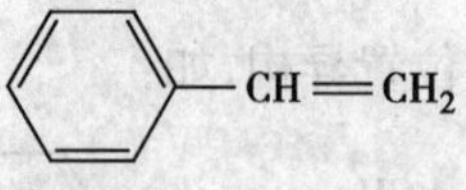

苯乙烯 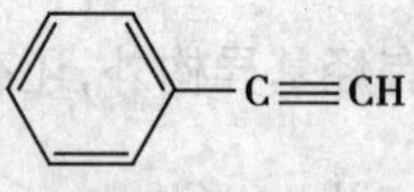　　　　　苯乙炔

(3) 当苯环上连有—COOH、—SO₃H、—NH₂、—OH、—CHO 时,则把苯环作为取代基。

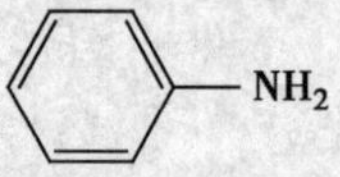

苯胺 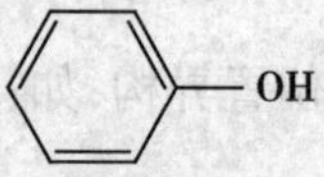　　　　苯酚 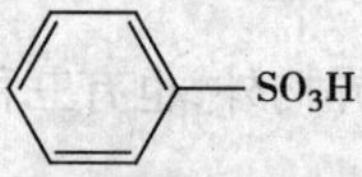　　　　苯磺酸 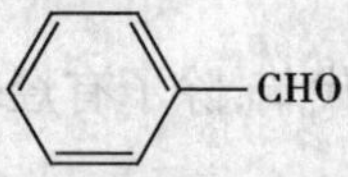　　　　苯甲醛

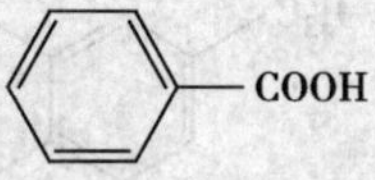

苯甲酸 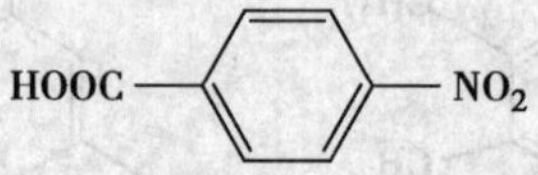　　　　　　　　对硝基苯甲酸

3. 二元取代苯的命名　取代基的位置用邻、间、对或 1,2、1,3、1,4 等表示。
例如:

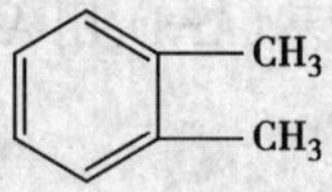

邻二甲苯　　　　　间二甲苯　　　　　对二甲苯　　　　　邻甲基苯酚
(1, 2-二甲苯)　　(1, 3-二甲苯)　　(1, 4-二甲苯)
(o-二甲苯)　　　(m-二甲苯)　　　(p-二甲苯)　　　　(o-甲基苯酚)

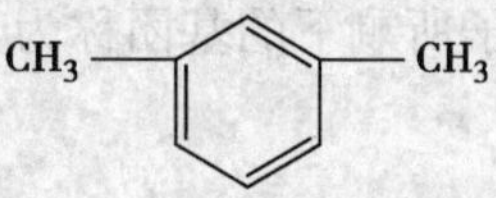

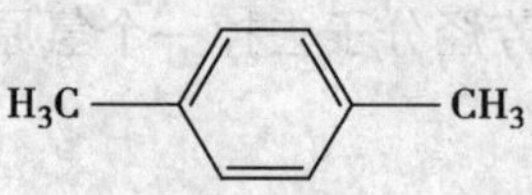

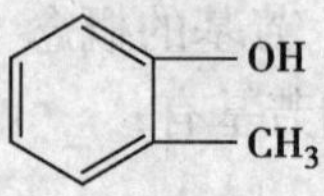

4. 多取代苯的命名
(1) 取代基的位置用邻、间、对或 2,3,4,表示:

1-溴-2, 3-二甲基苯　　　1, 2, 4-三硝基苯　　　1-乙烯基-3-乙基-5-乙炔基苯

(2) 当苯环上连有多个官能团时,母体选择原则按如下排列次序,排在后面的为母体,排在前面的作为取代基。—NO₂、—X、—OR(烷氧基)、—R(烷基)、—NH₂、—OH、—COR、—CHO、—CN、—CONH₂(酰胺)、—COX(酰卤)、—COOR(酯)、—SO₃H、—COOH、—N⁺R₃ 等。

例如：

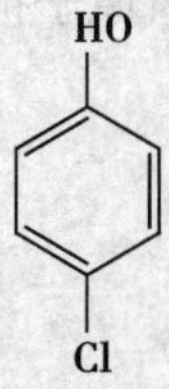

对氯苯酚 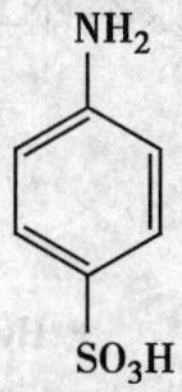　　对氨基苯磺酸 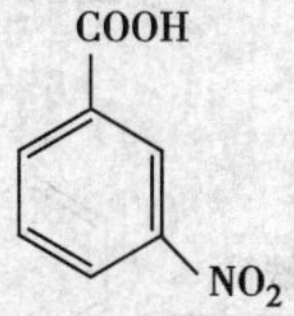　　间硝基苯甲酸 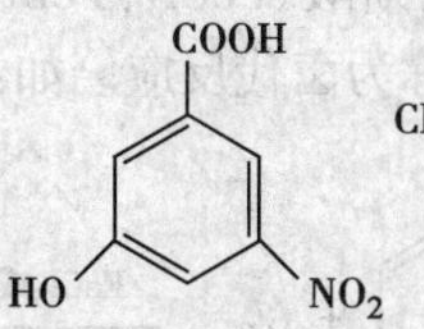　　3-硝基-5-羟基苯甲酸 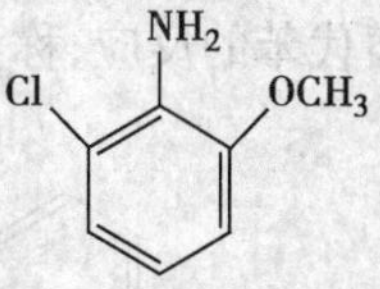　　2-甲氧基-6-氯苯胺

三、单环芳烃的物理性质

苯及其同系物一般为无色液体，相对密度小于1，比分子量相近的烷烃和烯烃的相对密度大。沸点随分子量增加而升高。不溶于水，可溶于醇、丙酮、CCl_4和醚类等有机溶剂。单环芳烃有特殊的气味，蒸气易挥发、有毒，液体可以经皮肤吸收和摄入。长期接触苯可出现血白细胞、血小板和红细胞减少，头痛，记忆力下降，失眠等。可引起骨髓与遗传损害，严重者可发生再生障碍性贫血，甚至白血病、死亡。苯中毒事故多发生在制鞋、箱包、玩具、电子、印刷、家具等行业，多由含苯的胶粘剂、清洁剂、油漆等引起。苯的同

> **小 贴 士**
>
> **苯的分子结构对药物方面的指导作用**
>
> 1. 苯环可与分子结构中的不饱和键形成稳定的共轭体系，有利于发挥药效和维持化合物稳定性。
>
> 2. 苯环较直链、支链及其他芳香结构更具有稳定的刚性结构，可维持稳定的空间构型，根据受体理论，这对于一些需要特定结构受体发挥药效的药物来说，是必备的。

系物如甲苯、二甲苯在一些溶剂、香水、洗涤剂、墙纸、黏合剂、油漆等产品中使用，在室内环境中吸烟产生的甲苯量也是十分可观的，可经呼吸道、皮肤及消化道吸收。甲苯对中枢神经系统有麻醉作用。

四、单环芳烃的化学性质

芳烃的化学性质主要是芳香性，即易于进行取代反应，而难于进行加成和氧化反应。主要涉及苯环上 C—H 键断裂反应、苯环侧链上 α-H 的氧化反应、取代反应等。

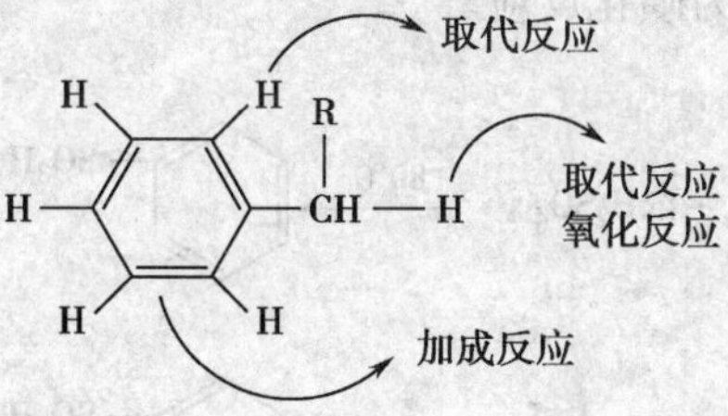

（一）取代反应

1. 硝化反应　苯与浓 HNO_3 和浓 H_2SO_4 的混合物（混酸）共热，苯环上的氢原子被硝基（—NO_2）取代，生成硝基苯。

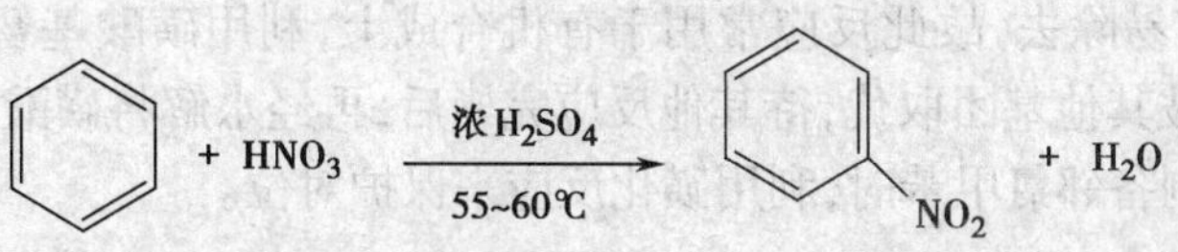

硝基苯为淡黄色液体，有苦杏仁味，比水重，有毒。

2. 卤代反应　在路易斯酸（$FeCl_3$、$FeBr_3$、$AlCl_3$ 等）催化下，苯环上的氢原子被卤素原子取代生成卤代苯的反应，称为卤代反应。如：

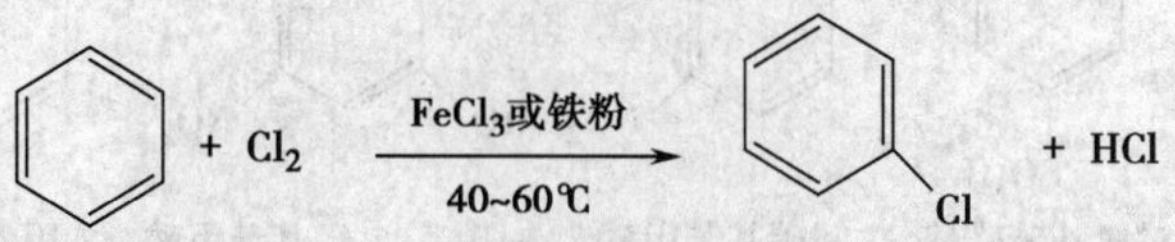

卤素中氟最活泼，氟化反应剧烈，不易控制，因而没有实际意义，碘代反应速率太慢且反应不完全，卤代反应通常是指苯与氯、溴的反应。

烷基苯的卤代反应比苯容易，在路易斯酸催化下主要生成邻、对位产物，但在光照或加热条件下，卤代反应发生在苯环侧链的 α- 碳上的氢原子。

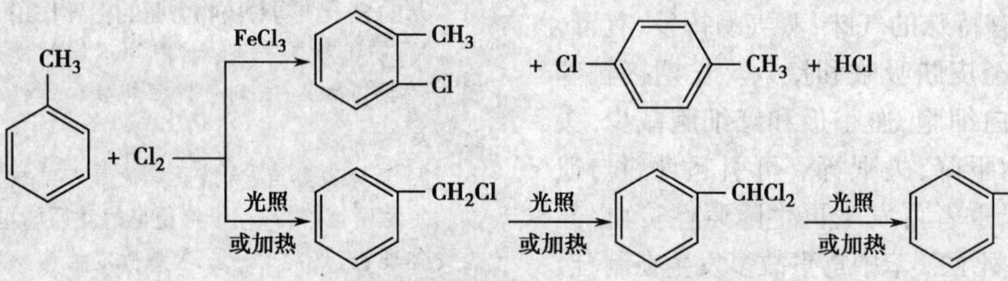

反应条件不同，产物也不同。因两者反应历程不同，前者为离子型取代反应，而光照卤代为自由基历程。

侧链较长的芳烃光照卤代主要发生在 α- 碳原子上。

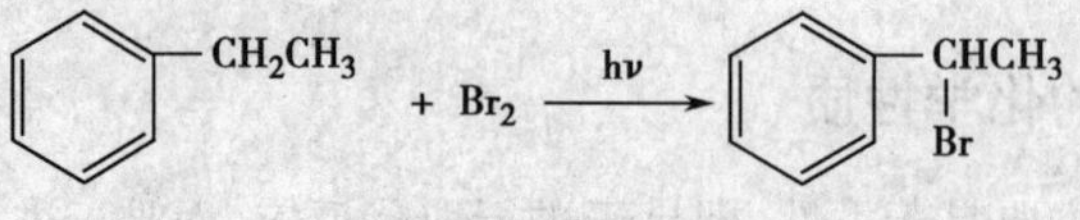

3. 磺化反应　苯与浓 H_2SO_4 或发烟 H_2SO_4 在加热条件下，苯环上的 H 被磺酸基（—SO_3H）取代，生成苯磺酸的反应，称为磺化反应。

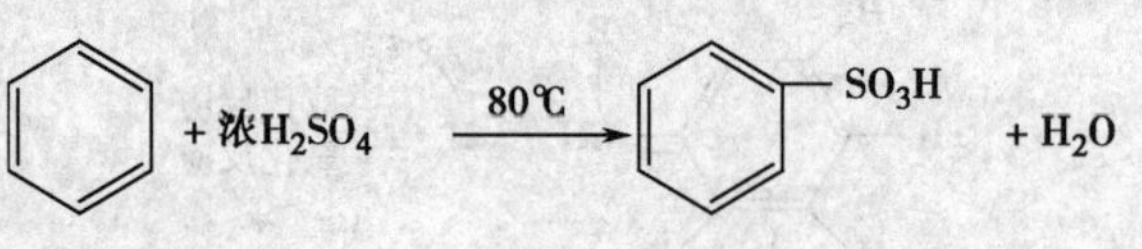

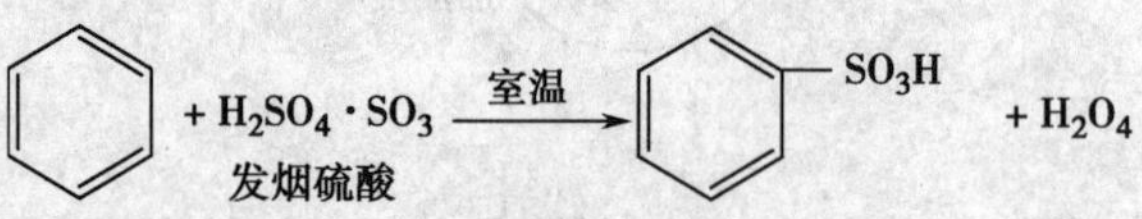

苯磺酸如在更高的温度下继续磺化，可生成间苯二磺酸。

由于磺酸基容易除去，故此反应常用于有机合成上，利用磺酸基暂时占据苯环的某一位置，使该位置不被其他基团取代，待其他反应完毕后，再经水解将磺酸基脱去，得到预期产物。例如：用甲苯制备邻氯甲苯时，利用磺化反应来保护对位。

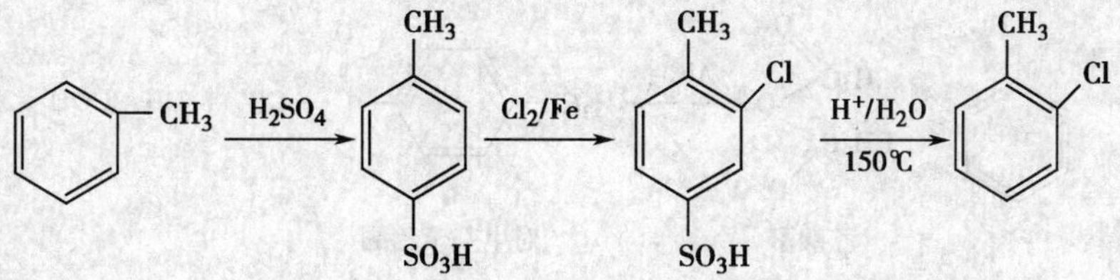

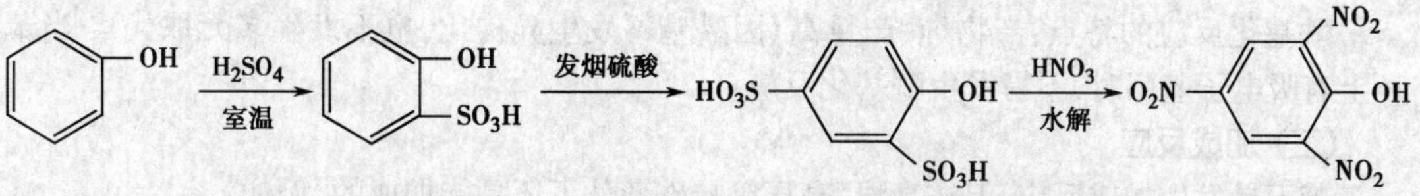

该反应还可用于化合物的分离和提纯。

4. 傅 - 克(Friedel-Crafts)反应 傅瑞德和克拉夫茨反应简称傅 - 克反应,它包含烷基化反应和酰基化反应两类。

(1)烷基化反应:苯在路易斯酸(AlCl₃、FeCl₃、ZnCl₂、SnCl₄、BF₃、H₃PO₄、H₂SO₄ 等)的催化下,与卤代烷反应,苯环上氢原子被取代,生成烷基苯的反应,称为傅 - 克烷基化反应。

> **小 贴 士**
>
> **磺化试剂在药物合成上的应用**
>
> 磺化试剂除浓硫酸、发烟硫酸外,还有 SO₃ 和氯磺酸(ClSO₃H)等,利用 ClSO₃H 进行磺化反应后的产物,可以制取芳磺酰胺、芳磺酸酯等一系列芳磺衍生物,该衍生物在制备医药和农药上具有广泛的用途,如抗肿瘤药物和治疗白血病的药物等。

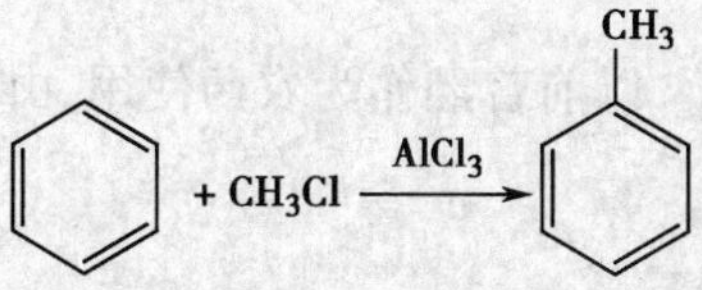

此反应中应注意:当引入的烃基为三个碳以上时,引入的烃基会发生碳链异构现象。例如:

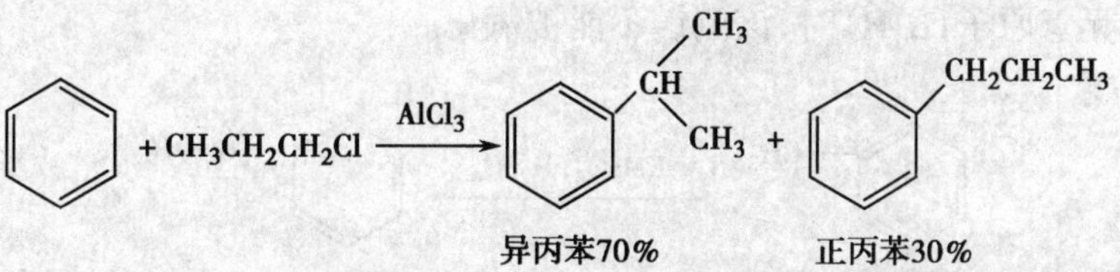

异丙苯70% 　正丙苯30%

另外,烷基化反应不易停留在一元阶段,通常在反应中有多烷基苯生成。苯环上已有—NO₂、—SO₃H、—COOH、—COR 等吸电子取代基时,烷基化反应不再发生,所以烷基化反应常用硝基苯作为溶剂。

(2)酰基化反应:在路易斯酸催化下,苯与酰氯(RCOX)或酸酐(RCOOCOR)反应,苯环上氢原子被酰基(RCO—)取代,生成酰基苯(或芳酮)的反应,称为傅 - 克酰基化反应。例如:

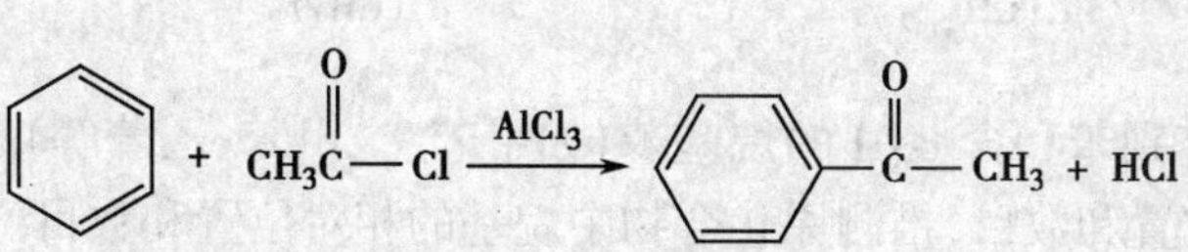

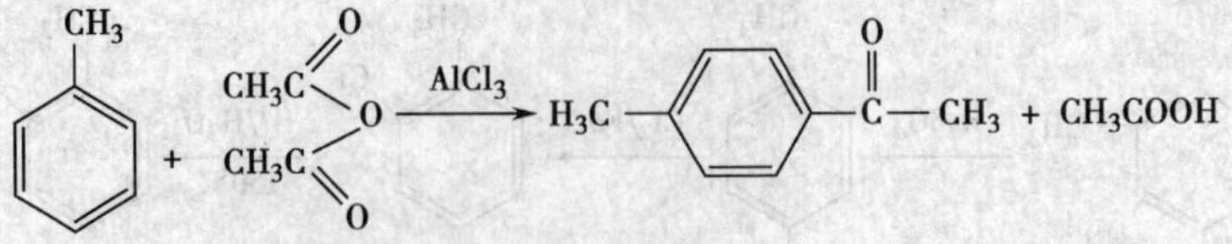

$$\text{甲苯} + \text{乙酸酐} \xrightarrow{\text{AlCl}_3} \text{对甲基苯乙酮} + CH_3COOH$$

酰基化反应的特点:产物纯、产量高(因酰基不发生异构化,也不发生多元取代)。当苯环上有吸电子基团时,不易发生酰基化反应。

(二) 加成反应

苯不易发生加成反应,但在高温、高压等特殊条件下还是能加成的,例如:

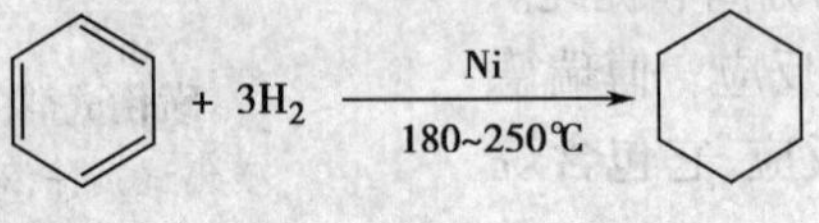

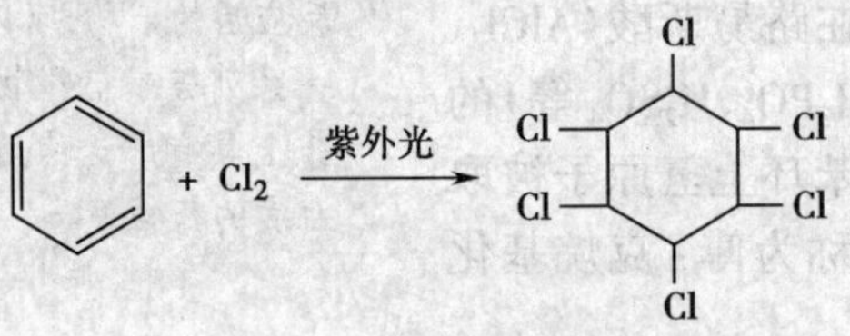

$$\text{苯} + 3H_2 \xrightarrow[180\sim250℃]{Ni}$$

$$\text{苯} + Cl_2 \xrightarrow{\text{紫外光}} \text{六氯环己烷}$$

六氯环己烷俗称"六六六",以前曾经作为农药使用,由于残存毒性大、不易分解、污染环境,现已被禁用。

(三) 氧化反应

1. 苯环侧链的氧化 苯环不容易被氧化,但烷基苯在氧化剂,如酸性高锰酸钾或酸性重铬酸钾溶液作用下,苯环上含 α-H 的侧链被氧化,氧化时,不论烷基的长短,最后都变为羧基。当苯环上含有两个不等长的碳链取代基时,碳链较长的先被氧化,当与苯环相连的侧链碳(α-C)上无氢原子(α-H)时,该侧链不能被氧化。

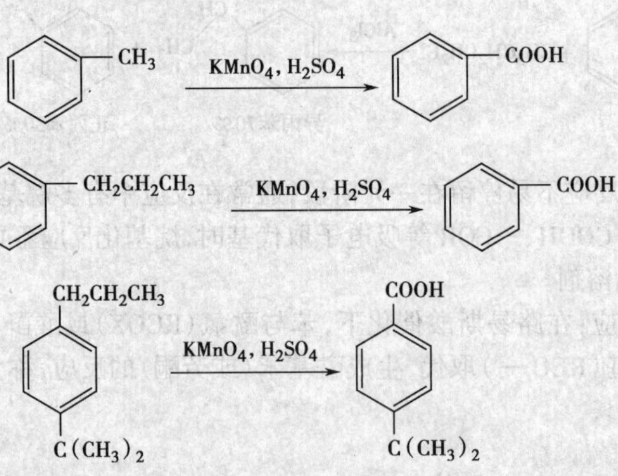

$$\text{甲苯} \xrightarrow{KMnO_4,\ H_2SO_4} \text{苯甲酸}(COOH)$$

$$\text{丙苯}(CH_2CH_2CH_3) \xrightarrow{KMnO_4,\ H_2SO_4} COOH$$

$$\xrightarrow{KMnO_4,\ H_2SO_4}$$

可利用此反应鉴别苯和含 α-H 的烷基苯(如甲苯、二甲苯、乙苯等),还可通过分析氧化产物中羧基的相对位置和数目,推测原化合物中烷基的相对位置和数目。

2. 苯环的氧化 一般氧化剂如高锰酸钾等是不能氧化苯环的,但在强烈的条件(高温和 V_2O_5 催化)下,苯可以被氧化成顺丁烯二酸酐(简称顺酐),这是工业上合成顺酐的方法。

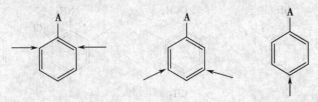

五、苯环上亲电取代反应的定位规律

(一)定位规律及定位基

当苯环上已有一个取代基时,如再引入第二个取代基,则第二个取代基在环上的位置可有三种,即对位、间位和邻位;其中邻位和间位有两个位置,而对位只有一个位置。

如果第二个取代基进入 5 个位置的几率相同,则苯环的二元取代物中邻位、对位和间位取代物的产率分别占 40%、20% 和 40%。

但是,从前面学习的一些苯环亲电取代反应中可以看出,当苯环上已有一个烷基存在时,如果让它再进一步发生取代反应,比苯容易进行,而且第二个取代基主要进入烷基的邻位和对位。这可以从苯和甲苯硝化和磺化的反应条件和产物组成的比较中看出来。

当苯环上有硝基或磺酸基存在时,情况就不一样,如果让硝基苯、苯磺酸进一步发生取代反应,这些取代反应要比苯困难些,而且第二个取代基主要进入硝基或磺酸基的间位。

可见,在苯环的取代反应中,第一个取代基可以决定第二个取代基进入环上的位置,称为定位基。我们把原有取代基决定新引入取代基进入苯环位置的作用称为取代基的定位效应,也称苯环的定位规律。根据原有取代基对新引入取代基导入的位置和反应的难易,定位基可分为两类。

1. 邻、对位定位基 使新引入的取代基主要进入定位基的邻位和对位(邻、对位产物之和大于 60%),且活化苯环(卤素除外),使取代反应比苯易进行。邻、对位定位基的结构特征是与苯环相连的原子均以单键与其他原子相连,且大多带有孤对电子或负电荷,常见邻、对位定位基的定位能力从强到弱次序大致为:

$$—NR_2 > —NHR > —NH_2 > —OH > —OR > —NHCOR > —OCOR > —R > —Ar > —X(Cl, Br, I)$$

2. 间位定位基 使新引入的取代基主要进入间位(间位产物大于 50%),且钝化苯环,使取代反应比苯难进行。间位定位基的结构特征是与苯环相连的原子带正电荷或是极性不饱和基团,常见的间位定位基的定位能力从强到弱次序大致为:

$$—N^+R_3 > —NO_2 > —CN > —SO_3H > —CHO > —COR > —COOH$$

(二)定位规则的应用

定位规则对于解释芳香族化合物的某些实验事实、预测芳香族化合物取代反应后主要产物、选择有机化合物或药物合理的合成路线具有重要的理论指导作用,帮助我们选择适当的合成路线,少走弯路;既能获得较高的收率,又可避免复杂的分离手续。

1. 预测反应的主要产物　苯环上有两个取代基时,第三个取代基进入苯环时,有下列几种情况:

(1) 原有两个基团的定位效应一致,第三个取代基主要进入它们共同确定的位置,例如:

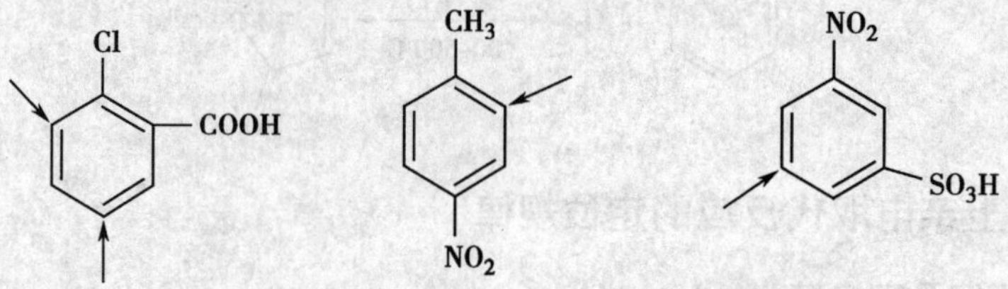

(2) 原有两个取代基同类,而定位效应不一致,则主要由强的定位基指定新导入取代基进入苯环的位置,例如:

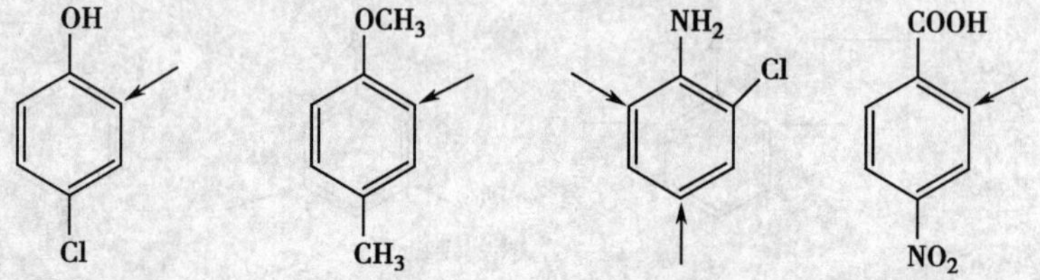

定位基强弱　—OH>—Cl　　—OCH₃>—CH₃　　—NH₂>—Cl　　—NO₂>—COOH

(3) 原有两个取代基不同类,且定位效应不一致时,第三个取代基进入苯环的位置由邻、对位定位基指定,例如:

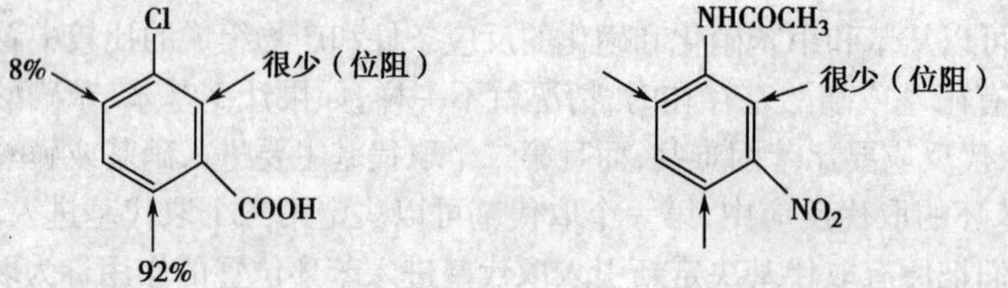

2. 指导选择合适的合成路线

例1:由甲苯制备间硝基苯甲酸,选择如下路线比较合适:

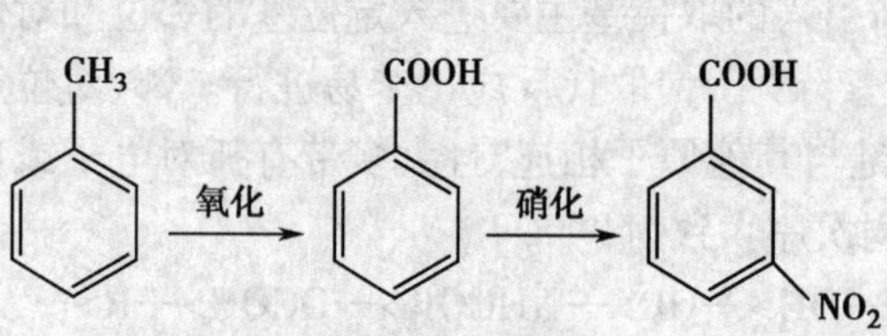

例2:由

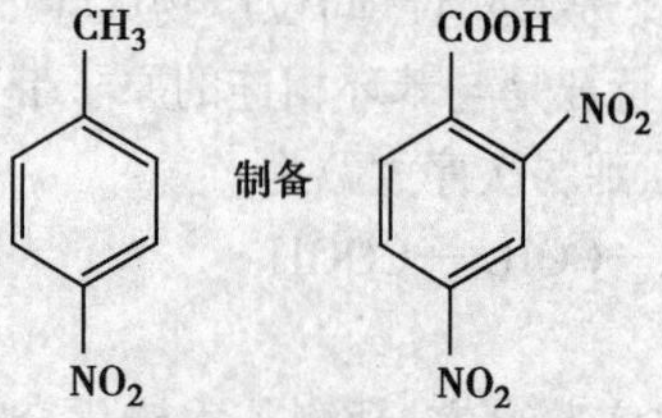

路线一:先硝化,后氧化:

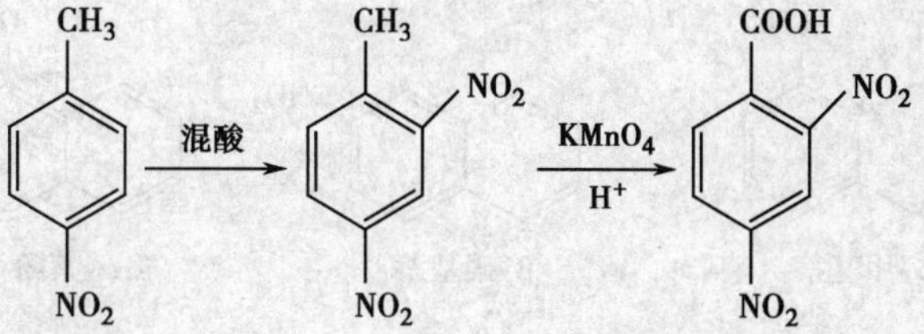

路线二:先氧化,后硝化:

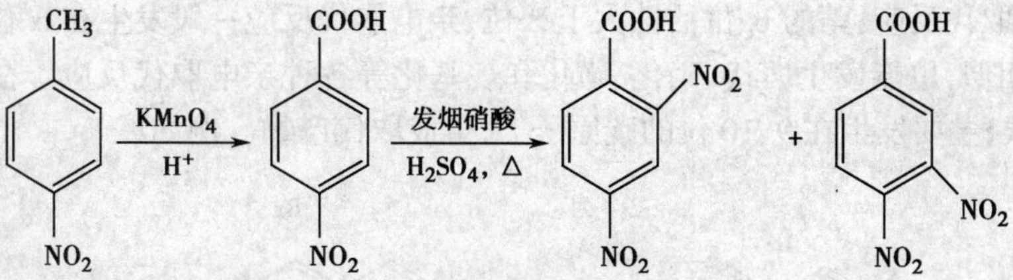

路线二有两个缺点,一是反应条件高,二是有副产物,所以路线一为优选路线。

第二节 稠 环 芳 烃

 案 例

煤焦油与癌症

1775 年,英国外科医生 Pott 就发现一种现象:那些打扫烟囱的童工,因为烟灰长期刺激阴囊,成年后多发阴囊癌。后来他用煤焦油涂抹兔子耳朵,经过一段时间诱发出兔耳朵的皮肤癌。同样用煤焦油多次涂抹小白鼠,会使其产生皮肤癌。我国学者吕富华在德国留学时,第一个发现了烟草的烟焦油可以引起癌症。烟灰、煤焦油及烟焦油中含有什么成分? 为什么会导致癌症呢?

稠环芳烃是指两个或多个苯环以共用两个相邻碳原子的方式稠合而成的芳香烃。稠环芳烃在染料合成中有一定的用途,有些稠环芳烃是合成药物的重要原料,许多稠环芳烃有致癌作用,如苯并芘等。稠环芳烃主要是从煤焦油中提取获得的片状或针状结晶,有淡绿色荧光,其中具有代表性的主要有萘、蒽、菲等。

一、萘、蒽、菲

稠环芳烃具有芳香性,键长与电子云存在平均化,但是并不像苯那么完全,键长仍以长短交替出现。我们以萘为例来探讨稠环芳烃的结构特点以及它的反应性。

(一) 萘

萘由两个苯环共用两个相邻的碳原子组成,分子式为 $C_{10}H_8$,萘分子的结构与苯环相似,它的所有原子都在同一个平面上,可以分为 α 碳原子和 β 碳原子两种,碳原子编号如下:

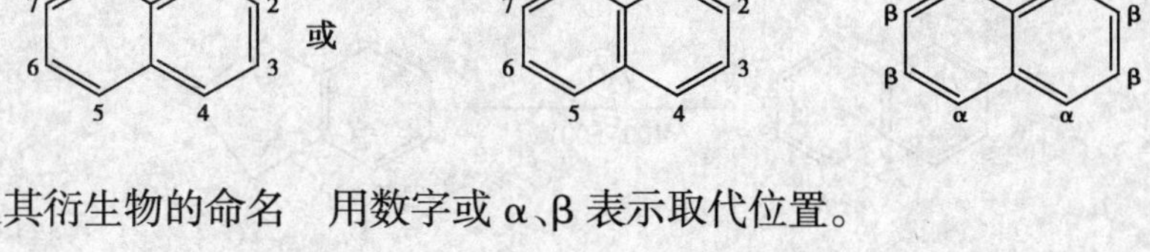

1. 萘及其衍生物的命名　用数字或 α、β 表示取代位置。

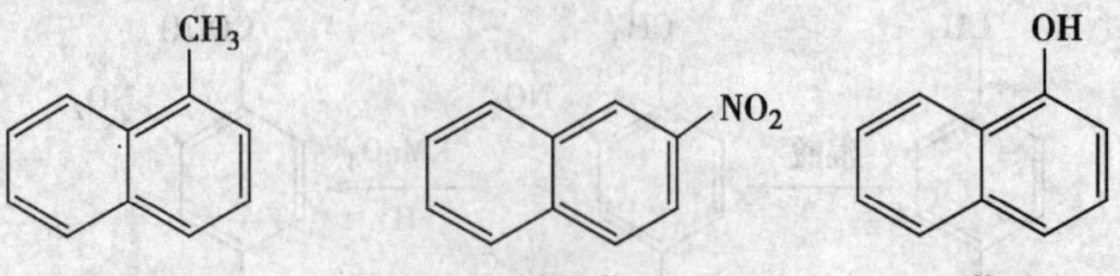

α-甲基萘   β-硝基萘   α-萘酚

2. 萘的性质 白色片状晶体,具有特殊气味,熔点80.5℃,沸点217.9℃,易挥发、易升华,不溶于水,溶于乙醇和乙醚等有机溶剂,广泛用作制备染料、树脂、溶剂等的原料。

(1) 亲电取代反应:萘的α位活性大于β位,亲电取代反应一般发生在α位上。亲电取代反应和苯相似,也能发生卤代、硝化、磺化和烷基化等各种亲电取代反应。在进行一元取代反应的时候,主要发生在9、10位的碳原子上,生成取代产物。例如:

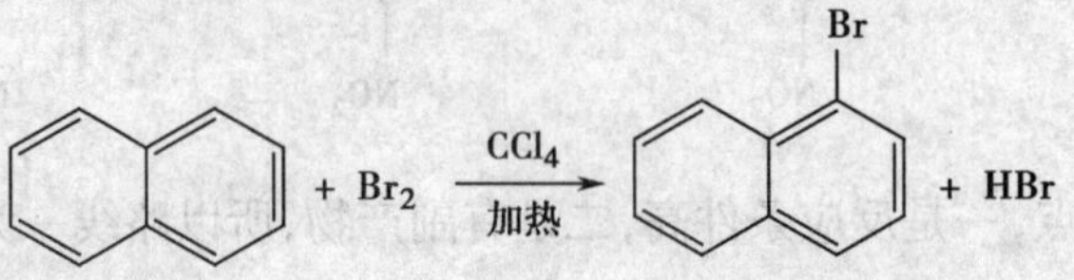

α-溴萘 72%~75%

萘与浓硫酸在80℃以下作用,主要得到α-萘磺酸;在165℃作用主要得到β-萘磺酸。

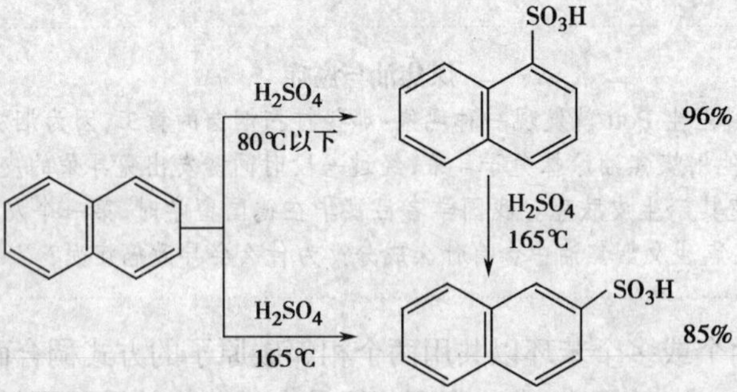

由于—SO_3H的体积较大,α-位的取代反应有较大的空间位阻,所以磺化反应时低温产物为α-萘磺酸,高温产物主要为β-萘磺酸。

(2) 氧化反应:萘比苯容易被氧化,在不同条件下氧化,可得到不同的产物。例如在乙酸溶液中,用三氧化铬氧化萘即可得到1,4-萘醌,以五氧化二钒作为催化剂,在剧烈的氧化条件下,可以将萘氧化成邻苯二甲酸酐。

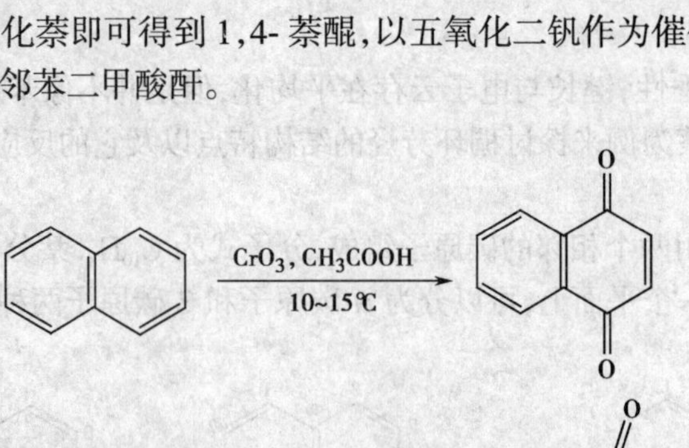

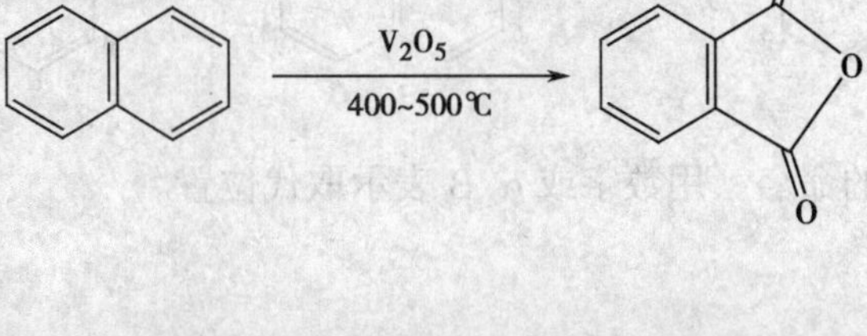

（3）加成反应：萘比苯更容易发生加氢还原反应。在不同的条件下，它可以发生部分加氢或全部加氢的反应。

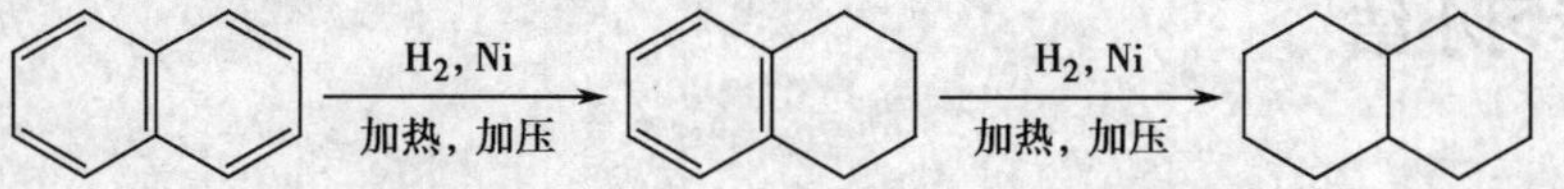

（二）蒽和菲

蒽和菲是同分异构体，分子式皆为 $C_{14}H_{10}$，两者命名类似萘，编号固定，分子结构也同样形成了闭合的共轭体系，分子中所有原子都在同一平面。

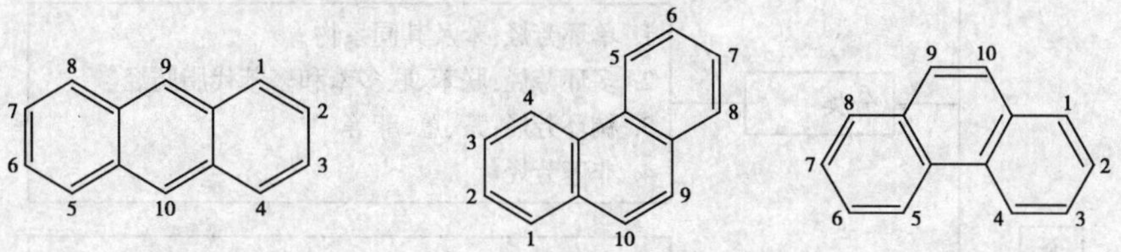

蒽　　　　　　　　　　菲

蒽和菲由于芳香性都比萘差，化学性质更加活泼，各种反应都较为容易进行。蒽和菲反应主要发生在 9、10 位。

蒽醌的衍生物是某些天然药物的重要成分，其中，9,10- 蒽醌和它的衍生物是蒽醌类染料的主要原料。

二、致癌芳烃

多环芳烃化合物是世界公认的具有较强致癌作用的化学污染物，它有数百种之多，人们发现多环芳烃有致癌作用起源于早期从事煤焦油作业的人员患有癌症。致癌芳烃都含四个或更多的苯环，它们存在于煤焦油和沥青中，常见的致癌烃有 3,4- 苯并芘，1,2,5,6- 二苯并蒽和 1,2,3,4- 二苯并菲等。

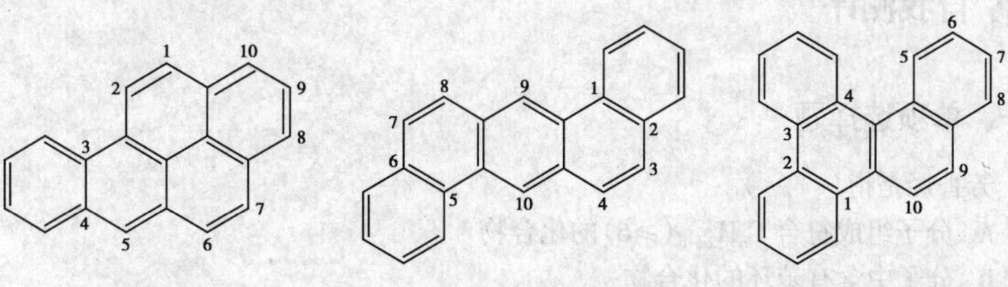

3,4-苯并芘　　　　　1,2,5,6-二苯并蒽　　　　　1,2,3,4-二苯并菲

在食品中，苯并芘是多环芳烃的典型代表，造成食品中多环芳烃和苯并芘污染的主要来源有：①在用煤、炭或植物燃料烘烤或熏制食品时的直接污染；②在高温烹调加工食品时可形成多环芳烃化合物；③食品加工、包装过程中机油、食品包装材料等导致的多环芳烃污染，在柏油路上晒粮食也容易使粮食遭受污染；④水污染可使水产品受到

小 贴 士

烧烤食品中的致癌物——苯并芘

用明火熏烤食品，如熏鱼、熏肉、烤羊肉串等，容易形成多环芳烃和苯并芘化合物，长期食用此类食品可增加癌症的发生概率，因此，我们应远离烧烤食品。另外，在煎鱼烧肉时，如果鱼或肉已经烧焦煎煳，其产生的多环芳烃和苯并芘污染极其严重，千万不能食用。

多环芳烃污染。

 学习小结

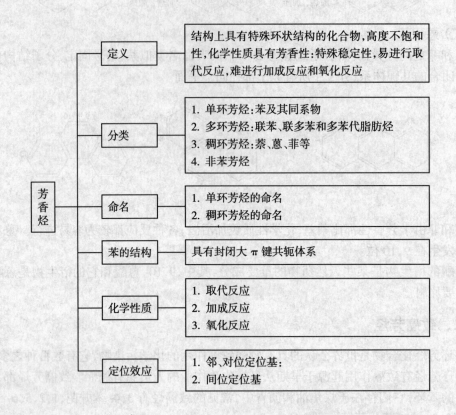

| | 定义 | 结构上具有特殊环状结构的化合物,高度不饱和性,化学性质具有芳香性:特殊稳定性,易进行取代反应,难进行加成反应和氧化反应 |

| 分类 | 1. 单环芳烃:苯及其同系物 2. 多环芳烃:联苯、联多苯和多苯代脂肪烃 3. 稠环芳烃:萘、蒽、菲等 4. 非苯芳烃 |

芳香烃

命名 1. 单环芳烃的命名 2. 稠环芳烃的命名

苯的结构 具有封闭大 π 键共轭体系

化学性质 1. 取代反应 2. 加成反应 3. 氧化反应

定位效应 1. 邻、对位定位基: 2. 间位定位基

 自我测评

一、单项选择题

1. 芳香烃是指（　　　）
   A. 分子组成符合 C_nH_{2n-6}（$\geqslant 6$）的化合物
   B. 分子中含有苯环的化合物
   C. 有芳香气味的烃
   D. 分子中含有一个或多个苯环的碳氢化合物

2. 苯环上分别连接下列基团时,最能使苯环活化的基团是（　　　）
   A. —CH_3　　　　　B. —OCH_3　　　　　C. —NO_2　　　　　D. —SO_3H

3. 芳香烃的芳香性是指（　　　）
   A. 易取代,难加成,难氧化的性质　　　　　B. 难取代,易加成,易氧化的性质
   C. 易取代,易加成,易氧化的性质　　　　　D. 易加成,难取代,难氧化的性质

4. 在铁的催化作用下苯与液溴反应,使溴的颜色逐渐变浅直至无色属于（　　　）
   A. 取代反应　　　　B. 加成反应　　　　C. 氧化反应　　　　D. 缩合反应

5. 萘最容易溶于哪种溶剂？（　　　）

    A. 水　　　　　　　　B. 乙醇　　　　　　　C. 苯　　　　　　　D. 乙酸

6. 下列化合物中，难于或不能发生傅 - 克反应的是（　　　）

    A.　　　　　　　　　B.　　　　　　　　　C.　　　　　　　　D.

7. 在室温下，下列有机物既能使高锰酸钾溶液褪色又能使溴的四氯化碳溶液褪色的是（　　　）

    A. 苯　　　　　　　　B. 异丙苯　　　　　　C. 己烯　　　　　　D. 甲苯

8. 鉴别苯和甲苯常用的试剂是（　　　）

    A. 浓硝酸　　　　　　B. 浓硫酸　　　　　　C. 卤素　　　　　　D. 高锰酸钾酸性溶液

9. 使苯环上取代反应变难，且是邻对位定位基的是（　　　）

    A. —Cl　　　　　　　B. —OCH_3　　　　　C. —NO_2　　　　　D. —$CONH_2$

10. 由苯合成 ，在下列诸合成路线中，最佳合成路线是（　　　）

    A. 先烷基化、继而硝化、再氯代、最后氧化

    B. 先烷基化、氯代、再硝化、最后氧化

    C. 先氯代、烷基化、再硝化、最后氧化

    D. 先硝化、氯代、再烷基化、最后氧化

二、多项选择题

1. 下列化合物中的碳原子是 sp^2 杂化的是（　　　　）

    A. 乙烷　　　　B. 乙烯　　　　　C. 乙炔　　　　　D. 苯　　　　E. 环丙烷

2. 属于邻对位定位基的是（　　　　）

    A. —Br　　　　B. —OCH_3　　　C. —C_2H_5　　　D. —OH　　　E. —$COCH_3$

3. 属于间位定位基的是（　　　　）

    A. —OCH_3　　　B. —$COCH_3$　　C. —$COOCH_3$　　D. —OH　　E. —N^+R_3

4. 分子中所有原子在同一平面内的是（　　　　）

    A. 苯　　　　　B. 苯乙炔　　　　C. 萘　　　　　D. 蒽　　　　E. 菲

5. 下列哪一个是芳香亲电取代反应？（　　　　）

    A.

    B. $C_6H_5CH_3 \xrightarrow{Cl_2, hv} C_6H_5CH_2Cl$

    C. $C_6H_6 + (CH_3)_2CHOH \xrightarrow{BF_3, 60℃} C_6H_5CH(CH_3)_2$

D. $C_6H_5CH_3 \xrightarrow{Br_2,FeBr_3} C_6H_4BrCH_3$

E. 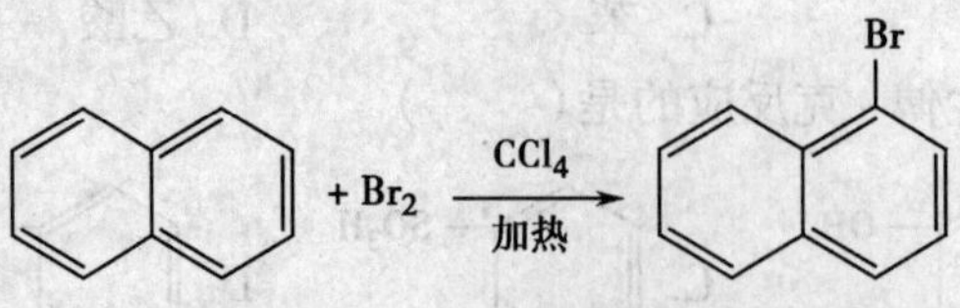 [naphthalene] $+ Br_2 \xrightarrow[\text{加热}]{CCl_4}$ [1-bromonaphthalene]

三、命名下列化合物或写出化合物的结构简式

1. [苯环 COOH, Cl]   2. [苯环 OCH₃, NO₂]   3. [苯环 OH, CHO]   4. [苯环 CH₃CHCH=CH₂]

5. β- 萘磺酸   6. 3,5- 二硝基甲苯   7. 9- 甲基蒽

四、简答题

1. 指出下列化合物哪些苯环被活化,哪些苯环被钝化

(1) [苯环 CH₂CH₃, CH₂CH₃]   (2) [苯环 OCH₃, N(CH₃)₂]   (3) [苯环 COOH, CF₃]   (4) [苯环 CH₃, NO₂]

2. 按亲电反应活性降低的顺序排列下列化合物

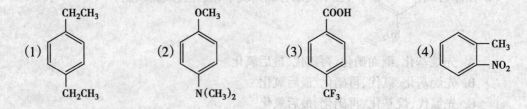

(1) 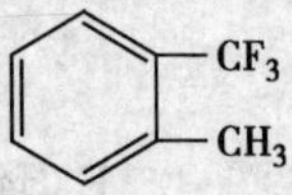 [苯环 CF₃, CH₃]   (2) 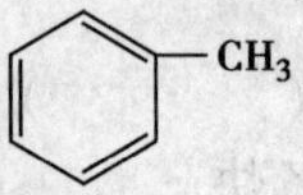 [苯环 CH₃]   (3) 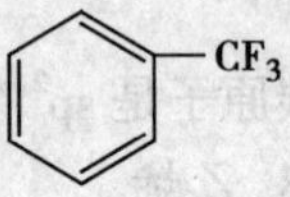 [苯环 CF₃]   (4) 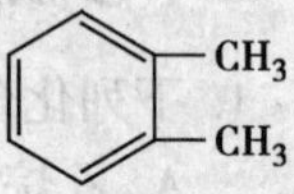 [苯环 CH₃, CH₃]

五、写出下列反应的主要产物

1. 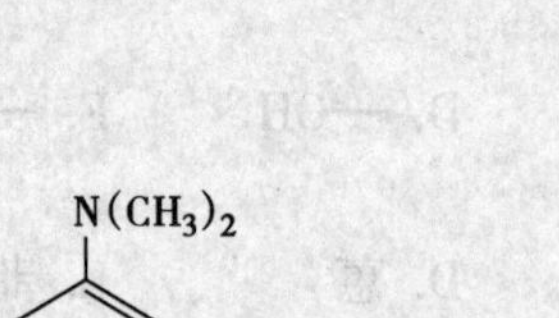 [苯环 N(CH₃)₂] $\xrightarrow{CH_3COCl, AlCl_3}$

2. [苯环 C(=O)CH₂CH₃] $\xrightarrow{HNO_3, H_2SO_4}$

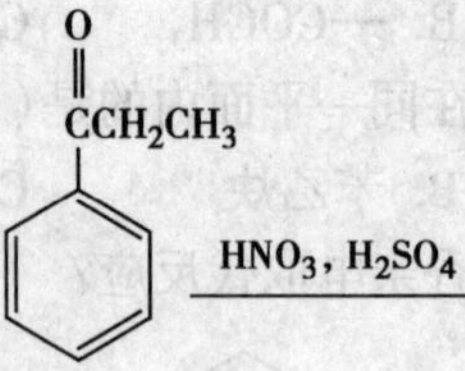

3. [苯环 CH₂CH₃, COOH] $\xrightarrow{HNO_3, H_2SO_4}$

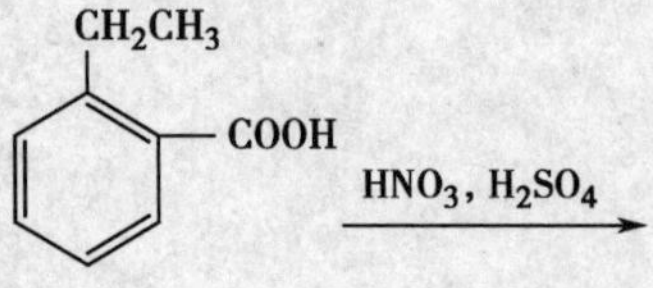

六、写出由苯合成下列化合物的合理路线

1. 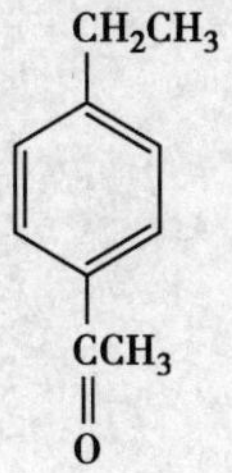 （对位 CH₂CH₃ / CCH₃=O 取代苯）

2. 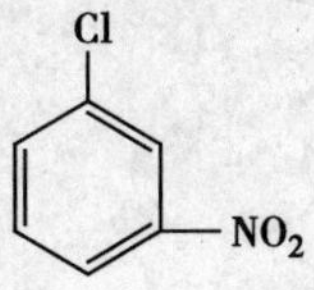 （间位 Cl / NO₂ 取代苯）

3. 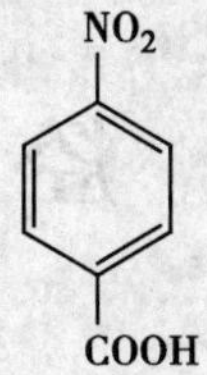 （对位 NO₂ / COOH 取代苯）

4. 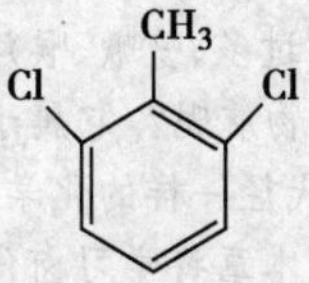 （2,6-二氯甲苯）

5. 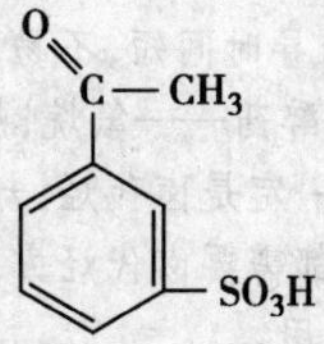 （对位或间位 乙酰基苯磺酸）

七、团队练习题

以苯甲醚为原料,设计不同的合成路线制备

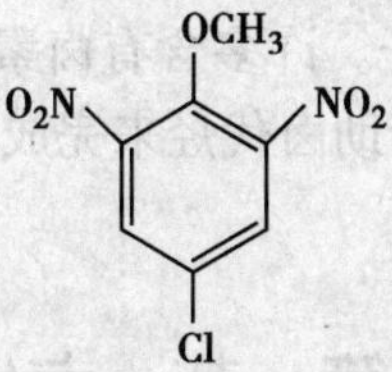

,并在小组内讨论哪种方

法更优,然后小组内成员分工进行市场调研、文献查阅等方法,对不同合成路线的优缺点进行比较。

（李国喜）

第六章　卤　代　烃

学习导航

　　麻醉作用比乙醚强,具有对黏膜无刺激性,麻醉诱导时间短,不易引起分泌物过多、咳嗽、喉痉挛等特点,可用于大手术全身麻醉及麻醉诱导的吸入性麻醉药——氟烷,属于哪一类物质呢? 它属于本章将学习的卤代烃。许多药物是含卤素的有机物,虽不一定是卤代烃,却具有和卤代烃一样的化学性质。因此,在今后从事药物合成、鉴定、使用和储存工作中都需要卤代烃方面的知识。本章将学习卤代烃分类、命名,重点学习卤代烃的性质及其在药学方面的应用。

　　烃分子中的氢原子被卤原子取代所生成的化合物叫卤代烃。一般用 R(Ar)—X 表示,卤代烃的官能团是卤原子。许多含有卤素的有机化合物具有药物的活性,而且很多有机物之间的相互转化都可以借助卤代烃来完成,卤代烃是有机合成的重要中间体,是有机合成的"桥梁"。

第一节　卤代烃的分类和命名

 问　题

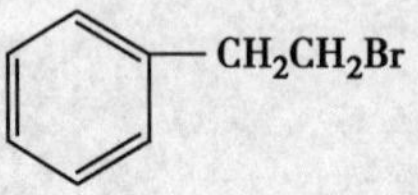

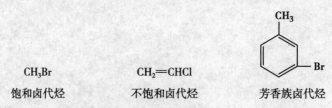

和

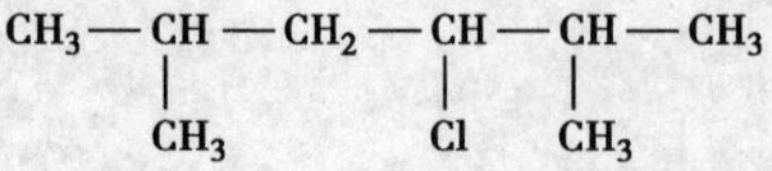

$$CH_3-CH-CH_2-CH-CH-CH_3$$

　　1. 它们属于哪种类型的卤代烃? 分类的依据是什么?
　　2. 如何用系统命名法为它们命名?

一、卤代烃的分类

　　1. 根据卤原子的种类　卤代烃分为氟代烃、氯代烃、溴代烃和碘代烃。
　　2. 根据卤原子所连烃基的种类　卤代烃分为饱和卤代烃、不饱和卤代烃和芳香族卤代烃。例如:

CH_3Br　　　　　　　$CH_2=CHCl$

饱和卤代烃　　　　　　不饱和卤代烃　　　　　　芳香族卤代烃

　　3. 根据卤原子直接连接的碳原子类型　卤代烃分为:伯卤代烃、仲卤代烃和叔卤代烃,分别以 1° 卤代烃、2° 卤代烃、3° 卤代烃表示。

伯卤代烃:卤素原子所连的碳原子是伯碳原子,如 CH_3CH_2Cl。

仲卤代烃:卤素原子所连的碳原子是仲碳原子,如 $CH_3CHClCH_3$。

叔卤代烃:卤素原子所连的碳原子是叔碳原子,如 $(CH_3)_3CCl$。

4. 根据卤原子的数目　卤代烃分为一卤代烃和多卤代烃。例如:

$$CH_3Cl \qquad\qquad CH_2Cl_2 \qquad\qquad CHCl_3$$

　　一卤代烃　　　　　二卤代烃　　　　　多卤代烃

二、卤代烃的命名

(一) 普通命名法

简单卤代烃,可根据卤素所连烃基名称来命名,称卤某烃。有时也可以在烃基之后加上卤原子的名称来命名,称某烃基卤。如:

$$CH_3Br \qquad\qquad CH_2{=}CHCl \qquad\qquad CH_3CHICH_3$$

　　溴甲烷　　　　　　氯乙烯　　　　　　碘异丙烷

　　甲基溴　　　　　　乙烯基氯　　　　　异丙基碘

(二) 系统命名法

复杂的卤代烃采用系统命名法,以相应烃为母体,将卤原子作为取代基。命名时,在烃名称前标上卤原子及支链等取代基的位置、数目和名称。

1. 卤代烷　选择连有卤原子的最长碳链为主链,根据主链碳原子数称"某烷",卤原子和其他侧链为取代基,主链编号使取代基的位次最小。例如:

$$(CH_3)_2CHCH_2CH_2Cl \qquad\qquad 3\text{-}甲基\text{-}1\text{-}氯丁烷$$

$$\begin{array}{c} CH_3CH_2CHCH_2CHCH_2CH_3 \\ \qquad |\qquad\qquad | \\ \qquad CH_3\quad Cl \end{array} \qquad 3\text{-}甲基\text{-}5\text{-}氯庚烷$$

$$\begin{array}{c} CH_3CHCH_2CH_2CHCHCH_2CH_3 \\ \quad |\qquad\qquad\quad |\quad | \\ \quad Br\qquad\qquad Br\ CH_2CH_3 \end{array} \qquad 6\text{-}乙基\text{-}2,5\text{-}二溴辛烷$$

2. 不饱和卤代烃　选择含不饱和键且连卤原子的最长碳链为主链,主链编号要使双键或三键位次最小。例如:

$$CH_2{=}CHCH_2CH_2Cl \qquad\qquad 4\text{-}氯\text{-}1\text{-}丁烯$$

$$CH_3CBr{=}CHCH{=}CH_2 \qquad\qquad 4\text{-}溴\text{-}1,3\text{-}戊二烯$$

3. 卤代芳烃　简单的卤代芳烃以芳烃为母体,卤原子为取代基。如含较复杂的烃基,以烷烃为母体,卤原子和芳烃作为取代基。例:

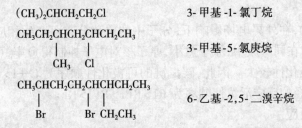

　　间-氯甲苯　　　　　　　　　　　　2-苯基-1-溴丙烷

第二节　卤代烃的理化性质

 问题

2-溴丁烷与 NaOH 的水溶液共热;2-溴丁烷与 NaOH 的醇溶液共热。它们反应的主产物相同吗？为什么？

一、物理性质

卤代烃的蒸气有毒,应尽量避免吸入体内。卤代烃的物理性质如下:

室温下,低级的卤代烷多为气体和液体,15 个碳原子以上的高级卤代烷为固体。

卤代烃的沸点比同碳原子数的烃高。在烃基相同的卤代烃中,沸点随卤素的原子序数增加而升高,氟代烃沸点最低,碘代烃沸点最高。在卤素相同的卤代烃中,随烃基碳原子数的增加,沸点升高。

相同烃基的卤代烃,氟代烃相对密度最小,碘代烃相对密度最大,除氟代烃和一氯代烷外,相对密度均大于水。在卤素相同的卤代烃中,相对密度随烃基增大而降低。

所有卤代烃均难溶于水,而溶于有机溶剂。

二、化学性质

卤原子是卤代烃的官能团。由于卤原子的电负性比碳原子大,C—X 键为极性键,容易断裂,因此卤代烃的化学性质比较活泼,而且反应主要发生在碳卤键上,易发生取代反应、消除反应等。

一个极性化合物,在外界电场影响下,分子中的电荷分布可产生相应的变化,这种变化能力称为可极化性。在同一族中,原子愈小,原子核对电子控制得愈牢,可极化性也就较小;反之,原子愈大,可极化性较大。因此,碳卤键的可极化性顺序为 C—I>C—Br>C—Cl>C—F,当烃基相同时,卤烃的反应活泼性顺序为 RI>RBr>RCl>RF。

(一) 亲核取代反应

由于卤原子的电负性比碳原子大,C—X 键为极性键,共用电子对偏向于卤原子,使卤原子带有部分的负电荷,碳原子带有部分的正电荷,因此,α-碳原子易受到带负电荷的试剂或含有孤对电子的试剂的进攻,碳卤键发生异裂,卤原子以负离子的形式离去。这种具有较大的电子云密度,易进攻带部分正电荷的碳原子的试剂,称为亲核试剂,通常用 Nu⁻ 或 Nu: 表示。由亲核试剂进攻带部分正电荷的碳原子而引起的取代反应,称为亲核取代反应。亲核取代反应的通式为:

$$R—X+Nu^- \longrightarrow R—Nu+X^-$$

卤代烃的亲核取代反应是一类重要反应,可应用于各种官能团的转变,在有机合成中用途广泛。

1. 水解反应　卤代烃能够与水作用,卤原子被羟基(—OH)取代。

$$R—X+HOH \Longrightarrow R—OH+HX$$

卤代烃水解是可逆反应,而且反应速率很慢。为了提高产率和增加反应速率,通常将卤代烃与氢氧化钠或氢氧化钾的水溶液共热,使水解能顺利进行。

$$R—X+NaOH \xrightarrow[\triangle]{水溶液} R—OH+NaX$$
醇

2. 与氰化物反应 卤代烃与氰化钠或氰化钾在醇溶液中反应,卤原子被氰基(—C≡N)取代生成腈,产物腈比原料卤代烃增加了一个碳原子,这是增长碳链的一种重要方法。例如:

$$CH_3CH_2CH_2Br+NaCN \xrightarrow{CH_3CH_2OH} CH_3CH_2CH_2CN+NaBr$$
1-溴丙烷　　　　　　　　　　　　　　　丁腈

3. 与醇钠反应 卤代烃与醇钠在加热条件下生成醚,这是制备醚的重要方法,称为威廉姆逊(Williamson ether synthesis)反应。例如:

$$CH_3CH_2CH_2Br+NaOCH_3 \xrightarrow{\triangle} CH_3CH_2CH_2OCH_3+NaBr$$
甲醇钠　　　　　　　　　　　甲丙醚

4. 与氨反应 卤代烃与氨作用,卤原子被氨基(—NH_2)取代生成胺,常用于制备胺类化合物。例如:

$$CH_3Cl+NH_3 \longrightarrow CH_3NH_2+HCl$$
甲胺

5. 与硝酸银反应 卤代烃与硝酸银的醇溶液反应生成卤化银沉淀和硝酸酯,这一反应常用于鉴别卤代烃。

$$R—X+AgNO_3 \xrightarrow{醇溶液} R—O—NO_2+AgX\downarrow$$
硝酸酯

 知识拓展

亲核取代反应机制

1. 单分子亲核取代反应(S_N1) 反应分两步进行,存在碳正离子中间体。例如:叔丁基溴的水解反应。

(1) $(CH_3)_3C—Br \rightleftharpoons [(CH_3)_3\overset{\delta+}{C}---\overset{\delta-}{Br}] \longrightarrow (CH_3)_3C^++Br^-$(慢反应)

(2) $(CH_3)_3C^++OH^- \rightleftharpoons [(CH_3)_3\overset{\delta+}{C}---\overset{\delta-}{OH}] \longrightarrow (CH_3)_3C—OH$(快反应)

相对活性次序是:烯丙型卤代烃和苄基型卤代烃 > 叔卤代烃 > 仲卤代烷 > 伯卤代烷。

2. 双分子亲核取代反应(S_N2) 反应一步完成,新键的形成和旧键的断裂同时进行。例如:溴甲烷的水解反应。

$$\overset{\delta-}{Br}—\overset{\delta+}{CH_3}+OH^- \longrightarrow [\overset{\delta-}{Br}---\overset{\delta+}{CH_3}---\overset{\delta-}{OH}]^- \longrightarrow Br^-+CH_3OH$$

相对活性次序是:卤代甲烷 > 伯卤代烷 > 仲卤代烷 > 叔卤代烷。

(二) 消除反应

由于卤原子的电负性比较大,卤代烃中碳卤键的极性可以通过诱导效应影响到 β- 碳原子,使 β- 碳原子上的氢原子也表现出一定的活泼性。卤代烃与强碱的醇溶液共热,可脱去一分子的卤化氢生成烯烃。这种在分子内脱去一个小分子,生成含有不饱和键化合物的反应称为消除反应。例如:

$$\underset{\underset{Br}{|}\quad\underset{H}{|}}{CH_3—CH—CH_2}+NaOH \xrightarrow[\triangle]{醇} CH_3—CH=CH_2+NaBr+H_2O$$

反应中,卤代烃脱去卤原子的同时,脱去了 β-C 上的氢原子,因此,也称为 β- 消除反应。

该反应活性顺序为:叔卤代烷 > 仲卤代烷 > 伯卤代烷。当卤代烃分子中含有不止一个 β-C 时,消除反应的产物可能就不止一种。例如:

$$CH_3-CH-CH-CH_2+NaOH \xrightarrow[\triangle]{醇} CH_3-CH=CH-CH_3 + CH_3-CH_2-CH=CH_2 + NaBr + H_2O$$

$$\begin{array}{ccc} | & | & | \\ H & Br & H \end{array}$$

2- 丁烯 81%　　　　　　1- 丁烯 19%

大量实验表明:卤代烷发生消除反应时,主要脱去含氢较少的 β- 碳上的氢原子,生成双键上连有烃基较多的烯烃,这一规则称为扎依采夫(Saytzeff)规则。

(三) 卤代烯烃的双键位置对卤原子活泼性的影响

卤代烯烃的不同双键位置对卤原子活泼性具有不同的影响。

1. **烯丙型卤代烃**　$CH_2=CH-CH_2-X$ 卤原子与双键相隔一个饱和碳原子,卤原子很活泼,易发生取代反应。如:

$$CH_2=CH-CH_2-Br \qquad 〈苯环〉-CH_2-Br$$

卤代烃的卤素原子与双键相隔一个饱和碳原子,不能形成 p-π 共轭。但卤素原子的电负性较大,通过吸电子诱导效应,使双键碳原子上的 π 电子云发生偏移,促使卤原子获得电子而解离,生成烯丙基正离子或苄基正离子。所以这类卤代烃中的卤素原子比较活泼,易发生取代反应,其活性强于叔卤代烷。

2. **卤代烷型卤代烃**　包括卤代烷及卤素原子与双键相隔两个或两个以上饱和碳原子的卤代烯烃。如:

$$R-X \qquad CH_2=CH-CH_2-(CH_2)_n-X \qquad 〈苯环〉-CH_2-(CH_2)_n-X$$

这类卤代烷型卤代烃中的卤原子基本保持正常卤代烷中卤原子的活泼性,反应活性顺序为:叔卤代烷 > 仲卤代烷 > 伯卤代烷。

3. **卤代乙烯型卤代烃**　卤原子与双键碳原子直接相连。如:

$$CH_2=CH-X \qquad 〈苯环〉-X$$

卤代烃中的卤素原子与双键碳原子直接相连,其孤对电子所占据的 p 轨道与双键形成 p-π 共轭体系,使 C—X 键的稳定性增强,卤素原子的活泼性很低,不易发生取代反应。

由于卤代烯烃的双键位置不同,所以其卤原子活泼性具有很大的区别,它们与硝酸银的醇溶液作用的反应条件有很大差异(见表 6-1)。

三种类型卤代烃的活泼性顺序为:烯丙型卤代烃 > 卤代烷型卤代烃 > 卤代乙烯型卤代烃

表6-1　不同类型卤代烃与硝酸银的醇溶液作用的反应条件

烯丙型卤代烃	卤代烷型卤代烃	卤代乙烯型卤代烃
$CH_2=CH-CH_2-Br$	$CH_2=CH-CH_2-(CH_2)_n-X$	$CH_2=CH-X$
室温下产生卤化银沉淀	加热后缓慢产生卤化银沉淀	加热后难产生卤化银沉淀

第三节　卤代烃在药学方面的应用

案 例

氯 霉 素

氯霉素由大卫·戈特利布（David Gottlieb）于1947年从南美洲委内瑞拉的土壤中成功分离出委内瑞拉链霉菌（*Streptomyces venezuelae*），再于1949年合成并引入临床试验。

氯霉素,结构式为 (结构式),是白色或微带黄绿色的针状、长片状结晶或结晶性粉末,味苦,熔点149~153℃,易溶于甲醇、乙醇、丙酮或丙二醇,微溶于水。是一种具有旋光活性的酰胺醇类抗生素。主要用于伤寒、副伤寒和其他沙门菌、脆弱拟杆菌感染。

许多卤代烃和含卤素的有机化合物是有机合成的原料,药物合成的常见中间体,还有一些含卤素的有机化合物本身具有药理活性,可作抗菌、抗肿瘤或麻醉药物。

一、有机合成中的重要作用

卤代烃作为亲电试剂,可通过亲核取代,获得烷基化产物;且由于β-H活性,可通过消除反应在产物中引入双键或叁键。此外,还能与多种金属作用,生成金属有机化合物,其中卤代烃在无水乙醚中与金属镁作用,生成的有机镁化合物,即格氏试剂,是金属有机化合物中最重要的一类。

$$R-X+Mg \xrightarrow{\text{无水乙醚}} R-MgX$$

格氏试剂中含有强极性的 C—Mg 共价键,碳原子带有部分负电荷,其性质非常活泼,是有机合成中重要的强亲核试剂,可与活泼的卤代烃、羰基化合物等进行亲核取代或亲核加成反应。例如:

$$CH_2=CH-CH_2Br+R-MgBr \longrightarrow CH_2=CH-CH_2-R+MgBr_2$$

由于格氏试剂性质非常活泼,易与空气中的氧分子、二氧化碳、水、醇、酸和氨等各种含有活泼氢原子的化合物反应,所以制备和使用格氏试剂时,必须使用绝对无水的乙醚作为溶剂,并且无其他任何含有活泼氢原子的物质,反应体系尽可能与空气隔绝。

二、医药中的重要卤代烃

1. 血防 846 又名六氯对二甲苯,其结构式如下:

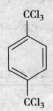

血防 846 是无味、有光泽的白色结晶粉末,熔点 107~112℃,可溶于乙醇及植物油,易溶于氯仿,不溶于水。血防 846 是广谱抗寄生虫病药,临床上用于治疗血吸虫和肝吸虫等疾病。

2. 盐酸氮芥 它是双功能烷化剂,其结构式如下:

$$\left[\begin{array}{c}ClCH_2CH_2 \\ ClCH_2CH_2\end{array} N - CH_3\right] \cdot HCl$$

主要抑制 DNA 合成,同时对 RNA 和蛋白质合成也有抑制作用,是最早用于临床并取得突出疗效的抗肿瘤药物。

3. 氟烷 学名 1,1,1- 三氟 -2- 氯 -2- 溴乙烷($CF_3CHClBr$),是无色透明液体,无刺激性,性质稳定,沸点 49~51℃,有焦甜味,不能燃烧。具有效力高、毒性小的优点,是目前常用的吸入性全身麻醉药之一。

4. 聚四氟乙烯 是性能优良的塑料,化学稳定性高,具有耐酸、耐碱、耐高温和不溶于任何有机溶剂的特点,故有"塑料王"之称。可做人造血管等医用材料。

 **学习小结**

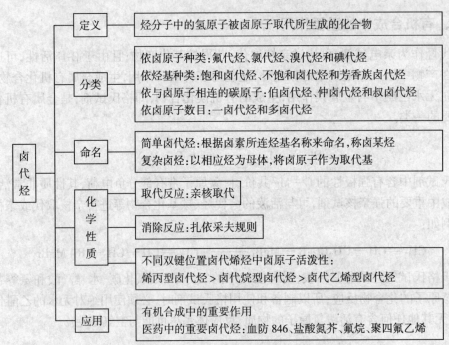

自我测评

一、单项选择题

1. 分子式为 C_4H_9Cl 的同分异构体有（　　　）
   A. 2 种　　　　　　　B. 3 种　　　　　　　C. 4 种　　　　　　　D. 5 种

2. 下列物质中，属于叔卤代烷的是（　　　）
   A. 3- 甲基 -1- 氯丁烷　　　　　　　　　　　B. 2- 甲基 -3- 氯丁烷
   C. 2- 甲基 -2- 氯丁烷　　　　　　　　　　　D. 2- 甲基 -1- 氯丁烷

3. 卤代烃与氨反应的产物是（　　）
   A. 腈　　　　　　　　　B. 胺　　　　　　　　C. 醇　　　　　　　　D. 醚

4. 卤代烷分子内脱去卤化氢所得烯烃，双键位置遵守（　　　）
   A. 休克尔规则　　　　　B. 定位规则　　　　　C. 马氏规则　　　　　D. 扎依采夫规则

5. 烃基相同时，RX 与 $NaOH/H_2O$ 反应速率最快的是（　　　）
   A. RF　　　　　　　　　B. RCl　　　　　　　　C. RBr　　　　　　　　D. RI

6. 下列化合物中属于烯丙型卤代烃的是（　　　）
   A. CH_3CH＝$CHCH_2Br$　　　B. CH_2＝$CHCH_2CH_2Br$
   C. CH_3CH_2CH＝$CHBr$　　　D. $CH_3CH_2CHBrCH_3$

7. 区分 CH_3CH＝$CHCH_2Br$ 和 $(CH_3)_3CBr$ 应选用的试剂是（　　　）
   A. Br_2/CCl_4　　　　　B. Br_2/H_2O　　　　　C. $AgNO_3/H_2O$　　　D. $AgNO_3/$ 醇

8. 在制备格氏试剂时，可以用来作为保护气体的是（　　　）
   A. O_2　　　　　　　　　B. CO_2　　　　　　　　C. N_2　　　　　　　　D. HBr

9. 叔丁基溴与 KOH 的醇溶液共热，主要发生（　　　）
   A. 亲电取代反应　　　　　　　　　　　　　　B. 亲核取代反应
   C. 加成反应　　　　　　　　　　　　　　　　D. 消除反应

10. 常用于表示格氏试剂的通式是（　　　）
    A. R_2Mg　　　　　　　B. RX　　　　　　　　C. RMgX　　　　　　　D. MgX_2

二、多项选择题

1. 下列化合物中属于一元卤代烃的是（　　　　　　）
   A. 1,2- 二溴苯　　　　　B. 三氯甲烷　　　　　C. 2- 溴甲苯
   D. 2,4- 二溴甲苯　　　　E. 烯丙基氯

2. 与 $AgNO_3$ 的醇溶液反应，立即生成白色沉淀的是（　　　　　　）
   A. 邻氯甲苯　　　　　　B. 3- 氯丙烯　　　　　C. 1- 氯环己烯
   D. 3- 氯环己烯　　　　　E. 4- 氯环己烯

3. 下列物质易与格氏试剂发生反应的是（　　　　　）
   A. 水　　　　　　　　　B. 乙醚　　　　　　　C. 酸
   D. 氧气　　　　　　　　E. 氮气

4. 下列属于伯卤代烃的是（　　　　　）

A. 2- 氯丁烷   B. 三氯甲烷   C. 2- 溴甲苯

D. 1- 溴丁烷   E. 烯丙基氯

5. 下列物质有毒的是（   ）

A. 2- 氯丁烷   B. 三氯甲烷   C. 2- 溴甲苯

D. 1- 溴丁烷   E. 烯丙基氯

三、用系统命名法命名下列化合物或写出结构简式

1. $CH_3-CH-CH_2-CH-CH-CH_3$
          | | |
         CH_3 Cl CH_3

2. $(CH_3)_2CHCH_2CH_2Cl$

3. $CH_2=C-CH=CH_2$
             |
            Cl

4. 苯环—CH_2CH_2Br

5. 苯环—CH_2Cl

6. $CH_3-CH=C-CHBr$
                    |
                  CH_3

7. 对碘甲苯

8. 溴苄

9. 3- 氯 -1- 环己烯

10. γ- 氯丙苯

四、完成下列反应方程式

1. $CH_3CH_2CH_2-I \xrightarrow[\text{乙醇}]{NaCN}$

2. $CH_3I+CH_3ONa \longrightarrow$

3. $CH_3-CH_2-CH-CH-CH_2 \xrightarrow[\triangle]{NaOH/H_2O}$
                     | | |
                  CH_3 Br   H

4. $CH_3-CH_2-CH-CH-CH_2 \xrightarrow[\triangle]{NaOH/\text{醇}}$
                     | | |
                  CH_3 Br   H

5. 苯环—$CH_2Br + NaCN \longrightarrow$

五、分析题

1. 用化学方法区分下列各组化合物

（1）丁烷和 1- 溴丁烷

（2）氯乙烷和氯乙烯

（3）氯苄和对氯甲苯

2. 推断结构

（1）某卤代烃 C_3H_7Cl（A）与 KOH 的醇溶液作用，生成 C_3H_6（B）。（B）氧化后得到乙酸、二氧化碳和水，（B）与 HCl 作用得到（A）的异构体（C）。试写出（A）、（B）和（C）的结构简式。

(2) 某卤烃(A)分子式为 $C_6H_{13}Cl$。(A)与 KOH 的醇溶液作用得产物(B),(B)经氧化得两分子丙酮,写出(A)、(B)的结构式。

六、团队练习题

分子式为 $C_5H_{11}Cl$ 的化合物,

(1) 它属于哪一类化合物?

(2) 这类化合物有哪些化学性质?

(3) 它有多少种同分异构体? 试写出它可能的结构简式并用系统命名法命名。

(罗婉妹)

第七章　醇、酚、醚

学习导航

　　世界卫生组织的事故调查显示,50%~60% 的交通事故与酒后驾驶有关,酒后驾驶已经被世界卫生组织列为车祸致死的首要原因。2011 年 2 月 25 日,我国首次将醉酒驾车这种严重危害群众利益的行为规定为犯罪,并于 5 月 1 日正式实施。通过本章的学习,我们将认识烃的含氧衍生物:醇类(酒的主要成分)、酚类和醚类,这类化合物与我们人类关系密切,以它们为原料,通过适当的方法,可以生产出许多的有机物为人们所用。让我们一起走进醇、酚、醚的世界,共同认识更多生活中和医药上常用的化合物。

　　醇、酚和醚都是烃的含氧衍生物。醇和酚具有相同的基团——羟基(—OH),二者的区别在于羟基连接的烃基不同,羟基与脂肪烃基相连的化合物为醇,羟基直接连在芳环上的化合物为酚。醚可以看作是水分子中的 2 个氢原子被烃基取代的化合物,或看作醇或酚中羟基上的氢被烃基取代的产物。醇分子中的羟基称为醇羟基,是醇的官能团;酚分子中的羟基称为酚羟基,是酚的官能团;醚分子中的醚键(—O—),是醚的官能团。

第一节　醇、酚、醚的结构、分类和命名

案 例

　　2011 年 12 月发生在印度西孟加拉邦的假酒中毒事件中,截止当地时间 16 日已经造成 167 人死亡。这是该国史上最严重的假酒致死事件之一。

　　2008 年 6 月 7 日一辆载有危险化学品粗酚的液罐车,在云南省文山州富宁县者桑段发生交通事故,罐体内 33.6 吨有毒化学品粗酚全部泄漏。

　　那么这些物质到底长啥模样? 又该如何称呼它们?

一、醇、酚、醚的结构和分类

(一) 醇的结构和分类

1. 醇的结构　醇分子中的氧采用 sp^3 杂化,氧原子的 2 对未共用电子对占据 2 个 sp^3 杂化轨道,余下的 2 个 sp^3 杂化轨道,一个与碳的 sp^3 杂化轨道形成 C—O σ 键,另一个与氢的 1s 轨道形成 O—H σ 键。图 7-1 为醇的结构示意图。

2. 醇的分类

(1) 根据羟基所连接的烃基不同,醇可分为饱和醇、不饱和醇、脂环醇和芳香醇。

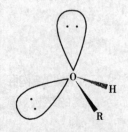

图 7-1　醇的结构示意图

CH₃CH₂OH　　　　CH₂=CHCH₂CH₂OH
饱和醇　　　　　　　　不饱和醇　　　　脂环醇　　　　芳香醇

（2）根据分子中羟基的数目,将醇分为一元醇和多元醇,二元及二元以上的醇称为多元醇。

CH₃CH₂OH　　　

一元醇　　　　　　　二元醇　　　　　　　三元醇

多元醇的多个羟基一般是分别于不同的碳原子上,同一个碳原子上连有 2 个或 3 个羟基的多元醇是不稳定的,会自动脱水生成醛、酮或羧酸。

根据羟基所连接的碳原子种类,醇可分为伯醇、仲醇和叔醇,也可表示为 1°、2°、3° 醇。

CH₃CH₂OH　　　　CH₃—CH—CH₃　　　CH₃—C—CH₃

伯醇　　　　　　　仲醇　　　　　　　　叔醇

（二）酚的结构和分类

1. 酚的结构　酚羟基中的氧采用 sp² 杂化,氧原子的 2 对未共用电子对,1 对占据 sp² 杂化轨道,另 1 对占据未参与杂化的 p 轨道。p 电子云与苯环的大 π 电子云发生侧面重叠,形成 p-π 共轭体系,使得酚羟基氧原子上的 p 电子向苯环移动,降低了羟基氧原子的电子云密度,增加了苯环上的电子云密度,所以酚羟基不像醇羟基那样容易被取代,而是增强了羟基上氢的解离能力。图 7-2 为苯酚的结构示意图。

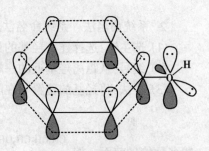

图 7-2　苯酚的结构示意图

2. 酚的分类　酚可根据分子中所含羟基数目的不同分为一元酚和多元酚。二元及二元以上的酚称为多元酚。

一元酚　　　　　　二元酚　　　　　　　三元酚

（三）醚的结构和分类

1. 醚的结构　醚分子中的氧原子采用 sp³ 杂化,2 对未共用电子对占据 2 个 sp³ 杂化轨道,余下的 2 个 sp³ 杂化轨道,分别与两个烃基中碳的 sp³ 杂化轨道形成 2 个 C—O σ 键。图 7-3 为醚的结构示意图。

2. 醚的分类　根据醚键上所连接两个烃基的异同及结构,醚可分为简单醚、混合醚和环醚。

简单醚:CH_3—O—CH_3,

混合醚:CH_3—O—CH_2CH_3,

环醚:

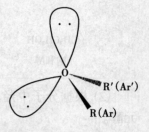

图 7-3　醚的结构示意图

二、醇、酚、醚的命名

(一) 醇的命名

1. 普通命名法　普通命名法是根据和羟基相连的烃基来命名,一般只适用于低级的一元醇。如:

CH_3OH　　CH_3CH_2OH
甲醇　　　　乙醇

CH_3—$\overset{\displaystyle}{\underset{\displaystyle OH}{CH}}$—$CH_3$
异丙醇

CH_3—$\overset{\displaystyle CH_3}{\underset{\displaystyle OH}{C}}$—$CH_3$
叔丁醇

苄醇

2. 系统命名法　系统命名法适用于各种结构醇的命名,其主要原则如下:

(1) 选主链:选择连有羟基的最长碳链作为主链,按照主链所含的碳原子数称为某醇。

(2) 编号:从距离羟基近的一端开始编号。

(3) 写法:将羟基的位置写在醇的前面,并用短线隔开,将取代基的位次、数目、名称写在醇名称的最前面。如:

$CH_3CH_2CH_2OH$
1-丙醇

CH_3—$\overset{\displaystyle}{\underset{\displaystyle OH}{CH}}$—$CH_3$
2-丙醇

CH_3—$\overset{\displaystyle}{\underset{\displaystyle OH}{CH}}$—$\overset{\displaystyle}{\underset{\displaystyle CH_3}{CH}}$—$CH_3$
3-甲基-2-丁醇

$CH_3\overset{\displaystyle CH_3}{\underset{\displaystyle CH_3}{C}}$—$CH_2OH$
2,3,3-三甲基-1-丁醇

CH_3—$\overset{\displaystyle}{\underset{\displaystyle OH}{CH}}$—$\overset{\displaystyle CH_3}{\underset{\displaystyle CH_2CH_3}{CH}}$—$CH_2CH_3$
3-甲基-4-乙基-2-己醇

当分子中含有不饱和键时,应选择连有羟基及不饱和键的最长碳链作为主链,从靠近羟基的一端开始编号。如:

CH_3—$\overset{\displaystyle}{\underset{\displaystyle OH}{CH}}$—$\overset{\displaystyle}{\underset{\displaystyle CH_3}{C}}$=$CH_2$
3-甲基-3-丁烯-2-醇

CH_3—CH=$\overset{\displaystyle C_2H_5}{\underset{\displaystyle CH_3\ OH}{C}}$—$CH_2CH_3$
4-甲基-3-乙基-4-己烯-3-醇

命名脂环醇时,以醇为母体,从羟基所连接的碳原子开始编号,并使碳环上的其他取代基的位次处于最小。如:

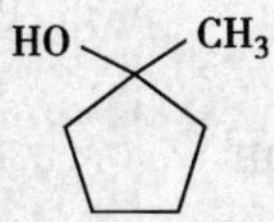

1-甲基环戊醇 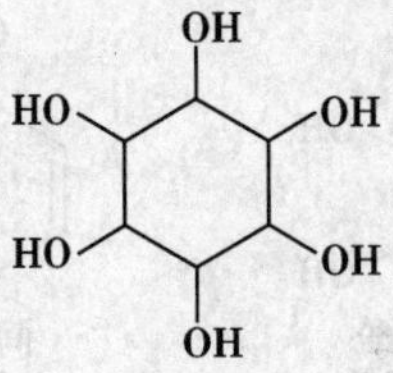　　　　环己六醇

对具有特定构型的醇,还需标明构型。如:

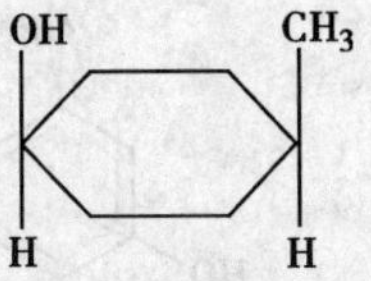

顺-4-甲基环己醇 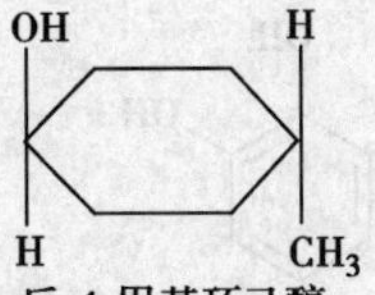　　　　　　反-4-甲基环己醇

命名芳香醇时,把芳香烃基作为取代基命名。

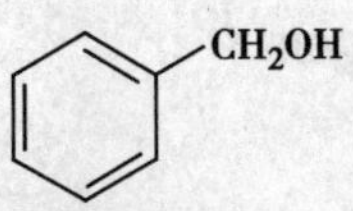

苯甲醇(苄醇) 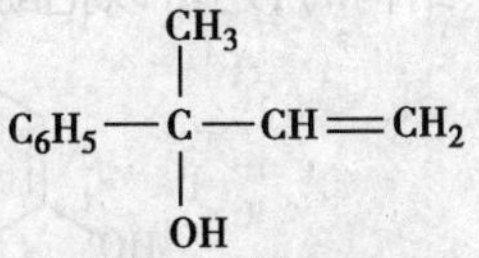　　　　2-苯基-3-丁烯-2-醇

命名多元醇时,应选择连有尽可能多羟基的最长碳链作为主链。

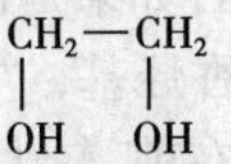

乙二醇 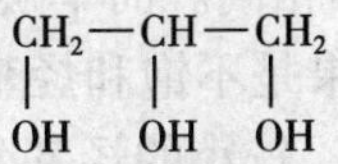　　　　丙三醇 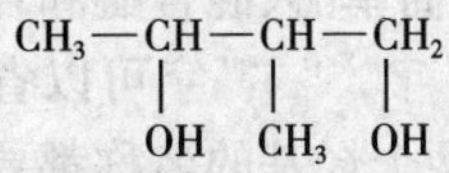　　　　2-甲基-1,3-丁二醇

你问我答

命名下列化合物:

1. 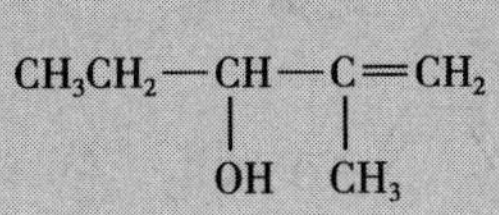 CH_3CH_2—CH—C—$=CH_2$
　　　　　　|　|
　　　　　OH　CH₃

2. 结构式

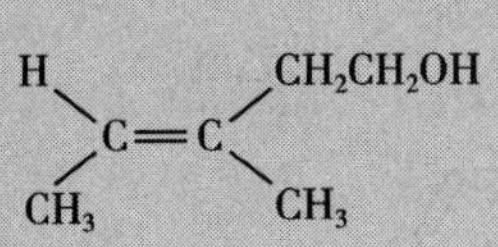

3. 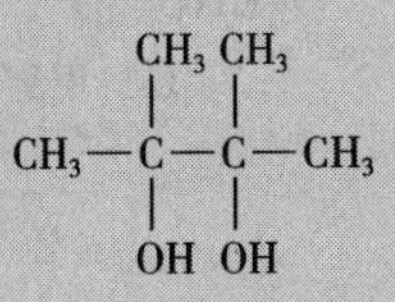 结构式

(二) 酚的命名

酚的命名常在"酚"字前面加上芳环的名称,以此作为母体,把取代基的位次、数目和名称写在酚名称的前面。多元酚利用阿拉伯数字表示酚羟基的位置,也可用邻、间、对等字表示。如:

一元酚

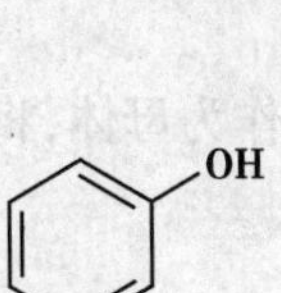

苯酚 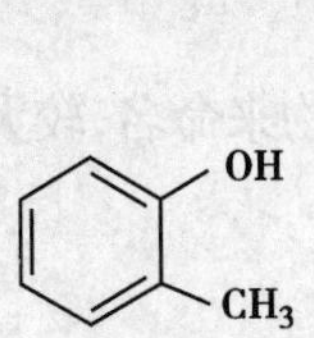　　　　邻甲苯酚 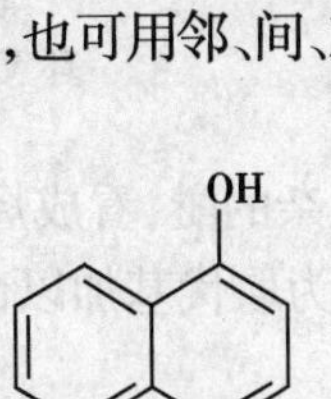　　　　α-萘酚

二元酚

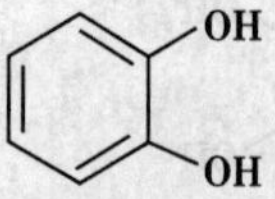

邻苯二酚　　　　　　间苯二酚　　　　　　对苯二酚
1,2-苯二酚　　　　　1,3-苯二酚　　　　　1,4-苯二酚

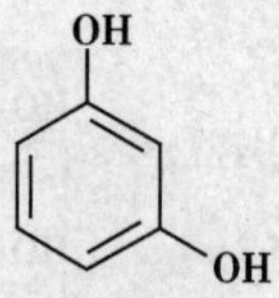

三元酚

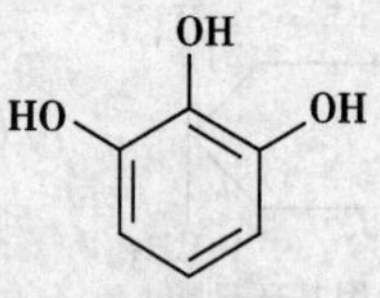

连苯三酚　　　　　　偏苯三酚　　　　　　均苯三酚
1,2,3-苯三酚　　　　1,2,4-苯三酚　　　　1,3,5-苯三酚

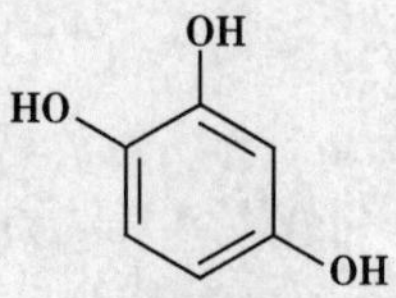

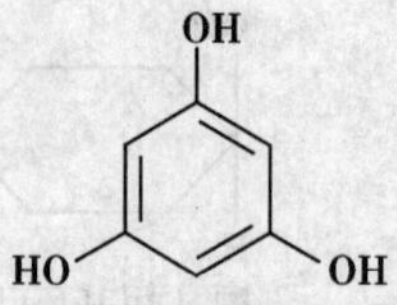

当芳环上连接复杂结构时,还可以把酚羟基作为取代基加以命名。

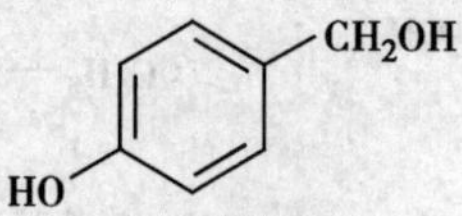

对羟基苯甲醇

(三) 醚的命名

醚的命名中简单醚、混合醚和环醚各不相同。简单醚的命名,如果是饱和烃基,在烃基名称后面加"醚"字,"二"字可以省略;如果是不饱和烃基或芳香烃基,"二"字不能省略。混合醚的命名,两个烃基的名称都要写出来,较小的烃基名称放在前,较大的烃基名称放在后,如有芳香烃基,则芳香烃基放在前,脂肪烃基放在后。环醚的命名常采用俗名或称为环"氧"某烷。如:

$$CH_3-O-CH_3 \qquad CH_3CH_2-O-CH_2CH_3 \qquad CH_2=CH-O-CH=CH_2$$

(二)甲醚　　　　　　(二)乙醚　　　　　　二乙烯基醚

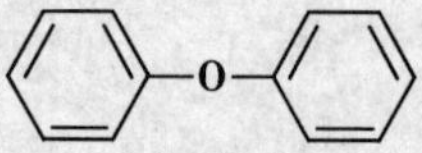

二苯醚　　　　　　$CH_3-O-CH_2CH_3$　　　　苯甲醚
　　　　　　　　　　甲乙醚

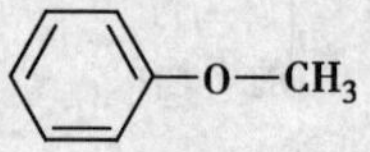

环氧乙烷 　　　　　四氢呋喃 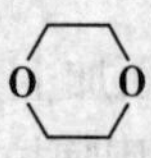　　　　1,4-二氧六环

对于结构复杂的醚,看成烃的衍生物来命名,较大的烃基作为母体,将剩下的—OR 部分(称为烷氧基)作为取代基加以命名。

$$\begin{array}{ccc} \underset{\underset{OH}{|}}{CH_2}-\underset{\underset{OCH_3}{|}}{CH_2} & \underset{\underset{CH_3}{|}}{CH_3}-\underset{\overset{C_2H_5}{|}}{\underset{\underset{OC_2H_5}{|}}{C}}-CH_2CH_3 & \end{array}$$

2-甲氧基乙醇   2-甲基-3-乙基-3-乙氧基戊烷   间甲氧基苯酚

第二节 醇、酚、醚的性质

案 例

　　酒精会影响中枢神经系统,造成大脑活动迟缓。有麻痹小脑的作用,使得肌肉运动变得不协调。饮酒过量会引起大脑、心脏、骨髓、肠胃道、肝脏中毒,会导致多种酒精性疾病。酒精还会阻碍胎儿正常发育。

　　茶多酚是茶叶中多酚类物质的总称。是形成茶叶色香味的主要成分之一,也是茶叶中有保健功能的主要成分之一。茶多酚等活性物质具有解毒和抗辐射作用,能有效地阻止放射性物质侵入骨髓,茶多酚还能清除体内过剩的自由基、阻止脂质过氧化,提高机体免疫力,延缓衰老。

　　醇类和酚类物质除了上述作用,还有哪些性质?

一、醇的性质

(一) 醇的物理性质

　　在常温常压下,低级一元饱和醇是具有显著酒味的无色液体;随着烃基的增大,醇逐渐呈油状液体并具有令人不愉快的气味;高于 11 个碳原子的醇是无臭无味的蜡状固体。

　　醇的沸点和烷烃一样,也是随着分子量的增加而上升。比较相对分子质量相近的烷烃,醇的沸点高得多,这是因为醇在液态时,分子间通过"氢键"形成缔合体,如乙烷的沸点为 −88℃,乙醇的沸点为 78℃。随着相对分子质量的增大,这种差别逐渐缩小。

$$\underset{H}{\overset{R}{|}}\underset{H}{\overset{R}{O}}\cdots\underset{H}{\overset{R}{O}}\cdots\underset{H}{\overset{R}{O}}\cdots\underset{H}{\overset{R}{O}}\cdots O$$

醇分子与水分子之间也能形成氢键。

$$\underset{H}{\overset{H}{O}}\cdots\underset{H}{\overset{R}{O}}\cdots\underset{H}{\overset{H}{O}}\cdots\underset{H}{\overset{R}{O}}\cdots\underset{H}{\overset{H}{O}}\cdots O$$

　　因此,低级醇(3 个碳以下)能与水混溶,随着相对分子质量的增大,醇羟基与水形成氢键的能力减弱,醇在水中的溶解度明显降低。高级醇不溶于水,但能溶于烃类有机溶剂,如石油醚中。

(二) 醇的化学性质

　　醇的化学性质主要是由官能团羟基决定的。羟基中的 O—H 键以及与羟基相连的 C—O 键都是极性键,在化学反应中这两种键都可以断裂,前者断裂脱掉氢,后者断裂脱掉羟基,导致取代反应或消除反应的发生。此外,醇还可以发生氧化反应。

　　1. **与活泼金属的反应** 醇能够与钾、钠等活泼金属发生反应,与水一样,放出氢气并生成类似于氢氧化物的产物(醇的金属化合物)。如乙醇和金属钠反应,放出氢气并生成乙醇钠。

$$CH_3CH_2OH + Na \longrightarrow CH_3CH_2ONa + \frac{1}{2}H_2\uparrow$$

该反应与水和金属钠的反应相比要缓和的多,这是因为醇的酸性($pK_a \approx 16$)比水($pK_a = 15.7$)弱。在实验室里常常利用醇与钠的反应来销毁残余的金属钠,以免发生燃烧和爆炸。

醇的酸性减弱显然是与烷基有关系,而且烷基越大,醇的酸性越弱。各种醇的相对酸性强弱顺序如下:

$$甲醇 > 伯醇 > 仲醇 > 叔醇$$

醇钠是白色固体,遇水立即水解生成醇和氢氧化钠。醇钠的碱性比氢氧化钠强,其溶液中滴入酚酞溶液显红色。

$$RONa + H_2O \rightleftharpoons ROH + NaOH$$

2. 与无机酸的反应　醇与酸反应生成酯和水,醇与无机酸反应生成的酯称无机酸酯。

(1) 与氢卤酸的反应:醇与氢卤酸作用时,醇中的羟基可被卤素取代而生成卤代烃和水。这是实验室制备卤代烃的常用方法。

$$ROH + HX \rightleftharpoons R\text{-}X + H_2O$$

醇与氢卤酸反应的速率与醇的结构及氢卤酸的种类有关。

醇的活性次序是:烯丙型醇 > 叔醇 > 仲醇 > 伯醇

氢卤酸的活性次序是:HI>HBr>HCl

因此,可以利用不同醇类与氢卤酸反应的速率不同来区别伯醇、仲醇和叔醇。所用的试剂为浓盐酸和无水氯化锌配制成的溶液,称为卢卡斯(Lucas)试剂。室温下叔醇与卢卡斯试剂混合,振摇立即就有不溶于卢卡斯试剂(6个碳原子以下的一元醇能溶于卢卡斯试剂)的卤代烃生成,出现浑浊或分层;仲醇则反应较慢,放置几分钟才变浑浊或分层;伯醇最慢,放置一小时也看不出有何变化,加热后才有反应(烯丙型的伯醇除外)。

(2) 与含氧无机酸的反应:醇与硫酸、硝酸等含氧无机酸反应时,分子间脱水生成无机酸酯。

$$CH_3OH + HOSO_2OH \longrightarrow CH_3OSO_2OH + H_2O$$
$$\text{硫酸氢甲酯(酸性酯)}$$

若将硫酸氢甲酯进行减压蒸馏可得到硫酸二甲酯。

$$CH_3OH + CH_3OSO_2OH \xrightarrow{\text{减压蒸馏}} CH_3OSO_2OCH_3 + H_2O$$
$$\text{硫酸二甲酯(中性酯)}$$

硫酸与乙醇反应,则可以得到硫酸氢乙酯和硫酸二乙酯。硫酸二甲酯和硫酸二乙酯均为无色油状液体,都是重要的烷基化试剂。但因有剧毒,使用时应注意安全。

醇与硝酸反应生成硝酸酯。硝酸是一元酸,因此只形成一种酯。

$$CH_3OH + HONO_2 \longrightarrow CH_3ONO_2 + H_2O$$

多元醇的硝酸酯中,有的可作药用。例如三硝酸甘油酯(硝酸甘油)有扩张冠状动脉的作用,临床上可用来治疗心绞痛。

$$\begin{array}{l} CH_2\text{—}OH \\ | \\ CH\text{—}OH \\ | \\ CH_2\text{—}OH \end{array} + 3HNO_3 \xrightarrow{H_2SO_4} \begin{array}{l} CH_2\text{—}ONO_2 \\ | \\ CH\text{—}ONO_2 \\ | \\ CH_2\text{—}ONO_2 \end{array} + 3H_2O$$

$$\text{三硝酸甘油酯}$$

3. 脱水反应 醇在脱水剂(浓硫酸、氧化铝等)存在下加热发生脱水反应,醇的脱水反应依据醇的结构和反应条件有两种方式,一种是分子内脱水生成烯烃,另一种是分子间脱水生成醚。

(1) 分子内脱水:在较高温度下,醇主要是发生分子内脱水,仲醇和叔醇在进行分子内脱水时,遵循扎依采夫(Saytzeff)规律。

$$CH_3CH_2OH \xrightarrow[170℃]{浓硫酸} CH_2{=}CH_2 + H_2O$$

$$CH_3-\underset{\underset{OH}{|}}{\overset{\overset{CH_3}{|}}{C}}-CH_2-CH_3 \xrightarrow[170℃]{浓\ H_2SO_4} CH_3-\overset{\overset{CH_3}{|}}{C}{=}CH-CH_3 + H_2O$$

在分子内脱水反应中,醇的活性次序是:叔醇 > 仲醇 > 伯醇。

(2) 分子间脱水:在较低温度下,醇主要是进行分子间脱水。

$$2CH_3CH_2OH \xrightarrow{浓硫酸,140℃} CH_3CH_2OCH_2CH_3 + H_2O$$

4. 氧化反应 不同类型的饱和一元醇在用重铬酸钾和硫酸进行氧化时可生成不同的产物。伯醇氧化生成醛(醛如继续氧化可生成羧酸);仲醇氧化生成酮;叔醇在一般条件下不被氧化。

$$\underset{伯醇}{CH_3CH_2OH} \xrightarrow[H_2SO_4]{K_2Cr_2O_7} \underset{醛}{CH_3CHO}$$

$$\underset{仲醇}{CH_3-\underset{\underset{CH_3}{}}{\overset{\overset{OH}{|}}{CH}}} \xrightarrow[H_2SO_4]{K_2Cr_2O_7} \underset{酮}{CH_3-\overset{\overset{O}{||}}{C}-CH_3}$$

5. 多元醇的特性 多元醇的沸点随着羟基数目的增多而增高,在水中的溶解度也随之增大。此外,羟基数目的增多会增加醇的甜味。具有邻二醇结构的多元醇除了具有一元醇的一般化学性质外,还具有特殊的化学性质。如甘油能与新制的氢氧化铜作用生成深蓝色溶液。

$$\underset{}{\overset{CH_2-OH}{\underset{CH_2-OH}{\overset{|}{\underset{|}{CH-OH}}}}} + Cu(OH)_2 \longrightarrow \overset{CH_2-O}{\underset{CH_2-OH}{\overset{|}{\underset{|}{CH-O}}}}{\Big\rangle}Cu + 2H_2O$$

利用此反应可鉴别具有邻二醇结构的多元醇。

二、酚的性质

大多数酚为高沸点的液体或低熔点的结晶固体，这是因为酚能形成分子间氢键。酚能溶于乙醇、乙醚、苯等有机溶剂。

酚类分子中含有羟基和苯环，因此具有羟基和芳环所特有的性质。由于酚羟基与苯环直接相连，受到芳环的影响，酚羟基在性质上与醇羟基有显著的差异；同样，分子中的芳环也由于受到羟基的影响，比相应的芳烃更容易发生取代反应。

(一) 酚羟基的反应

1. 弱酸性　酚除了像醇一样，羟基上的氢能与活泼金属反应外，还能与强碱溶液作用。

小 贴 士

环境污染物——酚

酚是公认的有毒化学物质，一旦被人体吸收就会蓄积在各脏器组织内，很难排出体外。酚类化合物是一种原型质毒物，对一切生活个体都有毒杀作用。能使蛋白质凝固，所以有强烈的杀菌作用。其水溶液很容易通过皮肤引起全身中毒；其蒸气由呼吸道吸入，对神经系统损害更大。吸入高浓度酚蒸气、酚液或被大量酚液溅到皮肤上可引起急性中毒；长期吸入高浓度酚蒸气或饮用酚污染了的水可引起慢性积累性中毒；当体内的酚达到一定量时就会破坏肝细胞和肾细胞，使人出现不同程度的头昏、头痛、皮疹、精神不安、腹泻等症状。

$$\text{C}_6\text{H}_5\text{OH} + \text{NaOH} \longrightarrow \text{C}_6\text{H}_5\text{ONa} + \text{H}_2\text{O}$$

由此可见，酚具有一定的酸性，能与碱发生中和反应生成酚盐。若在上述苯酚钠的水溶液中通入二氧化碳，即有游离苯酚析出，说明苯酚的酸性不如碳酸强，酚盐能被碳酸所分解，所以酚不能溶于碳酸氢钠。实验室里常根据酚这一特性，而与既能溶于氢氧化钠又能溶于碳酸氢钠的有机羧酸相区别。此法也可用于中草药中酚类成分与羧酸类成分的分离。

$$\text{C}_6\text{H}_5\text{ONa} + \text{CO}_2 + \text{H}_2\text{O} \longrightarrow \text{C}_6\text{H}_5\text{OH} + \text{NaHCO}_3$$

知识拓展

当酚的苯环上连有取代基时，取代基的种类和数目差异，将会对酚的酸性产生不同的影响。当苯环上连有供电子基时(如甲基)，增加了苯环的电子云密度，使得酚羟基给出质子的趋势减弱，酸性减弱。反之，当连有吸电子基时(如硝基)，苯环的电子云密度降低，从而使羟基上的氢质子化倾向增强。

	苯酚	邻甲苯酚	邻氯苯酚	邻硝基苯酚	2,4- 二硝基苯酚
pK_a	10.00	10.29	8.48	7.22	4.09

苯环上氯原子对酚的酸性的影响是结合了它的吸电子诱导效应和供电子共轭效应两种作用的结果。

2. 与三氯化铁的反应　大多数的酚都能与三氯化铁溶液发生显色反应，如苯酚遇三氯化铁溶液显紫色。这是鉴别酚类化合物的简单方法，因为酚具有烯醇结构。凡具有烯醇结构或通过互变后能产生烯醇结构的化合物遇三氯化铁均可显示绿、蓝、紫、红等各种颜色。苯酚、间苯二酚、1,3,5- 苯三酚遇三氯化铁溶液均显紫色，甲苯酚生成蓝色，邻苯二酚和对苯二酚分别生成绿色和暗绿色,1,2,3- 苯三酚则生成红色。

(二) 苯环上氢原子的取代反应

苯环连羟基后,环的活泼性增加,易发生取代反应,根据定位规则,取代基一般都进入羟基的邻位及对位。

1. 卤代反应 苯酚与溴水在室温下即生成 2,4,6- 三溴苯酚白色沉淀,反应非常灵敏。

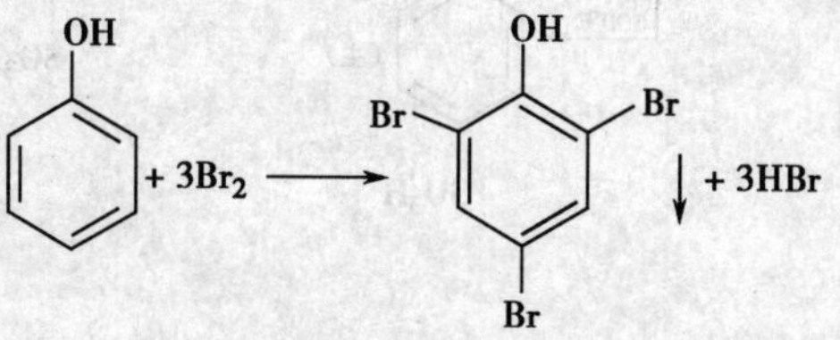

除苯酚外,凡是酚羟基的邻、对位有氢的酚类化合物与溴水作用,均可产生溴代物沉淀。故该反应常用于酚类化合物的鉴别。

苯酚与溴在较低温度时,用二硫化碳或四氯化碳作溶剂,可得到一溴苯酚。

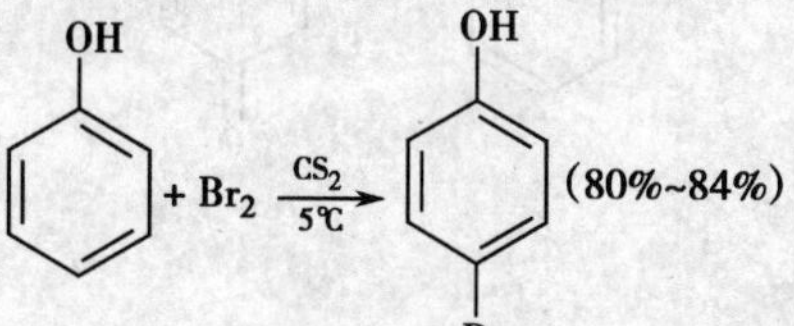

2. 硝化反应 苯酚用冷的稀硝酸处理,生成邻硝基苯酚和对硝基苯酚的混合物。

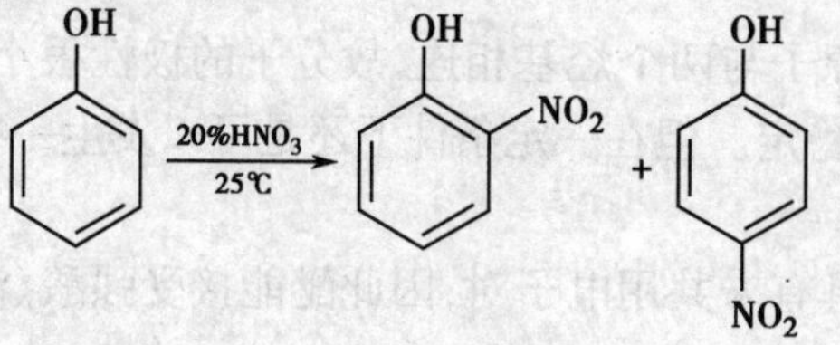

邻硝基苯酚和对硝基苯酚可以通过水蒸气蒸馏法分开。因为邻硝基苯酚能形成分子内氢键,阻碍了它与水形成氢键,故水溶性小,挥发性大,可随水蒸气蒸出;而对硝基苯酚则通过分子间氢键形成缔合体,挥发性小,不能随水蒸气挥发。

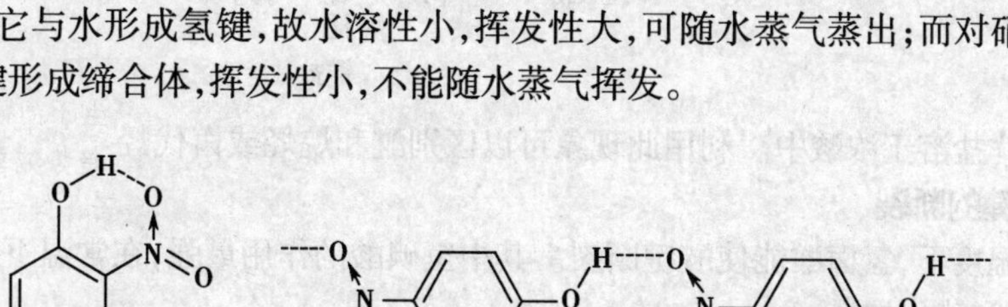

邻硝基苯酚   对硝基苯酚

3. 磺化反应 酚类化合物的磺化反应较容易进行。将酚与浓硫酸一起作用,可在苯环上引入磺酸基,一般在低温时磺酸基主要进入邻位,高温时磺酸基主要进入对位。

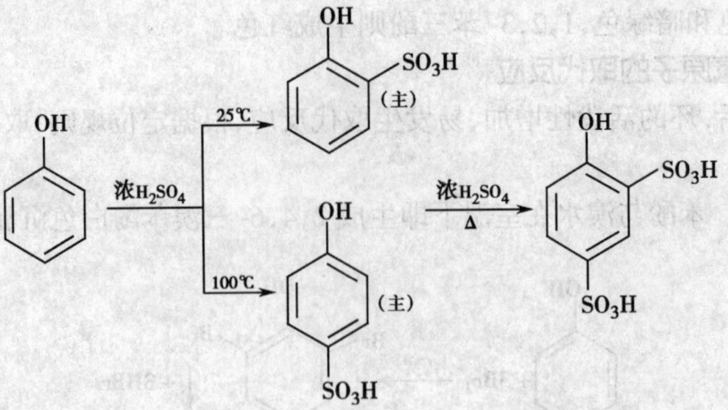

(三) 氧化反应

酚类化合物很容易被氧化，不仅易被氧化剂如重铬酸钾等氧化。甚至可以被空气中的氧所氧化，生成有颜色的醌类化合物，这就是苯酚在空气中久置后颜色逐渐加深的原因。

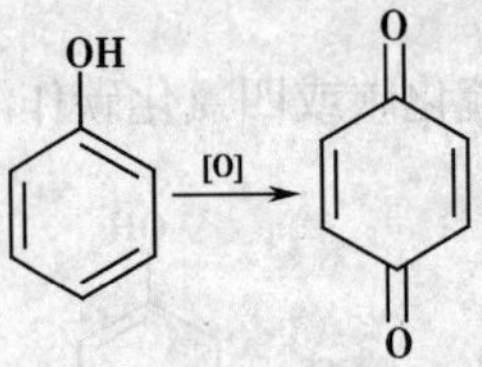

三、醚的性质

大多数醚在室温时是液体，有特殊气味，沸点比同碳数醇低得多，这是因为醚分子间不能以氢键缔合。但醚分子中的氧原子仍能与水分子中的氢生成氢键，因此醚在水中的溶解度比烷烃大。

由于醚分子中的氧原子与两个烃基相连，故分子的极性很小，所以醚键相对稳定，对氧化剂、还原剂及碱都十分稳定。但在一定条件下还是可以发生一些特有的反应。

(一) 锌盐的生成

醚分子中的氧原子具有未共用电子对，因此醚能接受强酸（浓盐酸或浓硫酸）中的氢生成锌盐。

$$R—\underset{\cdot\cdot}{O}—R+HCl \rightleftharpoons [R—\underset{\underset{H}{|}}{O}—R]^+Cl^-$$

锌盐

生成的锌盐溶于浓酸中。利用此现象可以区别醚和烷烃或卤代烃。

(二) 醚键的断裂

在较高温度下，氢卤酸能使醚键断裂。其中氢碘酸的作用最强，在常温下就可以使醚键断裂，生成醇和碘代烷。

$$CH_3—O—CH_2CH_3 + HI \longrightarrow CH_3I + CH_3CH_2OH$$

醚键断裂时，一般是在含碳原子数较少的烷基处断裂，断下来的烷基与碘结合生成碘代烷。由芳香烃基与烷基构成的混合醚，一般是烷氧键断裂，生成酚与碘代烷。

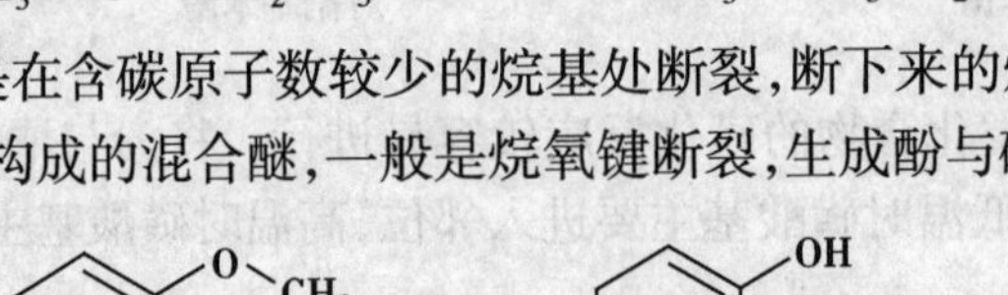

(三) 过氧化物的生成

醚对一般氧化剂是稳定的,但长时间与空气接触,会逐渐形成有机过氧化物。

$$CH_3CH_2-O-CH_2CH_3+O_2 \longrightarrow CH_3-CH-O-CH_2CH_3$$
$$| \atop O-OH$$

过氧化物不稳定,受热时容易分解,且沸点比醚高,所以蒸馏乙醚时不要蒸干,以免发生危险。醚类化合物应避光保存于棕色瓶中,也可加一些阻氧剂,以防止过氧化物的生成。对于久置的醚必须检查是否存在过氧化物。检查的方法:可将醚和淀粉 - 碘化钾溶液混合振摇,溶液呈现蓝色,则表明存在有过氧化物,加硫酸亚铁溶液洗涤醚,可以除去醚中的过氧化物。

第三节　重要的醇、酚、醚及其在药学上的应用

案 例

　　醇、酚和醚类化合物在医药上有着非常重要的作用。如抗精神失常药氟哌啶醇,利尿药甘露醇等具有醇的结构;解热镇痛药对乙酰氨基酚(扑热息痛),拟肾上腺素药物中儿茶酚类的肾上腺素等具有酚的结构;抗过敏药中氨基醚类的苯海拉明为醚类化合物。
　　这一节主要介绍一些重要的醇、酚、醚及其在药学上的应用。

一、重要的醇

(一) 甲醇

甲醇最早从木材干馏得到故又称木醇或木精。甲醇是无色有酒精气味易挥发的液体,能溶于水和许多有机溶剂。甲醇有毒,误饮 5~10ml 能使人双目失明,大量饮用会导致死亡。甲醇易燃,其蒸气与空气能形成爆炸混合物。

甲醇用途广泛,是基础的有机化工原料和优质燃料。主要应用于精细化工、塑料等领域,用来制造甲醛、醋酸、氯甲烷、甲氨、硫酸二甲酯等多种有机产品,也是农药、医药的重要原料之一。

(二) 乙醇

乙醇俗称酒精,它在常温常压下是一种易燃、易挥发的无色透明液体,能与水、氯仿、乙醚、甲醇、丙酮以及其他多数有机溶剂混溶。它的水溶液具有特殊的、令人愉快的香味,并略带刺激性。乙醇的用途很广,可用乙醇来制造醋酸、饮料、香精、染料、燃料等,其蒸气能与空气形成爆炸性混合物。

99.5% 的酒精称为无水酒精,叶绿体中的色素能溶解在无水乙醇中,所以用无水乙醇可以提取叶绿体中的色素。95% 的酒精用于擦拭紫外线灯。70%~75% 的酒精用于消毒,因不能杀灭芽孢和病毒,故不能直接用于手术器械的消毒。40%~50% 的酒精可预防褥疮。25%~50% 的酒精可擦浴,用于物理退热。

(三) 丙三醇

丙三醇俗称甘油,无色黏稠液体,无气味,有甜味,能吸潮。可与水、醇混溶,不溶于氯仿、醚、油类。

甘油是肥皂工业的副产物,为抗生素发酵用营养剂、食品加工业中通常使用的甜味剂和保湿剂。甘油可用于制造硝化甘油、醇酸树脂等,也可用作飞机和汽车液体燃料的抗冻剂,玻璃、纸的增塑剂以及化妆品、皮革、纺织品等的吸湿剂。在医药工业中用于制取润滑剂。

(四) 苯甲醇

苯甲醇又称苄醇,是最简单的芳香醇之一,为无色液体,有芳香味,在自然界中多数以酯的形式存在于香精油中。苄醇在工业化学品生产中用途广泛,用于涂料溶剂、照相显影剂、合成树脂溶剂、维生素 B 注射液的溶剂、药膏或药液的防腐剂。苄醇为暂时允许使用的食用香料,主要用于配制浆果、果仁等型香精。

(五) 环己六醇

环己六醇又称肌醇(六羟基环己醇、环己糖醇、肉肌糖),最初在肌肉中发现。为白色结晶状粉末,无臭,味甜,在空气中稳定。不溶于醚,微溶于乙醇。可作为维生素类药及降血脂药,促进肝及其他组织中的脂肪新陈代谢,用于脂肪肝、高血脂的辅助治疗。广泛应用于食品和饮料添加剂方面,用于生化研究,制药工业。

二、重要的酚

(一) 苯酚

苯酚又名石炭酸(羟基苯),是最简单的酚类有机物,一种弱酸。常温下为无色晶体,有特殊气味,有毒,具有强腐蚀性,常温下微溶于水,易溶于醚、氯仿、凡士林、挥发油、强碱水溶液。65℃以上能与水混溶,几乎不溶于石油醚。暴露在空气中呈粉红色。

苯酚是重要的有机化工原料,广泛用于制造环氧树脂、增塑剂、防腐剂、杀菌剂、药

> **小 贴 士**
>
> **解热镇痛药——扑热息痛**
>
> 以苯酚为原料经过一系列化学反应,得到的对乙酰氨基酚(扑热息痛)具有解热镇痛作用,用于感冒发烧、关节痛、神经痛、偏头痛等,对各种剧痛及内脏平滑肌绞痛无效。尤其适合胃溃疡病人及儿童使用,但不宜大剂量使用。

品和香料等。1%~5% 的苯酚水溶液用于器械消毒及排泄物处理;2% 苯酚软膏涂患处可为皮肤杀菌与止痒;中耳炎可用 1%~2% 苯酚甘油滴耳。

(二) 甲苯酚

甲苯酚是煤焦油的分馏产物,有邻、间、对三种异构体,它们的沸点很接近,难以分离,通常使用它们的混合物。甲苯酚为无色透明液体或晶体,具有苯酚味,可燃。溶于乙醇、乙醚、氯仿和热水,杀菌效率比苯酚强。医药上用的消毒剂"煤酚皂"(俗名来苏尔),就是含47%~53% 三种甲苯酚的肥皂水溶液。

(三) 苯二酚

苯二酚包括邻苯二酚、间苯二酚和对苯二酚。

邻苯二酚(1,2-苯二酚、儿茶酚、焦性儿茶酚、1,2-二羟基苯)。为无色或白色结晶体,在空气和阳光下,特别是潮湿空气下逐渐变为棕褐色。溶于水、乙醇、乙醚、苯、碱性水溶液。是强还原剂,能升华,有毒。对中枢神经、呼吸系统有刺激作用。儿茶酚是医药工业重要的中间体,用于制备小檗碱、肾上腺素、去甲肾上腺素等药品。由儿茶酚合成的左旋多巴具有抗胆碱酯酶和抗帕金森病的活性。由儿茶酚制得的氧烯洛尔是一种降血压药物。另外,它还是一种使用很广泛的收敛剂和抗氧化剂。

间苯二酚(1,3-苯二酚、雷琐辛)。为白色针状结晶,置于空气中逐渐变红,有不愉快的

气味,易溶于水、乙醇、乙醚,用于染料工业、医药、橡胶等。5% 的水溶液呈中性或酸性,能杀灭细菌和真菌,同时也有止痒和溶解角质的作用。以 2%~10% 的软膏或洗剂用于治疗湿疹、癣症、牛皮癣、痤疮、脂溢性皮炎等,也可用作创伤和尿道洗涤剂。

对苯二酚(1,4- 苯二酚)。为白色结晶,溶于水,易溶于乙醇、乙醚。主要用作制取黑白显影剂、蒽醌染料、偶氮染料、稳定剂和抗氧剂。

三、重要的醚

(一)乙醚

乙醚蒸气与空气可形成爆炸性混合物,遇明火、高热极易燃烧爆炸。乙醚主要用作染料、生物碱、脂肪、天然树脂等的优良溶剂。医药工业用作药物生产的萃取剂和医疗上的麻醉剂。有毒,3% 就可以麻醉,6% 以上有致死危险,10% 以上几乎必死无疑,目前用作医院全麻麻醉剂用,属于管制药品。

(二)环氧乙醚

环氧乙醚易燃易爆,不宜长途运输,因此有强烈的地域性。是一种有毒的致癌物质,以前被用来制造杀菌剂,被广泛地应用于洗涤、制药、印染等行业。环氧乙烷可杀灭细菌(及其内孢子)、霉菌及真菌,因此可用于消毒一些不能耐受高温消毒的物品。

 知识拓展

硫 醇

醇分子中的氧原子替换成硫原子后所形成的化合物称为硫醇。其结构与醇相似,基团—SH 是硫醇的官能团,称为巯基。硫醇的命名与醇相似,只需在母体名称中醇字的前面加一个"硫"字即可。有时也可将巯基作为取代基。如:

CH₃CH₂SH   CH₃CH₂CH₂SH

乙硫醇   丙硫醇   二巯基丙醇

硫醇的性质与醇相似,但还具有它的一些特性。沸点比同碳数的醇低,因为硫醇不能形成分子间氢键;酸性比醇强;硫醇不仅能与碱金属生成硫醇盐,还可以与某些重金属形成不溶于水的硫醇盐。故含巯基的药物二巯基丙磺酸钠等在临床上作为重金属解毒剂。

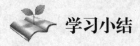 **学习小结**

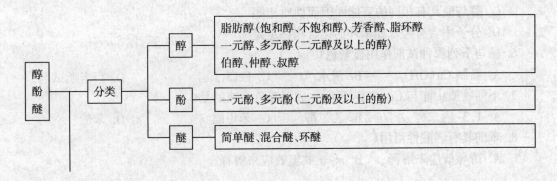

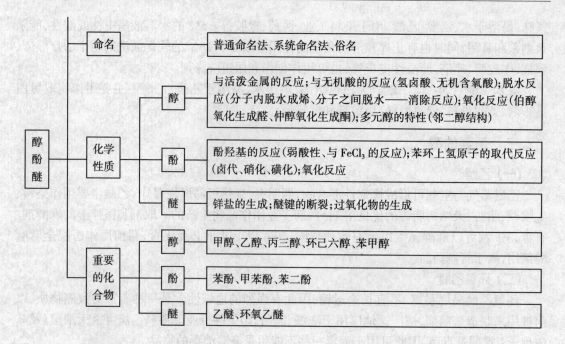

- 醇酚醚
  - 命名
    - 普通命名法、系统命名法、俗名
  - 化学性质
    - 醇：与活泼金属的反应；与无机酸的反应（氢卤酸、无机含氧酸）；脱水反应（分子内脱水成烯、分子之间脱水——消除反应）；氧化反应（伯醇氧化生成醛、仲醇氧化生成酮）；多元醇的特性（邻二醇结构）
    - 酚：酚羟基的反应（弱酸性、与 $FeCl_3$ 的反应）；苯环上氢原子的取代反应（卤代、硝化、磺化）；氧化反应
    - 醚：鉾盐的生成；醚键的断裂；过氧化物的生成
  - 重要的化合物
    - 醇：甲醇、乙醇、丙三醇、环己六醇、苯甲醇
    - 酚：苯酚、甲苯酚、苯二酚
    - 醚：乙醚、环氧乙醚

自我测评

一、单项选择题

1. 下列化合物与卢卡斯试剂反应速率最快的是（　　）
   A. 正丁醇　B. 2-丁醇　C. 2-甲基-2-丁醇　D. 2-甲基-1-丁醇
2. 下列醇中最容易发生脱水反应的是（　　）
   A. 2-甲基-2-丁醇　B. 2-丁醇　C. 3-甲基-1-丁醇　D. 2-甲基-1-丁醇
3. 下列各组有机物属同系物的是（　　）
   A. 乙醇和乙二醇　B. 甲苯和二甲苯
   C. 溴乙烷和乙烷　D. 苯甲醚和对-甲酚
4. 下列醇属于仲醇的是（　　）
   A. 甲醇　B. 乙醇　C. 乙二醇　D. 环己醇
5. 下列说法正确的是（　　）
   A. 含有羟基的化合物一定是醇类
   B. 醇类的官能团是与烃基相连的羟基
   C. 醇与酚具有相同的官能团因而性质相同
   D. 分子中含有羟基和苯环的化合物一定是酚
6. 酚与下列哪种试剂作用显紫色（　　）
   A. 新制 $Cu(OH)_2$　B. 溴水　C. $FeCl_3$　D. 卢卡斯试剂
7. 下列物质中能与 $Cu(OH)_2$ 反应生成深蓝色溶液的是（　　）
   A. 1,3-丙二醇　B. 乙二醇　C. 苯甲醚　D. 苯酚
8. 苯酚具有弱酸性可用（　　）
   A. 诱导效应来解释　B. π-π 共轭效应来解释

C. p-π 共轭效应来解释　　　　　D. σ-π 超共轭效应来解释

9. 下列化合物中使用前应检验过氧化物的是（　　　　）

A. 乙醇　　　　　　　　B. 乙二醇　　　　　　C. 乙醚　　　　　D. 苯酚

10. 下列化合物属于官能团异构体的是（　　　　）

A. 苯甲醚和邻甲苯酚　　　　　B. 1- 丁烯和 2- 丁烯

C. 2-丁醇和 2- 甲基 2- 丙醇　　　D. 乙苯和间二甲苯

二、多项选择题

1. 下列物质中酸性比苯酚强的是（　　　　　　）

A. 乙醇　　　　　　　　B. 对硝基苯酚　　　　　C. 对甲基苯酚

D. 2,4- 二硝基苯酚　　　E. 碳酸

2. 下列化合物属于仲醇的是（　　　　　　）

A. 环己醇　　　　　　　B. 2- 丁醇　　　　　　C. 2- 甲基 -1- 丁醇

D. 2- 甲基 -2- 丁醇　　　E. 3- 甲基 -2- 丁醇

3. 下列化合物中不能与 $Cu(OH)_2$ 反应生成深蓝色溶液的是（　　　　　）

A. 乙醇　　　　　　　　B. 乙二醇　　　　　　C. 1,2- 丙二醇

D. 1,3- 丙二醇　　　　　E. 丙三醇

4. 下列化合物互为同分异构体的是（　　　　　）

A. 乙醇与甲醚　　　　　B. 乙醇与乙醚　　　　　C. 苯甲醚与甲苯酚

D. 2- 甲基 -1,3- 丙二醇与 1,3- 丁二醇　　　E. 甲乙醚与异丙醚

5. 下列化合物中可以形成分子间氢键的是（　　　　　）

A. 乙醇　　　　　　　　B. 乙醚　　　　　　　C. 水

D. 苯酚　　　　　　　　E. 苯甲醚

三、用系统命名法命名下列化合物或写出结构简式

1. $CH_3-CH-CH_2-C-CH_3$ （CH_3，CH_3，OH）

2. （苯环 OH、CH_3、OH）

3. CH_3-CH_2-C-OH （CH_3，CH_3）

4. （萘环 CH_3、OH）

5. （苯环 OH、OCH_3）

6. （苯环 $O-C_2H_5$）

7. 苄醇　　　　8. 甲异丙醚　　　　9. 对羟基苯磺酸　　　　10. 3- 丁烯 -2- 醇

11. 苯酚　　　12. 甘油　　　　　13. 1,5- 戊二醇　　　14. 2,4- 二硝基苯酚

四、完成下列反应方程式

1. $(CH_3)_3COH+HCl \xrightarrow{\text{无水氯化锌}}$

2. $CH_3CH_2OH + HNO_3 \longrightarrow$

3. 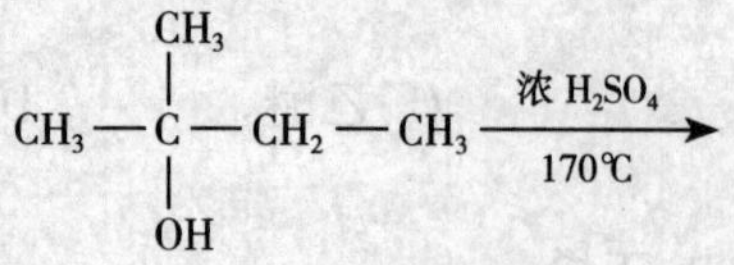 $CH_3 - \underset{\underset{OH}{|}}{\overset{\overset{CH_3}{|}}{C}} - CH_2 - CH_3 \xrightarrow[170℃]{\text{浓 } H_2SO_4}$

4. $CH_3 - \underset{\underset{CH_3}{|}}{CH} - CH_2OH \xrightarrow{K_2Cr_2O_7, H_2SO_4}$

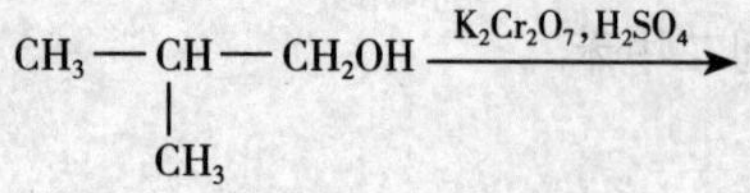

5. 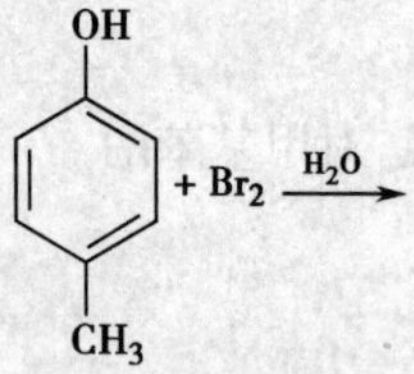 $+ Br_2 \xrightarrow{H_2O}$

6. 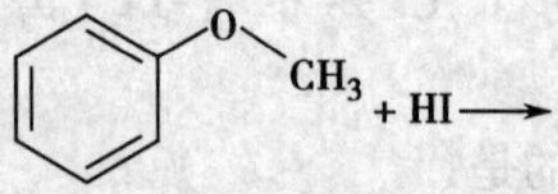 $+ HI \longrightarrow$

7. $CH_3CH_2OH \xrightarrow{Na} (\quad) \xrightarrow{CH_3Br} (\quad)$

五、分析题

1. 用简单的化学方法区分下列各物质
(1) 甘油、异丙醇、乙醚、2-戊烯
(2) 苯乙烯、甲苯、乙二醇、苯酚
(3) 己烯、苯甲醚、苯甲醇、对甲苯酚

2. 推断结构

(1) 化合物（A）和（B）分子式均为 $C_5H_{12}O$，（A）能被 $KMnO_4$ 氧化而（B）难于被氧化，（A）和（B）脱水后均生成（C），（C）经酸性 $KMnO_4$ 氧化后生成酮和羧酸，推测（A）、（B）、（C）的结构。

(2) 某化合物（A）分子式为 C_7H_8O，与 Na 不作用，与 HI 作用，生成（B）和（C），（B）溶于 NaOH，并能与 $FeCl_3$ 显色，（C）与 $AgNO_3$ 作用生成 AgI 沉淀，试推测（A）、（B）、（C）的结构。

六、团队练习题

1. 苯环上取代基的定位效应有哪些？举例说明。
2. 苯酚的硝化反应与苯相比有何不同？说明原因。
3. 苯酚硝化反应得到的产物如何分离？为什么？
4. 根据所学知识由苯合成 2,4-二硝基苯甲酸。

（黄声岚）

第八章　醛和酮

学习导航

　　香兰素(香茅醛)、肉桂醛等许多醛类物质都具有独特的香味,香兰素还是抗癫痫药物,肉桂醛是抗溃疡和抗肿瘤等药物的主要成分。而最简单的醛——甲醛,则是家装、食品和服装等诸多领域中的污染元凶。2005年7月5日,一篇《啤酒业早该禁用甲醛》的报道就引起了啤酒行业的轩然大波,与此同时,甲醛又是乌洛托品等许多药物的合成原料。酮则是我们常见的一类药物,如麝香酮、丹参酮、喹诺酮类等。那么,醛和酮具有什么样的结构特点和化学性能,使之在我们的生产和生活中扮演了如此重要的角色? 通过本章的学习就可以为我们解开其中之谜,并为后续药物知识的学习奠定良好的基础。

　　醛和酮的结构中由于含有碳氧双键(羰基)的特殊结构,往往表现出不同于含碳碳双键的烯类化合物,也不同于含碳氧单键的醇、酚类化合物,它们具有更多的化学性质。醛除了和酮有相似的化学性质外,还有一些自身的特性。

第一节　醛和酮的结构、分类和命名

问 题

　　醛和酮彼此都含有羰基,那为什么醛很容易被氧化,而酮却比较稳定? 醛和酮虽然都能发生加成反应,但醛的加成速率比酮要快得多。

　　是什么样的结构导致它们有如此大的性质差异呢?

一、醛和酮的结构

在醛和酮的分子结构中都含有羰基 $\left(\!\begin{array}{c} \overset{\text{O}}{\underset{\|}{-\text{C}-}}\ \text{或}\ -\text{CO}- \end{array}\!\right)$ 官能团。

$$\underset{\substack{\text{醛}\\ R=H\ \text{或烃基}}}{R-\overset{\text{O}}{\underset{\|}{C}}-H} \longleftarrow \underset{\text{羰基}}{-\overset{\text{O}}{\underset{\|}{C}}-} \longrightarrow \underset{\substack{\text{酮}\\ R、R'=\text{烃基}\\ (R\ \text{也可与}\ R'\ \text{相同})}}{R-\overset{\text{O}}{\underset{\|}{C}}-R'}$$

官能团　$-\text{CHO}\left(\!-\overset{\text{O}}{\underset{\|}{C}}-H\!\right)$ 称为醛基　　　$-\text{CO}-\left(\!-\overset{\text{O}}{\underset{\|}{C}}-\!\right)$ 酮中称为酮基

一元通式　RCHO 或 R-CHO　　　　　RCOR' 或 R-CO-R'

从结构中可以看出,酮的羰基两边均连接烃基,结构更加对称,电子云分配更加均匀;另外,烃基的立体结构比氢大,酮羰基受烃基的位阻作用,更难与其他原子或基团接触成键,这些因素都使酮比醛更加稳定。在醛中最简单的醛是甲醛,酮中最简单的酮是丙酮。

醛和酮中的羰基是由两种不同元素的原子组成,氧的电负性比碳要大得多,因此,碳氧双键为极性键,整个分子为极性分子。

二、醛和酮的分类和命名

(一) 分类

根据烃基的不同,醛和酮通常可以按如下分类:

$$
醛酮
\begin{cases}
脂肪醛 & 如:\begin{cases}CH_3CHO \\ \text{（苯环）}-CH_2CHO\end{cases} \\
脂肪酮 & 如:\begin{cases}CH_3COCH_3 \\ \text{（苯环）}-CH_2COCH_3\end{cases} \\
芳香醛 & 如:\text{（苯环）}-CHO \\
芳香酮 & 如:\text{（苯环）}-COCH_3
\end{cases}
$$

官能团直接连在苯环上

$$
醛酮
\begin{cases}
饱和醛酮 & \begin{cases}如:CH_3CHO \quad CH_3CH(CH_3)CH_2CHO \\ 如:CH_3COCH_3 \quad CH_3CH(CH_3)COCH_3\end{cases} \\
不饱和醛酮 & \begin{cases}如:CH_2{=}CHCHO \quad CH_3CH(CH_3)CH{=}CHCHO \\ 如:CH_2{=}CHCOCH_3 \quad CH_2{=}CH(CH_2)_2COCH_3\end{cases}
\end{cases}
$$

也有根据所含醛基和酮基的数目分一元醛和酮(含一个醛基或酮基)和多元醛和酮(含两个及两个以上醛基或酮基)。如:

$$OHCCH_2CH_2CH_2CHO \qquad CH_3COCH_2COCH_3$$

(二) 命名

1. 普通命名　结构简单的醛和酮可采用普通命名法命名。醛与醇的命名相似,只要把

“醇”字改为“醛”字即可。如：

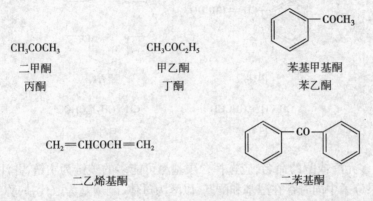

$CH_3CH_2CH_2CHO$　　$(CH_3)_2CHCHO$　　

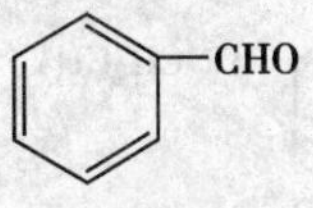

正丁醛　　异丁醛　　苯甲醛

酮既可以按照碳数加上“酮”字，也可以根据羰基两侧连接的烃基命名。按两侧烃基的命名是把简单的烃基放在名称的前面，复杂的烃基放在名称的后面，“基”字省略，不饱和烃基和芳香烃基，“基”字一般不省略，最后加“酮”字；对于芳香烃基命名时习惯把芳香烃基放在名称前面。如：

CH_3COCH_3　　$CH_3COC_2H_5$　　

二甲酮　　甲乙酮　　苯基甲基酮

丙酮　　丁酮　　苯乙酮

$CH_2{=}CHCOCH{=}CH_2$　　

二乙烯基酮　　二苯基酮

2. 系统命名　对于结构复杂的醛和酮可以按照系统命名法命名。步骤是：

(1) 类似前面烯烃和醇的系统命名。选择含醛基和酮基的最长碳链为主链；编号醛基总是1号，酮基编号最小为优先；命名按照先取代基后主链，先位次后名称，取代基中先小后大的先后顺序。如：

$$\overset{4}{C}H_3\overset{3}{C}H(CH_3)\overset{2}{C}H_2\overset{1}{C}HO$$

3-甲基丁醛

$$\overset{6}{C}H_3\overset{5}{C}H(CH_3)\overset{4}{C}H_2\overset{3}{C}O\overset{2}{C}H_2\overset{1}{C}H_3$$

5-甲基-3-己酮

醛和酮的编号也有根据与醛基和酮基相邻的远近，用希腊字母α、β、γ等和α′、β′、γ′等编号。如：

$$醛\quad \overset{\omega}{C}\cdots\cdots\overset{\delta}{C}\text{-}\overset{\gamma}{C}\text{-}\overset{\beta}{C}\text{-}\overset{\alpha}{C}\text{-}CHO \qquad 酮\quad \overset{\omega}{C}\cdots\cdots\overset{\delta}{C}\text{-}\overset{\gamma}{C}\text{-}\overset{\beta}{C}\text{-}\overset{\alpha}{C}\text{-}CO\text{-}\overset{\alpha'}{C}\text{-}\overset{\beta'}{C}\text{-}\overset{\gamma'}{C}\cdots\cdots\overset{\omega'}{C}$$

$CH_3CH_2CH_2CH(CH_3)CHO$　　$CH_3C(CH_3)_2CH_2COCH_3$

α-甲基戊醛　　β,β-二甲基-2-戊酮

(2) 不饱和醛和酮则是在不饱和链命名的基础上，最后加个“醛”字，酮则注明酮的位次后加个“酮”字。如：

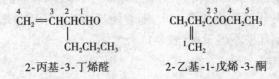

$$\overset{4}{C}H_2{=}\overset{3}{C}H\overset{2}{C}H(CH_2CH_2CH_3)\overset{1}{C}HO$$

2-丙基-3-丁烯醛

$$CH_3CH_2\overset{2}{C}(={}^{1}CH_2)\overset{3}{C}O\overset{4}{C}H_2\overset{5}{C}H_3$$

2-乙基-1-戊烯-3-酮

（3）含芳基的醛和酮则总是把芳基作为取代基，环酮称为环某酮。如：

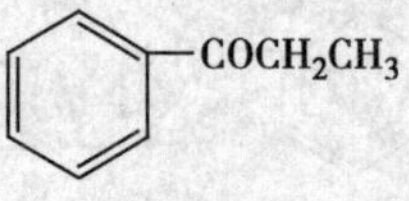

COCH₂CH₃

1-苯丙酮

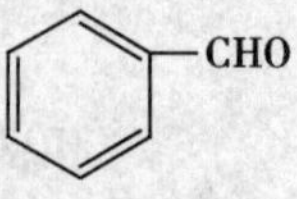

CHO

苯甲醛

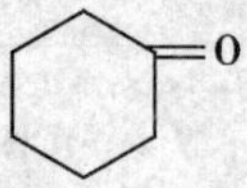

O

环己酮

（4）醛和酮还常常用俗名命名。如：

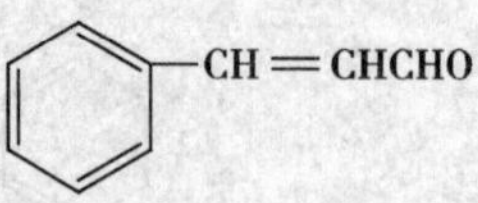

CH＝CHCHO

肉桂醛

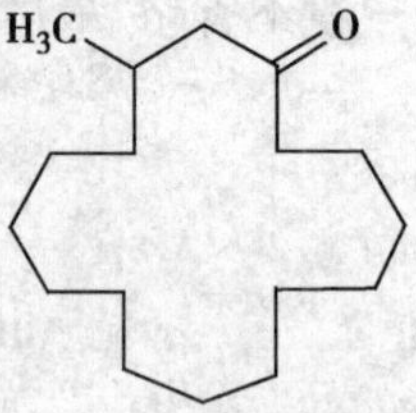

H_3C ... O

麝香酮

CH₃CH＝CHCHO

巴豆醛

CH₃(CH₂)₁₀CHO

月桂醛

（5）对于多元醛或酮的命名，应选择含羰基尽可能多的碳链为主链，并注明羰基的位置和数目。如果分子中同时存在醛基和酮基，以醛为母体，酮羰基为取代基，称为羰基或酮基，也可以用"氧代"表示。如：

OHCCH₂CH₂CHO

丁二醛

CH₃COCH₂COCH₃

2,4-戊二酮

CH₃COCH₂CHO

3-羰基丁醛
3-酮基丁醛
3-氧代丁醛

第二节　醛和酮的理化性质

问题

　　醛和酮是大气中含氧有机物的主要成分之一，给大气带来很大的污染，必须对其进行检测。人们通常采用 2,4-二硝基苯肼 HPLC 法来检测大气中醛和酮的含量。

　　为什么可以采用 2,4-二硝基苯肼试剂进行检测，它与醛和酮的什么性质有关呢？

一、醛和酮的物理性质

　　醛和酮分子间不能形成氢键，所以其熔沸点比相对分子质量的醇和酚要低；但羰基的极性较强，使分子间的作用力增加，熔沸点比相对分子质量的烷烃和醚要高。常温下，只有甲醛是气体，其他低级醛和酮都是液体，高级醛和酮都是固体。醛和酮的羰基能与水形成氢键，所以，甲醛、丙酮等小分子醛和酮易溶于水，随着烃基相对分子质量增大，水溶性迅速下降，含 6 个碳以上的醛和酮几乎不溶于水（表 8-1）。

表 8-1 常见醛和酮的某些物理常数

名称	熔点(℃)	沸点(℃)	水溶性
甲醛	-92	-21	易溶
乙醛	-121	21	16
丙醛	-81	49	7
苯甲醛	-26	178	0.3
丙酮	-95	56	易溶
丁酮	-86	80	26
环己酮	-45	155	2.4
苯乙酮	21	202	不溶

二、醛和酮的化学性质

醛和酮中的羰基是双键,双键由 σ 键和 π 键组成,因此,醛和酮的羰基容易发生 π 键断裂的加成反应。由于羰基上碳氧两原子的电负性相差大,羰基中键的极性强,碳带有部分正电性,易受带负电性的亲核试剂进攻,发生亲核加成反应。羰基的强极性作用,使相邻碳上的碳氢键的电子云下降,易发生 α- 碳原子上的 C—H 键断裂,发生 α 取代。醛基上的 C—H 键的电子云也下降,发生 H 脱去的氧化反应。

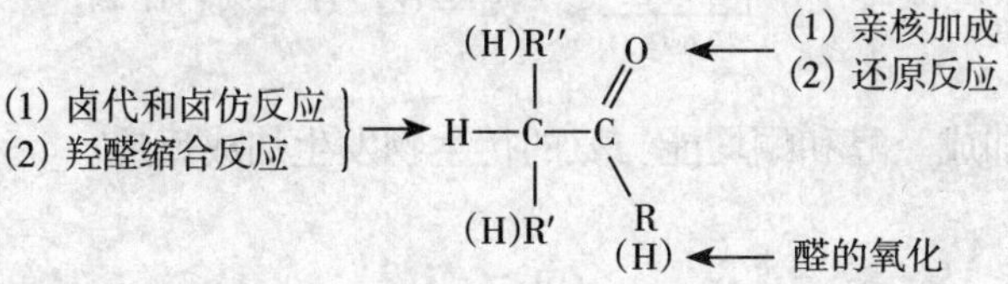

(一)亲核加成

1. 与 HCN 的加成　醛和酮能与 HCN 加成,生成 α- 羟基腈,又称为氰醇。

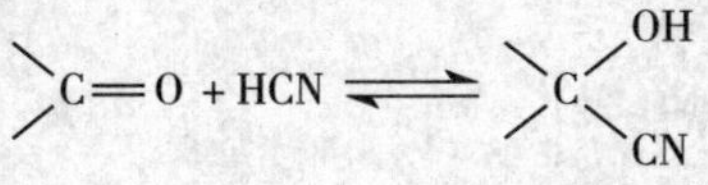

氰醇

羰基碳原子带的正电性越高,越容易与亲核试剂吸引成键;羰基碳原子连接的基团体积越大,位阻越大,越难与亲核试剂吸引成键。醛、脂肪族甲基酮和 8 个碳以下的脂环酮才能与 HCN 发生加成反应。加成的速率是:

甲醛 > 脂肪醛 > 芳香醛 > 脂肪族甲基酮 > 其他的酮和芳香酮

在反应过程中,碱性条件下可以加快反应速率,这是由于 HCN 是弱酸,加碱促进 HCN 的电离,增大了 CN^- 浓度,从而加快了反应速率。

$$HCN \xrightleftharpoons[H^+]{OH^-} H^+ + CN^-$$

由于 —CN 容易水解成羧酸,因此,加成产物氰醇水解可生成羟基酸,或转化为 α、β- 不饱和酸。这在有机合成上可以作为增长碳链的方法。

$$R-CH_2-\underset{\underset{H}{|}}{\overset{\overset{OH}{|}}{C}}-CN \xrightarrow[\substack{浓\ H_2SO_4}]{\substack{H^+\\H_2O}} \begin{cases} RCH_2-\underset{\underset{H}{|}}{\overset{\overset{OH}{|}}{C}}-COOH \\ RCH=CHCOOH \end{cases}$$

实验室常用氰化钾或氰化钠滴加无机强酸来代替氢氰酸,并且操作要在通风橱内进行。

2. 与 $NaHSO_3$ 的加成　醛与某些酮能与饱和 $NaHSO_3$ 发生加成,生成 α- 羟基磺酸钠。

$$\underset{}{\overset{}{>}}C=O + NaHSO_3 \rightleftharpoons \underset{SO_3Na}{\overset{OH}{>C<}} \downarrow (白色)$$
$$\alpha\text{-}羟基磺酸钠$$

醛、脂肪族甲基酮以及 8 个碳以下的脂环酮能发生反应。反应生成的 α- 羟基磺酸钠是白色晶体,该晶体溶于水,不溶于亚硫酸氢钠溶液,亚硫酸氢钠为饱和溶液,浓度不低于40%。由于反应有白色晶体析出,因此,可用此反应鉴别醛和不同结构的酮。该反应产物 α-羟基磺酸钠易水解成醛和酮,因此,此法也常用于醛、甲基酮和芳香酮等的分离提纯。

$$\underset{SO_3Na}{\overset{OH}{>C<}} \begin{cases} \xrightarrow{稀\ HCl} \ >C=O + SO_2\uparrow + NaCl + H_2O \\ \xrightarrow{稀\ Na_2CO_3} \ >C=O + CO_2\uparrow + Na_2SO_3 + H_2O \end{cases}$$

3. 与氨的衍生物加成　醛和酮均能与氨的衍生物发生加成反应。

$$\underset{}{\overset{}{>}}C=O + H-\underset{\underset{H}{|}}{N}-G \rightarrow \underset{\underset{G}{|}}{\overset{}{>C}}\underset{N}{\overset{OH}{<}}H \xrightarrow{-H_2O} \ >C=N-G + H_2O$$

氨的衍生物　　　　　　　　　　　　　　　　　　肟、腙等
(G=—OH、—NH₂ 等)

整个反应可以简写为:

$$\underset{}{\overset{}{>}}C=O + H_2N-G \longrightarrow \ >C=N-G + H_2O$$

(1) 常见氨的衍生物与醛和酮反应的产物:见表 8-2。

表 8-2　常见氨的衍生物与醛和酮反应的产物

氨的衍生物	与醛和酮反应的产物	产物的名称
H_2N—OH 羟胺	$\underset{(R')H}{\overset{R}{>}}C=N-OH$	肟
H_2N—NH_2 肼	$\underset{(R')H}{\overset{R}{>}}C=N-NH_2$	腙

续表

氨的衍生物	与醛和酮反应的产物	产物的名称
H$_2$N—NH〔苯〕 苯肼	$\overset{R}{\underset{(R')H}{\diagdown}}$C=N—NH〔苯〕	苯腙
H$_2$N—NH〔2,4-二硝基〕 2,4-二硝基苯肼	$\overset{R}{\underset{(R')H}{\diagdown}}$C=N—NH〔2,4-二硝基〕	2,4-二硝基苯腙

（2）用于鉴别和分离：醛和酮与氨的衍生物反应的产物多数具有固定的熔点和结晶形状，尤其是 2,4-二硝基苯肼，几乎可以与所有的醛和酮迅速反应，从溶液中析出红色或橙色的结晶，因此，氨的衍生物往往可以用于醛和酮与其他类化合物的鉴别。大气中醛和酮的测定也是利用它们的这一性质。有机分析中常把这些氨的衍生物称为羰基试剂。由于醛和酮与氨的衍生物反应的产物是结晶，沉淀分离后经水解能得到原来的醛或酮，所以这些羰基试剂也用于醛和酮与其他有机化合物的分离及醛和酮的精制。

4. 与醇的加成

$$\overset{R}{\underset{H}{\diagdown}}C=O+H-O-R' \underset{}{\overset{干燥\,HCl}{\rightleftharpoons}} \overset{R}{\underset{H}{\diagdown}}\overset{OH}{\underset{OR'}{C}}$$

半缩醛

半缩醛中与醚键连在同一个碳原子上的羟基称为半缩醛羟基。半缩醛羟基不稳定，可以与另一分子醇反应，脱水生成稳定的缩醛。

$$\overset{R}{\underset{H}{\diagdown}}\overset{OH}{\underset{OR'}{C}} +H-O-R' \overset{干燥\,HCl}{\rightleftharpoons} \overset{R}{\underset{H}{\diagdown}}\overset{OR'}{\underset{OR'}{C}} +H_2O$$

半缩醛

缩醛是同碳二醚结构，属于醚类。它对氧化剂和碱都很稳定，但可以在稀酸中水解成原来的醛基，因此在有机合成中常常通过醛转化为缩醛从而保护羰基。该反应加酸可以促进脱水反应，但是，水是弱亲核试剂，酸中的水能与醛和酮的羰基加成形成水合物，所以，为了使该可逆反应的平衡向右移动，降低水的影响，必须用干燥的 HCl。酮较难发生反应，只有在特殊装置中，不断除去水才可以得到缩酮。

5. 与格氏（Grignard）试剂加成 醛和酮能与格氏试剂发生加成再水解的反应。

$$\diagup\diagdown C=O+R-MgX \longrightarrow \diagup\underset{R}{\overset{OMgX}{C}}\diagdown \overset{H_2O}{\longrightarrow} \diagup\underset{R}{\overset{OH}{C}}\diagdown +Mg\underset{X}{\overset{OH}{\diagup}}$$

这是由于格氏试剂 $R^{\delta-}$—$Mg^{\delta+}X$ 是强极性化合物，与 Mg 相连的碳带有负电性，具有很强的亲核性，而 Mg 则带有正电性。因此在加成中，$R^{\delta-}$ 进攻羰基碳，$Mg^{\delta+}X$ 则与羰基氧结合，所得的加成物经水解后即生成醇。

不同结构的醛和酮生成不同类型的醇。如：

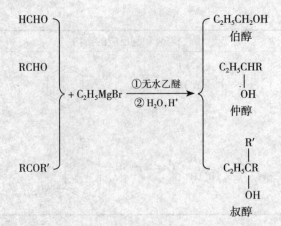

（二）α– 活泼氢的反应

醛和酮分子中 α- 碳原子上的 H 称为 α- 氢原子。α- 氢原子在羰基吸电子诱导作用下，α 碳氢键极性加强，α- 氢原子具有质子化倾向，化学性质较活泼，容易被其他原子或基团取代，主要发生如下反应。

1. 卤代和卤仿反应　醛和酮与卤素发生的取代反应称为卤代。

（1）在酸催化下：反应产物可停留在一卤代物、二卤代物、三卤代物。

$$\overset{O}{\underset{\|}{(H)RCCH_3}} + Br_2 \xrightarrow{H^+} \overset{O}{\underset{\|}{(H)RCCH_2Br}} + HBr$$

（2）在碱催化下：反应产物难以控制，多数情况是所有 α- 氢原子全部被卤素取代，生成多卤代产物。

$$\overset{O}{\underset{\|}{(H)RCCH_3}} + 3Br_2 \xrightarrow{OH^+} \overset{O}{\underset{\|}{(H)RCCBr_3}} + 3HBr$$

（3）乙醛和甲基酮在碱性条件下的卤代反应：由于结构中有乙酰基（—COCH$_3$），其中甲基上的三个氢原子都能被卤素取代，得到三卤甲基，三卤甲基具有很强的吸电子作用，使羰基碳原子带有更多正电荷，在强碱的作用下，迅速与 OH⁻ 发生亲核加成反应，进一步弱化了三卤甲基与羰基间的共价键，从而发生三卤甲基的离去，生成了卤仿和少一个碳原子的羧酸。

$$\overset{O}{\underset{\|}{(H)RCCBr_3}} \xrightarrow{NaOH} \overset{O}{\underset{\|}{(H)RCONa}} + CHBr_3\downarrow$$

由于乙醛和甲基酮在强碱中最后有沉淀三卤甲烷（卤仿）生成，所以该反应又称为卤仿反应。在与碘的强碱性溶液作用下生成的是黄色的碘仿沉淀，因此，可以将这类化合物与其他化合物鉴别出来。由于卤素与强碱能生成次卤酸，次卤酸有氧化作用，可以把醇氧化为醛和酮，因此 β- 甲基醇氧化后生成了羰基与三卤甲基相连的结构，同样，三卤甲基的强烈诱导作用产生断键离去，形成卤仿。因此，含 α-H 的 β- 甲基醇也能发生卤仿反应。

2. 羟醛缩合反应　在含 α-H 的醛中，

你 问 我 答

在下列化合物中，能发生卤代反应的有哪些？能发生卤仿反应的有哪些？

（CH$_3$）$_3$COH、CH$_3$CH$_2$CHO、CH$_3$CHO、CH$_3$CH$_2$OH、phCOCH$_3$

醛基对 α-H 的诱导效应使得 α-H 上的电子云降低,从而带有一定的正电性。在稀碱溶液中,含 α-H 的醛可以被电离成 H⁺ 和剩余负离子,这样 H⁺ 被另一分子的醛或酮的羰基氧吸引而成键,剩余的负离子则加到羰基碳上,生成了 β-羟基醛,此反应最后的产物既含羟基又含醛基,所以叫做羟醛缩合(或醇醛缩合)反应。如:

$$\underset{HCCH_3}{O} + \underset{H_2CCH}{HO} \xrightarrow{稀碱} CH_3 - \overset{OH}{\underset{\beta}{CH}} - \overset{\alpha}{CH_2} - CHO$$

β-羟基丁醛

β-羟基醛中的 α-氢原子受羟基和醛基的双重作用,具有很高的活性,只要稍微受热或酸作用,正好与 β-碳上的羟基结合成水,生成 α,β-不饱和醛。如:

$$CH_3 - \overset{\beta|OH}{CH} - \overset{\alpha|H}{CH} - CHO \xrightarrow[\triangle]{H_2O} CH_3 - \overset{\beta}{CH} = \overset{\alpha}{CH} - CHO$$

β-羟基丁醛　　　　　　　　　　　2-丁烯醛

该反应增长了醛的碳链,因此可用于增长醛碳链的合成反应。由于酮的空间位阻较大,酮两边连接的烃基是斥电子基,使羰基碳上的正电性下降,因此,酮的反应速率慢,只有把生成的产物及时分离出来,使平衡向右移动,才能得到缩合产物。

醛和酮的结构影响:含有 α-H 的两种不同的醛发生羟醛缩合后得到 4 种产物,它们难以分离,实际意义不大。因此,要获得较高的产率,一般选择两种相同醛之间的缩合,或者选择一种含有 α-H 的醛与一种不含 α-H 的醛进行缩合。得到单一的缩合产物 β-羟基醛,进一步失水后得到 α,β-不饱和醛。如:

$$\underset{HCH}{O} + \underset{H_2CCH}{HO} \xrightarrow{稀碱} CH_2 - \overset{\beta|OH}{CH} - \overset{\alpha|H}{CHO} \longrightarrow CH_2 = CH - CHO$$

$$\underset{CH}{\overset{O}{\bigcirc}} + \underset{H_2CCH}{HO} \xrightarrow{稀碱} \overset{\beta|OH \quad \alpha|H}{\bigcirc - CH - CH - CHO}$$

$$\overset{\beta|OH \quad \alpha|H}{\bigcirc - CH - CH - CHO} \xrightarrow{-H_2O} \overset{\beta}{\bigcirc - CH} = \overset{\alpha}{CH} - CHO$$

肉桂醛

(三) 还原反应

醛和酮都可以被还原,用不同的还原剂,可以把羰基还原成相应的醇,或者还原成亚甲基(—CH₂—)。

1. 羰基还原为醇羟基

(1) 碳碳双键和碳氧双键均被还原：用金属（Pt、Pd、Ni）作为催化剂加氢还原，醛还原为伯醇，酮还原为仲醇，如果分子中含不饱和键，也可被还原。如：

$$RCHO + H_2 \xrightarrow{\text{Pt 或 Ni}} RCH_2OH$$
$$\text{伯醇}$$

$$RCOR' + H_2 \xrightarrow{\text{Pt 或 Ni}} \underset{|}{RCHOH}$$
$$R'$$
$$\text{仲醇}$$

$$CH_2=CH-CHO + H_2 \xrightarrow{\text{Pt 或 Ni}} CH_3CH_2CHOH$$
$$\text{伯醇}$$

(2) 选择性还原：氢化铝锂（$LiAlH_4$）和硼氢化钠（$NaBH_4$）是选择性还原剂，它们只能使羰基发生加氢还原，而不能使碳碳双键发生加氢还原，因此利用这一反应可以得到不饱和醇。

$$CH_2=CH-CHO + H_2 \xrightarrow[\text{无水乙醚}]{LiAlH_4} CH_2=CHCHOH$$
$$\text{不饱和醇}$$

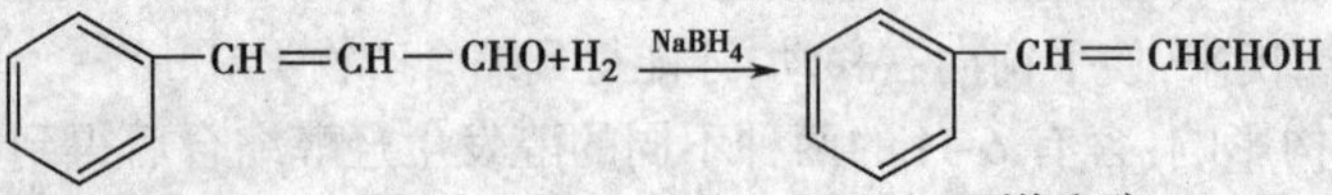

不饱和醇

2. 羰基还原为亚甲基　用锌汞齐与浓盐酸做催化剂时，羰基可以被还原为亚甲基，最终得到烃类化合物。此反应又被称为克莱门森（Clemmensen）反应。此法操作简便，回收率高，常用于酮，特别是芳香酮的还原，但只适用于对酸稳定的化合物。如：

小 贴 士

吉尔聂尔 - 沃尔夫 - 黄鸣龙还原

对酸不稳定的醛和酮可用黄鸣龙还原法。即：醛或酮与 85% 水合肼、3mol KOH 在高沸点溶剂中加热回流，羰基还原为亚甲基。

该反应是"人名反应"中以中国人名字命名的唯一的一个有机反应。

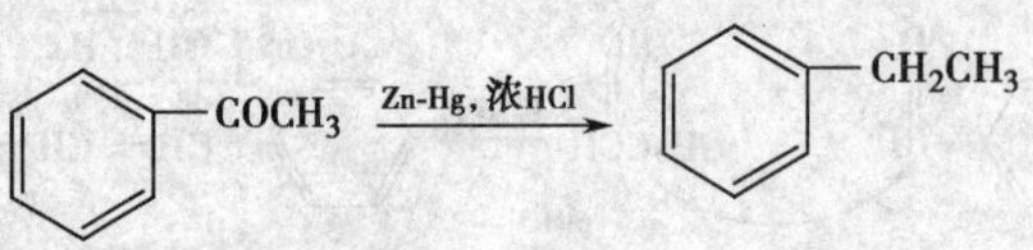

(四) 醛的氧化反应

醛基很容易被氧化成相应的羧酸，即使是弱氧化剂也能氧化醛基；而酮基比较稳定，需要较强的氧化剂作用或在强烈的氧化条件下才能发生氧化，并伴随着碳链的断裂。

醛放置在空气中就能被氧化，光对醛的氧化有催化作用，芳香醛比脂肪醛更容易氧化。因此，醛类化合物要避光、隔离氧气保存，久置的醛在使用时要重新蒸馏。

1. 与弱氧化剂的反应　与醛反应的弱氧化剂有托伦试剂和斐林试剂。

(1) 与托伦（Tollens）试剂反应：银是惰性元素，因此，银离子具有氧化性。托伦试剂中氧化剂是银氨配离子,能够氧化醛类化合物。但银氨配离子的氧化能力较弱,酮比较稳定,所以,托伦试剂无法氧化酮类化合物。

$$(Ar)R—CHO+2[Ag(NH_3)_2]^++2OH^- \longrightarrow (Ar)R—COONH_4+2Ag\downarrow+3NH_3+H_2O$$

托伦试剂的配制是在硝酸银溶液中,滴加少量氨水,即产生褐色的氧化银沉淀,再滴加氨水至沉淀全部溶解为止。由于反应中有银沉淀析出,银沉积在试管玻璃壁上形成银镜,因此,该反应称为银镜反应。工业上利用银镜反应在玻璃制品上镀银。酮因为不能发生该反应,可以用此反应来鉴别醛和酮。

(2) 与斐林(Fehling)试剂反应:斐林试剂中氧化剂是铜氨配离子,在醛中,脂肪醛比芳香醛更易被氧化,铜氨配离子的氧化能力比银氨配离子弱,因此斐林试剂只能氧化脂肪醛,而无法氧化芳香醛和酮。

$$R—CHO+2Cu^{2+}(配离子)+4OH^- \longrightarrow R—COOH+Cu_2O\downarrow+2H_2O$$

$$HCHO+Cu^{2+}(配离子)+2OH^- \longrightarrow HCOOH+Cu\downarrow+H_2O$$

斐林试剂的配制是用硫酸铜溶液与氢氧化钠的酒石酸钾钠溶液等体积混合后制得。

由于反应中有砖红色氧化亚铜沉淀析出,甲醛有铜沉积在试管玻璃壁上形成铜镜,因此,甲醛的这一反应称为铜镜反应。芳香醛和酮因为不能发生该反应,可以用此反应来鉴别脂肪醛和芳香醛及酮。

由于斐林试剂不稳定,班氏(Benedict)试剂则是在它的基础上的改良试剂,性能比斐林试剂更加稳定。它是硫酸铜、柠檬酸和无水碳酸钠配制成的溶液,现象和原理与斐林试剂相同。

> **你 问 我 答**
>
> 亚硫酸氢钠溶液、碘的氢氧化钠溶液、托伦试剂、希夫试剂、斐林试剂(班氏试剂),它们分别能与如下哪些化合物起反应?
>
> 苯乙酮、乙醛、苯甲醛、丙酮

2. 与希夫(Schiff)试剂的反应 希夫试剂是粉红色的品红溶液与亚硫酸作用生成的无色溶液,它与醛作用能生成紫红色,而酮不能。甲醛与希夫试剂所显的紫红色在加浓硫酸后不褪色,其他醛与希夫试剂作用产生的红色遇浓硫酸会褪色。该方法可以鉴别醛和酮,也可单独鉴别甲醛。

3. 歧化反应 不含 α-氢原子的醛,如 HCHO、C_6H_5CHO,在浓硫酸作用下,可发生自身氧化还原反应,即一分子醛氧化成羧酸,羧酸在强碱性条件下酸碱反应为羧酸盐;另一分子则被还原成醇,这种反应称为歧化反应,又称为康尼扎罗(Cannizzaro)反应。如:

$$2HCHO \xrightarrow{\text{浓 NaOH}} HCOONa+CH_3OH$$

由于在醛类化合物中,甲醛具有较强的还原性,所以在有甲醛参加的歧化反应中,总是甲醛被氧化成甲酸,其他的醛被还原为醇。

第三节　重要的醛和酮及其在药学上的应用

案　例

《职业与健康》杂志上报道了某织带厂因丙酮浓度超过国家容许浓度的 3.67~12 倍,而导致 9 人中毒的事件,这是由于该厂在生产中采用了丙酮作溶剂。为什么工业生产中常用丙酮作溶剂,它与丙酮的溶解性、化学稳定性、来源有什么关系呢?

一、甲醛

甲醛(HCHO)又称蚁醛,常温下为具有强烈刺激性臭味的无色气体,易溶于水,一般以水溶液保存,36%~40% 的甲醛水溶液称福尔马林。福尔马林具有凝固蛋白质的作用,具有广谱杀菌作用,广泛用作消毒剂和防腐剂。临床上用于外科、手套、污染物等的消毒,也用于保藏解剖标本的防腐剂。

正是由于甲醛具有防腐作用,与物质的相溶性好,价格便宜,易挥发,所以,有些企业就选用甲醛作为防腐剂或助剂,专家研究表明甲醛会对人体造成多种危害,现在甲醛已经被世界卫生组织确定为致癌和致畸性物质。

甲醛分子中羰基与两个氢相连,空间位阻小,性质非常活泼,极易被氧化成甲酸,进一步氧化则成为二氧化碳和水。因此,有甲醛生成的氧化还原反应,常常得到的终产物是二氧化碳和水。

甲醛还易聚合,生成具有环状结构的三聚甲醛或多聚甲醛。因此久置的甲醛水溶液会产生混浊或沉淀,三聚甲醛或多聚甲醛加热可解聚为甲醛。甲醛的这一性质被用于它的保存和运输。

甲醛与氨作用会形成环状的化合物,称为环六亚甲基四胺$(CH_2)_6N_4$,药品名称为乌洛托品。医药上用作利尿剂及尿道消毒剂。

$$6HCHO+4NH_3 \longrightarrow (CH_2)_6N_4+6H_2O$$

乌洛托品

乌洛托品立体结构

二、乙醛

乙醛(CH_3CHO)常温下为无色、有刺激性气味的液体,沸点 21℃,易挥发,易溶于水、乙醇、乙醚、氯仿等溶剂。乙醛在室温、有少量硫酸存在的条件下,容易聚合成性质稳定的三聚乙醛。乙醛具有典型的醛的性质,是有机合成的重要原料,可用来合成乙酸、乙醇、三氯乙醛等。三氯乙醛与水反应后的产物——水合三氯乙醛(简称水合氯醛)是白色晶体,能溶于水,有刺激气味,是临床上用作镇静和催眠的药物,使用较为安全,对失眠烦躁和惊厥症状有良好的疗效。

三、苯甲醛

苯甲醛(C_6H_5CHO)是最简单的芳香醛,常以结合状态存在于水果(如杏、李、梅)的果仁中,为无色液体,沸点179℃,具有强烈的苦杏仁气味,微溶于水,易溶于乙醇和乙醚中。苯甲醛易被空气氧化成白色的苯甲酸固体,所以在保存时常加少量对苯二酚作为抗氧化剂。

苯甲醛在工业上主要用来制造染料、香精,也是合成芳香族化合物的原料。

四、丙酮

丙酮(CH_3COCH_3)是最简单的酮,为无色、易挥发的液体,沸点56℃,具有特殊气味,与极性和非极性液体均能混溶,性质稳定,价格便宜,是工业生产上的优良有机溶剂。在塑料工业上,丙酮是用于制造有机玻璃的原料;在医药工业上,丙酮可用于制备氯仿及碘仿,也是热裂解制备乙烯酮的原料。

糖尿病患者由于新陈代谢紊乱的缘故,体内常有过量的丙酮产生,从尿中排出。临床上,用亚硝酰铁氰化钠[$NaFe(CN)_5NO$]的氨水溶液来检查,如果有丙酮存在,溶液显紫红色。

五、环己酮

环己酮($C_6H_{10}O$)是无色、油状液体,沸点为155.6℃,有类似丙酮的气味,微溶于水,易溶于乙醇、乙醚等溶剂。工业生产上常用作溶剂和稀释剂,也是合成己二酸(尼龙-66的原料)和己内酰胺(尼龙-6的原料)的原料。

六、香草醛

香草醛($C_8H_8O_3$),又称香兰素、香茅醛、香荚兰醛,为白色结晶,熔点80~81℃,由于分子结构中有酚羟基、醚键,为芳香醛,所以,具有这些化合物的性质,有特殊的香味,可作为食品中的香料和药品中的矫味剂,饲料和抗癫痫药物。

 **学习小结**

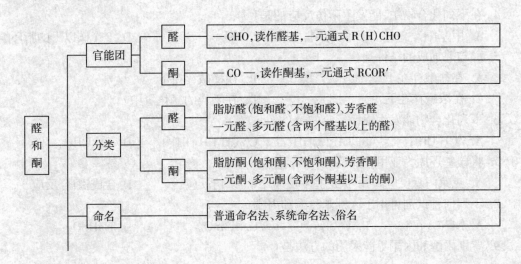

- 醛和酮
  - 化学性质
    - 醛
      1. 能与亲核试剂发生加成反应，如 HCN、$NaHSO_3$、氨的衍生物、醇、格氏试剂等
      2. α-H 的反应，含 α-H 的醛能与另一分子的醛或酮发生缩合；还能被卤素取代，乙醛能发生卤仿反应
      3. 还原反应，如 H_2（Pt、Ni 或钯存在），$NaBH_4$ 或 $LiAlH_4$，Zn-Hg 和浓 HCl 等试剂，不同的还原条件还原产物不同
      4. 氧化反应，如托伦试剂、希夫试剂、斐林试剂
      5. 歧化反应，不含 α-H 的醛发生自身氧化还原反应
    - 酮
      1. 能与亲核试剂发生加成反应，HCN、$NaHSO_3$ 只与脂肪族甲基酮及 8 个碳以下的环酮反应；醇与酮的加成很慢
      2. 含 α-H 的酮能被卤素取代，甲基酮能发生卤仿反应
      3. 还原反应同醛
  - 重要的化合物
    - 醛：甲醛、乙醛、苯甲醛、香草醛
    - 酮：丙酮、环己酮

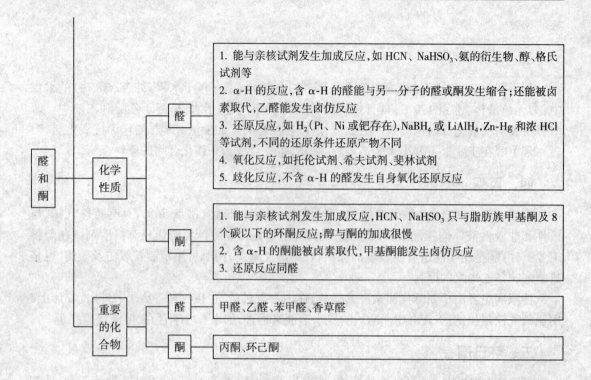

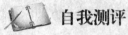

自我测评

一、单项选择题

1. 在下列化合物中，与 HCN 反应最快的是（　　）
   A. 甲醛　　B. 丙酮　　C. 苯甲醛　　D. 苯乙酮
2. 在下列化合物中，为羰基试剂的是（　　）
   A. 氢氰酸　　B. 苯腙　　C. 2,4-二硝基苯肼　　D. 亚硫酸氢钠
3. 在下列化合物中，含有 α-H 的甲基醛是（　　）
   A. 苯甲醛　　B. 乙醛　　C. 丙醛　　D. 叔丁基醛
4. 在下列化合物中，能发生碘仿反应的是（　　）
   A. 甲基酮　　B. 脂肪酮　　C. 醛　　D. 8 个碳以下的脂环酮
5. 醇与醛加成的条件是（　　）
   A. 在盐酸存在下　　B. 在稀碱存在下
   C. 在浓碱存在下　　D. 在干燥的氯化氢中
6. 下列化合物能发生银镜反应的是（　　）
   A. CH_3OCH_3　　B. CH_3COOH　　C. CH_3CH_2OH　　D. CH_3CHO
7. 将羰基还原为亚甲基的反应称为（　　）
   A. 克莱门森反应　　B. 康尼扎罗反应　　C. 碘仿反应　　D. 羟醛缩合反应
8. 下列何种试剂可用于区别苯乙酮和丙酮（　　）
   A. $AgNO_3$　　B. $FeCl_3$　　C. $KMnO_4$　　D. $NaHSO_3$
9. 鉴别丙醛和丙酮不能采用的方法是（　　）

A. 碘仿反应 B. 饱和亚硫酸氢钠 C. 希夫反应 D. 托伦反应

10. 不属于醛和酮与氨衍生物反应的产物是( )

　　A. 肟 B. 腙 C. 缩醛 D. 缩氨脲

二、多项选择题

1. 下列说法正确的是( )

　　A. 半缩醛羟基易与相邻碳上的氢发生脱水反应

　　B. 只要有 α-H 的醛就可以发生碘仿反应

　　C. 醛和酮都可发生催化加氢反应

　　D. 芳香醛能与斐林试剂反应

　　E. 醛能发生歧化反应

2. 醇与醛加成的最终产物是( )

　　A. 半缩醛 B. 缩醛 C. 醇

　　D. 醚 E. 醛

3. 下列各组物质,为同分异构体的是( )

　　A. 苯酚和环己醇 B. 甘油与 1,3-丙二醇 C. 乙醇和甲醚

　　D. 苯乙酮和苯乙醛 E. 苯甲醚与苯甲醇

4. 甲醛所具有的性质是( )

　　A. 常温为气体 B. 易溶于水 C. 具有杀菌防腐能力

　　D. 比甲醇的沸点高 E. 易氧化和聚合

5. 通过金属的氧化性进行反应的试剂是

　　A. 托伦试剂 B. 斐林试剂 C. 希夫试剂

　　D. 格氏试剂 E. 硼氢化钠试剂

三、用系统命名法命名下列化合物或写出结构简式

1. $(CH_3)_2C=CHCH(CH_3)CHO$

2. $C_6H_5CH_2CH_2CHO$

3. $CH_3CH_2C(CH_3)_2COCH_2CH_3$

4. $CH_3CH_2-\overset{O}{\overset{\|}{C}}-CH_2-\overset{O}{\overset{\|}{C}}-CH_2CH_3$

5.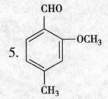

6.

7. 2-甲基-4-乙基-3-己酮 8. 对羟基苯乙醛 9. 4-甲基-3,5-庚二酮 10. α-萘醛

四、写出下列反应的主产物

1. $CH_3COCH_3 + CH_3CH_2MgBr \xrightarrow[\text{H}^+]{\text{无水乙醚}}$

2. $C_6H_5COCH_2CH_3 + H_2NHN\!-\!C_6H_5 \longrightarrow$

3. $CH_3\underset{\overset{\displaystyle |}{CH_3}}{CH}CHO + NaHSO_3 \longrightarrow$

4. $CH_3COCH_2CH_3 + CH_3OH \xrightarrow[\text{干燥}]{HCl}$

5. $CH_2\!=\!CHCH_2CHO \xrightarrow[\text{或 } NaBH_4]{LiAlH_4}$

五、分析题

1. 用简单的化学方法区分下列各组物质

(1) 乙醛、甲醛、丙酮、苯乙酮

(2) 苯甲醛、苯乙酮、苯乙醇、苯酚

(3) 乙醚、2-戊酮、3-戊酮、戊醛

2. 推断结构

(1) 某化合物的分子式（A）为 C_8H_8O，不与托伦试剂反应，能与 2,4-二硝基苯肼反应生成橙色晶体，还能与碘的氢氧化钠溶液作用生成黄色沉淀，写出该化合物的结构简式。

(2) 某化合物（A）的分子式为 $C_8H_{14}O$，能使溴的四氯化碳溶液褪色，与苯肼反应生成相应的腙。（A）经 $KMnO_4$ 氧化后得到丙酮和化合物（B），（B）与碘的氢氧化钠溶液反应生成黄色的 CH_3I 沉淀和丁二酸。试推测（A）和（B）的可能结构式。

六、团队练习题

肉桂醛是具有芳香气味的抗菌药物，请分析：

(1) 它的结构中含有哪种官能团？

(2) 指出它属于哪类醛，并用系统命名法给它命名。

(3) 讨论它的性质的活泼性，可以和哪些试剂反应（浓 NaOH 除外），属于哪些类型的反应。

(4) 你怎样鉴别苯乙烯、苯乙酮、肉桂醛、苯甲醛。

（俞晨秀）

第九章 羧酸和取代羧酸

学习导航

你应该知道日常生活中常用的调味品食醋的主要成分是醋酸，又称乙酸，日常使用的肥皂为高级脂肪酸的钠盐；与医药关系密切的抗炎镇痛药布洛芬、抗生素青霉素G钾、解热镇痛药阿司匹林，以及广泛应用于食品、饮料、烟草、化妆品等行业的防腐保鲜剂山梨酸钾，它们到底有什么共同之处呢？通过学习本章，你会知道它们都属于羧酸、取代羧酸或者是它们的衍生物。羧酸、取代羧酸是一类与药物关系十分密切的重要有机酸，今后学习专业课药物化学或从事药物合成、鉴定、使用和储存等工作都需要这方面的知识。

羧酸和取代羧酸广泛存在于中草药及动植物中，他们有些具有显著的生物活性，能防病、治病，在有机合成、生物代谢及医药中起着重要的作用。

第一节 羧酸的结构、分类和命名

问 题

(1)

$HOOC-CH_2-COOH$

(2)

$CH_3-CH=CH-COOH$

(3)

(4)

(5)

(6)

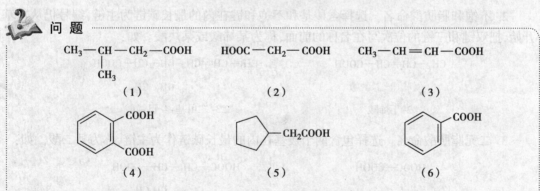

1．上述化合物结构有什么共同点？如何分类？分类依据是什么？
2．如何用系统命名法命名上述化合物？

一、羧酸的结构和分类

(一) 结构

羧酸是烃分子中的氢原子被羧基 $-\overset{\overset{O}{\|}}{C}-OH$(简写为—COOH)取代而形成的化合物。一元羧酸结构通式为：$R-\overset{\overset{O}{\|}}{C}-OH$ (甲酸R为H)。

羧酸分子中羧基的碳原子是 sp^2 杂化，三个 sp^2 杂化轨道分别与两个氧原子和另一个碳原子或氢原子形成三个σ键，这三个σ键在同一平面上，键角约120°。羧基碳原子未参与杂化的 p 轨道的一个电子与羰基氧原子上 p 轨道的一个电子形成一个 π 键,同时羟基氧原子 p 轨道上的一对未共用电子对与 π 键形成 p-π 共轭体系。其结构如图 9-1 所示。

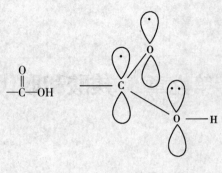

(二) 分类

根据羧酸分子中烃基的种类不同,羧酸分为脂肪羧酸、脂环羧酸、芳香羧酸;根据烃基是否饱和,可分为饱和羧酸和不饱和羧酸;根据羧基的数目,又可分为一元酸和多元酸。

图 9-1 羧基的结构

二、羧酸的命名

羧酸的系统命名原则与醛相同,把"醛"字改为"酸"字即可。

1. **饱和脂肪酸命名** 选择含羧基的最长碳链为主链,根据主链的碳原子数称为某酸。主链编号从羧基中的碳原子开始,取代基的位次用阿拉伯数字标示,也可用希腊字母来表示取代基的位次,从与羧基相邻的碳原子开始,依次为 α、β、γ 等。

$$CH_3—CH_2—CH—CH_2—COOH \qquad CH_3—CH_2—CH—CH—COOH$$

（下左）CH₃
（下右）CH₃ CH₂CH₃

3- 甲基戊酸   3- 甲基 -2- 乙基戊酸
β- 甲基戊酸   β- 甲基 -α- 乙基戊酸

2. **不饱和脂肪酸命名** 选择含羧基和不饱和键在内的最长碳链为主链,编号仍从羧基开始,把双键和三键的位次写在名称的前面,称为某烯酸或某炔酸。如:

$$CH_3—CH=CH—COOH \qquad CH_3—CH=CH—CH—CH—COOH$$

CH₃ CH₃

2- 丁烯酸   2,3- 二甲基 -4- 己烯酸

3. **二元脂肪酸命名** 选择包含两个羧基在内的最长碳链作为主链,称为某二酸。如:

$$HOOC—COOH \qquad HOOC—CH_2—CH—COOH$$

CH₂CH₃

乙二酸   乙基丁二酸

4. **脂环羧酸和芳香羧酸命名** 以脂肪酸为母体,把脂环、芳环作取代基来命名。如:

苯甲酸   2-甲基苯甲酸   3-苯丙酸

邻苯二甲酸   环戊基乙酸   2-甲基-3-苯丙酸

第二节　羧酸的理化性质

问　题

制药工业常把一些含羧基难溶于水的药物制成羧酸盐使用,如常用的青霉素 G 钾盐和钠盐。你知道它的原理是什么吗?

一、物理性质

在低级饱和一元脂肪酸中,甲酸、乙酸和丙酸是有强烈刺激性气味的液体;$C_4\sim C_9$ 的羧酸是带有难闻气味的油状液体;C_{10} 及 C_{10} 以上的羧酸为无味的固体。脂肪族二元羧酸和芳香酸都是结晶固体。

羧酸分子中因羧基是一个亲水基团,可和水形成氢键,所以 C_4 以下的羧酸可与水混溶,但随着碳链的增长,憎水性的烃基越来越大,水溶性迅速降低。高级脂肪酸难溶于水而易溶于乙醇、乙醚、苯等有机溶剂。多元酸的水溶性大于同碳原子数的一元羧酸;芳香酸水溶性低。

羧酸的沸点比相对分子质量相近的醇高。例如,甲酸和乙醇的相对分子质量相同,但乙醇的沸点为 78.4℃,而甲酸为 100.5℃。这是因为羧酸分子间能以两个氢键缔合成二聚体,羧酸分子间的这种氢键比醇分子间的氢键更牢固。

$$R-C\begin{matrix} O\cdots H-O \\ \\ O-H\cdots O \end{matrix}C-R$$

二、化学性质

(一) 酸性

由于羟基氧原子 p 轨道上的未共用电子对与羰基的 π 键形成 p-π 共轭体系,使得羟基氧原子上的电子云向羰基转移,氧氢键电子云更偏向氧原子,氧氢键极性增强,在水溶液中,更易电离出 H^+ 而表现出明显的酸性。

$$RCOOH \rightleftharpoons RCOO^- + H^+$$

利用羧酸的酸性,临床上常把一些含羧基难溶于水的药物制成羧酸盐,以便配制水剂或注射液使用,如常用的青霉素 G 钾盐和钠盐。

羧酸酸性的强弱可用 K_a 或 pK_a 来表示,K_a 值越大或 pK_a 值越小,酸性越强。羧酸一般是弱酸,饱和一元羧酸 pK_a 一般在 3~5 之间。其酸性比无机强酸弱,但比碳酸($pK_a=6.35$)和苯酚($pK_a=10.0$)强,所以,羧酸不仅能与氢氧化钠溶液反应,也能和碳酸钠或碳酸氢钠溶液反应。而苯酚不能与碳酸氢钠反应,利用这个性质,可以区分和分离羧酸和酚。

$$RCOOH + NaOH \longrightarrow RCOONa + H_2O$$
$$RCOOH + Na_2CO_3 \longrightarrow RCOONa + CO_2\uparrow + H_2O$$
$$RCOOH + NaHCO_3 \longrightarrow RCOONa + CO_2\uparrow + H_2O$$

由于羧酸的酸性比无机强酸弱,所以在羧酸盐中加入无机强酸时,羧酸又游离出来。这是分离和纯化羧酸的有效方法。

$$RCOONa + HCl \longrightarrow RCOOH + NaCl$$

羧酸与其他有关化合物的酸性强弱如下：

$$H_2SO_4、HCl > RCOOH > H_2CO_3 > C_6H_5OH > H_2O > ROH$$

羧酸的结构不同，酸性强弱也不同。

其他饱和一元羧酸酸性小于甲酸。这是由于其他饱和一元羧酸分子中烷基的给电子诱导效应（+I）和给电子的 σ-π 共轭效应（+C）都减弱了氧氢键极性而使氢离子较难电离，从而酸性减弱。如甲酸的 pK_a 为 3.77，乙酸 pK_a 为 4.76。

苯甲酸酸性比甲酸弱（苯甲酸的 pK_a 为 4.17），但比其他饱和一元羧酸强。这是由于苯基对羧基产生吸电子诱导效应（-I），但苯环的大 π 键与羧基形成了 π-π 共轭体系，对羧基产生了给电子的共轭效应（+C），而 +C 大于 -I，所以总体效果是环上的电子云向羧基偏移，减弱了氢氧键的极性，氢离子离解能力降低，所以，苯甲酸酸性比甲酸弱。

综上所述，一元羧酸的酸性强弱如下：

甲酸 > 苯甲酸 > 其他饱和一元羧酸。

低级二元羧酸的酸性比饱和一元羧酸强。特别是乙二酸，它是由两个电负性大的羧基直接相连而成的，由于两个羧基相互产生吸电子的诱导效应（-I），使酸性显著增强，乙二酸的 $pK_{a_1}=1.46$，其酸性比磷酸的 $pK_{a_1}=1.59$ 还强。但随着羧基距离的增大，羧基之间的影响逐渐减弱，酸性逐渐减弱。

> **你 问 我 答**
>
> 下列化合物酸性强弱顺序如何？
> 1. 乙酸、乙二酸、甲酸、乙醇、苯酚
> 2. 对氯苯甲酸、苯甲酸、对甲基苯甲酸

（二）羧基上的羟基被取代

羧酸分子中羧基上的羟基在一定条件下可被卤素原子（—X）、酰氧基（—OOCR）、烷氧基（—OR）、氨基（—NH_2）取代，生成一系列的羧酸衍生物。羧酸分子中羧基去掉羟基后剩余的部分称为酰基 $\left(\begin{smallmatrix} O \\ \| \\ R-C- \end{smallmatrix}\right)$。

1. 酰卤的生成 羧酸能与三氯化磷（PCl_3）、五氯化磷（PCl_5）或亚硫酰氯（SOCl_2）反应，羧基中的羟基被卤素取代生成酰氯。

2. 酸酐的生成 羧酸（甲酸除外）在脱水剂五氧化二磷存在下加热，分子间脱水生成酸酐。

某些二元羧酸受热分子内脱水生成内酐(通常生成五、六元环)。如：

丁二酸　　　　　　　　　　丁二酸酐

邻苯二甲酸　　　　　　　邻苯二甲酸酐

3. 酯的生成　羧酸与醇在强酸(通常用浓硫酸)催化下反应,脱水生成酯的反应,称为酯化反应。

$$R-\overset{O}{\underset{}{C}}-OH + HOR' \underset{\triangle}{\overset{浓 H_2SO_4}{\rightleftharpoons}} R-\overset{O}{\underset{}{C}}-OR' + H_2O$$

酯化反应是可逆反应,为了提高酯的产率,可增加反应物的浓度或及时蒸出生成的酯或水,使平衡向生成酯的方向移动。

4. 酰胺的生成　在羧酸中通入氨气,首先生成羧酸的铵盐,铵盐受热分子内脱水生成酰胺。

小 贴 士

酯化反应的药用价值

在药物合成中,常利用酯化反应将药物转换为前药,以改变药物的生物利用度、稳定性和克服不利因素,如治疗青光眼的药物塞他洛尔,分子中含有羟基,极性强,脂溶性差,难以透过角膜。通过羟基酯化后,其脂溶性增大,透过角膜能力增强,进入眼球后经酶的水解再生成药物塞他洛尔而起到药效。

$$R-\overset{O}{\underset{}{C}}-OH + NH_3 \longrightarrow R-\overset{O}{\underset{}{C}}-ONH_4 \overset{\triangle}{\longrightarrow} R-\overset{O}{\underset{}{C}}-NH_2 + H_2O$$

(三) α- 氢被取代

羧基是较强的吸电子基团,因此羧基和羰基一样,也能使 α-H 活化。但因羧基中的羟基与羰基形成 p-π 共轭体系,使得羧基的致活作用比羰基小,所以,羧酸的 α-H 卤代反应需在红磷或三卤化磷的催化下才能顺利进行。

$$CH_3COOH \overset{Cl_2}{\underset{P}{\longrightarrow}} CH_2COOH \overset{Cl_2}{\underset{P}{\longrightarrow}} CHCOOH \overset{Cl_2}{\underset{P}{\longrightarrow}} Cl-CCOOH$$

控制反应条件和卤素的用量,可使反应停留在一元取代阶段。

(四) 还原反应

由于 p-π 共轭效应的结果,羧基中的羰基失去了典型羰基的特性,所以羧基很难用催化氢化或一般的还原剂还原,但能被强还原剂氢化铝锂(LiAlH₄)还原为伯醇。氢化铝锂是选择性的还原剂,只还原羧基,分子中的碳碳双键不受影响。如：

$$RCH_2CH=CHCOOH \overset{LiAlH_4}{\underset{H^+}{\longrightarrow}} RCH_2CH=CHCH_2OH$$

(五) 脱羧反应

羧酸分子脱去羧基放出二氧化碳的反应叫脱羧反应。饱和一元羧酸对热稳定,通常不发生脱羧反应。但在特殊条件下,如羧酸的钠盐在碱石灰($NaOH$-CaO)存在下加热,可脱羧生成烃。如:实验室用碱石灰与无水醋酸钠强热制备甲烷。

$$CH_3COONa + NaOH \xrightarrow[\text{强热}]{CaO} CH_4 \uparrow + Na_2CO_3$$

一元羧酸的脱羧反应比较困难,但当一元羧酸的 α- 碳上连有吸电子基(如卤素、硝基、酰基等)时,脱羧较易发生。

$$R\overset{\overset{\displaystyle O}{\|}}{C}-CH_2COOH \xrightarrow{\triangle} R\overset{\overset{\displaystyle O}{\|}}{C}-CH_3 + CO_2 \uparrow$$

由于羧基是吸电子基团,两个羧基的相互影响,使得二元羧酸比一元羧酸容易发生脱羧反应。如:

$$HOOC-COOH \xrightarrow{\triangle} HCOOH + CO_2$$

$$HOOC-CH_2COOH \xrightarrow{\triangle} CH_3COOH + CO_2$$

脱羧反应是生物体内重要的生物化学反应,人体内的脱羧反应是在脱羧酶的催化作用下,在人体正常体温下完成的。

知识拓展

酯化反应进行的两种方式

$$R\overset{\overset{\displaystyle O}{\|}}{C}\overset{\text{┌─────┐}}{-[OH+H]OR'} \underset{\triangle}{\overset{\text{浓}H_2SO_4}{\rightleftharpoons}} R\overset{\overset{\displaystyle O}{\|}}{C}-OR' + H_2O \quad (1)$$

$$R\overset{\overset{\displaystyle O}{\|}}{C}-O[H+HO]R' \underset{\triangle}{\overset{\text{浓}H_2SO_4}{\rightleftharpoons}} R\overset{\overset{\displaystyle O}{\|}}{C}-OR' + H_2O \quad (2)$$

实验证明,多数情况酯化反应是按(1)的方式进行的。如用含有示踪原子 ^{18}O 的乙醇与羧酸反应,结果发现 ^{18}O 在生成的酯中而不是在水中。

第三节 重要的羧酸及其在药学上的应用

一、甲酸

俗称蚁酸,因最初是从蚂蚁体内发现而得名。甲酸存在于许多昆虫的分泌物及某些植物(如荨麻、松叶)中。甲酸为无色液体,有刺激性气味。沸点 100.5℃,能与水、乙醇、乙醚混溶,有很强的腐蚀性。蜂蜇或荨麻刺伤皮肤引起肿痛,就是甲酸造成的。甲酸具有杀菌能力,可作消毒剂或防腐剂。

甲酸的结构比较特殊,羧基与氢原子相连,从结构上看,既有羧基又有醛基:

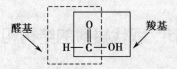

所以，甲酸酸性比其他饱和一元羧酸强，且具有醛的还原性。甲酸能与托伦试剂发生银镜反应，能与斐林试剂反应生成砖红色的沉淀，也能被酸性高锰酸钾溶液氧化而使高锰酸钾的紫红色褪色。利用这些反应可区别甲酸和其他羧酸。

二、乙酸

俗称醋酸，是食醋的主要成分，食醋中含乙酸 60~80g/L。乙酸为无色有刺激性气味的液体，熔点 16.6℃，沸点 118℃。当室温低于 16.6℃时，无水乙酸很容易凝结成冰状固体，所以常把无水乙酸称为冰醋酸。乙酸能与水按任意比例混溶，也可溶于乙醇、乙醚和其他有机溶剂。

5~20g/L 的乙酸稀溶液在医药上可作为消毒防腐剂，可用于烫伤、灼伤感染的创面清洗。乙酸还有消肿治癣、预防感冒等作用。在食品添加剂中，乙酸是规定的一种酸度调节剂。

三、苯甲酸

俗名安息香酸，存在于安息香树胶中而得名。苯甲酸为无色鳞片状或针状晶体，熔点122.1℃，受热易升华，难溶于冷水，易溶于热水、乙醇、乙醚等有机溶剂。

苯甲酸对许多真菌、霉菌、酵母菌有抑制作用，其乙醇溶液可用于治疗癣类皮肤病，其钠盐常用作食品、药品的防腐剂。

四、肉桂酸

肉桂酸也称桂皮酸，化学名为 β-苯丙烯酸，是无色晶体，熔点 133℃，难溶于冷水，易溶于热水及乙醇、乙醚等有机溶剂。肉桂酸可用于合成治疗冠心病的药物，在抗癌方面也具有极大的作用。

五、乙二酸

俗称草酸，是无色晶体，含两分子的结晶水，加热到 100℃失去结晶水成为无水草酸，可溶于水和乙醇，不溶于乙醚。草酸酸性比其他二元羧酸强，除具有一般羧酸的性质外，还具有还原性，在酸性溶液中可定量被高锰酸钾氧化，在分析化学中可作为标定高锰酸钾的基准物质。

$$5HOOC—COOH + 2KMnO_4 + 3H_2SO_4 = K_2SO_4 + 2MnSO_4 + 10CO_2\uparrow + 8H_2O$$

草酸能把高价铁还原成易溶于水的低价铁盐，因此可用于除去铁锈或蓝墨水的污渍。草酸也是制造抗生素和冰片等药物的重要原料。

六、10-十一碳烯酸

10-十一碳烯酸是黄色液体，沸点 275°，具有特殊的臭味，难溶于水，可溶于有机溶剂。其锌盐有抗真菌作用，用于治疗各种皮肤真菌病。

第四节　取代羧酸的结构和命名

问 题

　　乳酸、酒石酸、水杨酸、没食子酸有哪些官能团？你能写出它们的结构简式并用系统命名法命名吗？

　　羧酸分子中烃基上的氢原子被其他原子或原子团取代所生成的化合物称为取代羧酸。是一类分子中同时具有羧基和取代基两种官能团的化合物。根据取代基的种类,可分为卤代酸、羟基酸、羰基酸、氨基酸等。这里主要介绍羟基酸和羰基酸。

一、取代羧酸的结构

(一)羟基酸的结构和分类

1. 结构　羧酸分子中烃基上的氢原子被羟基取代所生成的化合物称为羟基酸。官能团除了羧基 $-\overset{\overset{O}{\|}}{C}-OH$,还有羟基 $-OH$。

2. 分类　羟基酸可分为醇酸和酚酸两类。醇酸是指脂肪酸或脂环酸烃基上的氢原子被羟基取代的化合物;酚酸是指芳香酸芳环上的氢原子被羟基取代的化合物。
　　根据羟基和羧基的相对位置不同,醇酸又分为 α-羟基酸、β-羟基酸和 γ-羟基酸等。

(二)羰基酸的结构和分类

1. 结构　分子中除了有羧基又有羰基的化合物称为羰基酸。官能团除了羧基 $-\overset{\overset{O}{\|}}{C}-OH$,还有羰基 $>C=O$。

2. 分类　羰基在碳链端的为醛酸,不在链端的是酮酸。
　　酮酸根据酮基和羧基的相对位置,又分为 α-酮酸、β-酮酸和 γ-酮酸等。

二、取代羧酸的命名

(一)羟基酸的命名
　　羟基酸的系统命名以羧酸为母体,羟基作为取代基,羟基的位次用阿拉伯数字或希腊字母 α、β、γ 等标明。由于羟基酸广泛存在于自然界,常根据其来源而采用俗名。

CH₃CHCOOH | OH	HOOCCHCH₂COOH | OH	CH₂CHCH₂CH₂COOH | OH	HOOCCHCHCOOH |　| OH OH
2-羟基丙酸或 α-羟基丙酸 (乳酸)	羟基丁酸 (苹果酸)	4-羟基戊酸或 γ-羟基戊酸	2,3-二羟基丁二酸 (酒石酸)

HOOCCH₂CCH₂COOH
　　　　　 |
　　　　　OH
　　　　　(上方有 COOH)

3-羧基-3-羟基戊二酸
β-羧基-β-羟基戊二酸
(柠檬酸或枸橼酸)

邻羟基苯甲酸
(水杨酸)

3,4,5-三羟基苯甲酸
(没食子酸)

（二）羰基酸的命名

羰基酸的系统命名是选择包括羰基和羧基的最长链为主链，称为"某醛酸"或"某酮酸"。若是酮酸，还要用阿拉伯数字或希腊字母表示羰基的位置。如：

H—C—COOH ‖ O	H—C—CH₂COOH ‖ O	H₃C—C—CH₂COOH ‖ O	H₃C—C—CH₂CHCOOH ‖　　　| O　　CH₃
乙醛酸	丙醛酸	3-丁酮酸（β-丁酮酸）	2-甲基-4-戊酮酸

第五节　取代羧酸的性质

案 例

乳酸蒸气能有效杀菌，可用于病房、手术室、实验室等场所的消毒；乳酸钠用于纠正酸中毒；乳酸聚合得到聚乳酸，聚乳酸抽成丝纺成线是良好的手术缝线，不用拆线，能自动降解成乳酸被人体吸收，无不良反应。

你能写出乳酸的结构式并比较它与丙酮酸、丙酸的酸性强弱并分析原因吗？

一、羟基酸的性质

（一）物理性质

醇酸多为晶体或黏稠液体，熔点高于相应的羧酸，大多数具有旋光性。由于羟基和羧基都能与水形成氢键，所以醇酸在水中的溶解度比相应的醇或羧酸都大，低级的醇酸可与水混溶。酚酸多为固体，酚酸的水溶性与分子中所含羟基及羧基的数目有关，如水杨酸微溶于水，而没食子酸易溶于水。

（二）化学性质

羟基酸具有羟基和羧基，所以具有羟基和羧基的典型反应。如醇羟基可被氧化、发生酯化、脱水反应等；酚羟基有酸性并能与三氯化铁溶液发生显色反应。羧基可成盐、成酯。由于两个官能团相互影响，使羟基酸表现出一些特殊的性质，而且这些特殊性质因羟基和羧基的相对位置不同而表现出较大差异。

1. 酸性　由于羟基的吸电子诱导效应，使羧基中氧氢键极性增强，促进了氢离子电离，所以通常醇酸的酸性比相应的羧酸强。又因诱导效应随传递距离的增长而减弱，所以羟基离羧基越近，酸性越强。

	CH₃CH₂COOH	CH₂CH₂COOH | OH	CH₃CHCOOH | OH
pKₐ	4.88	4.51	3.87

酚酸的酸性随酚羟基与羧基的相对位置不同而异。

	COOH 邻OH	COOH 间OH	COOH	COOH 对OH
pKₐ	3.00	4.12	4.17	4.54

以羟基苯甲酸为例：

当羟基处于羧基的对位时，羟基与苯环形成 p-π 共轭体系，产生供电子的共轭效应，另一方面，羟基还具有吸电子诱导效应，但共轭效应强于诱导效应，总结果不利于羧基中氢离子的电离，因此对羟基苯甲酸的酸性弱于苯甲酸；当羟基处于羧基的间位时，羟基主要通过吸电子诱导效应起作用，但距离较远作用较小，因此酸性略强于苯甲酸；当羟基在羧基的邻位时，由于分子内氢键的形成，使得羧基中羟基氧原子电子云密度降低，氢离子易解离，酸性明显增强。

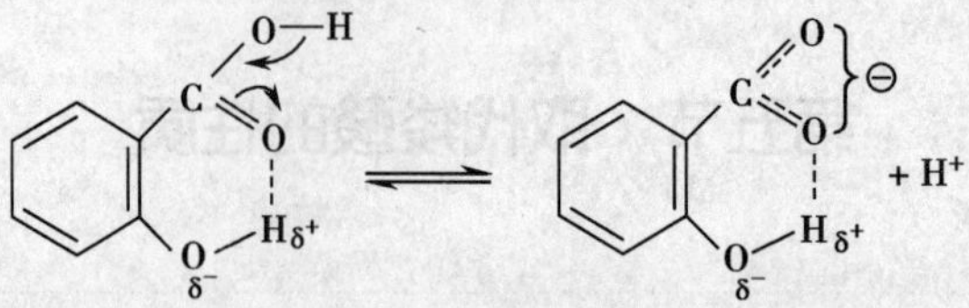

2. 脱水反应　醇酸受热能发生脱水反应，脱水产物因羟基与羧基的相对位置不同而不同。

（1）α-醇酸发生分子间脱水生成交酯：α-醇酸受热时，两分子间脱水，生成六元环的交酯。

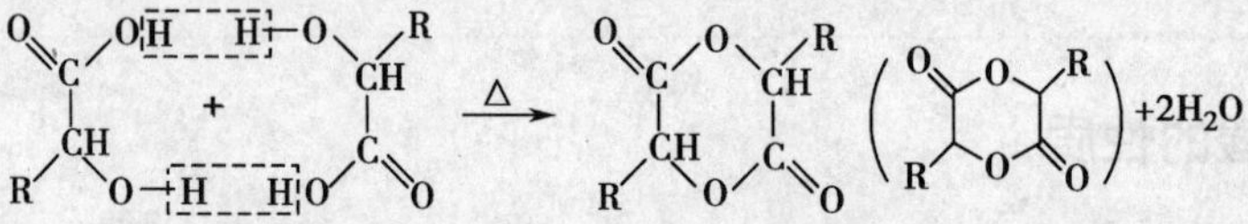

（2）β-醇酸发生分子内脱水生成 α，β-不饱和羧酸。

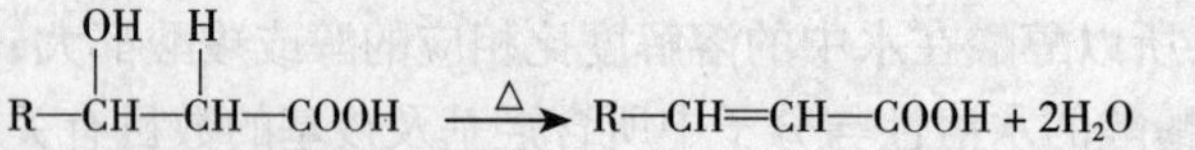

（3）γ- 和 δ-醇酸发生分子内脱水生成五元环或六元环的内酯：γ-醇酸极易失去水，室温就能自动发生分子内脱水，生成稳定的 γ-内酯。所以，常温下不存在游离的 γ-醇酸，只有成盐后才稳定。

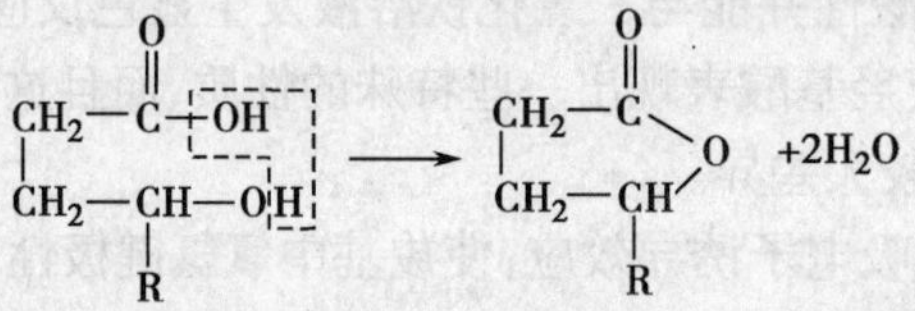

3. 氧化反应　醇酸分子中的羟基受羧基的影响，比醇分子中的羟基更容易被氧化。稀硝酸、托伦试剂不能氧化醇，但能氧化醇酸生成醛酸或酮酸。α-羟基酸比其他醇酸更易被氧化，弱氧化剂托伦试剂就能将它氧化成 α-酮酸。

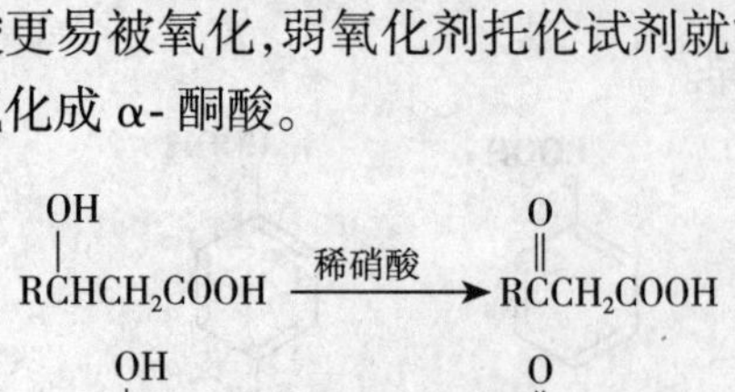

你 问 我 答

1. 如何鉴别水杨酸、水杨酸甲酯、乙酰水杨酸

2. 乙酰水杨酸

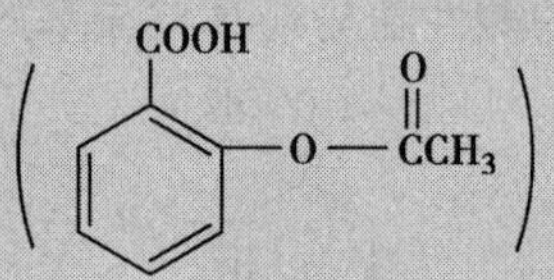

商品名为阿司匹林，应如何贮藏？又如何检查它是否已潮解变质呢？

生物体内多种醇酸在酶的催化下,也能发生类似的氧化反应。

4. α-醇酸的分解反应　α-醇酸与稀硫酸共热时,分解成甲酸和比原来少一个碳原子的醛或酮。

$$\underset{\overset{|}{\text{OH}}}{\text{RCHCOOH}} \xrightarrow[\triangle]{\text{稀 } H_2SO_4} \text{RCHO} + \text{HCOOH}$$

$$\underset{\overset{|}{\text{R}'}}{\underset{\overset{|}{\text{OH}}}{\text{RCCOOH}}} \xrightarrow[\triangle]{\text{稀 } H_2SO_4} \underset{\overset{\|}{\text{O}}}{\text{R}-\text{C}-\text{R}'} + \text{HCOOH}$$

5. 酚酸的脱羧反应　酚羟基处于邻位或对位的酚酸,对热不稳定,加热至熔点以上时,则脱羧生成相应的酚。

没食子酸　　　　　　　　没食子酚

二、酮酸的性质

酮酸分子中含有酮基和羧基,因此兼具酮和羧酸的一般性质,如酮基能被还原为仲羟基,可与羰基试剂反应;羧基可成盐、成酯等。由于两种官能团的相互影响及两种官能团相对距离的不同,酮酸还表现出一些特殊的性质。

1. 酸性　由于羰基的吸电子诱导效应比羟基更强,因此酮酸的酸性强于相应的羧酸和醇酸。如:

$$\underset{\overset{\|}{\text{O}}}{\text{CH}_3-\text{C}-\text{COOH}} \qquad \underset{\overset{|}{\text{OH}}}{\text{CH}_3-\text{CH}-\text{COOH}} \qquad \text{CH}_3\text{CH}_2\text{COOH}$$

pKₐ　　　　2.49　　　　　　　3.87　　　　　　　4.88

随着羰基与羧基距离的增加,羰基对羧基的影响逐渐减小,因此,酸性也逐渐减弱。

案例分析

水果开始腐烂为何有酒味?

　　水果开始腐烂常常有酒味是因为其中含有的丙酮酸发生了脱羧反应生成乙醛,乙醛又被还原为乙醇所致。

2. 分解反应　α-酮酸与稀硫酸或浓硫酸共热,分别发生脱羧反应和脱羰反应,生成相应的醛或羧酸。如:

$$CH_3-\overset{\overset{\displaystyle O}{\|}}{C}-COOH \xrightarrow[\triangle]{稀\ H_2SO_4} CH_3CHO + CO_2\uparrow$$

$$CH_3-\overset{\overset{\displaystyle O}{\|}}{C}-COOH \xrightarrow[\triangle]{浓\ H_2SO_4} CH_3COOH + CO\uparrow$$

β-酮酸比 α-酮酸更容易发生分解反应。在不同的反应条件下，β-酮酸分别发生酮式分解和酸式分解。

酮式分解：β-酮酸在微热的条件下，脱羧生成酮。

$$CH_3-\overset{\overset{\displaystyle O}{\|}}{C}-CH_2COOH \xrightarrow{微热} CH_3-\overset{\overset{\displaystyle O}{\|}}{C}-CH_3 + CO_2\uparrow$$

酸式分解：β-酮酸与浓碱共热时，α-碳原子和 β-碳原子间的键发生断裂，生成两分子羧酸盐。

$$R-\overset{\overset{\displaystyle O}{\|}}{C}-CH_2COOH + 2NaOH(浓) \xrightarrow{\triangle} RCOONa + CH_3COONa$$

3. 氧化反应　α-酮酸很容易被氧化，甚至弱氧化剂托伦试剂也能将其氧化成少一个碳原子的羧酸。

$$R-\overset{\overset{\displaystyle O}{\|}}{C}-COOH \xrightarrow[\triangle]{托伦试剂} RCOO^- + Ag\downarrow + CO_2\uparrow$$

小 贴 士

酮体的检测

β-丁酮酸、β-羟基丁酸、丙酮三者在医学上合称为酮体。健康人血液中含微量的酮体(低于 10mg/L)，糖尿病患者由于糖代谢障碍，酮体大量存在于血液和尿液中。因此，临床上通过检查患者尿液中的葡萄糖含量及是否存在酮体来诊断患者是否患有糖尿病。检测方法：

取一干净试管装 5ml 尿液，再加入 10％醋酸 5 滴和新制的 0.05mol/L 亚硝酰铁氰化钠 5 滴，混匀，用移液管沿管壁慢慢加入氨水至液面，静置 5 分钟。若试管中尿液出现紫色环则有酮体，若尿液颜色无变化，则无酮体。

 学习小结

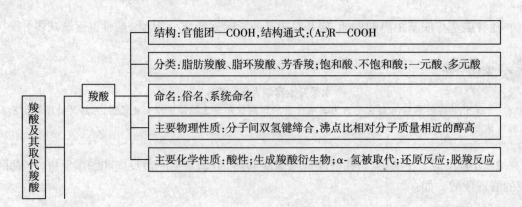

		结构：官能团—COOH，结构通式：(Ar)R—COOH
		分类：脂肪羧酸、脂环羧酸、芳香羧；饱和酸、不饱和酸；一元酸、多元酸
羧酸及其取代羧酸	羧酸	命名：俗名、系统命名
		主要物理性质：分子间双氢键缔合，沸点比相对分子质量相近的醇高
		主要化学性质：酸性；生成羧酸衍生物；α-氢被取代；还原反应；脱羧反应

- 取代羧酸
  - 羟基酸
    - 结构：分子中既有羧基又有羟基
    - 命名：俗名、系统命名（以羧酸为母体，羟基为取代基）
    - 主要化学性质：酸性；脱水反应；氧化反应；α-醇酸的分解反应；酚酸的脱羧反应
  - 酮酸
    - 结构：分子中既有羧基又有酮基
    - 命名：系统命名以某酮酸为母体，酮基位次写在母体名称之前
    - 主要化学性质：酸性；分解反应（含 α-酮酸脱羧反应、脱羰反应，β-酮酸的酮式分解和酸式分解）；氧化反应

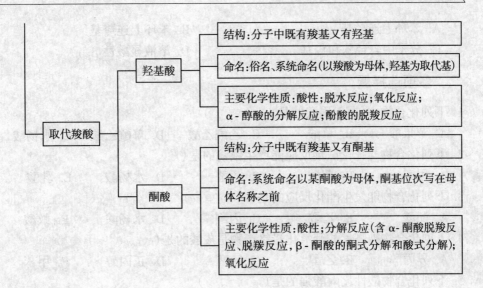

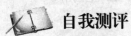

自我测评

一、单项选择题

1. 在 α-甲基丙酸分子中，与羧基相连的烃基名称是（　　）
A. 甲基　　B. 乙基　　C. 丙基　　D. 异丙基

2. 既有羧基结构，又有醛基结构的化合物是（　　）
A. 丙酸　　B. 乙酸　　C. 甲酸　　D. 丁酸

3. 用于区别甲酸、苯酚、甲醇的一组试剂是（　　）
A. 高锰酸钾溶液和溴水　　B. 碳酸钠和金属钠
C. 三氯化铁溶液和溴水　　D. 三氯化铁溶液和斐林试剂

4. 下列各组物质反应时无气体生成的是（　　）
A. 醋酸和碳酸钠　　B. 苯酚和金属钠
C. 甲酸和氢氧化钠　　D. 加热草酸

5. 用于区别乙醇、乙酸、乙醛的一组试剂是（　　）
A. 斐林试剂和氯化铁溶液　　B. 氯化铁溶液和溴水
C. 托伦试剂和金属钠　　D. pH 试纸和托伦试剂

6. 下列化合物中，不能使高锰酸钾溶液褪色的是（　　）
A. 甲酸　　B. 乙酸　　C. 乙醛　　D. 乙醇

7. 下列化合物中属于多元酸的是（　　）
A. 乳酸　　B. 柠檬酸　　C. 水杨酸　　D. 丙酸

8. 能加氢还原生成羟基酸的物质是（　　）
A. 乳酸　　B. 乙酰乙酸　　C. 柠檬酸　　D. 水杨酸

9. 分子内脱水成酐的是（　　）
A. γ-羟基丁酸　　B. 乙酰乙酸　　C. 草酸　　D. 丁二酸

10. 水杨酸与氯化铁溶液显紫色是因为（　　）

A. 苯环上连羟基   B. 苯环上连羧基

C. 分子中含羟基和羧基   D. 溶液显酸性

二、多项选择题

1. 下列化合物中,属于酮酸的是(   )

A. 苹果酸   B. 草酸   C. 乙酰乙酸   D. 草酰乙酸   E. 水杨酸

2. 下列化合物与托伦试剂反应能产生银镜的是(   )

A. 甲酸   B. 草酸   C. 乙醛   D. 水杨酸   E. 乳酸

3. 下列化合物能发生酯化反应的是(   )

A. 醋酸   B. 乙醇   C. 丙酮   D. 水杨酸   E. 蚁酸

4. 下列化合物被高锰酸钾氧化最终产物是羧酸的是(   )

A. 异丙醇   B. 乙醇   C. 乙醛   D. 正丙醇   E. 甲苯

5. 下列化合物酸性比丙酸强的是(   )

A. 丙二酸   B. 乳酸   C. 丙酮酸   D. 石炭酸   E. 正丙醇

三、用系统命名法命名下列化合物或写出结构简式

1. $CH_3CHCH=CHCOOH$ (取代基 CH_2CH_3)

2. 苯环，顶部 COOH，间位及对位各有 CH_3

3. $CH_3CHCHCOOH$ （取代基 CH_3，OH）

4. $CH_3CHCOCH_2COOH$ （取代基 CH_3）

5. 丙醛酸   6. 柠檬酸   7. γ-戊酮酸   8. 水杨酸

四、完成下列反应方程式

1. 邻羟基苯甲酸 —COOH

$\xrightarrow{+NaHCO_3}$

$\xrightarrow{+NaOH}$

2. $HOOC—COOH \xrightarrow{\triangle}$

3. 邻羟基苯甲酸 —COOH $+ (CH_3CO)_2O \xrightarrow[\triangle]{浓H_2SO_4}$

4. $CH_3CH_2CCOOH \xrightarrow{稀 H_2SO_4}$ （取代基 OH，CH_3）

5. $CH_3CH_2CHCHCH_2COOH \xrightarrow{\triangle}$ （取代基 OH，CH_3）

五、分析题

1. 用简便的化学方法鉴别下列各组化合物
(1) 水杨酸、石炭酸、苯甲酸
(2) 甲酸、草酸、乙酸
(3) 苯乙酮、苯乙醚、苯乙酸

2. 推断结构

化合物(A)、(B)、(C)的分子式均为 $C_3H_6O_2$，(A)与碳酸钠作用放出 CO_2，(B)与(C)都不能，但在氢氧化钠溶液中加热能发生水解，其中(C)的水解液蒸馏出来的液体能发生碘仿反应，试推测(A)、(B)、(C)的结构简式并写出有关反应式。

六、团队练习题

化合物(A)$C_5H_{10}O_3$ 室温下能失水生成化合物(B)$C_5H_8O_2$。(A)与 $NaHCO_3$ 作用放出无色气体，与 $K_2Cr_2O_7/H^+$ 作用得化合物(C)$C_5H_8O_3$。(A)和(C)均能发生碘仿反应。请大家交流讨论你如何推断出(A)、(B)、(C)的结构简式？

(王文碟)

第十章　对映异构

学习导航

　　你平时可注意到你的左手和右手是不重合的？许多生命有机体内的重要物质氨基酸、糖类及生物碱等的实物与其镜像也具有左右手的关系，这种不重合的现象我们称之为"手性"。自然界是"手性"的世界，许多药物都是具有手性的，称为手性药物，其生理作用、生理活性显著不同，药理作用差别也很大。我们在今后从事药物合成、鉴定、使用和储存以及药理作用的研究等工作中，都离不开这方面的知识。本章重点介绍由于"手性"导致的对映异构现象、对映异构的构型表示与标记方法以及物质的旋光性、分子的手性和对映异构三者之间的关系。

　　同分异构现象在有机化合物中十分普遍，根据异构体的构造是否相同，可将其分为构造异构和立体异构两大类：

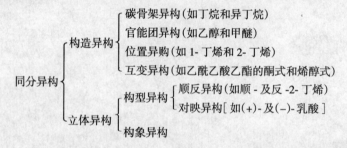

　　立体异构描述了原子连接顺序相同但空间排列不同的异构体，立体异构体的例子包括相对稳定的顺反异构体和迅速平衡的构象异构体。本章介绍另外一种立体异构现象，对映异构体。

案 例

发生在欧洲震惊世界的"反应停"事件

　　20世纪50年代，原联邦德国格伦南苏制药公司开发出一种镇静催眠药反应停（沙利度胺、酞胺哌啶酮），对于消除孕妇妊娠反应效果很好。1960年该药在欧洲进入市场。但在后来的4年间，发现许多孕妇服用后，生出了约11 000个无头或缺腿的先天畸形儿，近半数陆续死亡。虽然各国在1961年停止了销售，但却造成6000多名"海豹儿"出生的灾难性后果。后续的研究表明，海豹畸形儿是由于患儿母亲在妊娠期服用治疗妊娠反应的药反应停所致。"反应停"事件是医学史上一次惨痛的教训。

　　为什么"反应停"在治疗妊娠反应的同时又会使胎儿致畸呢？

一、手性与手性分子

　　组成对映异构体的分子具有"手征性"，即你的左手和右手是不可重合的，其中一只手可以看作为另一只手的镜像（图10-1）。在自然界分子中的手征性是很重要的，因为大部分

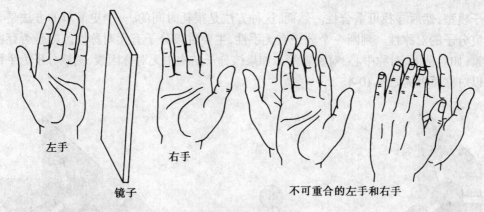

左手　　　右手

镜子　　　不可重合的左手和右手

图 10-1　手性关系图

与生物相关的化合物不是"左手性的"就是"右手性的"。像握你朋友的左手与右手是不同的一样，"左手性的"和"右手性的"化合物在反应中也是完全不同的。

一个分子怎么会存在两种不可重合的镜像呢？如图 10-2 所示。

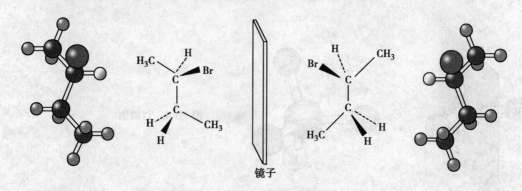

镜子

图 10-2　2- 溴丁烷实物与镜像关系图

左边的 2- 溴丁烷是实物放在平面镜前，得到右边的镜像，你仔细看一下就会发现这两种结构是不可重合的，因而也是不等同的（图 10-3）。这两个结构是实物与镜像的关系，要将一个转变为另一个需要化学键断裂。物体与其镜像不能完全重合的特征性称为手性或手征性。

同人的左右手一样，互为实物与镜像，彼此又不能重叠的现象称为手性。具有这种性质的分子称手性分子。手性分子具有特殊的物理性质——旋光性，即其溶液具有旋转偏振光偏振角度的性质。

记住：手性的唯一标准就是实物与其镜像不可重合的性质。要确定一个手性分子最可靠且简单的方法就是建立分子及其镜像

你 问 我 答

下列物质哪些具有手性？
茶杯、锤子、金字塔、球、手套、钢笔、剪刀、螺丝钉、鼻子、耳朵。

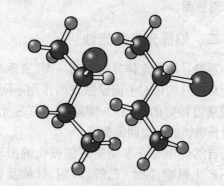

图 10-3　2- 溴丁烷的两个对映体不可重合

的分子模型,然后寻找可重合性。然而,这种方法是很耗时间的,一个更简单的方法是寻找所研究分子的对称性。判断一个分子有无手性,主要看该分子有无对称性。即是否存在对称因素,如对称面、对称中心、对称轴等。如果该分子结构中无对称因素,则该分子为手性分子。以对称面为例见图10-4。

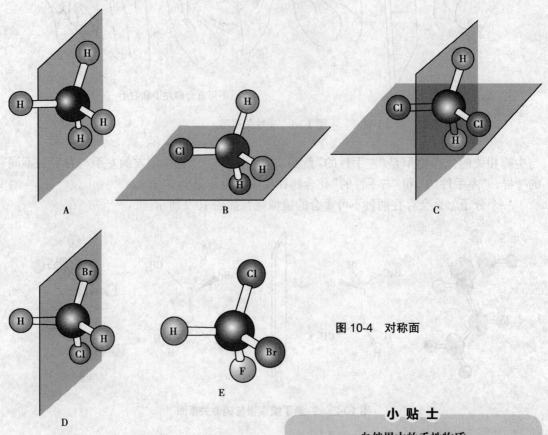

图 10-4 对称面

一个对称面(镜面)就是指一个可以将分子切成两半的面。如,甲烷(A)有六个对称面,一氯甲烷(B)有三个,二氯甲烷(C)有两个,氯溴甲烷(D)有一个,氟氯溴甲烷(E)没有对称面。

二、偏振光与旋光性

对映异构是立体异构中的一类,表现在各个对映异构体对平面偏振光的作用不同。光线通过特定的透镜后,滤除了一部分光,透过该透镜的光就叫偏振光。

自然界中有许多物质对偏振光的振动面不产生影响,如水、乙醇、丙酮、甘油及氯化钠等;还有另外一些物质却能使偏振光的

小 贴 士

自然界中的手性物质

自然界中的许多化合物以一种对映体的形式存在,也有一些是以两种对映体的形式存在。例如天然的丙氨酸是一种含量丰富的氨基酸,它仅以一种对映体形式存在。而乳酸在血液和肌肉中以一种对映体存在,而在酸奶和一些水果等植物中则以两种对映体混合物的形式存在。

大自然是手性世界,处处能够展现其手性的特征,如可食用的蜗牛的壳主要是右手性的(外壳螺纹顺时针,见图10-5),左手性的对映异构体形式很罕见,只是 1/20 000。

图 10-5

振动面发生偏转,如某种乳酸及葡萄糖的溶液。能使偏振光的振动面发生偏转的物质具旋光性,叫做旋光性物质;不能使偏振光的振动面发生偏转的物质叫做非旋光性物质,它们没有旋光性。

手性分子具有特殊的物理性质——旋光性,即其溶液具有旋转偏振光偏振角度的性质。旋光性可用旋光仪检测(图 10-6)。

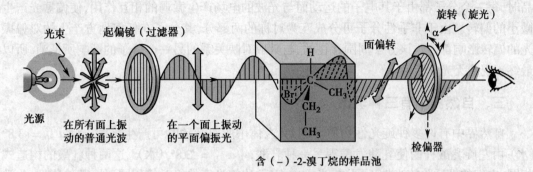

图 10-6 用旋光仪测量(−)-2-溴丁烷的对映体的旋光图

旋光仪是由光源、两个透镜(人造偏振片或尼科尔棱镜)及在两个透镜间放置旋光管的槽(样品池)组成。光线通过第一个棱镜(起偏镜)后得到平面偏振光,经置旋光管的槽后再进入第二个透镜(检偏镜),最后达到观察者的眼睛。当样品池中不放任何物质时,调节检偏镜的位置,使其晶轴与起偏镜的晶轴平等,射入的光可在同一个面内振动,此时所看到的光量是最大的。若再旋转检偏镜,光量就会减弱,当旋转到与原来位置成直角时,光量最小。检偏镜上常附有刻度盘,可表示转动的角度及方向。

当置槽(样品池)内放入被测物质时,先将光量调到最大,如果光经被测物质后透射量仍是最大,则此物质就不具有旋光性;如果被测物质有旋光性,就会使偏振光改变,使光的透射量减少。这种减少的程度反映了该物质使偏振面改变的大小。若要了解偏振面改变的程度,即旋光度的大小,可旋转检偏镜,使光的透射量重新成为最大(使检偏镜的晶轴和新的振动面一致)。

旋光度(α):偏振面被旋光性物质所旋转的角度。顺时针旋转时称为右旋,用(+)表示;逆时针旋转时称为左旋,用(−)表示。对映体间旋光度相等,方向相反。

旋光度的大小与被测物质的浓度、旋光管的长度、光波长短及溶剂性质(若为溶液)有关。目前规定浓度为 $1g/cm^3$ 的被测物质,在 1dm 长的旋光管中测得的旋光度。旋光管和不同浓度下测得的旋光值,可按下式换算成比旋光度:

$$[\alpha]_\lambda^t = \frac{\alpha}{l \cdot c}$$

式中, $[\alpha]$ = 比旋光度;

t = 摄氏温度(℃);

λ = 入射光的波长,常用钠灯(黄光,λ=589nm);

α = 观测到的旋光度;

l = 样品池的长度(dm);

c = 浓度(g/ml)。

你 问 我 答

一种常见的食糖(天然存在的蔗糖)溶液,浓度为 0.1g/ml 的水溶液,在 10cm 的样品池中测出有顺时针的旋光度数为 6.65°,计算[α]。这个信息能使你知道天然蔗糖的对映体的[α]值吗?

一种物质的旋光性,主要决定于该物质的分子结构。光学物质的旋光方向与其构型没有必然的联系。同样构型的两种物质可以有不同的旋光方向。

一个光学活性分子的比旋光度就像它的熔点、沸点、折射率、密度一样,是它的一个特征的物理常数。

为什么非手性分子无光学活性,而手性分子有旋光性呢？实际上,当偏振光通过一个样品时,每一个分子都由于其电子的运动而与光波的电场产生微弱的相互作用,使偏振光产生微小的偏转。由于非手性分子可分成互为对称的两部分,其分子在任何地方产生的对偏振光的偏转影响都能被该分子周围存在的、与其成对映关系的另一个分子的影响所抵消,所以最终表现为无光学活性。

三、自然界中有三种乳酸

自然界中有许多种旋光性物质。例如,人体中肌肉运动时可产生乳酸,其$[\alpha]_D^{20}=+3.8°$(水);由左旋乳酸杆菌使乳酸发酵得另一种乳酸,$[\alpha]_D^{20}=-3.8°$（水）。这两种乳酸的构造式相同,它们的性质除旋光性不同(旋光方向相反,比旋光度的绝对值相同)外,其他物理、化学性质都一样(表 10-1)。这两种乳酸的分子结构可用球棒模型表示(图 10-7)。

表 10-1 三种乳酸性质的比较

	$[\alpha]_D^{20}$(水)	熔点（℃）	pK_a
(+)- 乳酸	+3.82°	53	3.79
(−)- 乳酸	−3.82°	53	3.79
(±)- 乳酸	0	18	3.86

从模型可以看出,左旋乳酸与右旋乳酸的分子结构的关系犹如物体与其镜像的关系,但二者不能重合,好比人的左手与右手、左脚与右脚一样。(+)- 乳酸与(−)-乳酸的构造式相同而构型不同,所以属于立体异构中的构型异构。这两个构型异构体互呈物体与其镜像关系,能对映而不能重合,故把它们叫做对映体。这种立体异构属于对映异构。

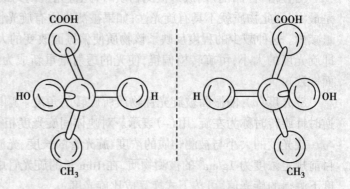

图 10-7 (+)- 乳酸及(−)- 乳酸的球棒模型

一个物质可能有两个、三个或多个具有旋光性的异构体。如果某物质只有两个具有旋光性的异构体,它们一定是对映体。如果某物质有不止两个具有旋光性的异构体,则各异构体之间并不都是对映体的关系,这将在后面讨论。

除了上述的(+)- 乳酸和(−)- 乳酸外,人工合成法所得的乳酸没有旋光性,即$[\alpha]_D^{20}=0$。这种乳酸叫做外消旋乳酸,用（±）- 乳酸表示(表 10-1)。（±）- 乳酸是由等物质的量的(+)- 乳酸及(−)- 乳酸组成的。由此可见,乳酸有三种:(+)- 乳酸、(−)- 乳酸及（±）-乳酸。

$$CH_3CHOOH$$
$$OH$$

如果一个分子与其镜像等同,即能重合,则叫做非手性分子,非手性分子没有旋光性。

一个物质的分子是否具有手性是由它的分子结构决定的。最常见的手性分子是含手性碳原子的分子。所谓手性碳原子是指连有四个不同的原子或原子团的碳原子,这种碳原子常以星号"*"标示。例如乳酸分子中有三个碳,但只有 C-2 才是手性碳原子,它连接的是—H、—OH、—CH₃ 及—COOH 这四个原子或原子团。手性碳原子也叫做不对称碳原子。凡是含有手性碳原子的分子都有对映异构体,但是含手性碳原子的分子不一定是手性分子。

小 贴 士

反应停(沙利度胺)是包含一对对映异构体的外消旋药物,它的一种构型 *R*-(+)对映体有镇静作用,另一种构型 *S*-(−)对胚胎有很强的致畸作用。

沙利度胺

四、含一个手性碳原子的分子

含一个手性碳原子的化合物有一对对映异构体。

(一) 外消旋体

将一对对映体等量混合后旋光就会消失,将一对等量的对映体的混合物称为外消旋体。与各对映体相比较,外消旋体除无旋光性外,其理化性质也不同,它的生理或药理作用与各对映体往往有明显的差异。

除了用特殊方法外,通常化学合成的具手性碳原子的化合物,基本都是外消旋体。要想从外消旋体中得到纯的旋光异构体,要采用特定的方法把左旋体与右旋体分开,这个过程叫做拆分。

专 家 提 示

光学活性在对映体混合物中也能够观察到,但仅限于两个对映异构体以不同的量混合。利用测得的旋光值,可以计算对映体混合物的组成。例如,若测得一远古化石中的(+)-丙氨酸溶液的旋光值只有 +4.25°(即只是纯对映体值的一半),我们就可以推断样品中只有 50% 是纯(+)异构体,另外 50% 是消旋的。而消旋包括等量的(+)-及(−)-异构体,则该样品确切的组成应该是 75% 的(+)-和 25%(−)-异构体。

(二) 对映异构体的构型

1. 费歇尔投影式 对映异构体的构型通常采用费歇尔投影式来表示,即把手性碳原子所连的四个原子或原子团按规定的方法投影到纸上。图 10-8 为乳酸对映体的费歇尔投影式。

使用这种方法要注意:①将手性碳原子写在纸平面上,或用一个"+"字形的交叉点代表这个手性碳,四端分别连四个不同的原子或原子团;②以垂直线与手性碳原子相连的是伸向纸平面后方的两个原子或原子团,以水平线与手性碳原子相连的是伸向纸平面前方的两个原子或原子团;③通常把碳链放在垂直线上,并把命名时编号最小的碳原子放在上端。费歇尔投影式以两维式来表示含手性碳原子的分子的三维结构。

2. 相对构型与绝对构型 物质分子中各原子或原子团在空间的实际排布叫做这种分子的绝对构型。在 X 射线衍射技术发展之前,手性分子的绝对构型是不为人知的。有趣的是,

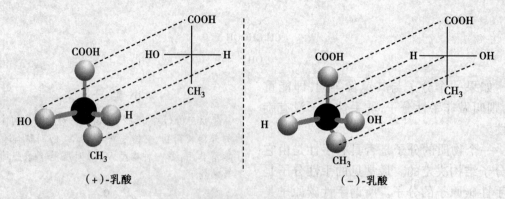

（+）-乳酸   （−）-乳酸

图 10-8　乳酸对映体的费歇尔投影式

对一个手性分子的三维结构的首次设定是在一百多年前的一个猜想。天然 2,3- 二羟基丙醛（甘油醛）的右旋对映体被人为地设定为 D 型。即在费歇尔投影式中，手性碳上的—OH 排在横线右边的为右旋甘油醛（Ⅰ），作为 D 型，手性碳上的—OH 排在横线左边的为左旋甘油醛（Ⅱ），作为 L 型。D- 及 L- 分别表示它们的构型。用这种方法确定的构型是相对于标准物质甘油醛而来的，所以叫做相对构型。

镜子

$$H\!-\!\!\begin{array}{c}\ \ \,\!=\!O\\ \,\!-\!OH\\ \,\!-\!OH\end{array}\qquad HO\!-\!\!\begin{array}{c}\ \ \,\!=\!O\\ \,\!-\!H\\ \,\!-\!OH\end{array}$$

D-(+)- 甘油醛　 L-(−)- 甘油醛

1951 年通过 X 射线衍射证明了 D-(+)- 甘油醛的真正构型与人为规定的一致。因此，各旋光性物质的相对构型也都是绝对构型了。关于 D 型和 L 型的概念目前在一些化合物，如糖类及 α- 氨基酸中仍然应用。构型与旋光性之间没有必然的联系，物质的旋光性仍须通过实验测定。

（三）对映异构体的系统命名法

对映异构体的系统命名法是根据物质分子的绝对构型或其费歇尔投影式来命名的，故无须与其他化合物联系比较。

含一个手性碳的分子 C^*abcd 命名时，首先把手性碳所连的四个原子或原子团按照次序规定排列其优先顺序，如 a>b>c>d。其次，将此排列次序中排在最后的原子或原子团（即 d）放在距观察者最远的地方。这时，其他三个原子或原子团就向着观察者（图 10-8）。然后，再观察从最优先基 a 开始到 b 再到 c 的次序，如果 a→b→c 是逆时针方向排列的（图 10-8 左），则此分子的构型用"S"标示；如果是顺时针方向排列的（图 10-9 右），这个分子的构型即用"R"标示。

例 1. 判断 1- 溴 -1- 碘乙烷的构型

解：手性碳所连的四个原子或原子团优先顺序是：—I>—Br>—CH₃>—H

得：(R)-1- 溴 -1- 碘乙烷，如图 10-10 所示。

例 2. 判断 2- 苯基 -2- 丁胺的构型

解：手性碳所连的四个原子或原子团优先顺序是：—NH₂>—C₆H₅>—C₂H₅>—CH₃

得：(R)-2- 苯基 -2- 丁胺

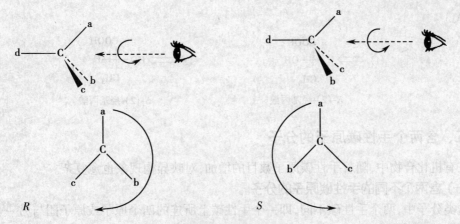

图 10-9 S 及 R 构型

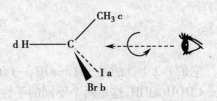

图 10-10 （R）-1- 溴 -1- 碘乙烷

　　用构型的费歇尔投影式，同样可以确定一个分子是 R 还是 S 构型。先要确定 C*abcd 中，a、b、c 及 d 的优先顺序，如 a>b>c>d。在费歇尔投影式中，如最小基 d 连在垂直方向，即 C*-d 键伸向纸平面的后方，则当 a→b→c 为顺时针方向时，此分子为 R 型；如 a→b→c 为逆时 针方向时，则是 S 型。如最小基 d 连在水平方向，即 C*-d 键伸向纸平面的前方，则当 a→b→c 为顺时针方向时，此分子为 S 型；如 a→b→c 为逆时针方向时，为 R 型。用费歇尔投影式确定 R/S 构型如下所示：

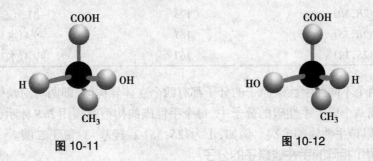

　　例 3. 写出图 10-11、图 10-12 两化合物的投影式并命名。

图 10-11　　　　　　　　　　　图 10-12

解：

(1) ⟹
$$
\begin{array}{c}
\text{COOH}\\
\text{H}\!-\!\!\!\!-\!\!\!\!-\!\text{OH}\\
\text{CH}_3
\end{array}
$$
R-(2)-羟基丙酸

(2) ⟹
$$
\begin{array}{c}
\text{COOH}\\
\text{HO}\!-\!\!\!\!-\!\!\!\!-\!\text{H}\\
\text{CH}_3
\end{array}
$$
S-(2)-羟基丙酸

五、含两个手性碳原子的分子

在有机化合物中，随着手性碳原子数目的增加，对映异构现象也愈复杂。

(一) 含两个不同的手性碳原子的分子

这类分子中，两个手性碳不同，即一个手性碳上所连的四个原子或原子团与另一个手性碳上所连的不同或不完全相同。这种分子有四种具有旋光性的异构体，例如，2- 羟基 -3- 氯丁二酸。

$$\text{HOOCCHCHCOOH}$$
$$\text{OHCl}$$

它的 C-2 上连的是—H、—OH、—COOH 及—CHClCOOH，C-3 上连的是—H、—Cl、—COOH 及—CHOHCOOH，这是两个不同的手性碳。它们的费歇尔投影式如下：

	镜子		镜子
COOH	COOH	COOH	COOH
H—OH	HO—H	HO—H	H—OH
HO—Cl	Cl—OH	H—Cl	Cl—H
COOH	COOH	COOH	COOH
Ⅰ	Ⅱ	Ⅲ	Ⅳ
2S,3S	2R,3R	2R,3S	2S,3R

Ⅰ与Ⅱ是一对对映体，Ⅲ与Ⅳ是另一对对映体。Ⅰ（或Ⅱ）与Ⅲ（或Ⅳ）虽是具有旋光性的异构体，但并不是对映体，而是非对映异构体（非对映体）。非对映体之间不仅旋光性不同，理化性质也有一定的差异（表 10-2）。

表 10-2　2- 羟基 -3- 氯丁二酸的一些物理性质

化合物构型	熔点（℃）	$[\alpha]_D^{20}$
Ⅰ（2S,3S）	173	+31.3（乙酸乙酯）
Ⅱ（2R,3R）	173	−31.3（乙酸乙酯）
Ⅲ（2R,3S）	167	−9.4（水）
Ⅳ（2S,3R）	167	+9.4（水）

任何含两个不同的手性碳原子的分子都有四个立体异构体，即两对对映体。

含两个或两个以上手性碳的分子中，每个手性碳的构型都须用 R/S 标示，写在化合物名称之前，并标以该手性碳的位次。例如，Ⅰ 为 (2S,3S)-2- 羟基 -3- 氯丁二酸。

(二) 含两个相同的手性碳原子的分子

$$\text{HOOCCHCHCOOH}$$
$$\text{OHOH}$$

这类分子中,两个手性碳相同。例如,酒石酸的 C-2 与 C-3 都是手性碳,且各连有—H、—OH、—COOH 及—CHOHCOOH,这是两个相同的手性碳原子。它们的费歇尔投影式如下:

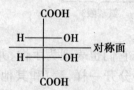

1	2	3	4
(2R, 3R)	(2S, 3S)	(2R, 3S)	(2S, 3R)

1 与 2 是一对对映体,3 与 4 的两个费歇尔投影式是等同的。因为将任何一个在纸平面上旋转 180° 即得另一个。3 与 4 虽有两个手性碳原子,却不具旋光性。这是由于这个分子是对称的,它有一个对称面,即垂直于 C(2)—C(3)键的平面。这种异构体叫做内消旋体,用 meso- 或 i- 表示。

你问我答

1. 有人认为:D 型的分子即 R 型的,L 型的分子即 S 型的。你是怎样认为的?
2. 内消旋体和外消旋体有什么差别?

内消旋化合物的典型特征就是有一个分子内的镜面,这个镜面把分子分成具有互为镜像关系的两部分。内消旋酒石酸与外消旋酒石酸虽然都不具旋光性,但它们有本质上的不同。内消旋体与另一对对映体之间互为非对映异构体。对映异构体与非对映异构体概念的区分如下所示:

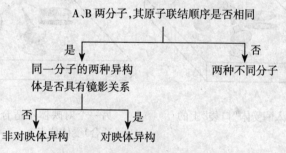

对映异构体与非对映异构体概念的区分

内消旋体是纯物质,不能拆分;外消旋体则能拆分为左旋体及右旋体。内消旋体的性质与左旋体或右旋体也有差异(表 10-3)。

表 10-3 几种酒石酸的性质

酒石酸	熔点(℃)	$[\alpha]_D^{25}$(水)	溶解度/(g/100g 水)	相对密度(20℃)	pK_{a_1}	pK_{a_2}
(+)	170	+12°	147	1.760	2.93	4.23
(−)	170	−12°	147	1.760	2.93	4.23
i-	140	0	125	1.666	3.2	4.80
(±)	205	0	24.6	1.687	2.96	4.24

含 n 个不同的手性碳原子的分子有 2^n 个立体异构体,成为 2^{n-1} 对对映体。

由内消旋体的产生可以看到,除仅含一个手性碳原子的化合物外,分子中手性碳的存在不是分子具有手性的充分条件。因为具有手性碳的分子也可以是非手性分子而不具有光学活性。

六、光学活性物质在生物学和医药学上的意义

1. 自然界是"手性的" 许多生命有机体内的天然产物不仅是手性的,而且只以一种对映体形式存在。一整族的这种化合物的例子是氨基酸,它们是多肽的组成单元。自然界中大的多肽称为蛋白质,当它们催化生物转化时被称为酶。

天然氨基酸和多肽的绝对构型

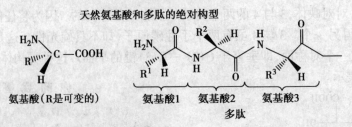

氨基酸(R是可变的)　　　　氨基酸1　氨基酸2　氨基酸3
多肽

较小的手性片段组成的酶自组装为较大的聚合物。它们也表现为手性,并且是有手征性的。因此,就如同一只右手能将另一只右手与左手分开一样,酶(和其他生物分子)有"口袋"。这些"口袋"由于它们立体化学特定的性质,可以识别和作用于外消旋体(图10-13)。

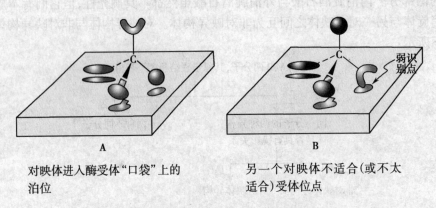

A　　　　　　　　　　　　　　B
对映体进入酶受体"口袋"上的　　　　另一个对映体不适合(或不太
泊位　　　　　　　　　　　　　适合)受体位点

图 10-13　酶的受体位点对于对映体识别的示意图

2. **手性药物** 在药物分子中含有上述特殊结构碳原子(手性中心)的药物称为手性药物。

手性药物在人体内是如何作用的? 人体是由各种具有蛋白质性质的大分子组成的,这些生物大分子大多具有严格的手性空间结构。人体自身产生的一些小分子有机化合物其结构是与生物大分子的空间结构相匹配的,与相关生物大分子结合后,使机体发挥多种正常的生理功能,一旦这些小分子的量发生了变化,就会破坏机体的平衡,导致多种内源性的疾病。

药物即是外源性小分子,它们的结构需与生物大分子的结构相适应。如果生物大分子具有手性,则要求药物必须也具有与之适应的手性结构。如果受体(生物大分子)是锁的话,药物就是钥匙,或者受体如果是鞋,药物就是脚,鞋穿反了就不舒服,药物的手性结构如果不与受体相匹配,就失去其治疗作用。

生物体对某一物质的要求常严格地限定为某个单一的构型。所以与生物物质有关的合成物质,如果有旋光性的异构体,也往往只有其中之一具较强的生理效应,其对映体无活性或活性很小,有些甚至产生相反的生理作用。例如作为血浆代用品的葡萄糖酐一定要用右旋糖酐,因为其左旋体会给病人带来较大的危害;右旋的维生素 C 具有抗坏血病作用,而其对映体无效。左旋肾上腺素的升高血压作用是右旋体的 20 倍;左旋氯霉素是抗生素,但右旋氯霉素几乎无药理作用。右旋四咪唑为抗抑郁药,其左旋体则是治疗癌症的辅助药物;右旋苯丙胺是精神兴奋药,其左旋体则具抑制食欲作用。

目前国内外手性药物的研究主要集中在心血管系统药物、抗感染药物、非甾体抗炎类药物、神经系统药物和抗组胺药物上。创制一个新药一般需要 10~12 年时间,费用高达 2 亿~3 亿美元,但如在外消旋体药物

小 贴 士

外消旋体的拆分

在药物合成中得到的都是外消旋体混合物。拆分的主要原则是设法将一对对映体转成一对非对映体,分离后再使其转回成原来的对映体。常见的方法有:①化学拆分法:使用光活性试剂将外消旋体转化为非对映体,利用蒸馏、重结晶等分离方法将对映体分开,最后将非对映体还原为原来的对映体。②诱导结晶拆分法:向外消旋体溶液中,加入一定量的纯左旋或右旋体并加热,得热的饱和溶液后降温,使左旋体析出结晶并分离,余下的是右旋体相对浓度较大的稀溶液,再加入等拆分的外消旋体,制成热的外消旋体溶液中右旋体的饱和溶液,冷却,得右旋体结晶。③生物化学拆分法:利用酶对光学异构体的选择性酶解作用达到拆分目的。④色谱分离法:用手性的物质或某些人工合成的手性大分子作为层析柱的吸附剂。利用被拆分物质通过层析柱时被吸附的程度不同,从而在洗脱时达到分离目的。

基础上开发手性药物,一般只需 4 年时间,耗资约 300 万美元,所以在外消旋体药物基础上开发手性药物在时间和经济上是比较合算的。

 **学习小结**

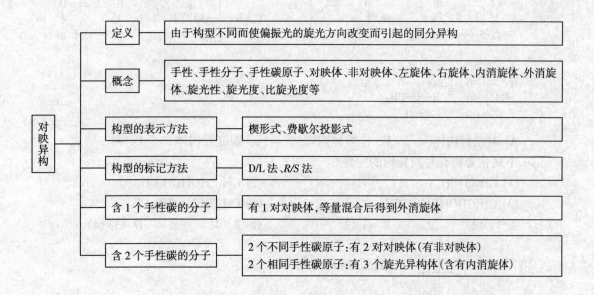

	定义	由于构型不同而使偏振光的旋光方向改变而引起的同分异构
对映异构	概念	手性、手性分子、手性碳原子、对映体、非对映体、左旋体、右旋体、内消旋体、外消旋体、旋光性、旋光度、比旋光度等
	构型的表示方法	楔形式、费歇尔投影式
	构型的标记方法	D/L 法、R/S 法
	含 1 个手性碳的分子	有 1 对对映体,等量混合后得到外消旋体
	含 2 个手性碳的分子	2 个不同手性碳原子:有 2 对对映体(有非对映体) 2 个相同手性碳原子:有 3 个旋光异构体(含有内消旋体)

自我测评

一、单项选择题

1. 下列化合物中具有旋光性的是（　　　）

　　A. 正丁醇　　　　　　　B. 2-丁醇　　　　　C. 丙醇　　　　　　D. 乙醇

2. 下列化合物中不具有旋光性的是（　　　）

　　A. 甘油醛　　　　　　　B. 2-丁醇　　　　　C. 丙醇　　　　　　D. 2-氯丁烷

3. 下列化合物构型为 S 的是（　　　）

　　A. HO—H (COOH/CH₂OH)　　　B. Br—H (CH₃/NH₂)　　C. HO—H (CH₃/C₂H₅)　　D. Cl—H (CH₂OH/OH)

4. 甘油醛有下面的哪一种性质:（　　　）

　　A. 一个不对称碳原子　　　　　　　　　B. 两个不对称的碳原子

　　C. 内消旋化合物　　　　　　　　　　　D. 四个碳原子

5. 将手性碳原子上的任意两个基团对调后将变为它的（　　　）

　　A. 非对映异构体　　　B. 互变异构体　　　C. 对映异构体　　　D. 顺反异构体

6. "构造"一词的定义应该是（　　　）

　　A. 分子中原子连接的次序和方式

　　B. 分子中原子或原子团在空间的排列方式

　　C. 分子中原子的相对位置

　　D. 分子中原子或原子团的相对位置

7. 下列化合物中,有旋光性的是（　　　）

　　A.　　　　　B.　　　　　C. H—COOH (OH/CH₃)　　　D.

8.

H₃C—H, Br—CH₃ ... 与 ... 为（　　　）

　　A. 对映异构体　　　　B. 位置异构体　　　C. 碳链异构体　　　D. 同一物质

9. 下列化合物有对映异构的应是（　　　）

　　(1) CH_3COCH_3　　　　　　　　　　(2) $CH_3CHOHCH_2CH_3$

　　(3) $CH_3CHOHCHOHCH_3$　　　　　　(4) $CH_3CHOHCHBrCH_3$

　　A. (1)(2)　　　　B. (1)(3)　　　　C. (2)(4)　　　　D. (3)(4)

10. 化合物 H—OH (Me), HO—H (CH₂OH) 的构型正确命名是（　　　）

　　A. 2R, 3R　　　　B. 2R, 3S　　　　C. 2S, 3R　　　　D. 2S, 3S

二、推测结构式

1. 组成为 $C_{10}H_{14}$ 的芳烃,可以从苯制得,它含有一个手性碳原子。氧化后生成苯甲酸,请确定其构造式。

2. 化合物(A)分子为 C_6H_{10} 有光活性,(A)与硝酸银氨溶液作用生成一沉淀物(B),(A)经催化加氢得到化合物(C);(C)分子式为 C_6H_{14},无光学活性且不能拆分,试写出(A)、(B)、(C)的结构。

3. C_6H_{12} 是一个具有旋光性的不饱和烃,加氢后生成相应的饱和烃。C_6H_{12} 不饱和烃是什么? 生成的饱和烃有无旋光性?

三、计算题

将 10g 化合物溶于 100ml 甲醇中,在 25℃时用 10cm 长的盛液管在旋光仪中观察到旋光度为 +2.30°。在同样情况下改用 5cm 长的盛液管时,其旋光度为 +1.15°。计算该化合物的比旋光度。第二次观察说明什么问题?

四、团队练习题

根据给出的四个立体异构体的 Fischer 投影式,回答下列问题:

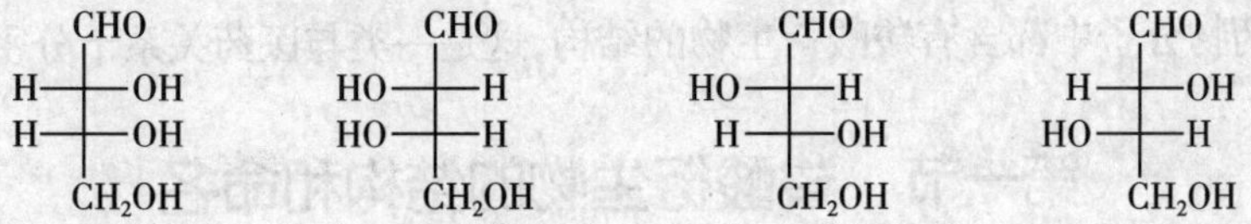

```
      CHO              CHO              CHO              CHO
  H——OH          HO——H          HO——H          H——OH
  H——OH          HO——H          H——OH          HO——H
     CH₂OH            CH₂OH            CH₂OH            CH₂OH
       Ⅰ                Ⅱ                Ⅲ                Ⅳ
```

(1)(Ⅱ)和(Ⅲ)是否是对映体?
(2)(Ⅰ)和(Ⅳ)是否是对映体?
(3)(Ⅱ)和(Ⅳ)是否是对映体?
(4)(Ⅰ)和(Ⅱ)的沸点是否相同?
(5)(Ⅰ)和(Ⅲ)的沸点是否相同?
(6) 把这四种立体异构体等量混合,混合物有无旋光性?

(宋海南)

第十一章　羧酸衍生物

学习导航

　　为了提高药物的疗效,降低药物的毒性和副作用,可在保持药物基本结构的前提下,仅在某些官能团上做一定的结构改变,这就是我们所说的"化学结构修饰"。修饰的方法有成盐、成酯、成酰胺等。化学结构修饰对于提高药物的稳定性、改善水溶性、延长药物作用时间、减少副作用都具有重要的实际意义。本章通过对羧酸衍生物性质的介绍,告诉你通过酰化反应进行药物改性的方法。另外,不同羧酸衍生物反应活性的差别,如何用前面已经讲到的电子效应——诱导效应、共轭效应去理解它们呢?

　　羧酸衍生物是羧酸分子中的羟基被其他官能团取代后的产物,重要的羧酸衍生物有酰卤、酸酐、酯和酰胺等。

　　羧酸衍生物广泛存在于自然界中,某些羧酸衍生物具有显著的生物活性,具有一定的药理作用,许多药物分子中都含有羧酸衍生物的结构,这是一类与医药关系十分密切的化合物。

第一节　羧酸衍生物的结构和命名

 案例

羧酸衍生物类的药物在全球市场中的销售份额

　　根据美国艾美仕市场研究公司(IMS Health)发布的信息,2011年全球医药市场销售额达到8800亿美元。抗生素类作为常用药物,占全球市场销售的15%左右,是全球药品市场最大,同时也是盈利最多的类别之一。常见的抗生素有β-内酰胺类和大环内酯类抗生素,占据整个抗生素约29%的销售额。β-内酰胺类抗生素主要包括临床常用的青霉素类、头孢菌素类及新发展的头霉素类、硫霉素类等;大环内酯类抗生素的品种有阿齐霉素、克拉霉素等。

　　酰氯、酸酐是很多药物合成的重要中间体,也是重要的化工原料。

　　上述几类物质分别是酰胺、酯类、酰氯和酸酐,统称为羧酸衍生物,羧酸衍生物不仅和药学密不可分,也和国家的经济建设息息相关,因此有必要学习有关羧酸衍生物的一些基本知识及其应用。

一、羧酸衍生物的结构

　　羧酸分子中去掉羧基结构中的羟基后剩余的残基称为酰基$\left(\begin{smallmatrix} O \\ \| \\ R-C- \end{smallmatrix}\right)$,羧酸衍生物结构上的共同点是分子中都含有酰基,所以又称为酰基衍生物。其结构通式为:

$$\underset{R-C-OH}{\overset{O}{\|}} \longrightarrow \underset{R-C-L}{\overset{O}{\|}} \quad (-L=-X、-O-C-R'、-OR'、-NH_2)$$

$$\underset{\text{酰卤}}{\underset{R-C-X}{\overset{O}{\|}}} \quad \underset{\text{酸酐}}{\underset{R-C-O-C-R'}{\overset{O\quad O}{\|\quad\|}}} \quad \underset{\text{酯}}{\underset{R-C-O-R'}{\overset{O}{\|}}} \quad \underset{\text{酰胺}}{\underset{R-C-NH_2}{\overset{O}{\|}}}$$

酰基的命名是将相应羧酸的名称"某酸"改为"某酰基",例如:

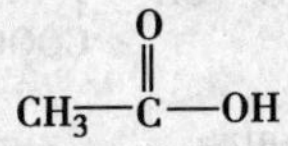

CH₃—C—OH 乙酸

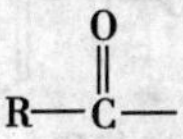

R—C— 乙酰基

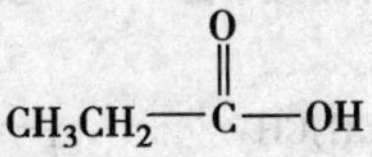

CH₃CH₂—C—OH 丙酸

CH₃CH₂—C— 丙酰基

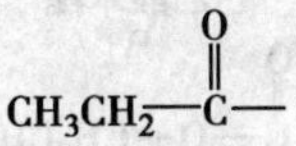

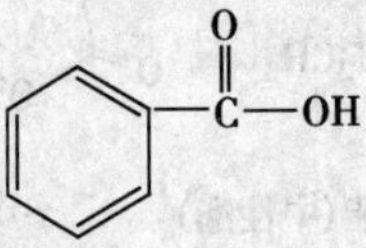

苯甲酸

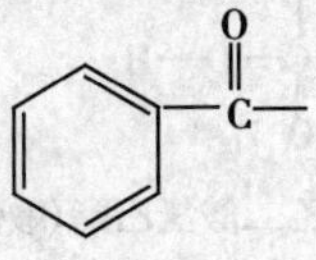

苯甲酰基

含氧酸也有相应的酰基,例如:

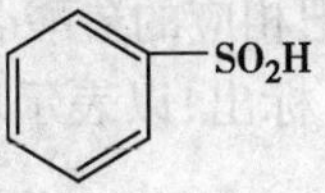

苯磺酸

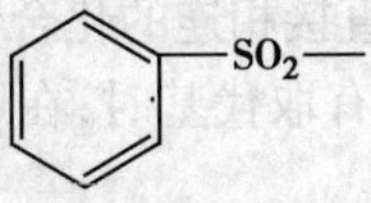

苯磺酰基

二、羧酸衍生物的命名

(一) 酰卤

酰卤名称由形成它的酰基和卤素组成。酰基的名称放在前,卤素的名称放在后,合起来称为"某酰卤"。

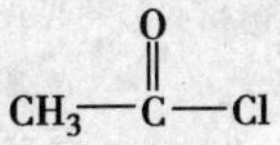

CH₃—C—Cl 乙酰氯

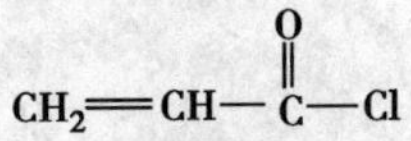

CH₂=CH—C—Cl 丙烯酰氯

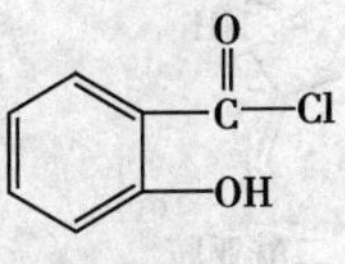

水杨酰氯

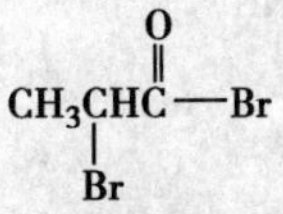

CH₃CHC—Br
      |
      Br
α-溴丙酰溴

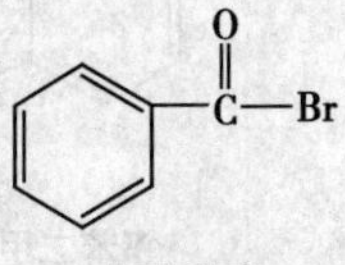

苯甲酰溴

(二) 酸酐

酸酐是羧酸分子脱水的产物,也可以看成是一个氧原子上连接了两个酰基所形成的化合物。由同种羧酸脱水形成的酸酐叫单(酸)酐,由不同羧酸脱水形成的酸酐叫混(酸)酐,单酸酐的命名根据相应羧酸的名称而称为"某酸酐"或"某酐",混酸酐命名时,小分子的羧酸在前,大分子的羧酸在后,如有芳香酸时则芳香酸在前,称为"某酸某酐"。

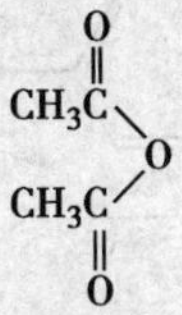

乙(酸)酐

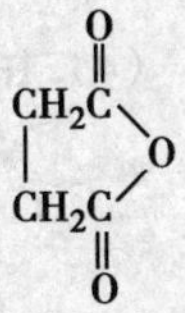

丁二(酸)酐

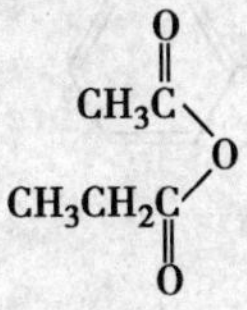

乙丙酐

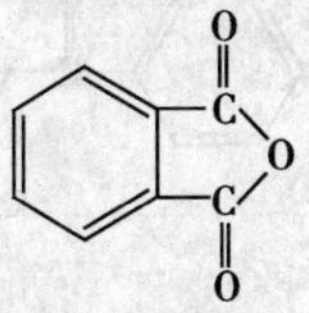

邻苯二甲酸酐

(三) 酯

酯的命名是根据相应羧酸和醇的名称而称为"某酸某醇酯",其中醇字可省略。多元醇的酯称为"某醇某酸酯"。分子内的羟基和羧基失水,形成内酯,用"内酯"二字代替"酸"字,并标明羟基的位次,如普通命名用 β , γ , δ……,国际标准命名用 2,3,4……。二元羧酸与一元醇可形成单酯(酸性酯)和双酯(中性酯)。例如:

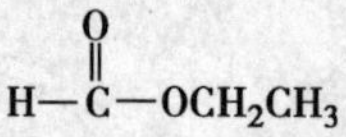

甲酸乙酯 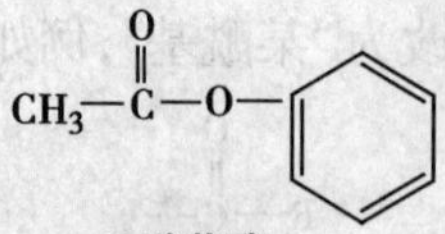　　　　乙酸苯酯 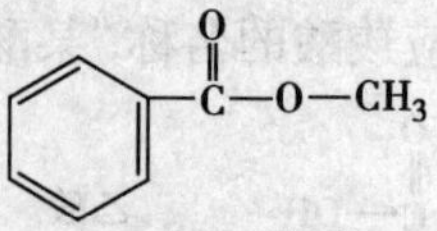　　　　　　苯甲酸甲酯 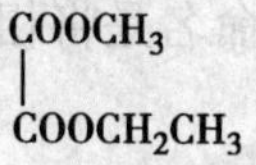　　　乙二酸甲乙酯

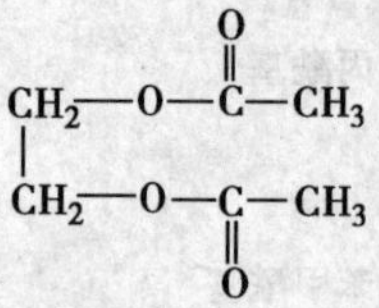

乙二醇二乙酯 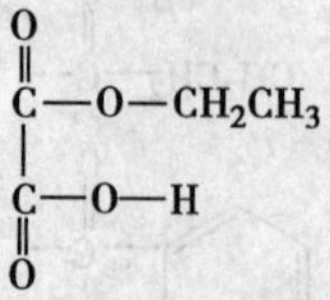　　　乙二酸氢乙酯(酸性酯) 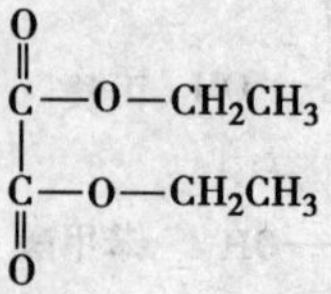　　乙二酸二乙酯(中性酯) 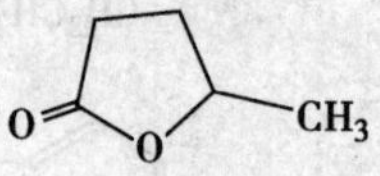　　γ-戊内酯

(四) 酰胺

　　酰胺是氮原子与酰基直接相连的化合物,酰胺的命名是把相应的羧酸名称"某酸"改称为"某酰胺"。当酰胺氮上有取代基时,在取代基名称前加 N 标出,以表示取代基连在氮原子上。例如:

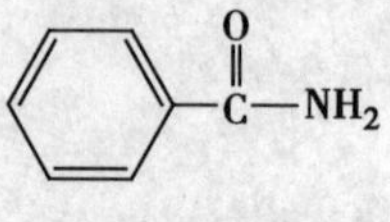

苯甲酰胺 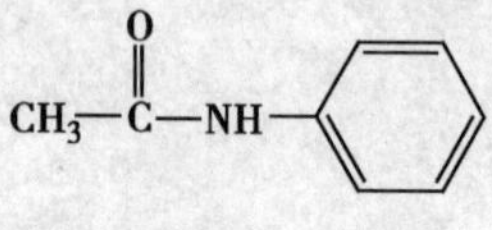　　　　乙酰苯胺 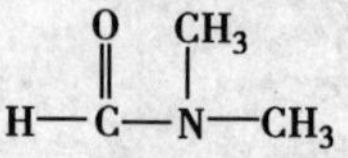　　　　　*N,N*-二甲基甲酰胺 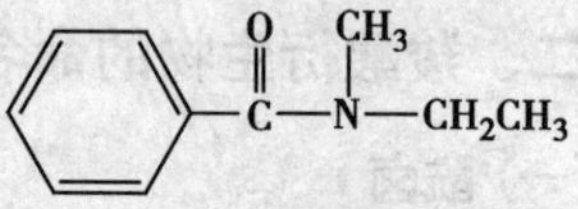　　　*N*-甲基-*N*-乙基苯甲酰胺

　　二元羧酸的二元酰基与 NH 基或取代的 NH 基相连接的环状化合物叫做酰亚胺,命名时称为"某酰亚胺"。

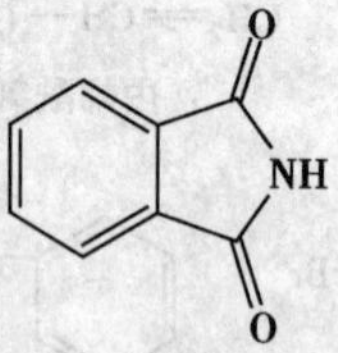

邻苯二甲酰亚胺 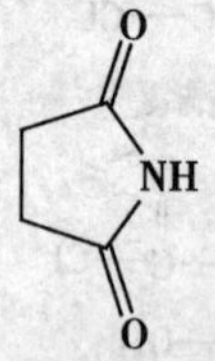　　　　　　　丁二酰亚胺

课堂练习

命名下列化合物

　　(1) ClCH₂CH₂CH(CH₃)CH₂COCl

　　(2) 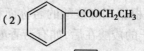　　C₆H₅—COOCH₂CH₃

　　(3)

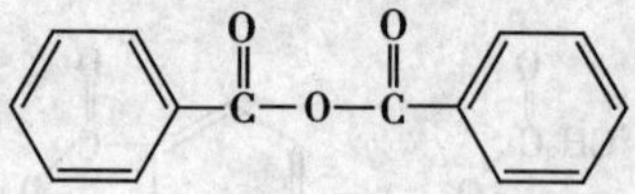

　　(4) 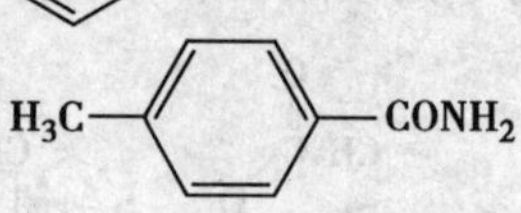 H₃C——CONH₂

第二节　羧酸衍生物的理化性质

案例

酰化反应对药物的化学修饰

　　羧苄青霉素口服效果差,若将其侧链上的羧基酯化,则对酸稳定,可供口服,吸收性也得到改善,这

就是成酯修饰。水杨酸是解热镇痛药,它的缺点是对胃肠道刺激很大,可通过酰化反应修饰成乙酰水杨酸(即阿司匹林),成为比较安全的解热镇痛药而广泛应用于临床。此外,水杨酸如修饰成水杨酸甲酯(又名冬青油),可作扭伤的外用药。经过酰化反应制备的对乙酰氨基酚、磺胺醋酰钠、磺胺嘧啶等药物,与改性前的药物相比,稳定性、脂溶性较好,易于吸收,疗效增强且延长,毒副作用降低。

如何才能将酰化反应用于药物的化学结构修饰?什么样分子结构的药物才能够通过酰化反应进行修饰呢?

一、物理性质

低级的酰卤和酸酐是有刺鼻气味的液体,高级的为固体,酰卤难溶于水,低级酰卤遇水剧烈水解,如乙酰氯在空气中即与空气中的水作用分解。酸酐溶于水,易溶于乙醚、氯仿等有机溶剂,酰氯的沸点较相应的羧酸低,酸酐的沸点较相对分子量相近的羧酸低,是因为它们分子中没有羟基,不能通过氢键缔合。

十四碳酸以下的甲酯和乙酯均为液体,高级酯为蜡状固体。低级酯是具有花果香味的无色液体,可作为香料,例如乙酸异戊酯有香蕉香味(俗称香蕉水),正戊酸异戊酯有苹果香味,苯甲酸甲酯有茉莉花香味。低级酯微溶于水,其他酯都难溶于水,易溶于有机溶剂。低级酯能溶解多种有机物,且挥发性强,便于分离,是一种良好的有机溶剂。

酰胺可以通过氨基上的氢原子形成分子间氢键而缔合,所以沸点相当高,一般是结晶性固体(N-烷基取代酰胺除外)。低级酰胺溶于水,随着相对分子质量增大,在水中溶解度降低。

二、化学性质

羧酸衍生物分子中都含有酰基,且与酰基相连的都是吸电子基团,因此它们有相似的化学性质,羧酸衍生物结构与性质之间的关系如下。

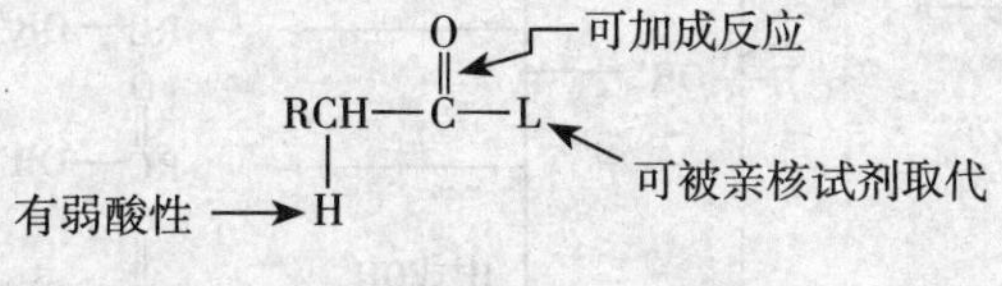

主要表现出为带正电的羰基碳易受亲核试剂的进攻,发生水解、醇解、氨解等反应。反应通式为:

酰基中的羰基可与其相连的卤素、氧或氮原子上的未用p电子对形成p-π共轭体系,还可以与卤素、氧或氮原子发生诱导效应。在酰氯分子中,由于氯的电负性较强,吸电子的诱导效应大于供电子的共轭效应,因此酰卤中的C—Cl键易断裂,化学性质活泼。酸酐、酯和酰胺分子中,氧、氮原子电负性小,共轭效应大于吸电子的诱导效应,所以反应活性都不如酰氯,其中酰胺反应最慢,酸酐和酯分子中羰基碳相连的都是氧,酸酐中与氧原子相连的是强吸电子基团羰基,而酯连接的是给电子的烷基,所以酸酐反应活性大于酯。

你问我答

许多酯类和酰胺类药物容易水解,在使用和贮存该药物时,如何控制条件防止该药物水解?

1. 水解　四种羧酸衍生物水解反应的难易程度不同,酰卤遇冷水即能迅速水解。

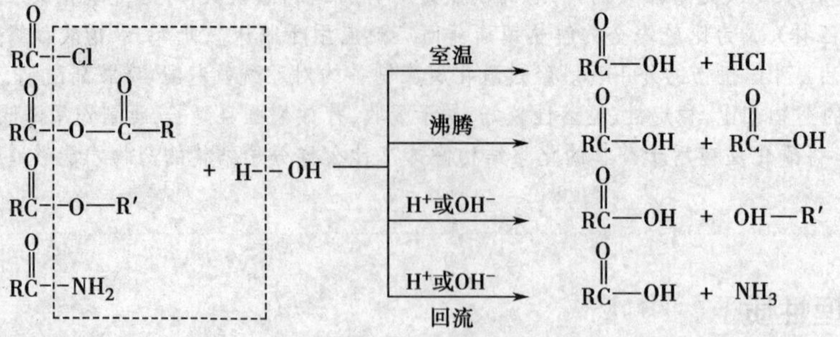

例如,乙酰氯和空气中的水可剧烈反应放出氯化氢气体。

$$CH_3COCl + H_2O \longrightarrow CH_3COOH + HCl$$

酸酐在室温下水解很慢,需加热成均相才迅速水解;酯的水解比酰氯、酸酐困难,需加热并使用酸或碱催化方可水解;在酸性或碱性溶液中酰胺均可发生水解反应,但反应条件比其他羧酸衍生物要激烈,需要强酸或强碱以及较长时间的加热回流。

羧酸衍生物进行水解反应活性顺序是:酰卤 > 酸酐 > 酯 > 酰胺。

小 贴 士

由于羧酸衍生物易水解,故在保存和使用含有这些结构的药物时应注意防止水解失效。如含有酰胺结构的青霉素、氨苄西林钠等分子中有酰胺键,易被酸、碱及酶水解,其水溶液极不稳定、不耐热,所以应在临用时配制成注射液,当日用完。

在生物体内蛋白质和多肽均含有大量酰胺键结构,生物细胞中存在多种酰胺键水解酶,这些大分子化合物在体内各种酰胺键水解酶的催化下被水解成易被吸收的小分子化合物。

2. 醇解　酰卤、酸酐、酯、酰胺与醇反应,生成相应酯的反应,称为醇解反应。

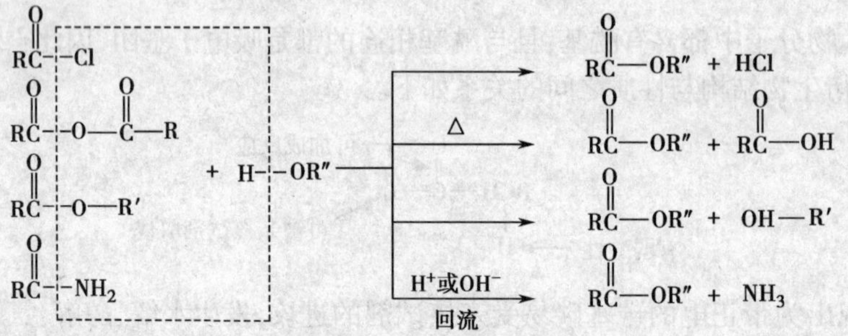

酰氯和酸酐可直接与醇反应,此法广泛用于酯类药物的合成,特别适用于制备利用普通酯化反应难以合成的酯。例如酚酯不能用羧酸与酚来制取,采用此法则比较容易。

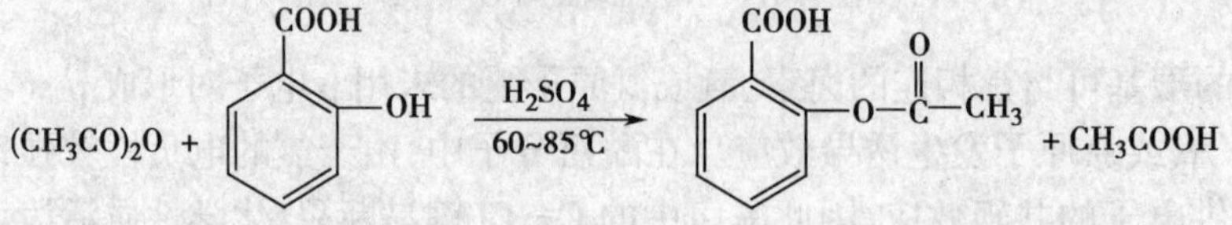

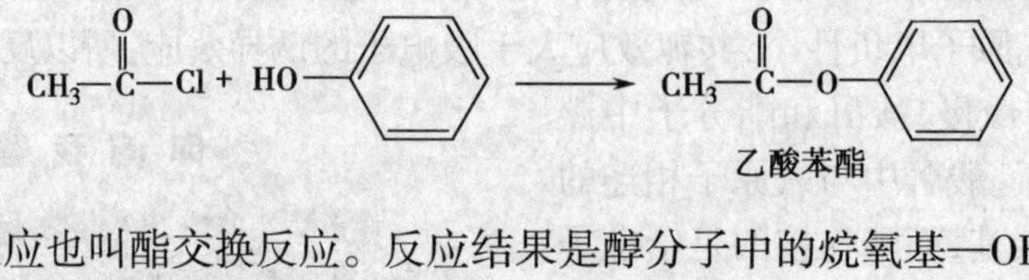

乙酸苯酯

酯的醇解反应也叫酯交换反应。反应结果是醇分子中的烷氧基—OR 取代了酯分子中的烷氧基—OR,生成了新的酯和新的醇。酯交换反应是可逆反应。例如:

$$CH_3COOC_2H_5 + C_4H_9OH \xrightleftharpoons[\triangle]{H^+或OH} CH_3COOC_4H_9 + C_2H_5OH$$

如果利用分子量大、沸点高的醇与甲酯或乙酯进行交换反应，反应后生成的甲醇、乙醇沸点低，可加热蒸馏除去，使反应进行的较为彻底，则通过酯交换反应，可以从简单酯制备结构复杂的酯，如局部麻醉药盐酸普鲁卡因的制备。

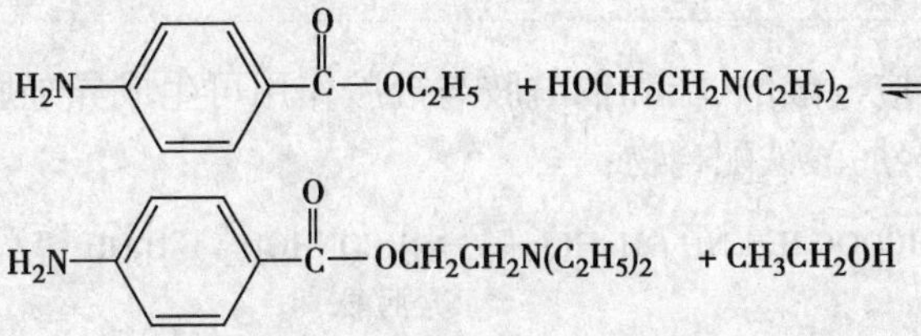

当醇与羧酸直接酯化困难时，可先把羧酸制成甲酯或乙酯，然后和复杂的醇进行酯交换反应，即可得到所需的酯，如丙烯酸丁酯的制备。

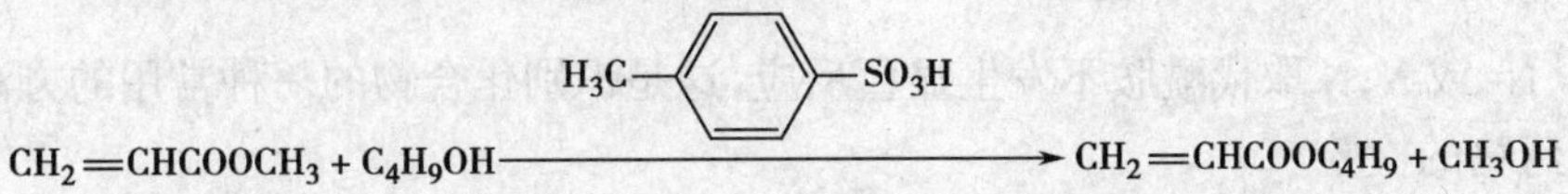

羧酸衍生物醇解反应的活性顺序与水解反应活性顺序相同。生物体内也有类似酯交换的反应。

3. 氨(胺)解　　酰卤、酸酐和酯与氨作用生成相应的酰胺。

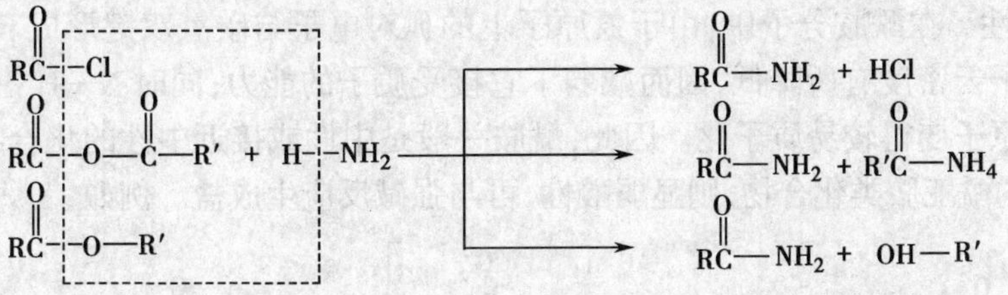

$$RCONH_2 + H_2N-R \longrightarrow RCONHR + NH_3$$

羧酸衍生物的氨解反应是制取酰胺的一条途径，常用于药物合成，例如制备解热镇痛药乙酰氨基酚(扑热息痛)。

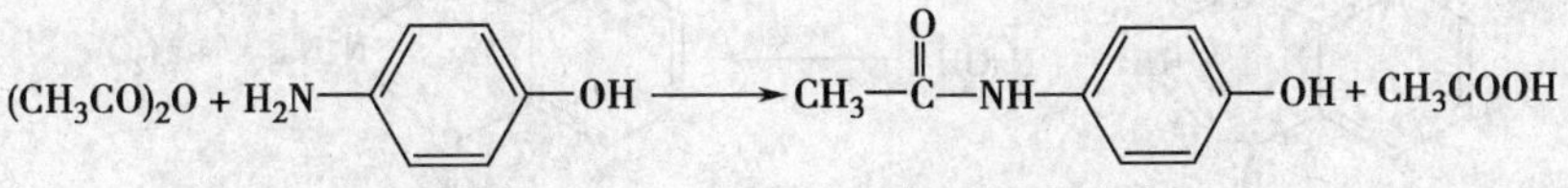

对氨基苯酚　　对乙酰氨基苯酚

水解、醇解、氨解的结果是在 HOH、HOR、HNH_2 等分子中引入酰基，因而酰氯、酸酐是常用的酰基化试剂，在有机合成和药物合成中十分重要。酯酰化能力较弱，酰胺的酰化能力最弱，一般不用作酰基化试剂。

你问我答

在升温条件下，用氨处理丁二酸酐(琥珀酸酐)生成化合物 $C_4H_5NO_2$，其结构是什么？

案例

> 凡是含有—OH、氨基、酯基的有机化合物或药物,均可以用酰氯、酸酐或酯进行酰化,从而合成出特定的有机化合物,或进行药物的化学结构修饰,酰化作用在药物合成中的应用:①增加药物的脂溶性,以改善体内吸收,延长疗效;②药物的羟基或氨基被酰化后不易代谢失活,药物的稳定性增加,作用时间延长;③引入酰基后可降低药物的毒性,减少药物的副作用。

4. 异羟肟酸铁盐反应　酸酐、酯和伯酰胺与羟胺作用可生成异羟肟酸,再与三氯化铁作用即生成红紫色的异羟肟酸铁配合物:

$$RCOOC_2H_5 + NH_2OH \cdot HCl \longrightarrow RCONHOH + C_2H_5OH$$

羟肟酸

$$RCONHOH + FeCl_3 \longrightarrow \left[R-\overset{O}{\underset{N}{C}}\overset{\diagup}{\diagdown}\overset{O}{\underset{H}{}} \right]_3 Fe + 3HCl$$
羟肟酸

红色含铁配合物

酰卤、N- 或 N,N 取代酰胺不发生显色反应,这是识别化合物的一种常用的方法,常用于含有酯基药物的检验。

羧酸衍生物除上述介绍的性质外,还可以发生还原反应、酯缩合反应等,具体内容请阅读有关资料。

三、酰胺的特性

1. 酸碱性　在酰胺分子中,由于氮原子上的孤对电子与碳氧双键形成 p-π 共轭,使氮原子上的电子云密度有所降低,因而减弱了它接受质子的能力;同时 N—H 键极性增强,与氮相连的氢原子变得较易质子化。因此,酰胺一般是中性或接近中性的化合物。而氮上连有两个酰基的酰亚胺类化合物,则显弱酸性,可与强碱反应生成盐。例如:

$$R-\overset{O}{\underset{}{C}}-L + :Nu^- \rightleftharpoons \left[R-\overset{O^-}{\underset{Nu}{\overset{|}{C}}}-L \right] \longrightarrow R-\overset{O}{\underset{}{C}}-Nu + L^-$$

羧酸衍生物　　亲核试剂　　　　　　　　　　　　　　　产物　　　离去基团

邻苯二甲酰亚胺　　+ NaOH ⟶　邻苯二甲酰亚胺钠盐　+ H_2O

2. 霍夫曼(Hofmann)降解反应　酰胺与氯或溴在碱性溶液中反应,生成比酰胺少一个碳原子的伯胺,这个反应通常称为霍夫曼降解反应。

$$R-\overset{O}{\underset{}{C}}-NH_2 + Br_2 + 4NaOH \longrightarrow R-NH_2 + 2NaBr + Na_2CO_3 + 2H_2O$$

此反应可用于制取伯胺,同时也是从碳链上减少一个碳原子的有效方法,故又称减碳反应。

3. 与亚硝酸反应　酰胺能与亚硝酸反应而释放出氮气,这是因为酰胺分子中存在着氨基,氨基可被—OH 取代。

$$R-\overset{O}{\underset{\|}{C}}-NH_2 + HNO_2(NaNO_2 + HCl) \longrightarrow R-\overset{O}{\underset{\|}{C}}-COOH + N_2 + 2H_2O$$

你 问 我 答

补充完整下列化学反应:

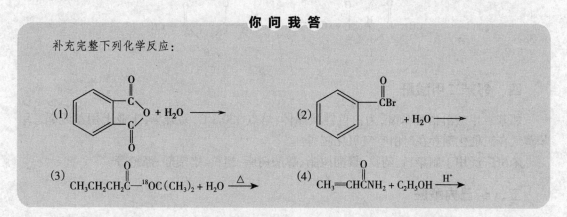

第三节　重要的羧酸衍生物及其在药学上的应用

一、乙酐

乙酐又称醋(酸)酐,是最重要的酸酐。是具有刺激气味的无色液体,沸点 140℃,微溶于水,易溶于乙醚和苯等有机溶剂。纯乙酐为中性化合物,是良好的溶剂,也是重要的乙酰化试剂,工业上大量用于制造醋酸纤维素,还用于染料、医药、香料等方面。

二、乙酰水杨酸

乙酰水杨酸,通常称为阿司匹林(aspirin),是由水杨酸(邻羟基苯甲酸)和乙酐作用制得的。乙酰水杨酸具有解热止痛作用,是被广泛用于治疗感冒的药物。

三、乙酰乙酸乙酯

乙酰乙酸乙酯俗名三乙,广泛应用于食用香精中;制药工业用于制造氨基吡啉、维生素 B 等。在常温下,乙酰乙酸乙酯的化学性质比较特殊,如与金属 Na 反应放出 H_2 生成钠盐,能使 Br_2/CCl_4 溶液反应褪色,与 $FeCl_3$ 溶液呈紫色反应,与羟胺、苯肼等生成苯腙,能与 HCN、$NaHSO_3$ 等反应。用物理和化学方法都可证明乙酰乙酸乙酯是一个酮式和烯醇式的混合物所形成的平衡体系。

$$\underset{93\%\text{酮式}}{CH_3-\overset{O}{\underset{\|}{C}}-CH_2-\overset{O}{\underset{\|}{C}}-OC_2H_5} \underset{\text{室温}}{\rightleftharpoons} \underset{7\%\text{烯醇式}}{CH_3-\overset{OH}{\underset{|}{C}}=CH-\overset{O}{\underset{\|}{C}}-OC_2H_5}$$

像乙酰乙酸乙酯这样两种或两种以上异构体相互转变,并以动态平衡同时共存的现象,成为互变异构现象。在有机化合物中,普遍存在互变异构现象。凡是具有 $-\overset{\ \ O}{\underset{\ }{CH}}-\overset{\|}{C}-$ 结构单

元的化合物都可能存在酮式和烯醇式互变异构现象,只是在不同物质的互变平衡体系中,互变异构体的相对含量不相同。

乙酰丙酮分子结构中由于也含有烯醇式结构,也存在着酮式和烯醇式的互变:

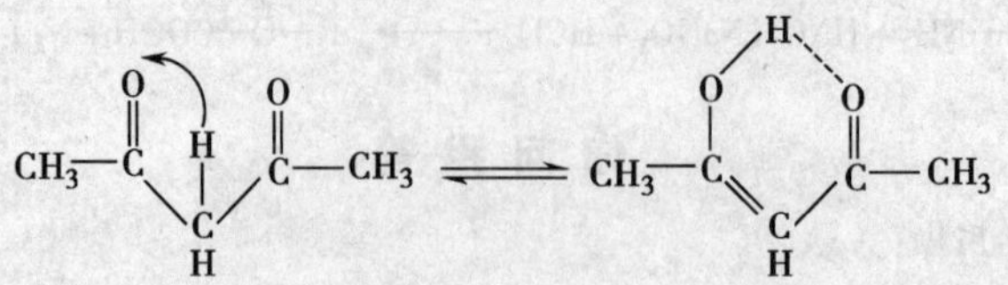

四、邻苯二甲酸酐

邻苯二甲酸酐俗称苯酐,为白色针状晶体,熔点 130.8℃,易升华,工业上用萘或邻二甲苯蒸气在钒催化剂存在时由空气氧化制得。

苯酐广泛用于制染料、药物、聚酯树脂、醇酸树脂、塑料、增塑剂、涤纶等。

五、ε- 己内酰胺

ε- 己内酰胺简称己内酰胺,工业上由环己酮肟制备。环己酮肟可由苯酚经氢化、氧化后再与羟胺作用而得,其分子结构为:

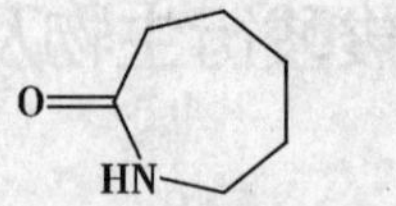

己内酰胺为白色晶体,熔点 68~70℃,溶于水和乙醇、乙醚等有机溶剂,是制造尼龙 -6 的原料。

环酰胺又称内酰胺。1939 年,Fleming A 意外地发现了青霉素这一抗菌物质。通过 Florey H 和 Chain E 的工作,其活性成分盘尼西林(penicillin)得到分离,自 1943 年开始已经大量生产并广泛应用于民间。他们三人为此出色的工作而荣获 1945 年的诺贝尔医学生理奖。盘尼西林分子结构中由一个四元环内酰胺与一个五元环的含硫杂环骈联,五元环上有一个羧基,酰胺 α- 碳上接上各种酰胺基从而形成各种盘尼西林药物。后来发展出来的头孢霉素则由 β - 内酰胺和一个六元的含硫杂环骈联而成,抗菌活性更好。据测定,它们的活性与张力较大的 β - 内酰胺存在密切相关,使细菌细胞膜上的蛋白酶失去活性。

🌱 学习小结

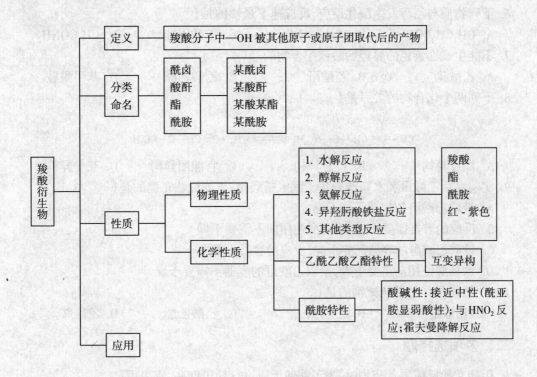

📖 自我测评

一、单项选择题

1. 下列化合物水解反应速率最大的是（　　）
   A. （CH$_3$CO)$_2$O
   B. CH$_3$COOC$_2$H$_5$
   C. CH$_3$CH$_2$CH$_2$COCl
   D. CH$_3$CH$_2$CH$_2$CONH$_2$
2. 乙酰水杨酸遇到 FeCl$_3$ 溶液则（　　）
   A. 无现象　　　　　　B. 产生沉淀　　　　C. 逸出气泡　　　　D. 显紫色
3. 乙酰水杨酸的通用名是（　　）
   A. 水杨酸　　　　　　B. 阿司匹林　　　　C. 乳酸　　　　　　D. 酒石酸
4. 乙酰水杨酸的结构是（　　）

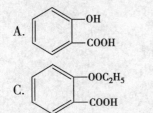

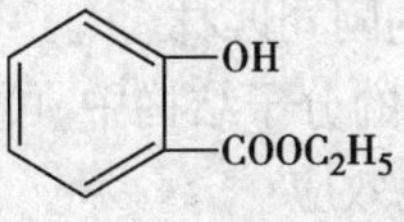

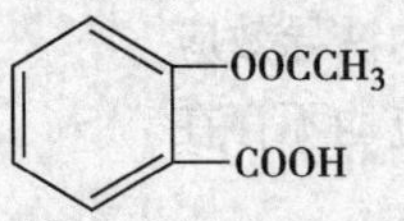

5. 下列化合物中可与 $FeCl_3$ 发生显色反应的是（　　）

 A. $CH_3COCOOC_2H_5$ B. $CH_3COCH_2COOC_2H_5$

 C. $CH_3COC(CH_3)_2COOC_2H_5$ D. CH_3COCH_3

6. 下列物质与乙醇发生酰化反应,反应速率最快的是（　　）

 A. CH_3CH_2COCl B. $(CH_3CO)_2O$ C. 丁酸甲酯   D. CH_3CONH_2

7. 不能生成红紫色的异羟肟酸铁配合物的是（　　）

 A. 乙酰氯   B. 乙酸酐   C. 乙酸乙酯   D. 苯甲酰胺

8. 下列两个化合物的关系是（　　）

$$CH_3-\overset{O}{\overset{\|}{C}}-CH_2-\overset{O}{\overset{\|}{C}}-OC_2H_5 \rightleftharpoons CH_3-\overset{OH}{\overset{|}{C}}=CH-\overset{O}{\overset{\|}{C}}-OC_2H_5$$

 A. 顺反异构   B. 位置异构   C. 官能团异构   D. 互变异构

9. 实验室用乙酸酐和水杨酸制备乙酰水杨酸时,下列说法正确的是（　　）

 A. 量取乙酸酐的容器需要干燥

 B. 反应的容器需要干燥,水杨酸使用前不需要干燥

 C. 量取乙酸酐的容器需要干燥,反应的容器不需要干燥

 D. 水杨酸使用前需要干燥,量取乙酸酐的容器不需要干燥

10. 一般不用作酰基化试剂的是（　　）

 A. 乙酸酐   B. 乙酰氯   C. 乙酸乙酯   D. 乙酰胺

二、多项选择题

1. 用酯交换反应制备药物时,为了能使反应进行地更彻底,宜采用（　　）

 A. 分子量大、沸点高的醇与甲酯或乙酯进行交换反应

 B. 分子结构简单的酯制备结构复杂的酯

 C. 加热蒸馏法除去反应后生成的甲醇、乙醇

 D. 适当的催化剂

 E. 甲醇或乙醇与酯进行交换反应

2. 酚酯可以用下列哪些方法制备（　　）

 A. 酯化反应   B. 酸酐作为酰化试剂

 C. 酰氯作为酰化试剂   D. 氨解反应

 E. 酯交换反应

3. 能溶于水的有机物是（　　）

 A. 乙酸乙酯 B. 乙酰胺   C. 乙醛   D. 乙酸   E. 硝基苯

4. 与 $FeCl_3$ 溶液呈紫色反应的有（　　）

 A. 苯酚   B. 水杨酸   C. 乙酰乙酸乙酯

 D. 新制备的阿司匹林   E. 苯甲醇

5. 羧酸衍生物的分子结构中,可能存在的电子效应有（　　）

 A. p-π 共轭效应   B. 吸电子的诱导效应

 C. 供电子的诱导效应   D. π-π 共轭效应

 E. 上述效应均不存在

三、命名下列化合物

1.

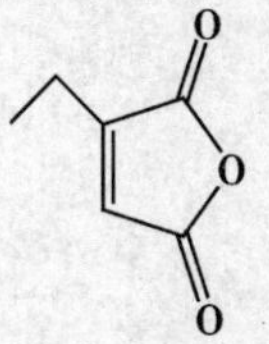

2. 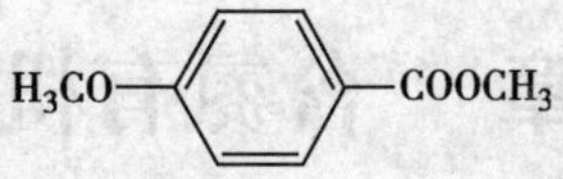 H_3CO—⟨苯环⟩—$COOCH_3$

3. $CH_3CH_2COCH_2CONH_2$

4.

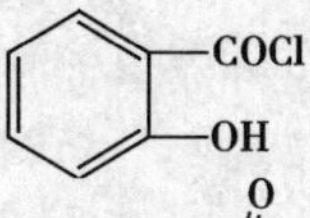

5.

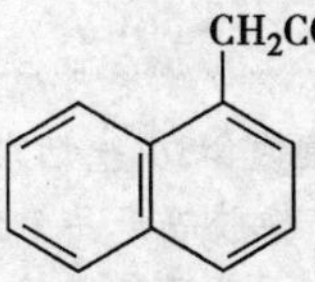

6.

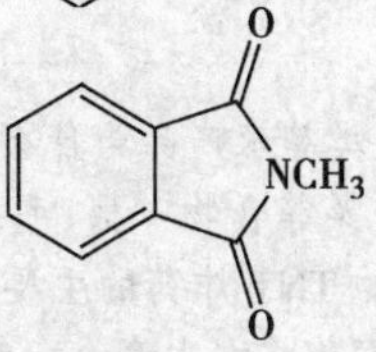

7. $CH_3CH{=}CHCOCl$

8.

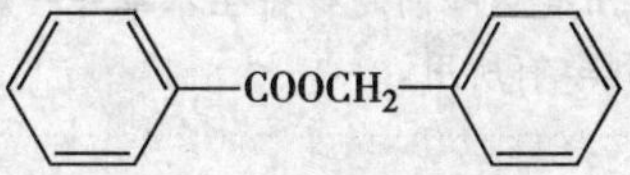

四、完成下列反应

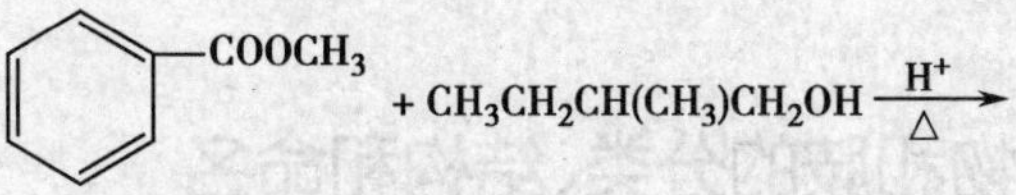

1. 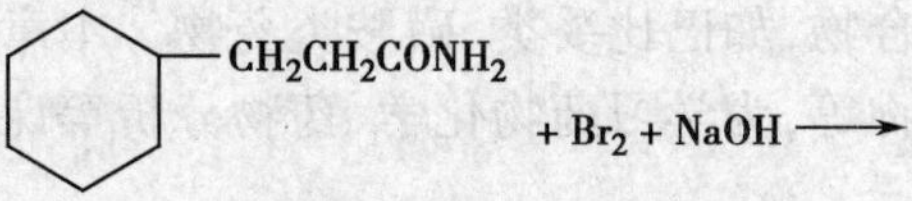 $+ Br_2 + NaOH \longrightarrow$

2. $+ CH_3CH_2CH(CH_3)CH_2OH \xrightarrow[\triangle]{H^+}$

3. $+ CH_3OH \xrightarrow{H^+}$

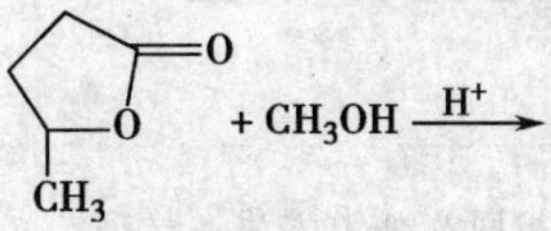

4. 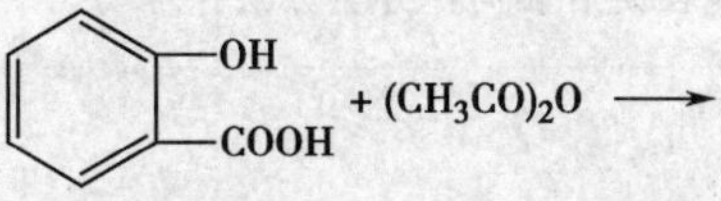 $+ (CH_3CO)_2O \longrightarrow$

五、用化学方法区别下列各组化合物

1. 丁酮、丁酸乙酯
2. 乙酸苯酯、邻羟基苯甲酸乙酯、邻甲氧基苯甲酰胺

六、推断结构

某化合物分子式为 $C_7H_6O_3$，能溶于氢氧化钠或碳酸氢钠溶液，与 $FeCl_3$ 能发生颜色反应，与乙酸酐作用生成 $C_9H_8O_4$，与甲醇作用生成香气物质 $C_8H_8O_3$。将 $C_8H_8O_3$ 硝化，可得两种一元硝基化合物。试推测该化合物的结构。

七、团队练习题

在苯甲酸乙酯的对位引入氨基和硝基，有什么样的电子效应？哪种物质更难水解？哪种物质适合作局部麻醉药？

（李国喜）

第十二章　含氮有机化合物

学习导航

　　同学们,你知道鱼类等水产品为什么会有腥臭味吗? 为什么我们要提倡健康饮食,少吃烟熏鱼、腌制鱼、腊肉、火腿、腌酸菜等食物? 棉、毛、丝、麻织品以及塑料、印刷、食品、皮革、橡胶等产品为什么会五颜六色? 大家熟知的 TNT 炸药的主要成分是什么? 许多临床上有效的药物如对乙酰氨基酚是怎样合成的? 所有这些问题都将在本章——解答,请同学们在学习过程中多与你知道的药物和生活常识相联系,做到学有所用。

　　分子中含有碳氮键的有机化合物,统称为含氮有机化合物,主要包括硝基化合物、胺、重氮化合物和偶氮化合物等。含氮有机化合物是合成药物、农药及高分子化合物的重要原料。临床上的许多药物都是含氮化合物,如巴比妥类、磺胺类药物。本章主要介绍硝基化合物、胺、重氮化合物和偶氮化合物等,为学习药物化学、药物分析等课程奠定基础。

第一节　硝基化合物和胺的分类、结构和命名

问　题

　　大家知道,硝基化合物和胺都是含氮化合物,它们的官能团是否相同? 分类方法一样吗?

一、硝基化合物和胺的结构、分类

(一) 硝基化合物的结构、分类

　　分子中含有硝基($-NO_2$)官能团的化合物叫做硝基化合物。硝基化合物的官能团是硝基,从结构上可以看作是烃分子中的氢原子被硝基取代后所形成的化合物。

　　1. 根据分子中烃基的种类不同　硝基化合物可分为脂肪族硝基化合物和芳香族硝基化合物。

　　脂肪族硝基化合物,通式为 $R-NO_2$,例如:

$$CH_3-NO_2 \qquad\qquad CH_3CH_2CH_2-NO_2$$
$$\text{硝基甲烷} \qquad\qquad\qquad \text{硝基丙烷}$$

　　芳香族硝基化合物,通式为 $Ar-NO_2$,例如:

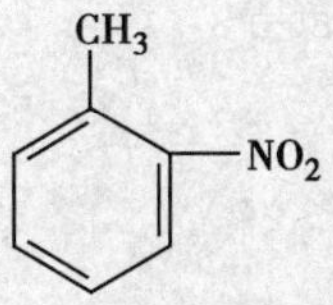

2-硝基甲苯 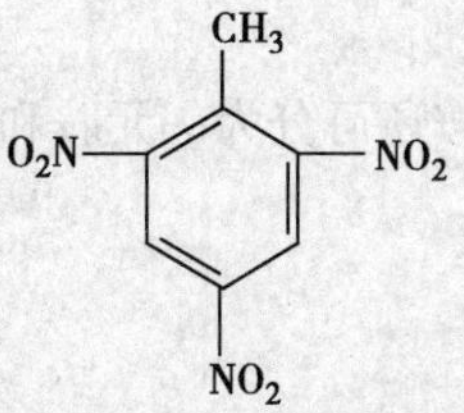　　　2,4,6-三硝基甲苯 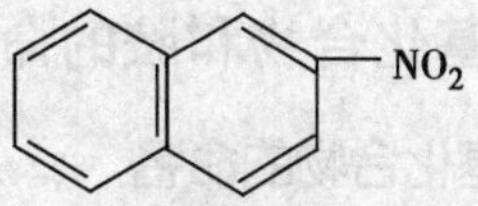　　　2-硝基萘

2. 根据分子中硝基的数目不同　硝基化合物可分为一元硝基化合物、二元硝基化合物和多元硝基化合物。

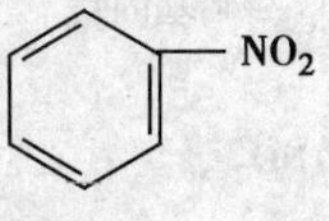

硝基苯 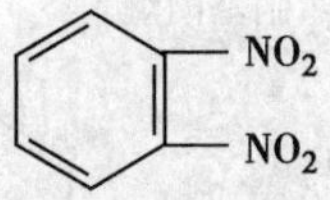　　　邻二硝基苯 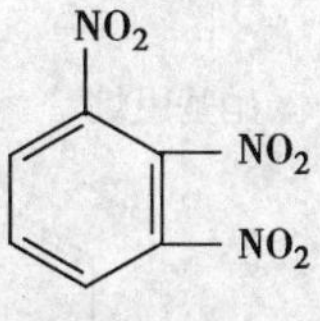　　　1,2,3-三硝基苯

(二) 胺的结构、分类

胺与氨的结构相似,可以看作是氨的烃基衍生物,即氨分子中的氢原子被一个或几个烃基取代而生成的化合物。

1. 根据分子中氮原子所连烃基种类不同　胺可分为脂肪胺和芳香胺:氮原子与脂肪烃基相连称为脂肪胺;氮原子直接与芳香环相连称为芳香胺。

脂肪胺　$CH_3—NH_2$　　芳香胺 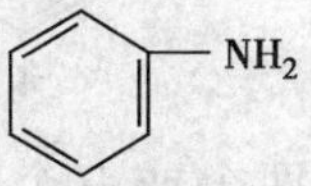　

2. 根据胺分子中与氮原子相连的烃基数目不同　胺可分为伯胺(1°胺)、仲胺(2°胺)、叔胺(3°胺)。

伯胺:氮原子与 1 个烃基相连,通式为 $R—NH_2$,官能团为氨基($—NH_2$)。

仲胺:氮原子与 2 个烃基相连,通式为 $R—NH—R'$,官能团为亚氨基($—NH—$)。

叔胺:氮原子与 3 个烃基相连,通式为 $R—\underset{\underset{R''}{|}}{\overset{\overset{R'}{|}}{N}}$,官能团为次氨基或叔氮原子$\left(—\overset{|}{\underset{|}{N}}—\right)$。

应该注意到,将胺分为伯、仲、叔胺和将醇分为伯、仲、叔醇的分类依据是不同的。伯、仲、叔醇是指它们的羟基分别与伯、仲、叔碳原子相连接,而伯、仲、叔胺是根据氮原子所连接的烃基数目确定的。如叔丁醇和叔丁胺,两者均有叔丁基,但前者是叔醇,后者是伯胺。

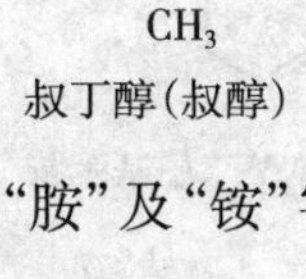

叔丁醇(叔醇) 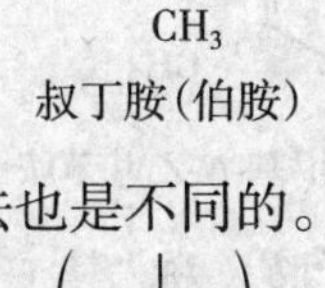　　　叔丁胺(伯胺)

还应该注意到,"氨"、"胺"及"铵"字的用法也是不同的。"氨"用来表示氨的基团,如气态氨或氨基($—NH_2$)、亚氨基($—NH—$)、次氨基$\left(—\overset{|}{\underset{|}{N}}—\right)$等;"胺"用来表示氨的烃基衍生物,如甲胺($CH_3NH_2$);而"铵"是用来表示 NH_4^+ 或其中的氢原子被烃基取代后的产物,如

卤化铵、季铵盐、季铵碱。

3. 根据分子中氨基的数目不同　胺还可分为一元胺和多元胺等。

二、硝基化合物和胺的命名

(一) 硝基化合物的命名

硝基化合物的命名与卤代烃相似。以烃为母体,把硝基作为取代基,称为硝基某烷。如:

$$CH_3NO_2 \qquad CH_3CH_2CH_2NO_2 \qquad CH_3CHCH_3$$
$$\qquad\qquad\qquad\qquad\qquad\qquad\qquad | $$
$$\qquad\qquad\qquad\qquad\qquad\qquad\qquad NO_2$$

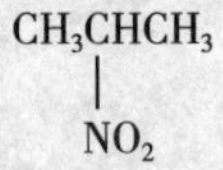

硝基甲烷　　　　　　硝基丙烷　　　　　　2- 硝基丙烷

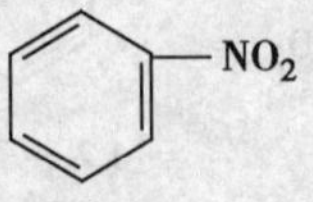

硝基苯 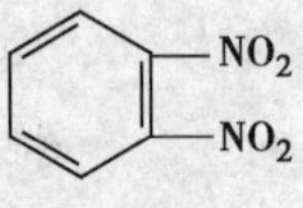　　　　　　　　邻二硝基苯

(二) 胺的命名

1. 简单的胺　命名时,以胺为母体,烃基作为取代基称为"某胺"。如:

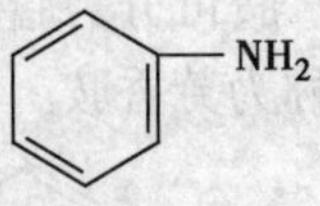

苯胺　　　　　　　　甲胺

$$CH_3 — NH_2$$

2. 氮原子上连有两个或三个相同烃基的胺　在"胺"字前加上烃基的名称和数目。如:

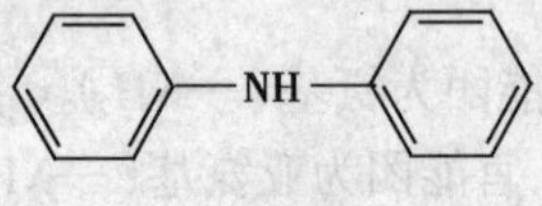

二苯胺　　　　　　　二乙胺　　　　　　　三甲胺

$$CH_3CH_2 — NH — CH_2CH_3$$

$$CH_3 — N — CH_3$$
$$\qquad | $$
$$\qquad CH_3$$

如果所连烃基不同,则把简单的烃基名称写在前面。如:

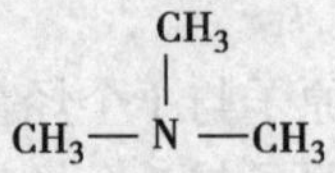

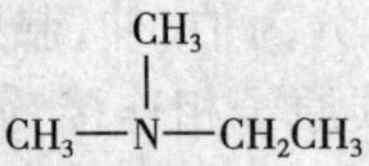

$$CH_3 — N — CH_2CH_3$$
$$\qquad | $$
$$\qquad CH_3$$

二甲乙胺 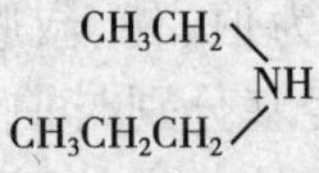　　　　　　乙丙胺

3. 芳香胺的氮原子上连有烃基时　以芳香胺为母体,在脂肪烃基的前面加上字母"*N*",表示该脂肪烃基直接连接在氮原子上。如:

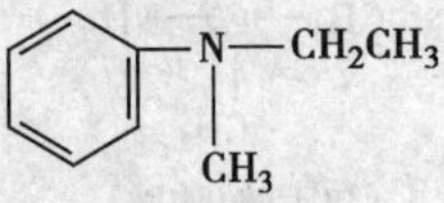

$$—N—CH_2CH_3$$
$$\quad | $$
$$\quad CH_3$$

N-甲基-*N*-乙基苯胺 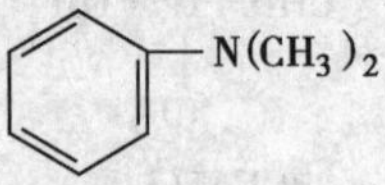　　　　　*N,N*-二甲基苯胺

4. 含有两个氨基的二元胺　称"某二胺",如:

$$H_2NCH_2CH_2NH_2 \qquad H_2N(CH_2)_4NH_2$$

乙二胺 　　　　　1,4-丁二胺

5. 复杂胺的命名　以烃基作为母体,氨基作为取代基。如:

$$\underset{\underset{CH_3}{|}}{CH_3CHCH_2}\underset{\underset{NH_2}{|}}{CHCH_3}$$

2-甲基-4-氨基戊烷

6. 季铵盐和季铵碱的命名　其原则与"铵盐"和"碱"的命名相同。命名季铵盐时,将负离子和烃基名称放在"铵"字之前。如:

$$(CH_3)_4N^+Cl^- \qquad [(CH_3)_3N^+(C_2H_5)]Br^-$$

氯化四甲铵 　　　　　溴化三甲基乙基铵

季铵碱的名称与季铵盐相似。如:

$$(CH_3CH_2)_4N^+OH^- \qquad [HO\!-\!CH_2CH_2\!-\!N(CH_3)_3]^+OH^-$$

氢氧化四乙铵 　　　　氢氧化三甲基-2-羟基乙铵(胆碱)

你 问 我 答

用系统命名法命名下列化合物,并指明各属于哪一类胺?

第二节　硝基化合物的性质

 案 例

小李是一名农民工,身体健康,跟同乡到城里打工。由于没有技术特长,很难找到工作。后来在擦鞋店找到一份工作,非常高兴。可是工作一段时间后,出现了头晕、耳鸣、全身无力等症状。

这是什么原因引起的? 采取什么措施可避免此现象的产生?

一、物理性质

因为硝基具有强极性,所以硝基化合物是极性分子,有较高的沸点和密度。脂肪族硝基化合物多数是油状液体,芳香族硝基化合物除了硝基苯是高沸点液体外,其余多是淡黄色固体。有苦杏仁气味,味苦。不溶于水,溶于有机溶剂和浓硫酸。多数硝基化合物有毒,它的蒸气能透过皮肤被机体吸收而导致中毒,无论吸入或皮肤接触都能引起肝肾和中枢神经及血液中毒,因此,在使用时应注意防护,生产上应尽可能不用它作溶剂。

随着分子中硝基数目的增加,其熔点、沸点和密度增大,苦味增加,对热稳定性降低,有些是制作炸药的原料,受热易分解爆炸(如 TNT 是强烈的炸药)。

案例分析

鞋油中含有硝基苯。硝基苯毒性较强,吸入大量蒸气或皮肤大量沾染,能引起急性中毒。正常情况下,血红蛋白与氧气结合成氧合血红蛋白(铁为二价)并随血液流到各个组织,将氧放出,以供人体物质氧化。放出氧后的血红蛋白,回到肺部再继续输送氧气。硝基苯的氧化作用可使血红蛋白变成高铁血红蛋白,大大阻止了血红蛋白输送氧的作用,从而引发中毒。小李是由于长期接触硝基苯引发的中毒。专家提示:擦鞋时可不用鞋油,用棉布蘸橄榄油,再加几滴柠檬汁,涂抹在鞋子上,几分钟后擦干净即可。

二、化学性质

硝基化合物的化学性质主要与硝基有关。

（一）酸性

硝基为强吸电子基，能使 α-H 原子活性增强，所以有 α-H 的硝基化合物能产生假酸式 - 酸式互变异构，从而具有一定的酸性。

例如硝基甲烷、硝基乙烷、2- 硝基丙烷的 pK_a 值分别为：10.2、8.5、7.8。可与氢氧化钠作用生成钠盐而溶于水，钠盐酸化后，又可重新生成硝基化合物。例如：

$$R-CH_2-N\overset{O}{\underset{O}{\Big\langle}} \rightleftharpoons R-CH=N\overset{OH}{\underset{O}{\Big\langle}} \underset{HCl}{\overset{NaOH}{\rightleftharpoons}} R-CH=N\overset{O^-Na^+}{\underset{O}{\Big\langle}}$$

硝基式　　　　　　　假酸式　　　　　　　钠盐

无 α-H 的硝基化合物则不溶于氢氧化钠溶液，这个性质可用于上述两种结构化合物的分离。

（二）还原反应

硝基化合物容易被还原，在不同条件下还原得到不同的产物。

1. 脂肪族硝基化合物在强还原条件下还原产物是 1° 胺。

$$R-NO_2 \xrightarrow{LiAlH_4} R-NH_2+2H_2O$$

2. 芳香族硝基化合物在酸性条件下还原，产物也是 1° 胺。

硝基苯　　　　　　　　　　　　　　　　　苯胺

若在碱性条件下还原，则生成偶氮化合物。

偶氮苯

（三）硝基对苯环上其他基团的影响

硝基同苯环相连后，对苯环呈现出强的吸电子诱导效应和吸电子共轭效应，使苯环上的电子云密度大为降低，亲电取代反应变得困难，但硝基可使邻位基团的反应活性（亲核取代）增加。

1. 使卤苯易水解、氨解、烷基化　氯苯分子中的氯原子并不活泼，将氯苯与氢氧化钠溶液共热到 200℃，也不能水解生成苯酚。若在氯苯的邻位或对位有硝基时，氯原子就比较活泼。邻硝基氯苯与碳酸氢钠共热到 130℃左右，就能水解生成相应的硝基苯酚。如果邻、对位上硝基数目越多，氯原子就更

小 贴 士

TNT 炸药

三硝基甲苯，又名 TNT，是一种威力很强而又相当安全的炸药，即使被子弹击穿一般也不会燃烧和起爆。它在 20 世纪初开始广泛用于装填各种弹药和进行爆炸。

人长期暴露于有三硝基甲苯的环境中，会增加患贫血症和肝功能不正常的几率。注射或吸入了三硝基甲苯的动物亦发现其可影响血液和肝脏、引起脾脏大及破坏其他有关的免疫系统，TNT 炸药对生殖功能亦有不良影响。TNT 炸药被列为一种可能致癌物，进食 TNT 炸药会使尿液变黑，能引起急性或慢性中毒，例如白内障、中毒性肝炎等。

活泼。例如:2,4-二硝基氯苯与碳酸氢钠共热到 100℃左右,就能水解生成相应的硝基苯酚;
2,4,6-三硝基氯苯与碳酸氢钠共热到 35℃左右,就能水解生成相应的硝基苯酚。

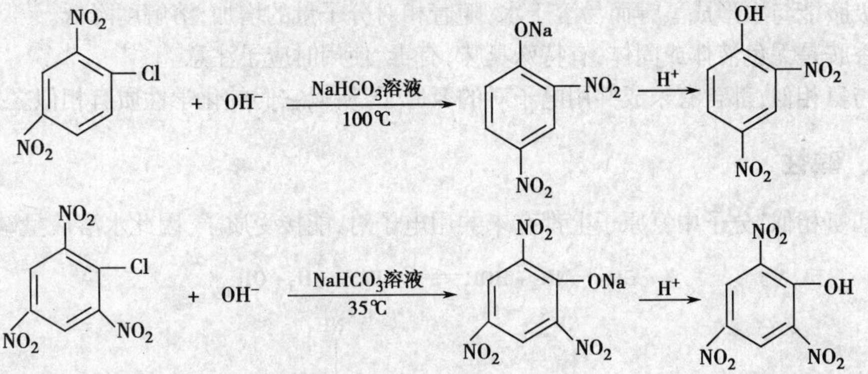

卤素直接连接在苯环上很难被氨基、烷氧基取代,当苯环上有硝基存在时,则卤代苯的
氨化、烷基化在没有催化剂的条件下即可发生。

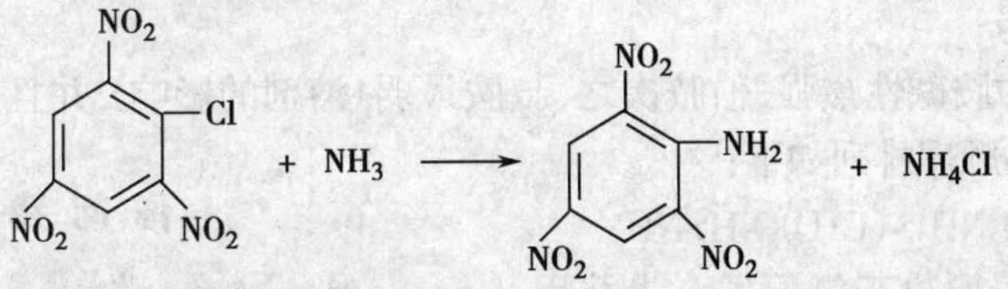

2. 使酚的酸性增强　苯酚的酸性比碳酸还弱,它呈弱酸性。在苯环上引入硝基时,
能增强酚的酸性。苯环上的硝基数目越多,则对苯环上羟基或羧基的酸性影响越大。例
如:2,4,6-三硝基苯酚的酸性已接近无机强酸。

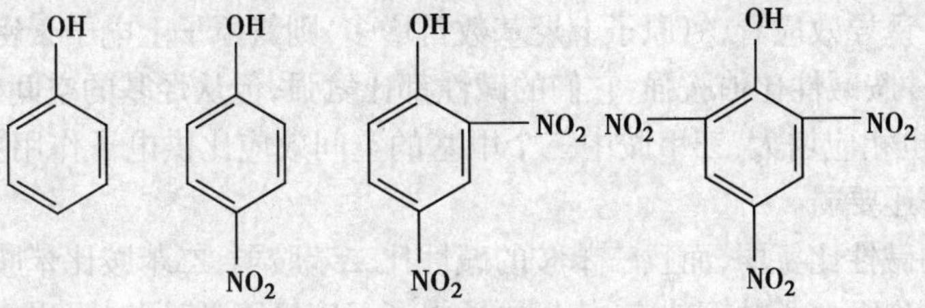

| pK_a | 9.89 | 7.15 | 4.09 | 0.38 |

第三节　胺的性质

案　例

　　磺胺类药物呈碱性,忌与酸性药物(如维生素 C、氯化钙等)配伍,因为易析出磺胺晶体,但可以给
予等量碳酸氢钠,并给足饮水使尿液保持碱性,以增加磺胺药的溶解度,预防和减轻磺胺药的不良反
应;另外也可补加肠道维生素 K、维生素 B,抵消药物对肠道的影响。

　　脂肪胺中甲胺、二甲胺、三甲胺等在常温下是气体,其他低级胺是液体,能溶于水,高级
胺是固体。低级胺有氨的刺激性气味及腥臭味,高级胺为无臭固体,不溶于水。芳香胺是无
色液体或固体,有特殊臭味,有毒,不仅其蒸气可吸入人体,液体也能透过皮肤而被吸收,使
用时应注意。

胺和氨一样是极性分子,伯胺、仲胺分子间都可形成分子间氢键,沸点比分子量相近的烷烃高,比相应的醇和羧酸低。

低级胺能与水形成氢键而易溶于水,随着相对分子量的增加,溶解度降低。

芳香胺是无色液体或固体,有特殊臭味,有毒,使用时应予注意。

胺与氨相似,都含有未成共用电子对的氮原子,所以它们的化学性质有相似之处。

一、碱性

胺和氨相似,分子中氮原子上都有未共用电子对,能接受质子,因此水溶液呈碱性。

$$CH_3-NH_2 + HOH \rightleftharpoons CH_3-\overset{+}{N}H_3 + OH^-$$

(一)碱性强弱

脂肪族胺中仲胺碱性最强,伯胺次之,叔胺最弱(溶剂的影响),并且它们的碱性都比氨强。其碱性按大小顺序排列如下:

$$(CH_3)_2NH > CH_3NH_2 > (CH_3)_3NH > NH_3$$

胺的碱性强弱取决于氮原子上未共用电子对和质子结合的难易,而氮原子接受质子的能力,又与氮原子上电子云密度大小以

> **你 问 我 答**
>
> 写出下列化合物结构式并按碱性强弱排列:
> 二苯胺、氨、丙胺、三丙胺、二丙胺、苯胺

及氮原子上所连基团的空间位阻有关。脂肪族胺的氨基氮原子上所连接的基团是脂肪族烃基。从供电子诱导效应看,氮原子上烃基数目增多,则氮原子上电子云密度增大,碱性增强。因此,脂肪族仲胺碱性比伯胺强,它们的碱性都比氨强,但从烃基的空间效应看,烃基数目增多,空间位阻也相应增大,三甲胺中三个甲基的空间效应比供电子作用更显著,所以三甲胺的碱性比甲胺还要弱。

芳香胺的碱性比氨弱,而且三苯胺的碱性比二苯胺弱,二苯胺比苯胺弱。这是由于苯环与氮原子核发生吸电子共轭效应,使氮原子电子云密度降低,同时阻碍氮原子接受质子的空间效应增大,而且这两种作用都随着氮原子上所连接的苯环数目增加而增大。因此芳香胺的碱性是:

$$NH_3 > 苯胺 > 二苯胺 > 三苯胺$$

(二)成盐反应

胺有碱性,能与强酸成盐。

$$CH_3-NH_2 + HCl \longrightarrow CH_3-\overset{+}{N}H_3Cl^-$$

甲胺 　　　　　氯化甲铵(盐酸甲胺或甲胺盐酸盐)

苯胺　　　　　　　　氯化苯胺（盐酸苯胺或苯胺盐酸盐）

胺与酸形成的盐一般都是具有一定熔点的结晶性固体,易溶于水而不溶于非极性溶剂,

其水溶液呈酸性。由于胺属于弱碱,一般只能与强酸形成稳定的盐,因此该盐溶液中加入强碱,胺又能游离出来。这一性质常用于胺的鉴别、分离和提纯。

$$CH_3 — NH_3^+Cl^- + NaOH \longrightarrow CH_3 — NH_2 + NaCl + H_2O$$

二、酰化反应和磺酰化反应

(一) 酰化反应

伯胺或仲胺均能跟酰氯(RCOCl)或酸酐作用生成酰胺,此反应称为酰化反应。反应时,氨基氮原子上的氢原子被酰基取代,使胺分子中引入一个酰基,生成酰胺。叔胺因氮上无氢原子,不能发生此类反应。RCOX、(RCO)$_2$O、RCOOR′ 都可作为酰化剂。

$$RNH_2 \xrightarrow[\text{或 (R'CO)}_2O]{R'COCl} RNHCOR'$$
$$(Ar)$$

$$R_2NH \xrightarrow{R'COCl} R_2NCOR'$$

$$R_3N \xrightarrow[\text{或 (R'CO)}_2O]{R'COCl} 不反应$$

芳胺也容易与酸酐或酰氯作用,生成酰胺。

苯胺　　　　　乙酰氯　　　　　乙酰苯胺

大多数胺是液体,经酰化后生成的酰胺是具有一定熔点的固体,而且比较稳定,在强酸或强碱的水溶液中加热易水解生成原来的胺。因此酰化反应常用于胺类的分离、提纯和鉴定。另外,此反应在有机合成上还常用来保护芳环上活泼的氨基(先把芳胺酰化,把氨基保护起来,再进行其他反应,然后使酰胺水解再变为胺)。

(二) 磺酰化反应

胺与磺酰化试剂反应生成磺酰胺的反应叫做磺酰化反应。常用的磺酰化试剂是苯磺酰氯和对甲基苯磺酰氯:

苯磺酰氯　　　　　对甲基苯磺酰氯 (TsCl)

小 贴 士

麻醉药普鲁卡因

在制药过程中,常常把难溶于水的含有氨基、亚氨基或次氨基的药物变成可溶性的盐,以供药用。例如,局部麻醉药普鲁卡因,在水中的溶解度小,所以把它制成普鲁卡因盐酸盐,易溶于水,便于制成注射液。

$$H_2N \text{——} \bigcirc \text{——} COOCH_2CH_2N·HCl$$

普鲁卡因盐酸盐(盐酸普鲁卡因)

小 贴 士

酰化反应在制药工业上的应用

1875 年研究人员发现苯胺有很强的解热作用,但对中枢神经系统毒性大,无药用价值。后来研究发现,将对氨基酚分子中引入酰基制得的对乙酰氨基酚有很好的解热镇痛作用。酰化反应应用于药物的合成和结构修饰,可降低毒性,提高药效。

苯磺酰氯可与伯胺、仲胺发生苯磺酰化反应,叔胺因氮上无氢原子而不反应。

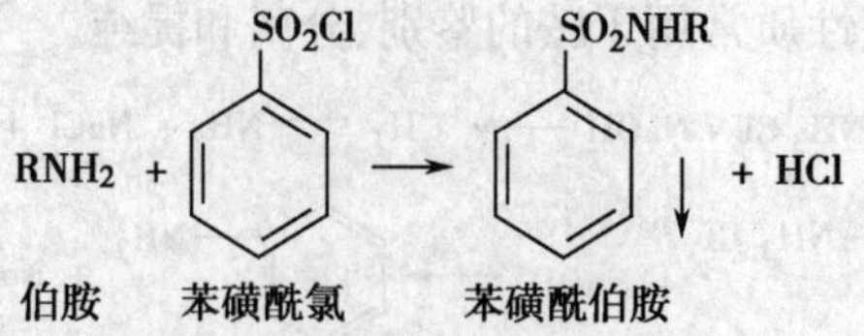

RNH₂ + (苯磺酰氯 SO₂Cl) ⟶ (苯磺酰伯胺 SO₂NHR) ↓ + HCl

伯胺　　苯磺酰氯　　　苯磺酰伯胺

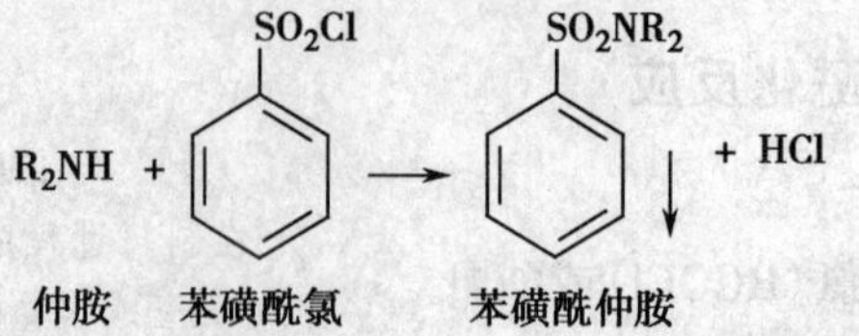

R₂NH + (苯磺酰氯 SO₂Cl) ⟶ (苯磺酰仲胺 SO₂NR₂) ↓ + HCl

仲胺　　苯磺酰氯　　　苯磺酰仲胺

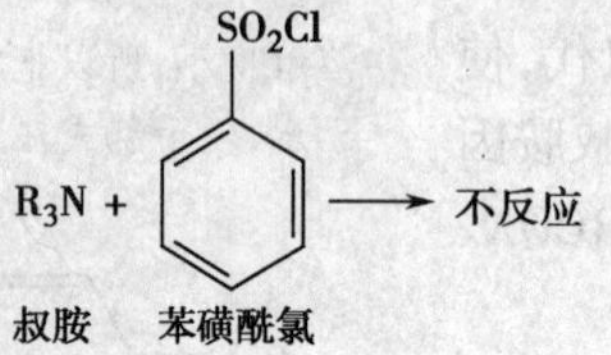

R₃N + (苯磺酰氯 SO₂Cl) ⟶ 不反应

叔胺　　苯磺酰氯

知识拓展

鉴别和分离伯胺、仲胺、叔胺方法:分别向三种胺溶液中滴加几滴 NaOH 溶液,分别加入苯磺酰氯 1~2ml,振荡,有沉淀生成的是仲胺。再分别向另外两支试管中加入盐酸酸化,有沉淀生成的是伯胺,叔胺始终无变化。

这个反应须在碱性介质中进行,反应生成的苯磺酰伯胺,因其氮原子上还有一个氢原子,受苯磺酰基的强吸电子诱导效应的影响显示弱酸性,可在反应体系的碱性溶液中生成盐而溶解。仲胺生成的苯磺酰胺,由于氮原子上没有氢原子,所以不能溶于碱性溶液而成固体析出。叔胺不发生反应。利用这些性质可以鉴别和分离三种胺类,称为兴斯堡反应。

三、与亚硝酸的反应

胺可与亚硝酸反应,不同的胺各有不同的反应产物和现象。

由于亚硝酸不稳定,在反应中实际使用的是亚硝酸钠与盐酸的混合物。

(一) 伯胺

脂肪伯胺与亚硝酸反应能定量地放出氮气,可用于脂肪胺和其他有机化合物中氨基的测定。

$$RNH_2 + HNO_2 \longrightarrow ROH + N_2\uparrow + H_2O$$

芳香伯胺与亚硝酸在过量无机酸和低温下反应,生成芳香重氮盐,这个反应称为重氮化反应。

$$ArNH_2 \xrightarrow{NaNO_2 + HX} ArN_2^+X^- + NaX + H_2O$$

重氮盐

重氮盐不稳定,温度升高,重氮盐即分解出氮气,其结果与脂肪伯胺相似,但脂肪伯胺即使在0℃也能放出氮气,可以鉴别芳香伯胺与脂肪伯胺。

$$\overset{+}{ArN_2}X^- + H_2O \overset{\triangle}{\longrightarrow} ArOH + N_2\uparrow + H_2O$$

（二）仲胺

脂肪或芳香仲胺与亚硝酸作用都生成 N- 亚硝基胺。例如：

$$(CH_3)_2NH + HNO_2 \longrightarrow (CH_3)_2N—NO + H_2O$$

N- 亚硝基二甲胺（黄色油状液体）

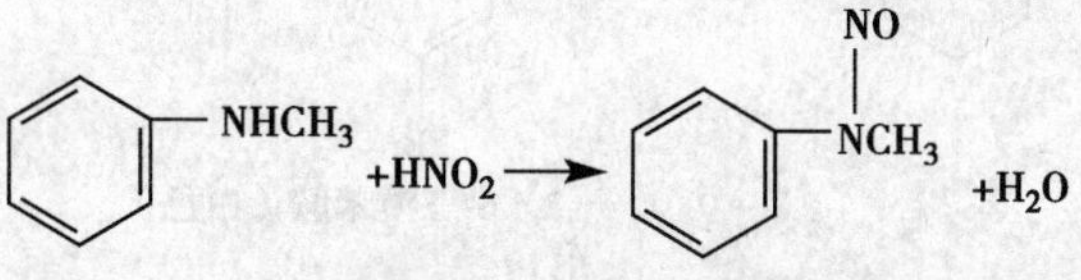

N-亚硝基-N-甲基苯胺（棕黄色固体）

N- 亚硝基胺与稀盐酸共热时，则水解而成原来的仲胺，可用来分离和提纯仲胺。

（三）叔胺

脂肪叔胺因氮上无氢原子，一般无上述类似的反应。虽然在低温时能与亚硝酸生成盐，但是这个盐不稳定，很容易水解，加碱后可重新得到游离的叔胺。

$$(CH_3)_3N + HNO_2 \longrightarrow [(CH_3)_3\overset{+}{N}H]NO_2^-$$

三甲胺的亚硝酸盐

芳香叔胺虽氮上无氢原子，但芳香环上有氢，可与硝基发生亚硝化反应。生成芳香环上有亚硝基取代的产物。

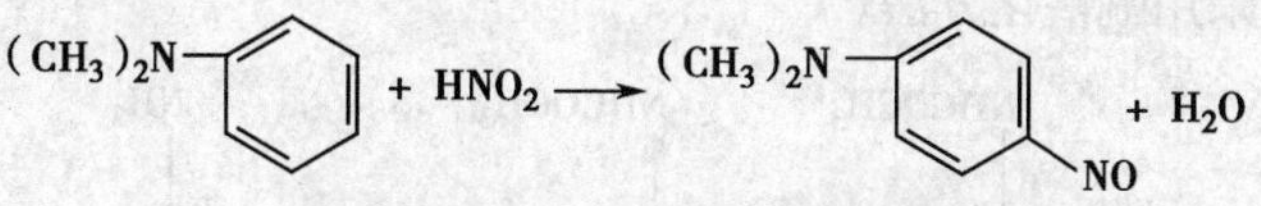

对-亚硝基-N,N-二甲基苯胺（绿色片状晶体）

上述反应产物在碱性溶液中呈翠绿色，在酸性溶液中呈橘黄色。

综上所述，利用不同胺类与亚硝酸反应的不同，可鉴别脂肪族或芳香族伯、仲、叔胺。

四、胺的氧化

胺易被氧化，芳香胺更易被氧化。久置后，空气中的氧可使苯胺由无色透明→黄→浅棕→红棕（似苯酚）。

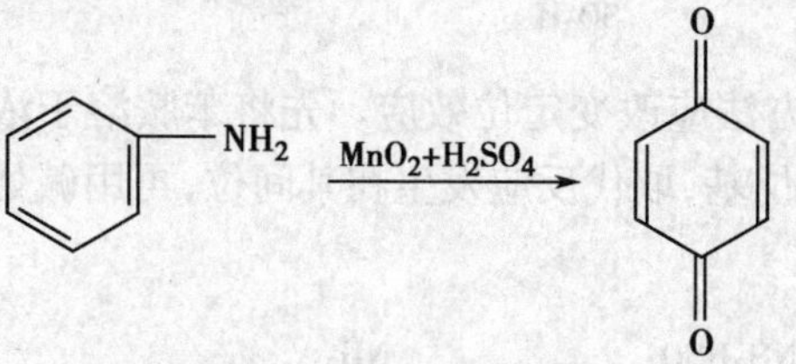

小 贴 士

致癌物质 N- 亚硝基化合物

目前发现含 N- 亚硝基化合物较多的食物有：烟熏鱼、腌制鱼、腊肉、火腿、腌酸菜等。在经过检验的 100 多种亚硝基化合物中，有 80 多种有致癌作用。在天然食物中，N- 亚硝基化合物的含量极微，对人体是安全的。所以我们提倡多食天然健康食品。

五、芳环上的取代反应

氨基是很强的邻、对位定位基，在邻、对位上容易发生亲电取代反应。

（一）卤化反应

苯胺在水溶液中与卤素的反应非常快，溴化生成 2,4,6- 三溴苯胺的白色沉淀，可用于检验苯胺，与苯酚相似。

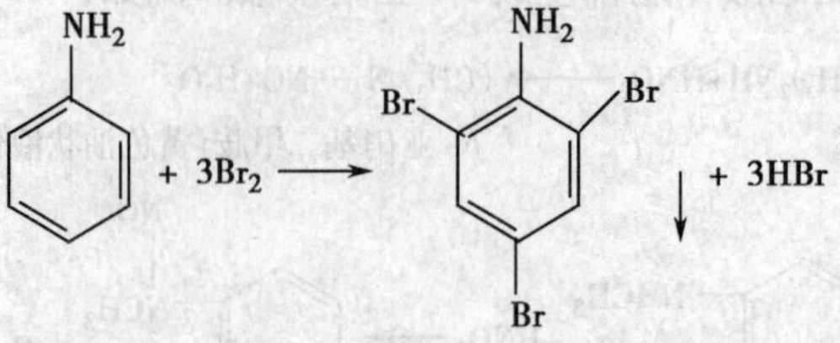

2,4,6-三溴苯胺（白色）

若想得到一元溴代产物，必须使苯胺先乙酰化，生成的乙酰苯胺再溴化，可得主要产物对溴乙酰苯胺，然后水解即得对溴苯胺。

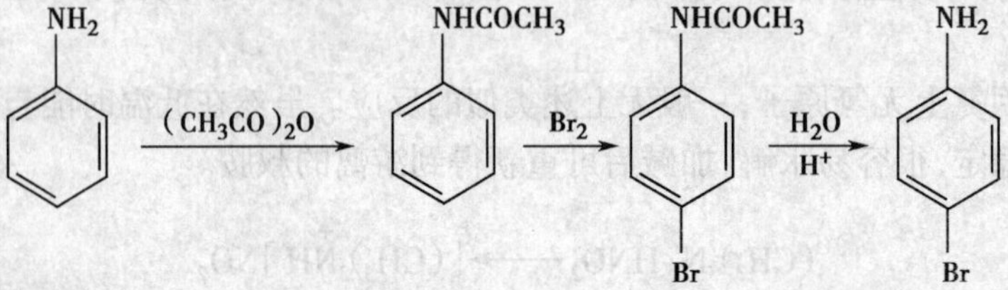

（二）硝化反应

因为苯胺极易被氧化，所以不宜直接硝化，而应"先保护氨基"。根据产物的不同要求，选择不同的保护方法。如果要在氨基的对位和邻位进行硝化反应，应选择不改变对位效应的保护方法。一般采用酰基化方法。

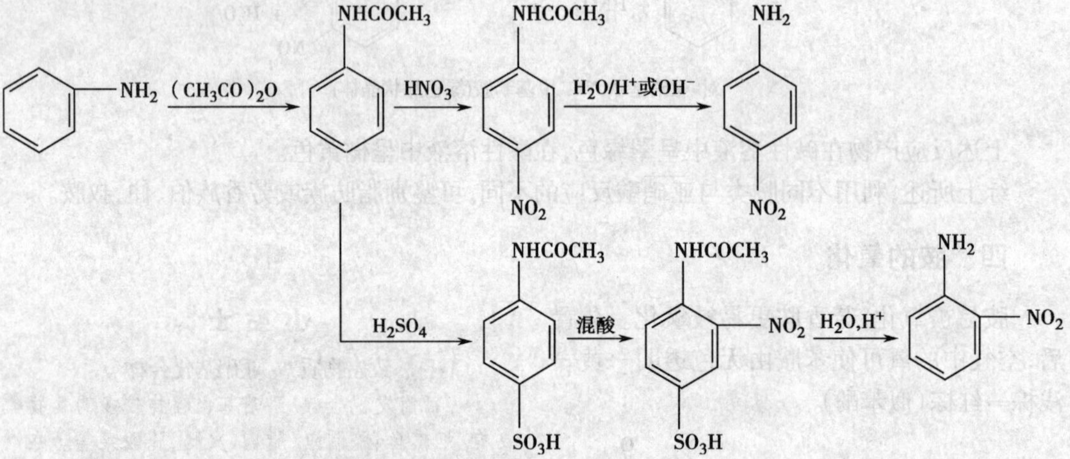

如果要在氨基的间位进行硝化反应，选择的方法应改变定位效应。先将苯胺溶于浓硫酸中，使之成为苯胺硫酸盐，因铵正离子是间位定位基，取代反应发生在其间位，再用碱处理游离出氨基。

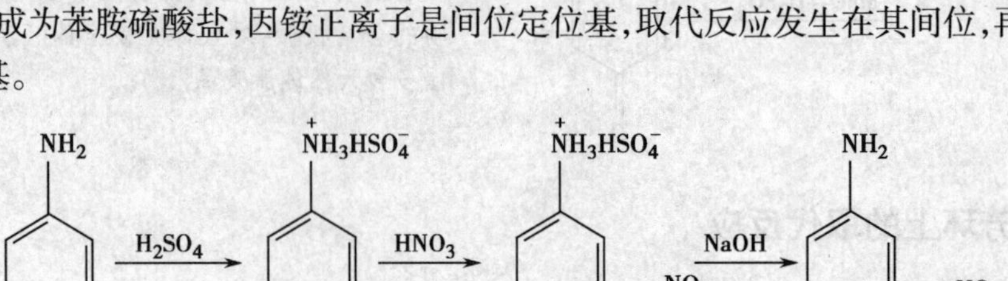

(三) 磺化反应

将苯胺溶于浓硫酸,先生成苯胺硫酸盐,此盐在高温下加热脱水,发生分子内重排,生成对氨基苯磺酸,其分子内同时存在的碱性氨基和酸性磺酸基可发生质子的转移,形成内盐。

苯胺硫酸盐　　　　对氨基苯磺酸　　　对氨基苯磺酸内盐(不溶于水)

六、季铵盐和季铵碱

(一) 季铵盐

季铵盐($R_4N^+X^-$)可看作是无机铵盐($H_4N^+X^-$)中的四个氢原子都被烃基取代的产物,通式为 $R_4N^+X^-$,其中四个烃基可以相同,也可以各不相同;X^- 可以是卤离子,也可以是其他的酸根离子。

季铵盐可由叔胺与卤代烷反应生成:

$$R_3N+RX \longrightarrow R_4N^+X^-$$

季铵盐是结晶性固体,为离子型化合物。具有盐的性质,易溶于水,不溶于非极性溶剂,水溶液能导电。

季铵盐的用途很广,有的是常用的试剂,如阴离子交换树脂、阳离子表面活性剂。在临床上,常用的消毒剂苯扎溴铵和杜米芬是季铵盐,其中苯扎溴铵是溴化二甲基十二烷基苄铵,杜米芬的化学名为溴化二甲基十二烷基(2-苯氧乙基)铵。

> **小 贴 士**
>
> **胆　碱**
>
> 　　胆碱最初是在胆汁中发现的,故称为胆碱,它是一种广泛分布于生物体内的一种季铵碱,为白色晶体,可以由食物供给,也可在体内合成。
>
> 　　胆碱是卵磷脂的组成部分,溶于水,不溶于非极性溶剂。胆碱能调节肝中脂肪代谢,有抗脂肪肝作用,临床上用来治疗肝炎、肝中毒。
>
> 　　胆碱常以结晶状态存于各种细胞中,胆碱和乙酰基结合,则成为 $[CH_3-COO-CH_2CH_2N(CH_3)_3]^+OH^-$,化学名为乙酰胆碱,是一种具有显著生理作用的神经递质。

溴化二甲基十二烷苄铵(苯扎溴铵)　　　溴化二甲基十二烷基-(2-苯氧乙基)铵(杜米芬)

(二) 季铵碱

季铵碱($R_4N^+OH^-$)可看作氢氧化铵($H_4N^+OH^-$)分子中铵根离子(NH_4^+)的 4 个氢原子都被烃基取代的产物,通式为 $R_4N^+OH^-$,其中四个烃基可以相同,也可以不同。

季铵碱可由卤化季铵盐与氢氧化钠醇溶液混合反应,生成的卤化钠不溶于醇,滤去沉淀,把滤液减压蒸发,得到一种不含卤离子的固体,这种固体就是季铵碱。

$$R_4N^+X^- + NaOH \xrightarrow{\text{醇}} R_4N^+OH^- + NaX$$

　　季铵碱也是离子化合物,结晶性固体,溶于水,具有强碱性,其碱性与氢氧化钠、氢氧化钾相当。

　　季铵碱的名称与季铵盐相似。如:

$$(CH_3CH_2)_4N^+OH^-$$
氢氧化四乙铵

$$\left[\, HO-CH_2CH_2-N(CH_3)_3 \,\right]^+OH^-$$
氢氧化三甲基 -2- 羟基乙铵(胆碱)

第四节　重氮化合物和偶氮化合物

 问 题

　　同学们,你们知道棉、毛、丝、麻织品以及塑料、印刷、食品、皮革、橡胶等产品为什么会五颜六色吗?

　　重氮化合物和偶氮化合物分子中都含有—N_2—官能团。原子团的—N_2—的一端与烃基相连,另一端与其他非碳原子或原子团直接相连的化合物称为重氮化合物。—N_2—的两边都连接烃基的称为偶氮化合物。重氮化合物的官能团 $—\overset{+}{N}\!\equiv\!N$ 叫重氮基。偶氮化合物的官能团—N＝N—叫偶氮基。例如:

$$\text{氯化重氮苯}\qquad\qquad\text{偶氮苯}$$

$$CH_3—N＝N—CH_3$$
偶氮甲烷

$$(CH_3)_2C—N＝N—C(CH_3)_2$$
$$\qquad\quad |\qquad\qquad\quad|$$
$$\qquad\quad CN\qquad\qquad\ CN$$
偶氮二异丁腈

一、重氮化合物

　　重氮化合物最重要的是芳香重氮盐类,例如:　　　　　　氯化重氮苯(重氮盐酸盐)。

　　在低温和强酸性溶液中,芳香伯胺与亚硝酸作用,生成重氮盐的反应称为重氮化反应。例如:

$$+ NaNO_2 + 2HCl \xrightarrow{0\sim5℃} \quad + NaCl + 2H_2O$$

氯化重氮苯

　　因为重氮盐对热不稳定,所以反应在低温下进行。

　　重氮盐是离子型化合物,具有盐的性质,易溶于水,不溶于有机溶剂,在水溶液中能离解成 ArN_2^+ 和负离子 X^-。干燥的重氮盐在受热或振动时容易发生爆炸,只有在冷的溶液中,它们才比较稳定,在温度较高时,容易分解。重氮盐化学性质很活泼,可发生很多反应。可以把它的化学反应归纳成两大类:①放出

小 贴 士

食 用 色 素

　　我国批准使用的食用色素多是偶氮化合物,例如苋菜红、胭脂红、柠檬黄等,用于饮料、糖果、酒和其他食品中。规定的用量前两者为 0.05g/kg,后者为 0.1mg/kg。

氮的反应——重氮基被取代的反应;②保留氮的反应——还原反应和偶联反应。

1. 取代反应 取代反应是指重氮盐分子中的重氮基可被其他原子或原子团所取代,同时放出氮气的反应,所以也称放氮反应。重氮盐分子中的重氮基在不同条件下可被卤素、氰基、羟基、氢原子等原子或原子团所取代,通过取代反应,可以把一些本来难以引入芳环的基团,方便地连接到芳环上,合成许多有用的化合物。

2. 还原反应 重氮盐以氯化亚锡和盐酸还原,可得到苯肼盐酸盐,再加碱即得苯肼。苯肼是常用的羰基试剂,也是合成药物和染料的原料。

苯肼的毒性较大,不可与皮肤接触。新蒸出的苯肼是无色液体,熔点 19.8 ℃,沸点 242 ℃,不溶于水,尤其在光照下易氧化成深色的液体。碱性较强,易与酸成盐,苯肼盐酸盐较稳定,易于保存。以苯胺为原料通过上述方法制备苯肼,是合成吡唑酮类解热镇痛药安乃近,氨基比林母核吡唑酮的主要方法。

3. 偶联反应 重氮盐在低温下,与酚或芳胺作用,此处重氮正离子作为亲电试剂,对芳环进行亲电取代反应,由偶氮基—N＝N—将两个分子偶联起来,生成有颜色的偶氮化合物,这个反应称为偶联反应或偶合反应。重氮盐与酚的偶联反应一般是在弱碱性溶液中进行,与芳胺的偶联反应是在弱酸性或中性溶液中进行。例如:

对羟基偶氮苯(橘黄色)

对-N,N-二甲氨基偶氮苯(黄色)

偶联反应生成的偶氮化合物在染料生产中占有十分重要的地位。某些偶氮化合物也是药物合成中的中间体,例如非甾体消炎镇痛药羟基保泰松中间体羟基偶氮苯的生产。

二、偶氮化合物

芳香族偶氮化合物的通式为 Ar—N＝N—Ar,是有色的固体物质,一般不溶或难溶于水,而溶于有机溶剂。

偶氮化合物都具有颜色,性质稳定,可广泛地用作染料,称为偶氮染料,这些染料大多是含有一个或几个偶氮基(—N＝N—)的化合物。古代染料多数是从植物中提取的,少数珍贵染料如海螺紫等是从动物体内提取的。现在绝大多数染料是人工合成的,偶氮染料是合成染料中品种最多的一种,约占全部染料的一半,具有性质稳定、颜色齐全、色泽鲜艳、使用方便、价格便宜等优点,广泛用于棉、毛、丝、麻织品以及塑料、印刷、食品、皮革、橡胶等产品的染色。其中有些偶氮化合物由于颜色不稳定,随着溶液的 pH 改变而灵敏地变色,只可作分析化学的酸碱指示剂,而不宜用作染料。有的染料可以凝固蛋白质,能杀菌消毒而用于医药。有的能使细菌着色,用作染制切片的染色剂。

第五节 重要的含氮化合物在药学上的应用

问 题

偶联反应生成的偶氮化合物在染料生产中占有十分重要的地位,某些偶氮化合物也是药物合成中的中间产物,你知道偶联反应的位置和条件吗?

一、2,4,6- 三硝基苯酚(苦味酸)

化学式:

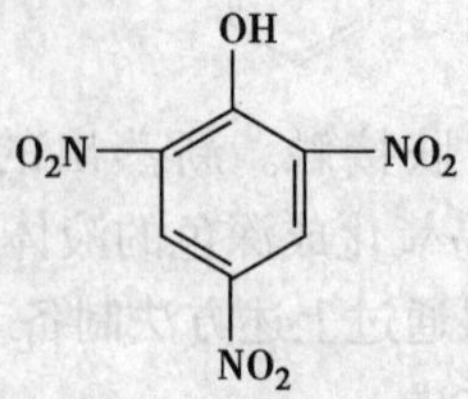

（结构式：苯环，上方 OH，邻位 O_2N 和 NO_2，对位 NO_2）

黄色片状结晶,溶于热水、乙醇、乙醚中,是烈性炸药。苦味酸可以凝固蛋白质,用作蛋白质沉淀剂、丝和毛的黄色染料。有杀菌止痛作用,在医药上用于处理烧伤。

二、甲胺

化学式:CH_3NH_2

甲胺是无色气体,易溶于水,有氨的气味,有碱性。蛋白质腐败时往往有甲胺生成,是合成农药、药物、染料的重要原料。

三、乙二胺

化学式:$H_2NCH_2CH_2NH_2$

乙二胺是一种黏稠液体,溶于水,微溶于乙醚,不溶于苯。可用作环氧树脂的固化剂,也是制药的原料。由乙二胺与氯乙酸为原料合成的乙二胺四乙酸(EDTA)是常用的分析试剂和螯合剂。

四、溴化二甲基十二烷苄铵

化学式:

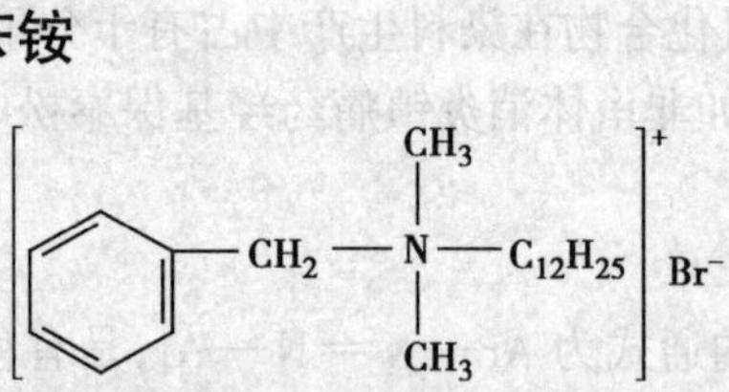

$$\left[C_6H_5-CH_2-\overset{\overset{CH_3}{|}}{\underset{\underset{CH_3}{|}}{N}}-C_{12}H_{25} \right]^+ Br^-$$

苯扎溴铵(新洁尔灭)为淡黄色胶状液体,有芳香气味,味极苦、易溶于水、有较强的杀菌和去污作用,毒性低,刺激性小,价格低廉。其 1g/L 水溶液常用于手术前洗手、皮肤和外科器械消毒。

五、溴化二甲基十二烷基 -(2- 苯氧乙基)铵

化学式:

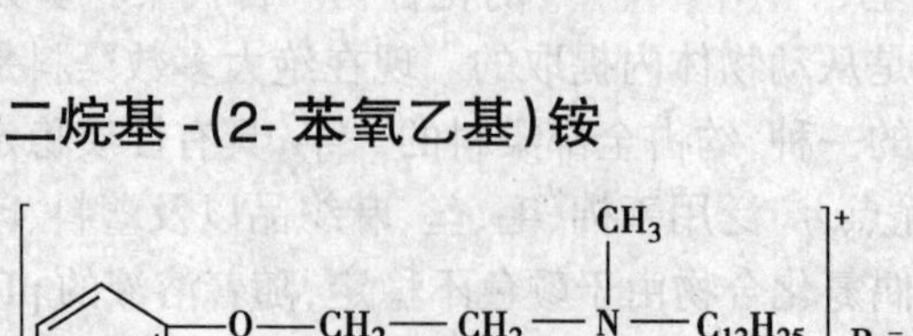

$$\left[C_6H_5-O-CH_2-CH_2-\overset{\overset{CH_3}{|}}{\underset{\underset{CH_3}{|}}{N}}-C_{12}H_{25} \right]^+ Br^-$$

杜米芬属季铵盐类阳离子表面活性剂,为白色或微黄色片状晶体。毒性更小,主要用作消毒剂和防腐剂,口腔创面、黏膜消毒用0.02%~0.05%溶液,皮肤及器械消毒用0.05%~0.1%溶液。

 **学习小结**

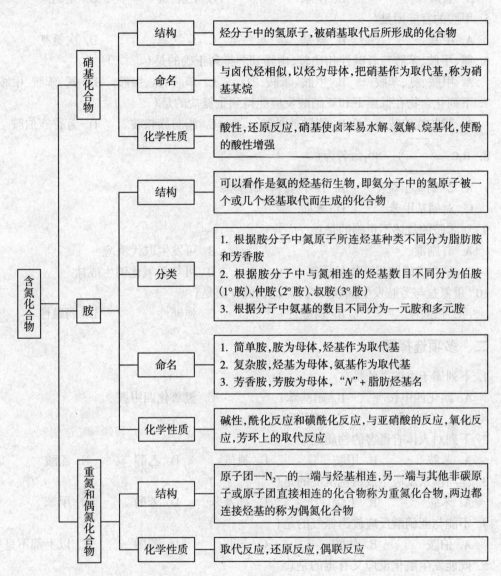

含氮化合物

硝基化合物

- 结构 ── 烃分子中的氢原子,被硝基取代后所形成的化合物
- 命名 ── 与卤代烃相似,以烃为母体,把硝基作为取代基,称为硝基某烷
- 化学性质 ── 酸性,还原反应,硝基使卤苯易水解、氨解、烷基化,使酚的酸性增强

胺

- 结构 ── 可以看作是氨的烃基衍生物,即氨分子中的氢原子被一个或几个烃基取代而生成的化合物
- 分类 ──
  1. 根据胺分子中氮原子所连烃基种类不同分为脂肪胺和芳香胺
  2. 根据胺分子中与氮相连的烃基数目不同分为伯胺(1°胺)、仲胺(2°胺)、叔胺(3°胺)
  3. 根据分子中氨基的数目不同分为一元胺和多元胺
- 命名 ──
  1. 简单胺,胺为母体,烃基作为取代基
  2. 复杂胺,烃基为母体,氨基作为取代基
  3. 芳香胺,芳胺为母体,"N"+脂肪烃基名
- 化学性质 ── 碱性,酰化反应和磺酰化反应,与亚硝酸的反应,氧化反应,芳环上的取代反应

重氮和偶氮化合物

- 结构 ── 原子团—N₂—的一端与烃基相连,另一端与其他非碳原子或原子团直接相连的化合物称为重氮化合物,两边都连接烃基的称为偶氮化合物
- 化学性质 ── 取代反应,还原反应,偶联反应

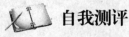 **自我测评**

一、单项选择题

1. 下列物质不能与溴水反应的是(　　　)

　A. 乙烯　　　　　　B. 苯酚　　　　　　C. 乙醚　　　　　　D. 苯胺

2. 下列属于伯胺的是(　　　)

　　A. 乙胺　　　　　　　　B. 二乙胺　　　　　　C. 三乙胺　　　　　D. N-乙基苯胺

3. 下列化合物不能发生酰化反应的是（　　　）

　　A. 甲胺　　　　　　　　B. 二甲胺　　　　　　C. 三甲胺　　　　　D. N-乙基苯胺

4. 能与苯胺反应生成白色沉淀的是（　　　）

　　A. 盐酸　　　　　　　　B. 溴水　　　　　　　C. 乙酰氯　　　　　D. 亚硝酸

5. 甲胺的官能团是（　　　）

　　A. 甲基　　　　　　　　B. 氨基　　　　　　　C. 亚氨基　　　　　D. 次氨基

6. 氨、甲胺、苯胺三者碱性相比较，由强到弱排列正确的是（　　　）

　　A. 甲胺、氨、苯胺　　B. 甲胺、苯胺、氨　　C. 苯胺、氨、甲胺　　D. 氨、苯胺、甲胺

7. 下列化合物在低温下和亚硝酸反应能得到重氮盐的是（　　　）

　　A. 脂肪族伯胺　　　　B. 脂肪族仲胺　　　　C. 脂肪族叔胺　　　　D. 芳香族伯胺

8. H_3C—⟨　⟩—NO_2命名为（　　　）

　　A. 2-硝基丁烷　　　　B. 1-甲基-4-硝基萘

　　C. 对硝基甲苯　　　　D. 苯胺

9. 对苯胺的叙述不正确的是（　　　）

　　A. 有剧毒　　　　　　　　　　　　　　B. 可发生取代反应

　　C. 是合成磺胺类药物的原料　　　　　　D. 可与氢氧化钠生成盐

10. 重氮盐与芳胺发生偶联反应，需提供的介质是（　　　）

　　A. 强酸性　　　　　　B. 弱酸性　　　　　　C. 强碱性　　　　　D. 弱碱性

二、多项选择题

1. 下列属于季铵类的是（　　　）

　　A. 碘化四甲铵　　　　B. 硝基苯　　　　　　C. 氢氧化四甲胺

　　D. 二乙胺　　　　　　E. 三甲胺

2. 下列对人体有毒害的物质是（　　　）

　　A. 苯胺　　　　B. 甲胺　　　　C. 氮气　　　　D. 乙醇　　　　E. 乙酸

3. 能与溴水反应生成白色沉淀的是（　　　）

　　A. 苯胺　　　　B. 丁烷　　　　C. 硝基苯　　　　D. 苯酚　　　　E. 甲苯

4. 不能与亚硝酸反应放出氮气的是（　　　）

　　A. 伯胺　　　　B. 仲胺　　　　C. 叔胺　　　　D. 苯酚　　　　E. 以上都不是

5. 既能发生酰化反应又有毒的是（　　　）

　　A. 二乙胺　　　B. 甲乙丙胺　　　C. 甲胺　　　D. 苯胺　　　E. 以上都是

三、用系统命名法命名下列化合物或写出结构式

1. $(CH_3)_3N$　　　2. H_2N—CH_2—CH_2—NH_2　　　3. CH_3—CH—CH_2—CH_3
　　　　　　　　　　　　　　　　　　　　　　　　　　　　　　　$|$
　　　　　　　　　　　　　　　　　　　　　　　　　　　　　　　NO_2

4. ⟨　⟩—NH—CH_3　　　　　　　　　　5. $[(CH_3CH_2)_4N]^+OH^-$

6. 乙胺　　7. 碘化四甲铵　　8. 苯胺　　9. 邻甲基苯胺　　10. 硝基苯

四、完成化学反应方程式

1. $CH_3NH_2 + HNO_2 \longrightarrow$

2.

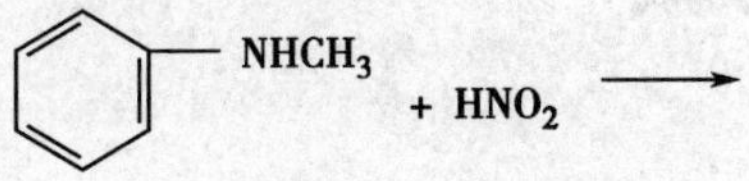

3.

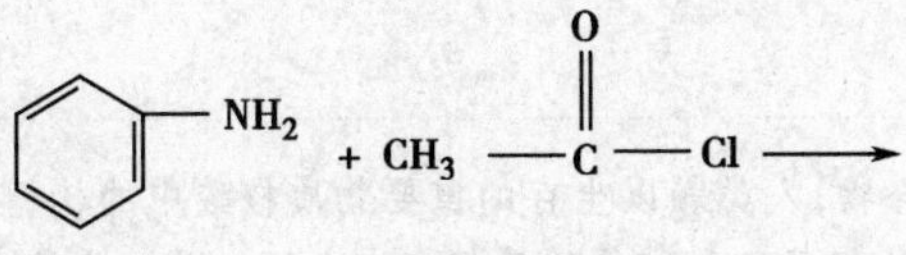

4.

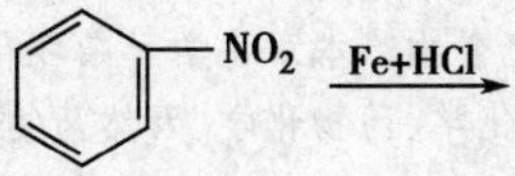

5.

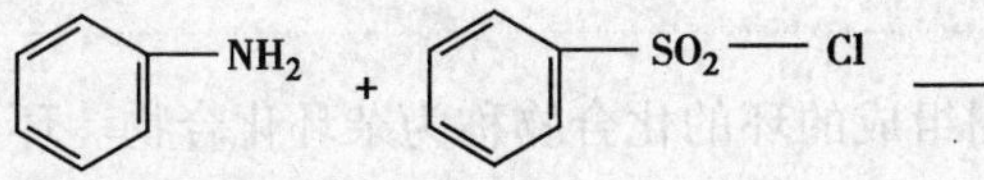

五、分析题

1. 用化学方法鉴别下列化合物

(1) 苯胺、苯酚、苯甲醛

(2) 甲胺、二甲胺、三甲胺

2. 推断题

(A)、(B)两个化合物是同分异构体,分子式为 C_3H_9N,与亚硝酸作用时,(A)和(B)都可得到醇,(A)的醇氧化得羧酸,(B)的醇氧化得酮。试推断化合物(A)和(B)的结构式。

六、团队练习题

现有乙胺、二乙胺、三乙胺三种化合物:

(1) 请写出这三种化合物的结构式。

(2) 指出其所属的有机物分类,分析官能团,预测其可能的性质。

(3) 试比较这三种化合物的碱性强弱。

(4) 试写出这三种化合物与乙酸酐反应的化学反应方程式。

(5) 试写出这三种化合物与亚硝酸反应的方程式。

(6) 如何鉴别这三种化合物。

(尹宏月)

第十三章　杂环化合物与生物碱

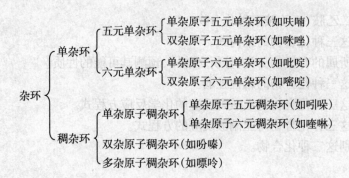

> ## ⛵ 学习导航
>
> 　　对人类危害最大的毒品之一海洛因是杂环化合物，人类赖以生存的重要物质核酸中的核糖、脱氧核糖、碱基；食物中的淀粉、蔗糖；蛋白质中的色氨酸、组氨酸和脯氨酸等都含有杂环。通过化学合成的许多新型药物也含有杂环。有机化学的研究有一半以上都涉及杂环化合物。本章将学习杂环化合物的结构、分类和命名，重点学习杂环化合物的性质，为后续章节和生物化学、药物化学、天然药物化学、药物分析等后续课程的学习奠定基础。

　　分子中含有由碳原子和其他原子共同组成的环的化合物称为杂环化合物。环上除碳原子外的其他原子称为杂原子，最常见的杂原子有 N、O、S 等。杂环可以是脂环（如四氢呋喃），也可以是芳环（如吡啶）。而脂环的性质与含杂原子的链烃相近，因此，一般不放在杂环化合物中讨论。本章讨论的是环系比较稳定，并且在性质上具有一定芳香性的杂环化合物。

第一节　杂环化合物的分类和命名

一、杂环化合物的分类

杂环化合物可按环的数目、环的大小及杂原子的数目不同进行分类：

$$
\text{杂环}
\begin{cases}
\text{单杂环}
\begin{cases}
\text{五元单杂环}
\begin{cases}
\text{单杂原子五元单杂环(如呋喃)} \\
\text{双杂原子五元单杂环(如咪唑)}
\end{cases} \\
\text{六元单杂环}
\begin{cases}
\text{单杂原子六元单杂环(如吡啶)} \\
\text{双杂原子六元单杂环(如嘧啶)}
\end{cases}
\end{cases} \\
\text{稠杂环}
\begin{cases}
\text{单杂原子稠杂环}
\begin{cases}
\text{单杂原子五元稠杂环(如吲哚)} \\
\text{单杂原子六元稠杂环(如喹啉)}
\end{cases} \\
\text{双杂原子稠杂环(如吩嗪)} \\
\text{多杂原子稠杂环(如嘌呤)}
\end{cases}
\end{cases}
$$

二、杂环化合物的命名

（一）杂环母环的命名

　　杂环母环的名称通常采用音译命名法命名。译音法是根据 IUPAC 推荐的通用名，按外文名称的译音命名，并用带"口"字旁的同音汉字来表示。常见的杂环化合物如下：

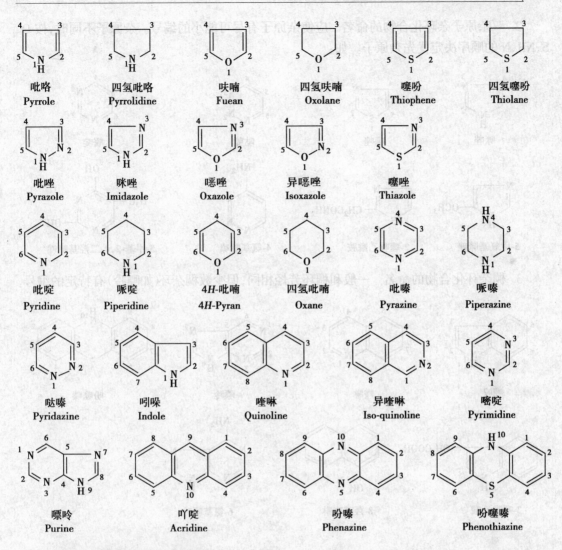

(二) 取代杂环化合物的命名

简单的取代杂环化合物可选杂环为母体,将取代基的位次、数目和名称写在杂环母环名称之前;有时也将杂环作取代基命名,特别是复杂的杂环化合物。

1. 单杂原子杂环化合物的命名 从杂原子开始编号,环上有取代基时,尽可能使其位次较小。环上连有标氢(饱和碳上的氢原子)时,应给氢标尽可能低的编号,用位次加 *H*(斜体大写)来表示。如:

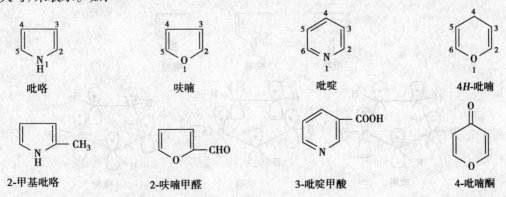

2. 双杂原子杂环化合物的命名　应使杂原子有尽可能小的编号。杂原子不同时,按 O、S、NH、N 的顺序决定优先杂原子。如:

咪唑	噻唑	哒嗪	嘧啶
5-甲氧基咪唑	2-噻唑乙酰胺	4-氨基哒嗪	5-甲基-2,4-二羟基嘧啶

3. 稠杂环化合物的命名　一般和稠环芳烃相同,但少数稠杂环(如嘌呤)有特定的编号。

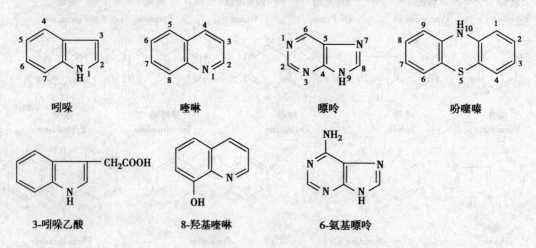

吲哚	喹啉	嘌呤	吩噻嗪
3-吲哚乙酸	8-羟基喹啉	6-氨基嘌呤	

第二节　杂环化合物的结构与芳香性

一、五元杂环化合物的结构与芳香性

吡咯、呋喃、噻吩及它们的衍生物是最重要的五元杂环化合物。

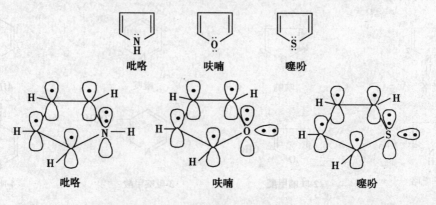

吡咯	呋喃	噻吩
吡咯	呋喃	噻吩

组成吡咯、呋喃和噻吩环的 4 个碳原子和 1 个杂原子都是 sp^2 杂化,5 个原子彼此间以 sp^2 杂化轨道形成 σ 键,且 5 个原子共处于一个平面上。环上每个原子都有 1 个未杂化的 p 轨道,这些未杂化的 p 轨道都垂直于环的平面,且彼此平行。碳原子的 p 轨道有 1 个电子,杂原子的 p 轨道有一对孤对电子,这样成环的 5 个原子的 6 个 p 电子重叠形成大 π 键。即五元杂环化合物具有像芳环那样的闭合共轭体系,具有一定的芳香性,可表示为:

吡咯　　　　　呋喃　　　　　噻吩

由于这些五元杂环化合物中,5 个 p 轨道上分布着 6 个电子,所以杂环碳原子的电子云密度比苯环碳原子的电子云密度高,是多电子共轭体系,比苯容易发生亲电取代反应。

由于电负性强弱顺序为:O>N>S>C,因此五元杂环上电子云分布不像苯环那样均匀,芳香性比苯差。芳香性的强弱顺序为:苯 > 噻吩 > 吡咯 > 呋喃。(详见本章第三节　五元杂环化合物)

二、六元杂环化合物的结构与芳香性

吡啶是最重要的六元杂环化合物。吡啶的分子结构与苯相似,具有芳香性。

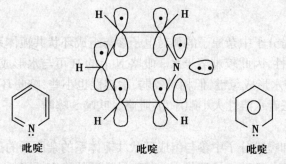

吡啶　　　　　　　吡啶　　　　　　　吡啶

由于氮原子的电负性比碳原子大,产生了吸电子共轭效应,环上碳原子的电子云密度降低,因此吡啶属于缺电子共轭体系,芳香性比苯差,且不易发生亲电取代而容易发生亲核取代反应。(详见本章第四节　六元杂环化合物)

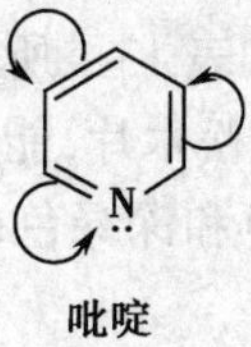

吡啶

第三节 五元杂环化合物

 案例

注射用青霉素为何要制成粉针剂?

高效、低毒、价廉,广泛应用于临床的青霉素是从青霉菌培养液中提制的药物,是第一种能够治疗人类疾病的抗生素,它的研制成功大大增强了人类抵抗细菌性感染的能力,并带动了抗生素家族的诞生。1945年,弗莱明、弗洛里和钱恩因"发现青霉素及其临床效用"而共同荣获了诺贝尔生理学或医学奖。青霉素类药是噻吩的衍生物,其基本结构为:

$$\text{RCONH} \overset{\text{S}}{\underset{\text{N}}{\bigsqcup}} \overset{\text{CH}_3}{\underset{\text{COOH}}{\swarrow}} \text{CH}_3$$

为什么临床上使用的青霉素G针剂(上式中—R为苯甲基)需制成钠盐或钾盐?且需制成粉针剂?

五元杂环化合物的种类较多,可含一个或多个杂原子。其中结构最简单的是吡咯、呋喃和噻吩,它们各只含1个杂原子,这三种杂环母核虽不重要,但它们的衍生物却非常重要。含有2个杂原子的五元杂环化合物中,以吡唑、咪唑和噻唑等较为重要。

一、吡咯、呋喃和噻吩

(一) 水溶性

吡咯、呋喃和噻吩分子中杂原子的孤对电子参与组成环状共轭体系,失去或减弱了与水分子形成氢键的可能性,因此较难溶于水。吡咯N上的H可与水形成氢键,水溶性稍大些;呋喃环上的O也能与水形成氢键,但相对较弱,水溶性也小些;噻吩环上的S不能与水形成氢键,水溶性最小。三者水溶性大小顺序为:吡咯 > 呋喃 > 噻吩。

(二) 环的稳定性

由于吡咯、呋喃和噻吩分子中参与组成环状共轭体系的杂原子的孤对电子,能不同程度地与质子结合,从而部分地破坏了环状大 π 键,导致环的稳定性降低。吡咯、呋喃对氧化剂很敏感,甚至空气中的 O_2 也能将其氧化,破坏环状结构。噻吩对氧化剂比较不敏感,但在强氧化剂的作用下也可开环。三种杂环化合物对碱稳定,对酸不稳定。

(三) 化学性质

吡咯、呋喃和噻吩的主要化学性质如表13-1所示。

这三种杂环化合物遇到酸浸润过的松木片,能够显示出不同的颜色。例如吡咯和呋喃遇到盐酸浸润过的松木片分别显鲜红色和深绿色;噻吩遇到硫酸浸润过的松木片显蓝色。这一性质可用于鉴别吡咯、呋喃和噻吩。

(四) 重要衍生物

1. **重要的吡咯衍生物** 吡咯的衍生物广泛存在于自然界,血红素、叶绿素和维生素 B_{12} 等是重要的吡咯衍生物。它们的基本骨架是卟吩环。卟吩环是由4个吡咯环与4个次甲基交替连接形成的共轭体系。卟吩环的中间空穴处可与不同金属离子配位形成不同的配合物。血红素中的金属离子是亚铁离子,叶绿素中的金属离子是镁离子,维生素 B_{12} 中的金属离子是钴。

表 13-1 吡咯、呋喃和噻吩的主要化学性质

反应类型		反应实例	备　注
酸性		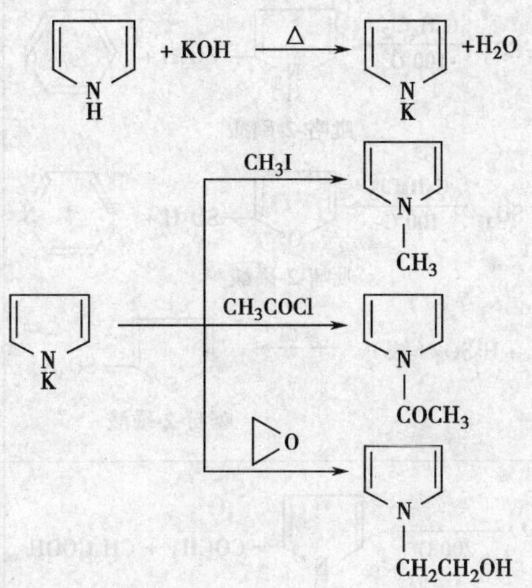	呋喃和噻吩既无酸性也无碱性；吡咯 N 上的孤对电子参与环的共轭体系，使 N 上电子云密度降低，几乎没有碱性。而与 N 相连的 H 有解离成 H⁺ 的倾向，吡咯具有弱酸性，可与碱金属、氢氧化钾或氢氧化钠作用生成盐。吡咯盐不稳定，容易水解，在一定条件下能与许多试剂反应，生成一系列氮取代产物。
亲电取代反应	卤代反应	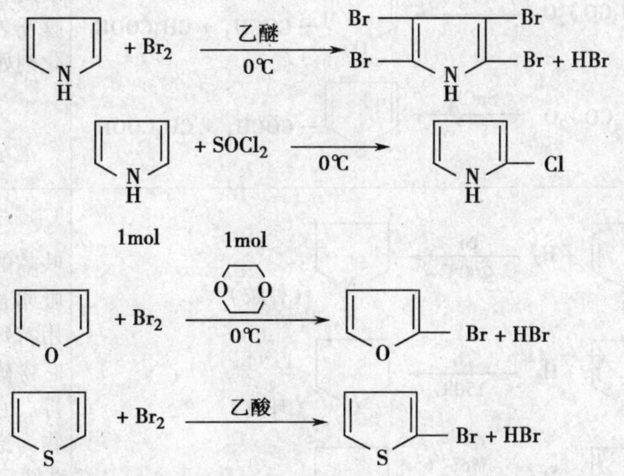	比苯容易进行亲电取代反应，取代发生在 α 位上。反应的活性顺序为：吡咯 > 呋喃 > 噻吩 > 苯。 在室温下就能发生激烈的卤代反应，通常得到多卤代产物。在低温下并用溶剂稀释也能得到一卤代产物。
	硝化反应	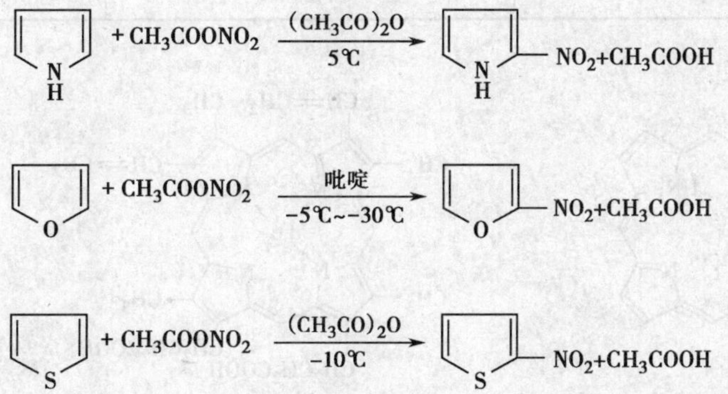	硝酸是具有强氧化性的强酸，所以这三个杂环化合物都不能像苯那样直接用硝酸进行硝化，一般在低温下用比较温和的非质子硝化剂，如硝酸乙酰酯作硝化剂进行硝化。

续表

反应类型		反应实例	备 注
亲电取代反应	磺化反应	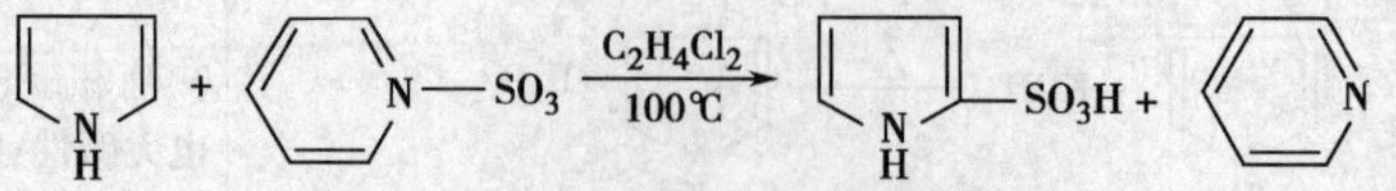 吡咯-2-磺酸 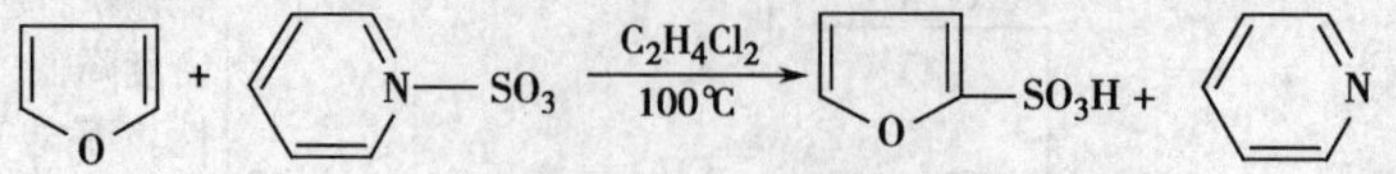 呋喃-2-磺酸 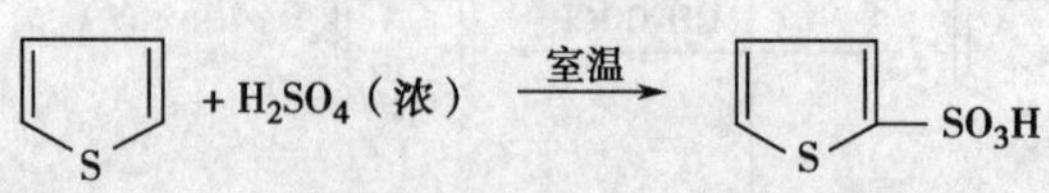 噻吩-2-磺酸	吡咯和呋喃对酸很敏感，不能像苯那样直接用浓硫酸磺化，一般用吡啶的 SO_3 加成物作磺化剂进行反应；噻吩对酸较稳定，可直接用浓硫酸作磺化剂，反应在室温下就可以进行。
	傅·克酰化反应	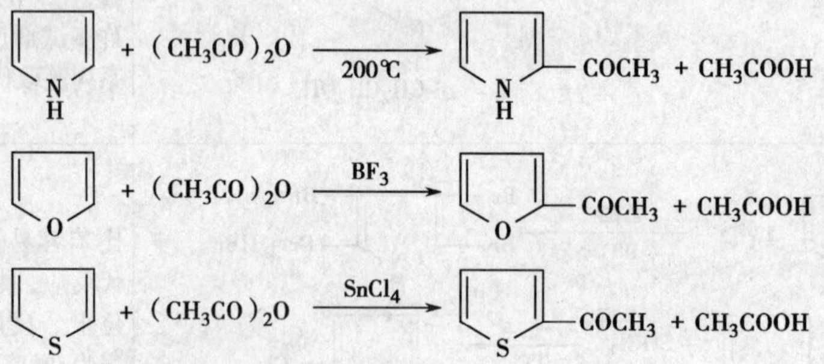 	活性较大的吡咯可用酸酐直接酰化，呋喃和噻吩常用较温和的催化剂如 $SnCl_4$、BF_3 等。
还原反应		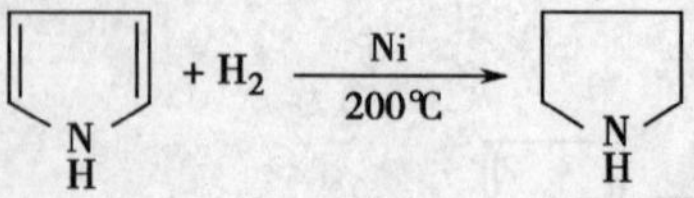 （仲胺） 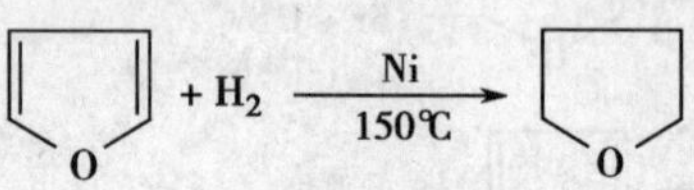 （环醚） 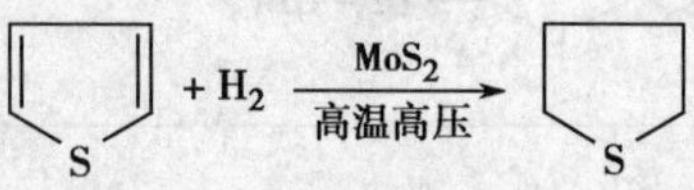 （环硫醚）	呋喃的反应活性最高，吡咯次之。噻吩需使用特殊的催化剂，因为它含硫，易使催化剂中毒。它们还原后的产物为饱和杂环化合物，失去了芳香性。

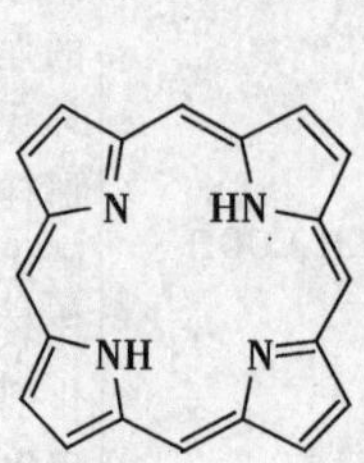

卟吩

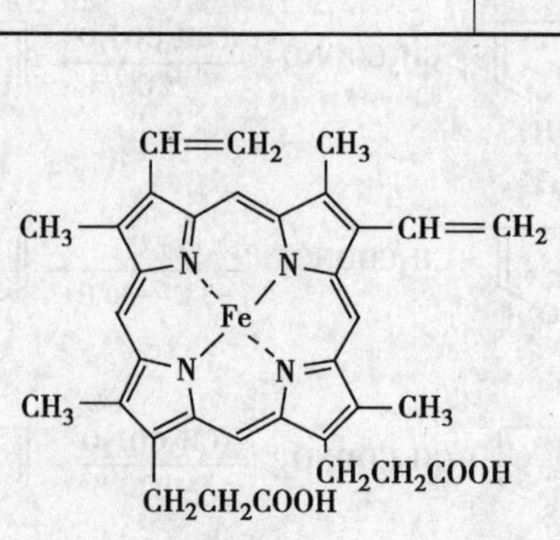

血红素

血红素与珠蛋白结合成为血红蛋白而存在于红细胞中,具有运输氧气和二氧化碳的功能。

2. 重要的呋喃衍生物 呋喃的衍生物中较为常见的是呋喃甲醛,由于呋喃甲醛可从稻糠、玉米芯等农副产品中所含的多糖中制得,所以又称糠醛。糠醛是不含 α-H 的醛,化学性质与苯甲醛相似,是有机合成的重要原料,可用于制备呋喃类药物,如杀菌剂呋喃妥因、治疗胃酸过多的雷尼替丁、强利尿药呋塞米等。

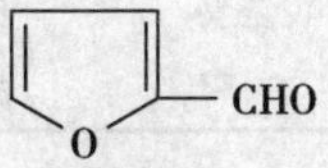

2-呋喃甲醛 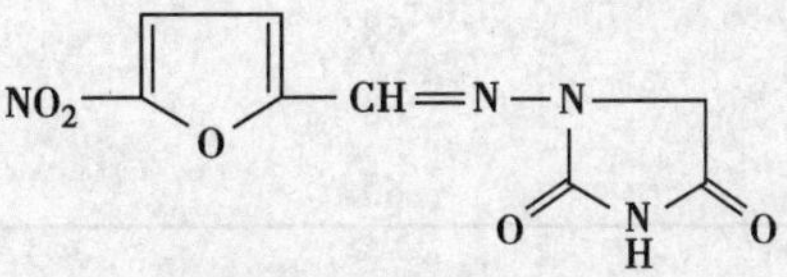　　呋喃妥因

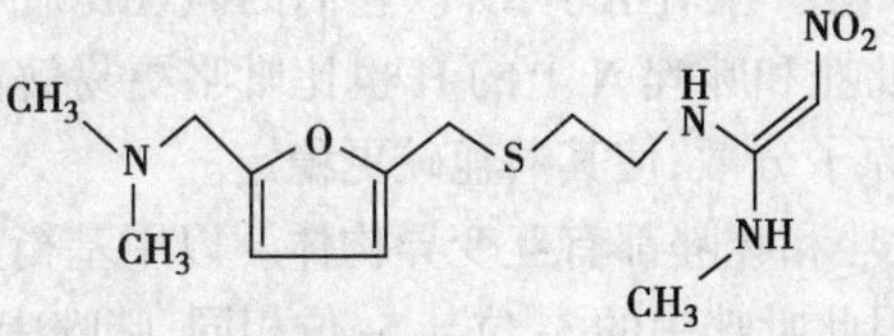

雷尼替丁 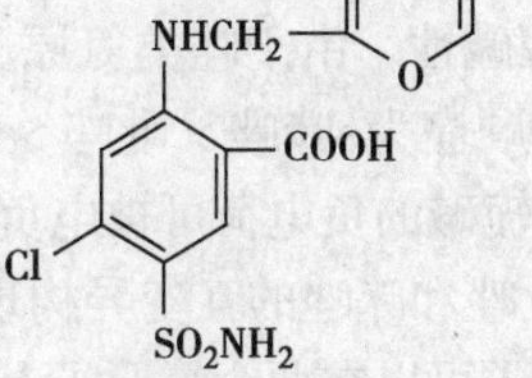　　呋塞米

3. 重要的噻吩衍生物 头孢噻吩(先锋霉素 I)和头孢噻啶(先锋霉素 II)的结构中都含有噻吩环,属于半合成头孢菌素类抗生素。由于噻吩环的引入,增强了其抗菌活性,它们的抗菌效果都优于天然头孢菌素。

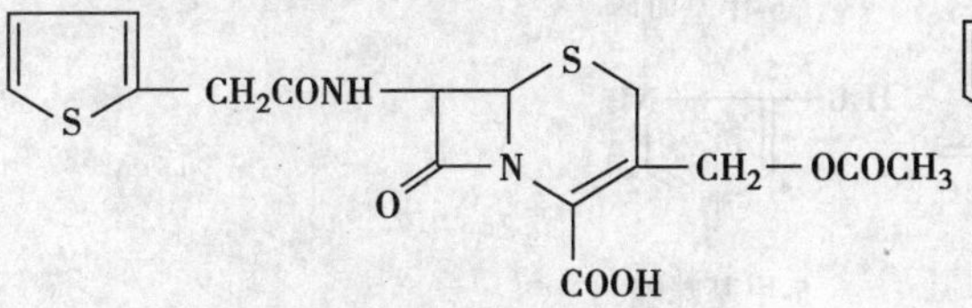

头孢噻吩 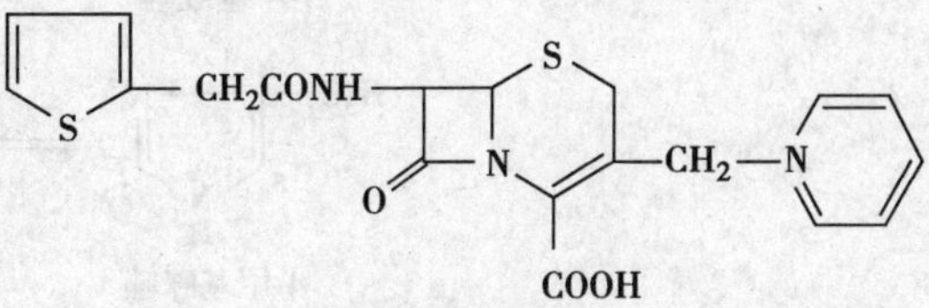　　头孢噻啶

二、吡唑、咪唑和噻唑

含有 2 个杂原子(其中至少有一个是氮原子)的五元环称为唑。这类化合物较重要的有吡唑、咪唑和噻唑。

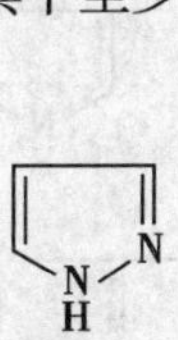

吡唑 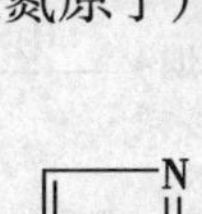　　咪唑 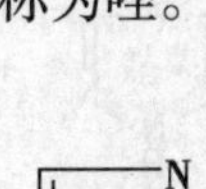　　噻唑

吡唑、咪唑和噻唑的结构与含有 1 个杂原子的五元单杂环相似。环上的碳原子和杂原子均以 sp^2 杂化轨道成键。其中第一位杂原子提供了未共用电子对,参与环的共轭,形成 5 原子 6 电子的闭合共轭体系。因此它们具有一定程度的芳香性。环上的另一个杂原子与第一位杂原子不同,它所具有的孤对电子没有参与共轭体系,而处于另一个 sp^2 杂化轨道内,可与 H^+ 结合。

(一) 物理性质

吡唑为无色针状结晶,熔点 70℃。咪唑为无色固体,熔点 90℃。噻唑为无色似吡啶气味的液体。由于氮原子上还保留着未共用的电子对,易形成分子间的氢键,因此沸点也明显升高。其物理性质见表 13-2。

表 13-2 几种唑类杂环的物理性质

名称	分子量	沸点（℃）	水溶性
吡唑	68	188	1∶1
咪唑	68	263	易溶
噻唑	85	117	微溶

(二) 化学性质

1. 酸碱性   由于唑类氮原子上还保留着孤对电子,所以它们的碱性比吡咯明显增强,碱性强弱顺序为:咪唑 > 吡唑 > 噻唑。吡唑和咪唑 N 上的 H 也比吡咯更易解离,这是因为它们的共轭碱的负电荷可被电负性的氮原子分散,使其共轭碱更稳定。

2. 吡唑和咪唑的互变异构现象   吡唑和咪唑都有互变异构体。以甲基衍生物为例,氮上的氢原子可以在两个氮原子上互变。因此吡唑中的 3- 位与 5- 位相同,咪唑中的 4- 位与 5- 位相同。常表示为 3(5)- 甲基吡唑和 4(5)- 甲基咪唑。

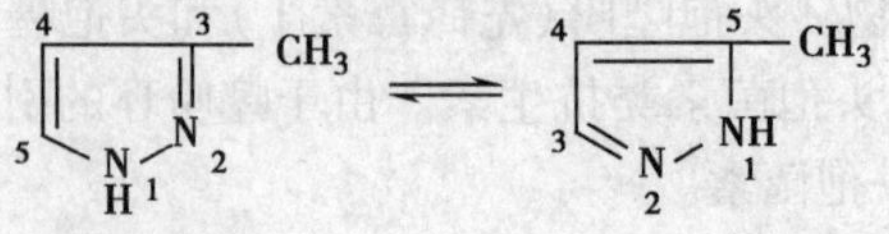

3-甲基吡唑   5-甲基吡唑

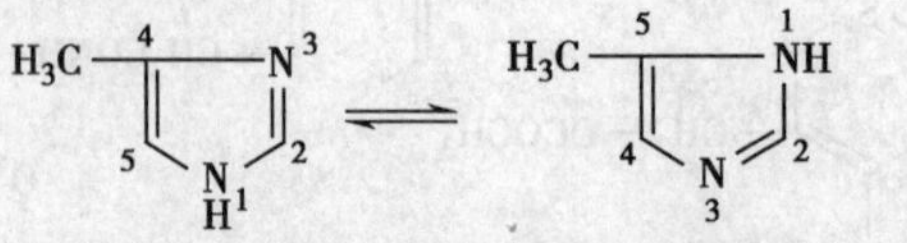

4-甲基咪唑   5-甲基咪唑

3. 亲电取代反应   由于吡唑、咪唑和噻唑比吡咯或噻吩增加了一个吸电性的氮原子,所以它们的亲电取代反应活性明显降低,对氧化剂和强酸也不敏感。它们的亲电取代反应活性顺序为:咪唑 > 吡唑 > 噻唑。

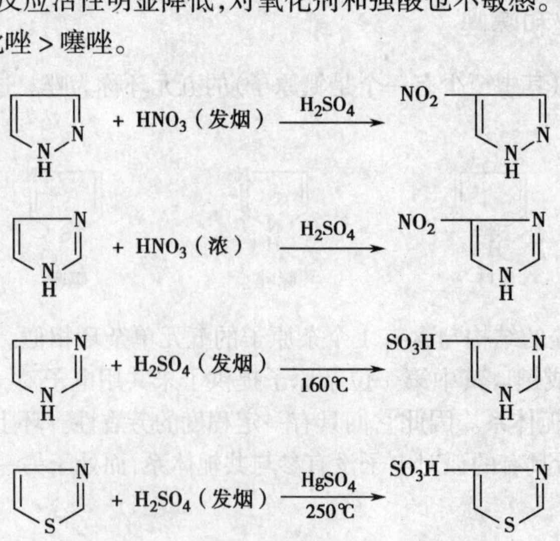

（三）重要的唑类衍生物

1. 安乃近 又名罗瓦尔精,有解热镇痛和抗风湿等作用。用于发热、头痛、神经痛和风湿性关节炎等。

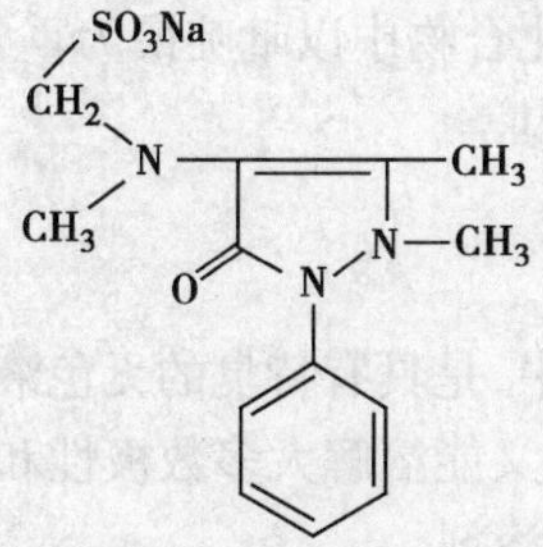

安乃近

2. 甲硝羟乙唑 又名灭滴灵,为口服杀毛滴虫药,主要用于治疗阴道滴虫病,也可用于阿米巴痢疾。

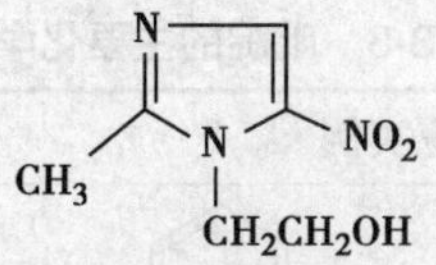

甲硝羟乙唑

3. 西咪替丁 又名甲氰咪胍,是临床上常用的第一代 H_2 受体拮抗剂、抗溃疡药。用于胃溃疡、十二指肠溃疡、上消化道出血等。

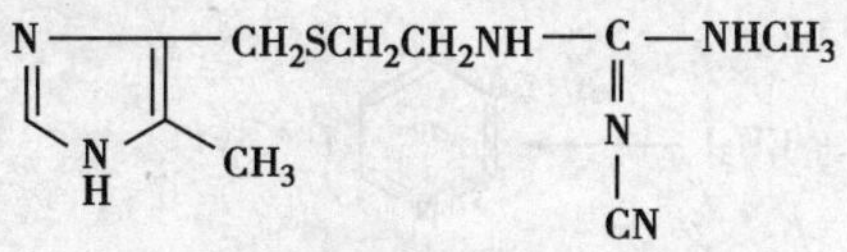

西咪替丁

4. 法莫替丁 法莫替丁为抗溃疡药。其抑制胃酸分泌作用比西咪替丁强,持续时间也长,为第三代 H_2 受体拮抗剂抗溃疡药。

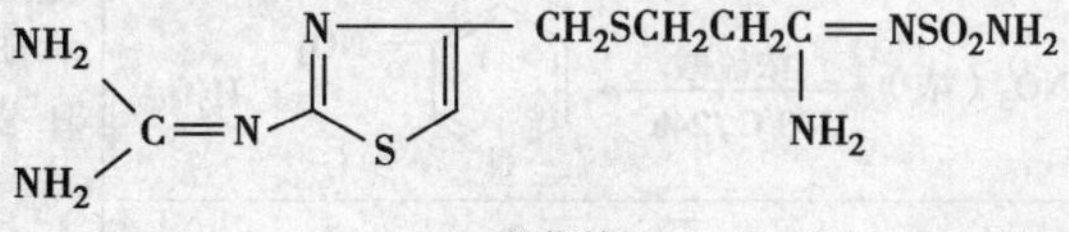

法莫替丁

5. 酞磺胺噻唑 酞磺胺噻唑(PST)为磺胺类药物,用以治疗细菌性痢疾、溃疡性肠炎和预防肠道手术前后的感染。

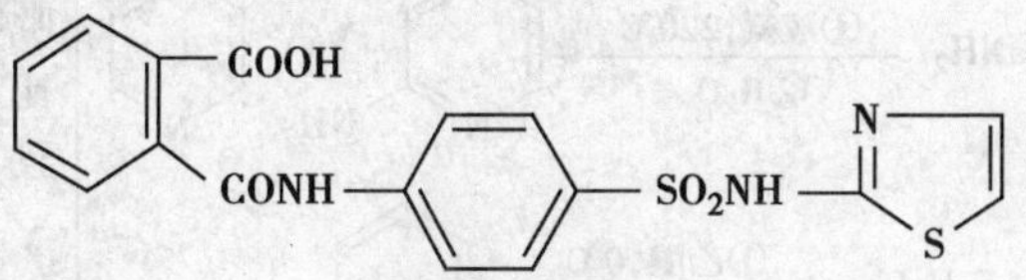

酞磺胺噻唑

第四节 六元杂环化合物

含有 1 个杂原子的六元杂环化合物中以吡啶最为重要,它的衍生物广泛存在于自然界,许多合成药物中也含有吡啶的结构。

一、吡啶的物理性质

吡啶存在于煤焦油和骨焦油中,是具有特臭的无色液体,沸点 115.5℃,相对密度 0.982。吡啶能以任何比例与水互溶,同时又能溶解大多数极性和非极性有机化合物,甚至可溶解某些无机盐类,是有广泛应用价值的溶剂。

二、吡啶的化学性质

吡啶的主要化学性质如表 13-3 所示。

表 13-3 吡啶的主要化学性质

反应类型		反应实例	备 注
碱性		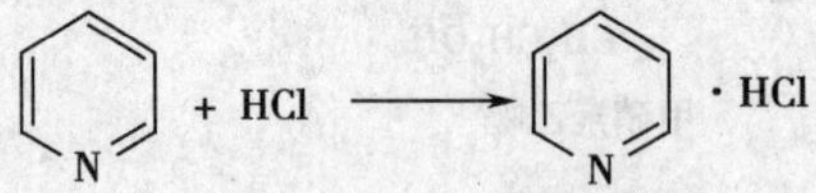 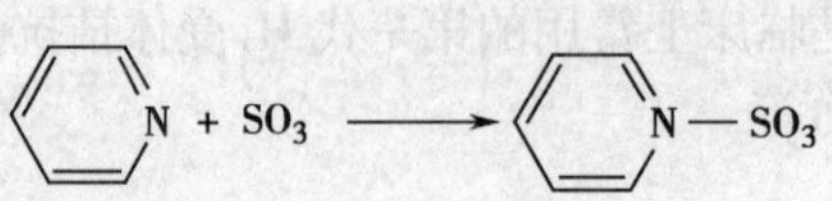 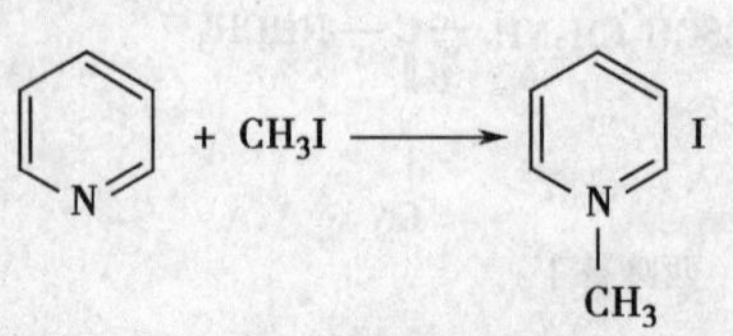	吡啶分子中的 N 上有未参与共轭的孤对电子,能结合 H^+ 而显碱性。但由于未共用电子对处在 sp^2 杂化轨道内,所以吡啶的碱性比脂肪胺和氨弱,而近似于芳胺。吡啶环系比吡咯环系稳定,酸、碱都不能使其开环。
亲电取代反应	卤代反应	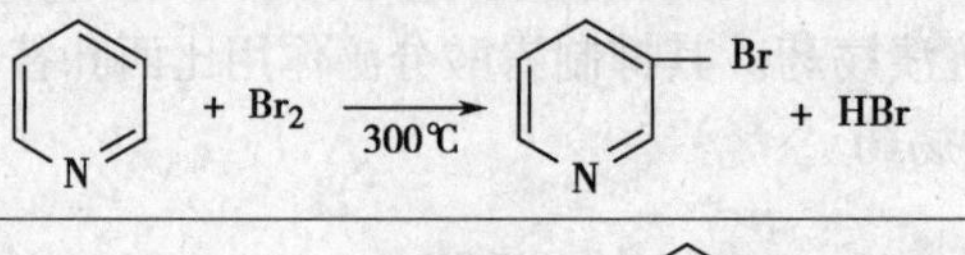	由于吡啶分子中 N 的电负性比 C 大,环上 C 的电子云密度有所降低,所以亲电取代活性比苯低。反应主要发生在 β-位。它和硝基苯相似,不发生傅-克反应。
	硝化反应	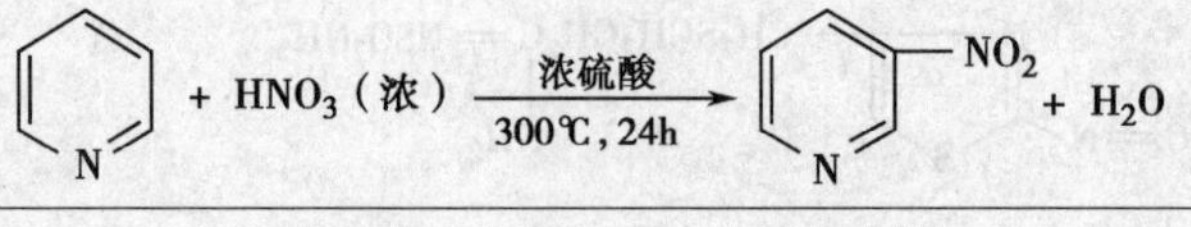	
	磺化反应	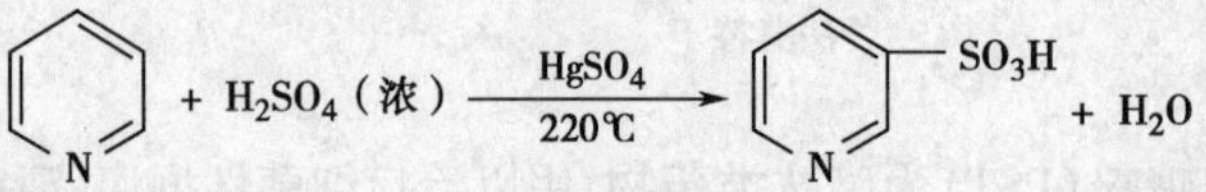	
亲核取代反应		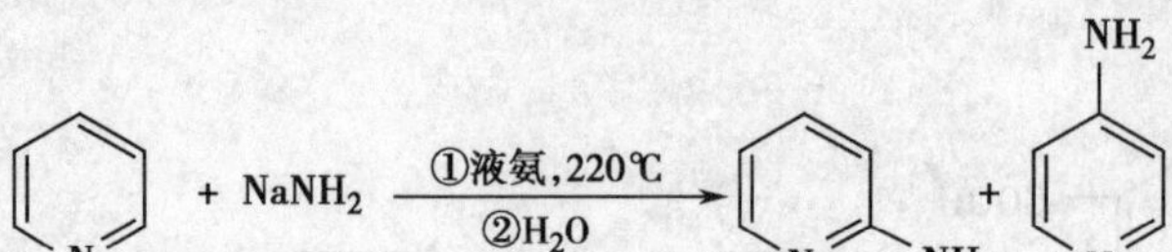 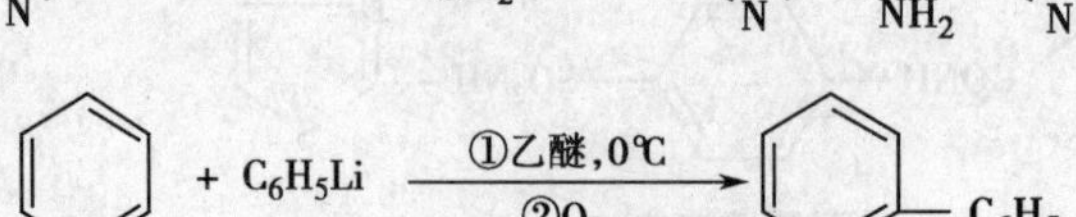	吡啶环由于电子云密度较低,比苯容易发生亲核取代反应,且取代基主要进入 α-位和 γ-位。

续表

反应类型	反应实例	备 注
氧化反应	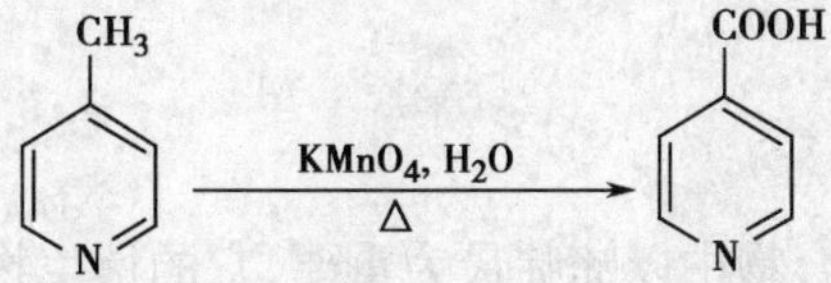 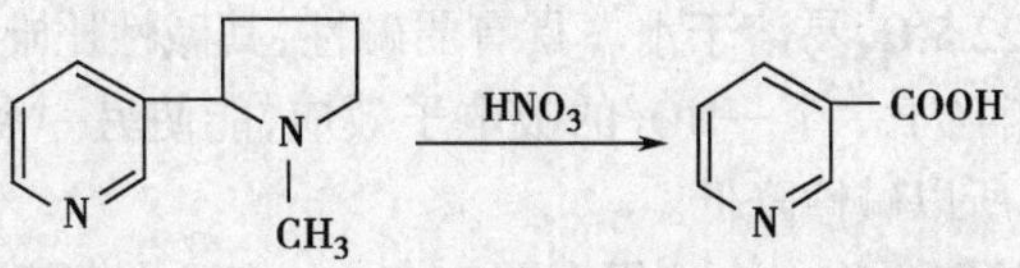	由于给出电子的倾向小,吡啶对氧化剂的稳定性甚至超过苯。尤其在酸性条件下,吡啶环就更稳定,很难被氧化,但烷基或芳基侧链可被氧化。
还原反应	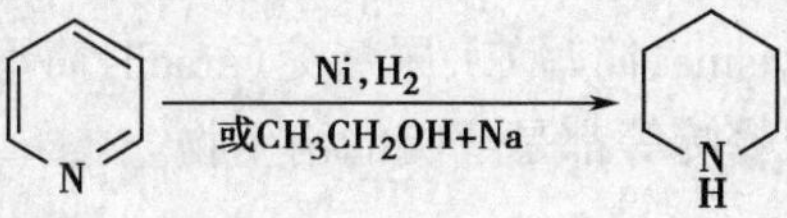 （哌啶,pK_a=11.2）	吡啶比苯容易还原,产物哌啶是仲胺,碱性比吡啶强。

三、吡啶的重要衍生物

1. 烟酸和烟酰胺 烟酸是维生素 B 族中的一种,能促进细胞的新陈代谢,并有扩张血管的作用。临床上主要用于防治癞皮病及类似的维生素缺乏症。烟酰胺是辅酶 I 的组成成分,作用与烟酸相似。

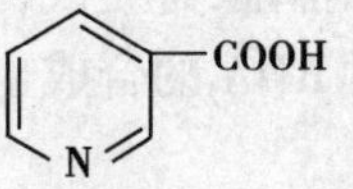

烟酸 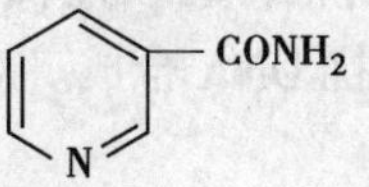　　　　　烟酰胺

2. 尼可刹米和异烟肼 尼可刹米又名可拉明,为呼吸中枢兴奋药,用于中枢性呼吸和循环衰竭。异烟肼又名雷米封,为抗结核病药。

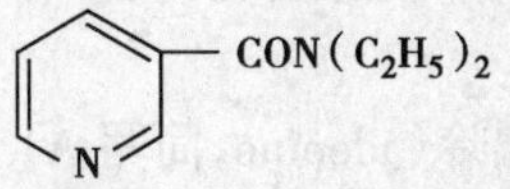

尼可刹米 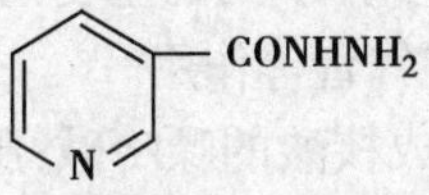　　　　　异烟肼

3. 维生素 B$_6$ 包括吡哆醇、吡哆醛和吡哆胺三种化合物。维生素 B$_6$ 是具有辅酶作用的维生素,可用于治疗妊娠呕吐,放射性呕吐等。

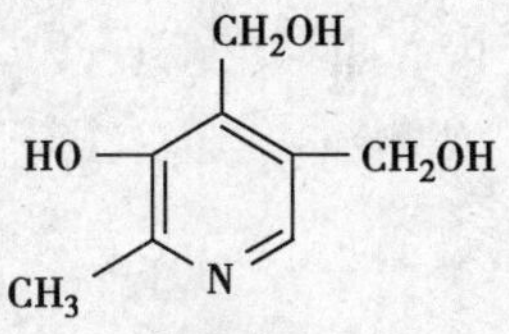

吡哆醇 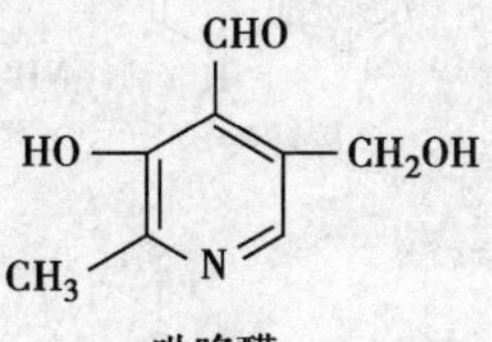　　　　　吡哆醛 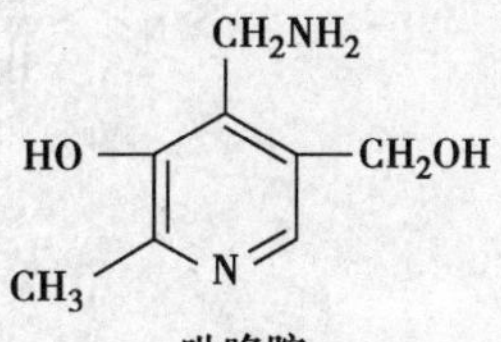　　　　　吡哆胺

第五节　嘧啶、嘌呤及其衍生物

一、嘧啶及其衍生物

含两个氮原子的六元杂环化合物中以嘧啶最为重要，它的衍生物在生命科学上占有重要地位。嘧啶是无色晶体，熔点 22.5℃，易溶于水。具有弱碱性，其碱性比吡啶弱，可与强酸成盐。这是由于嘧啶分子中 N 相当于一个—NO_2 的吸电子效应，能使另一个 N 上的电子云密度降低，结合质子的能力减弱，所以碱性降低。

嘧啶很少存在于自然界中，其衍生物在自然界中普遍存在。例如核酸和维生素 B_1 中都含有嘧啶环。组成核酸的重要碱基：胞嘧啶（cytsine，简写 C）、尿嘧啶（uracil，简写 U）、胸腺嘧啶（thymine，简写 T）和抗代谢抗肿瘤药 5- 氟尿嘧啶等都是嘧啶的衍生物。

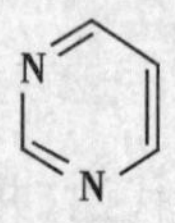

嘧啶	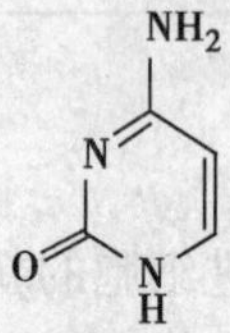 胞嘧啶	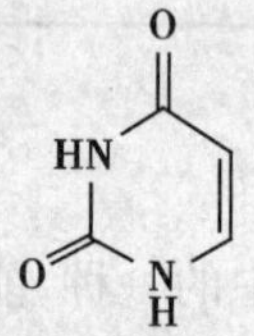 尿嘧啶	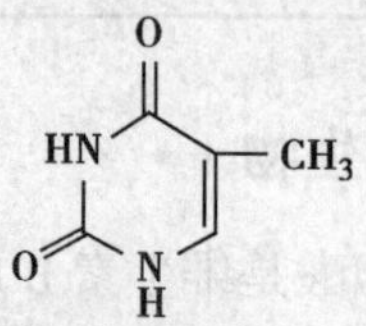 胸腺嘧啶	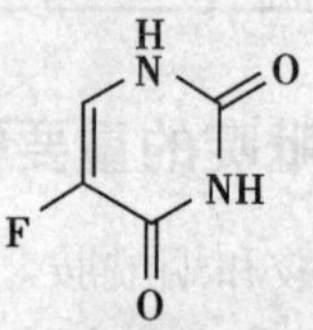 5-氟尿嘧啶

5- 氟尿嘧啶：属于抗代谢抗肿瘤药，能抑制胸腺嘧啶核苷酸合成酶，阻断脱氧嘧啶核苷酸转换成胸腺嘧啶核苷酸，干扰 DNA 合成。对 RNA 的合成也有一定的抑制作用。

二、嘌呤及其衍生物

嘌呤由嘧啶环与咪唑环稠合而成。嘌呤为无色结晶，熔点 217℃，易溶于水，难溶于有机溶剂。嘌呤既有弱碱性（pK_a=2.30）又有弱酸性（pK_a=8.90），因此能分别与强酸或强碱生成盐。嘌呤类化合物有多种不同的生物活性，如抗肿瘤、抗病毒、抗过敏、降胆固醇、抑制免疫性、利尿、强心、扩张支气管等作用。

存在于生物体内组成核酸的嘌呤碱：腺嘌呤（adenine，简写 A）、鸟嘌呤（guanine，简写 G）和抗代谢抗肿瘤药物 6- 巯嘌呤等都是嘌呤的重要衍生物。

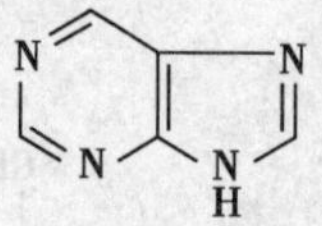

嘌呤	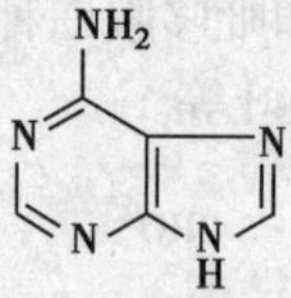 腺嘌呤	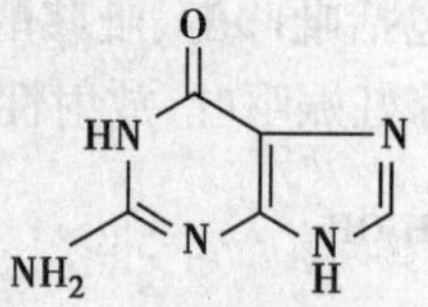 鸟嘌呤

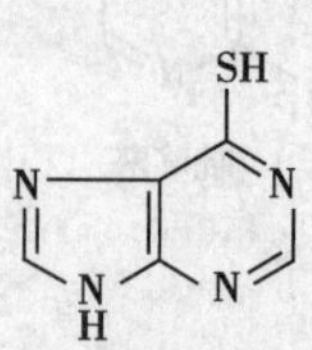

6-巯嘌呤

6- 巯嘌呤;用于急性白血病效果较好,对慢性粒细胞白血病也有效;用于绒毛膜上皮癌和恶性葡萄胎。另外对恶性淋巴瘤、多发性骨髓瘤也有一定疗效。

第六节 生 物 碱

生物碱是一类存在于生物体内具有生理活性的含氮碱性有机化合物。由于这类物质主要是从植物中取得的,所以又称为植物碱。

生物碱一般都具有明显的生理作用。如罂粟中的吗啡具有镇痛作用,麻黄中的麻黄碱具有平喘作用,黄连中的小檗碱具有消炎作用。生物碱已广泛应用在医疗上,是中草药重要的有效成分。一般的生物碱毒性大,适量能治疗疾病,量过大则引起中毒甚至死亡。

一、生物碱的分类与命名

生物碱的种类繁多,结构复杂,可按植物的来源、生源途径或母核基本结构进行分类。根据母核结构分为有机胺类、吡咯衍生物类、吡啶衍生物类、喹啉衍生物类等。

生物碱的结构比较复杂,很少用系统命名法命名,大多根据其来源命名,如麻黄碱来源于麻黄,烟碱来源于烟草,毒芹碱来源于毒芹草。某些生物碱采用国际通用名称的译音,如烟碱又称为尼古丁。

二、生物碱的一般性质

生物碱绝大多数是无色或白色固体,个别为液体,有的有颜色。如尼古丁为液体,黄连素为黄色。生物碱大多难溶于水,易溶于有机溶剂,也可溶于稀酸而生成盐类。大多数生物碱具有旋光性,且多为左旋体。

(一) 碱性

生物碱一般具有弱碱性,可与酸结合成盐。生物碱的盐类一般易溶于水和乙醇,难溶于其他有机溶剂。生物碱的盐类遇强碱又可重新生成游离的生物碱。利用此性质可以提取生物碱。

(二) 沉淀反应

生物碱或生物碱盐的水溶液能与一些试剂生成难溶性的盐或配合物而沉淀。这些能使生物碱发生沉淀反应的试剂称为生物碱沉淀剂。常用的生物碱沉淀剂多为重金属盐类、摩尔质量较大的复盐及一些酸性物质等。如磷钨酸、磷钼酸、苦味酸、碘化铋钾、四碘合汞(Ⅱ)酸钾等。生物碱遇鞣酸溶液生成棕黄色沉淀,遇氯化汞溶液生成白色沉淀,遇苦味酸溶液生成黄色沉淀。

根据沉淀反应可检查某些植物中是否含有生物碱,并利用沉淀反应的颜色和性状等来鉴别生物碱,也可利用沉淀反应提取或精制生物碱。

(三) 显色反应

生物碱或生物碱盐能与某些试剂产生颜色反应。这些能使生物碱发生显色反应的试剂称为生物碱显色剂。例如吗啡与甲醛 - 浓硫酸溶液作用呈紫色;可待因与甲醛 - 浓硫酸溶液作用呈蓝色。常用的生物碱显色剂还有硝酸 - 浓硫酸溶液,重铬酸钾或高锰酸钾的浓硫酸溶液,钼酸铵 - 浓硫酸溶液等。这些显色剂可用于一般生物碱的鉴别。

三、生物碱在药学上的应用

大多数生物碱具有生理活性,是中草药的有效成分。重要的生物碱有:

(一) 麻黄碱

化学式:

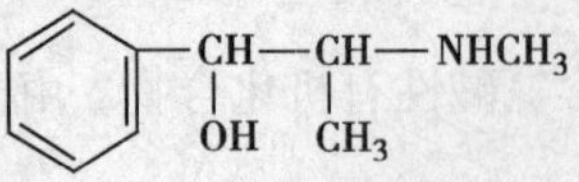

存在于麻黄中。游离的麻黄碱为无色似蜡状的固体或结晶型固体或为颗粒,无臭。常见的多含有半分子结晶水,熔点为40℃,易溶于水或乙醇,可溶于氯仿、乙醚及苯。其水溶液具有碱性,能与无机酸或强有机酸结合成盐。

麻黄碱属于芳烃胺类,氮原子在侧链上,因此与一般生物碱的性质不完全相同。如游离的麻黄碱有挥发性,在水和有机溶剂中均能溶解,与多种生物碱沉淀剂不易产生沉淀等。

麻黄碱有类似肾上腺素的作用,能扩张支气管,收缩黏膜血管,兴奋交感神经,增高血压等。临床上常用其盐酸盐治疗支气管哮喘、过敏性反应、鼻黏膜肿胀和低血压等。

(二) 烟碱

化学式:

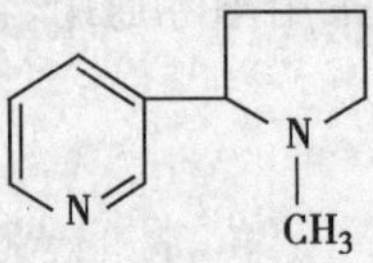

烟碱又名尼古丁,是存在于烟草中的一种吡啶类生物碱。烟碱为无色油状液体,沸点246℃,能溶于水和一般有机溶剂,有旋光性,天然存在的为左旋体。烟碱有毒,少量可使中枢神经兴奋,呼吸增强,血压升高。大量则抑制中枢神经,出现恶心、呕吐、头痛,使心脏麻痹以致死亡。

(三) 莨菪碱

化学式:

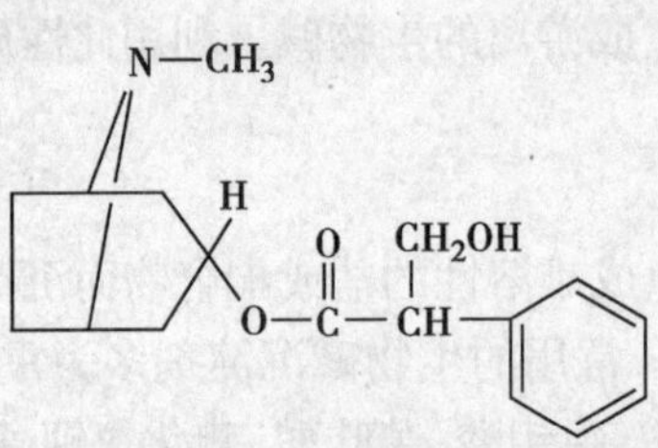

莨菪碱存在于颠茄、莨菪、曼陀罗、洋金花等茄科植物中,莨菪碱是莨菪醇和莨菪酸所形成的酯。莨菪碱为左旋体,在碱性条件下或受热时易消旋化,消旋化的莨菪碱即为阿托品。临床上用硫酸阿托品治疗平滑肌痉挛等。

(四) 吗啡

化学式:

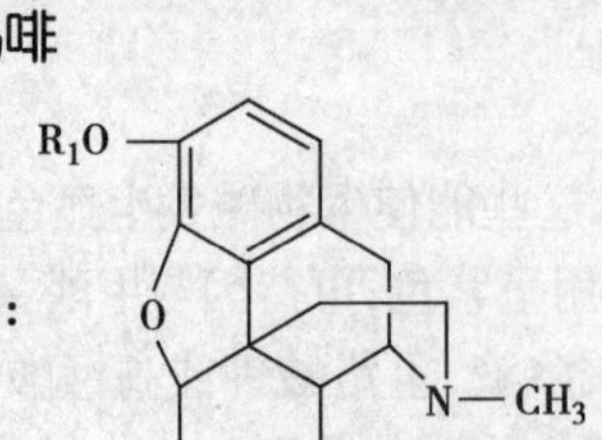

吗啡　$R_1=R_2=H$

可待因　$R_1=CH_3$　　　$R_2=H$

海洛因　$R_1=R_2=CH_3C-$
　　　　　　　　　　　　$\overset{\|}{O}$

吗啡存在于鸦片中。吗啡为白色结晶,微溶于水,味苦。吗啡对中枢神经有麻醉作用,镇痛作用强,但易成瘾,使用时必须严格控制。

吗啡的甲基衍生物称为可待因,为白色晶体,难溶于水。可待因的生理作用与吗啡相似,虽然镇痛作用比吗啡弱,成瘾性较吗啡小,但仍不宜滥用,临床上用于治疗严重干咳等。吗啡分子中的羟基经乙酰化反应生成的二乙酰吗啡即海洛因,不存在于自然界,其作用和毒性都比吗啡强得多,从不作为药用,是对人类危害最大的毒品之一。

(五)小檗碱

化学式:

小檗碱又名黄连素,是黄连、黄柏、三颗针等中草药的主要有效成分,属于异喹啉类生物碱。游离的小檗碱主要以季铵碱的形式存在,在植物中常以盐酸盐的形式存在。小檗碱为黄色针状结晶,能缓慢溶于水和乙醇,较易溶于热水和热乙醇,几乎不溶于乙醚。

小檗碱有显著的抗菌作用,对痢疾杆菌、葡萄球菌、链球菌均有抑制作用。临床上常用其盐酸盐来治疗细菌性痢疾和肠炎等。

学习小结

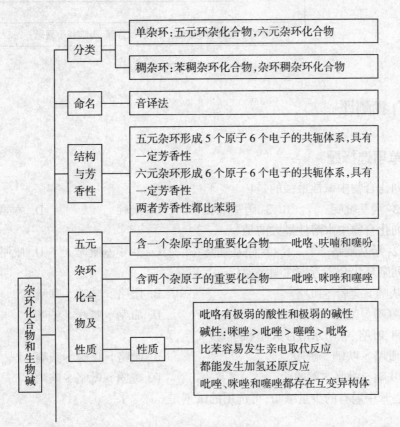

- 六元杂环化合物及性质
  - 最重要化合物——吡啶
  - 性质
    - 吡啶的碱性比脂肪胺和氨弱，比苯胺略强
    - 吡啶比苯难发生亲电取代反应
    - 吡啶比苯容易发生亲核取代反应
    - 吡啶环上有烃基时，能被氧化成吡啶甲酸
    - 吡啶比苯容易还原，还原生成六氢吡啶
- 嘧啶、嘌呤及其衍生物
  - 嘧啶及其衍生物——胞嘧啶、尿嘧啶、胸腺嘧啶、5-氟尿嘧啶
  - 嘌呤及其衍生物——腺嘌呤、鸟嘌呤、6-巯嘌呤
- 生物碱
  - 定义——生物体内具有生理活性的含氮的碱性有机化合物
  - 分类——有机胺类、吡咯衍生物、吡啶衍生物等
  - 命名——大多根据来源命名
  - 性质
    - 生物碱绝大多数是无色或白色固体，个别为液体
    - 大多难溶于水，易溶于有机溶剂，也可溶于稀酸
    - 大多数生物碱具有旋光性，且多为左旋体
  - 重要的生物碱有麻黄碱、烟碱、莨菪碱、吗啡和小檗碱

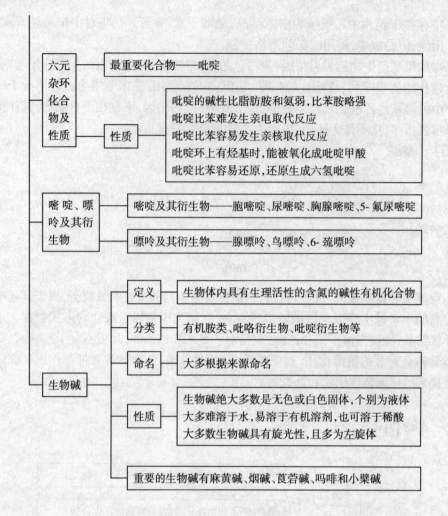

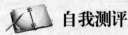

自我测评

一、单项选择题

1. 下列化合物中碱性最强的是(　　)

   A. 3-羟基吡啶　　B. 3-硝基吡啶　　C. 吡啶　　D. 六氢吡啶

2. 下列化合物中水溶性最大的是(　　)

   A. 2-羟基吡咯　　B. 2-硝基吡咯　　C. 2-甲基吡咯　　D. 吡咯

3. 下列杂环化合物芳香性顺序为(　　)

   A. 呋喃 > 噻吩 > 吡咯　　B. 吡咯 > 呋喃 > 噻吩

   C. 噻吩 > 吡咯 > 呋喃　　D. 吡咯 > 噻吩 > 呋喃

4. 呋喃、吡咯、噻吩水溶性大小顺序为(　　)

   A. 吡咯 > 呋喃 > 噻吩　　B. 吡咯 > 噻吩 > 呋喃

   C. 呋喃 > 吡咯 > 噻吩　　D. 噻吩 > 吡咯 > 呋喃

5. 除去苯中混有的少量噻吩，可选用的试剂是(　　)

A. 浓盐酸　　　　　B. 浓硫酸　　　　　C. 浓硝酸　　　　　D. 冰醋酸

6. 下列物质中,能使高锰酸钾溶液褪色的是(　　　)

A. 苯　　　　　　　B. 2- 硝基吡啶　　　C. 3- 甲基吡啶　　　D. 吡啶

7. 下列化合物不属于五元杂环的是(　　　)

A. 呋喃　　　　　　B. 吡啶　　　　　　C. 噻吩　　　　　　D. 吡咯

8. 下列化合物不属于六元杂环的是(　　　)

A. 吡喃　　　　　　B. 吡啶　　　　　　C. 噻吩　　　　　　D. 嘧啶

9. 下列属于稠杂环化合物的是(　　　)

A. 吡喃　　　　　　B. 吡啶　　　　　　C. 嘌呤　　　　　　D. 嘧啶

10. 下列物质中不属于稠杂环化合物的是(　　　)

　　A. 吲哚　　　　　B. 噻吩　　　　　　C. 喹啉　　　　　　D. 嘌呤

二、多项选择题

1. 下列化合物中易溶于水的有(　　　　)

A. 吡啶　　　　　　B. 噻吩　　　　　　C. 咪唑

D. 吡唑　　　　　　E. 呋喃

2. 下列能使高锰酸钾溶液褪色的物质是(　　　　)

A. 3- 甲基吡啶　　　B. 2- 硝基吡啶　　　C. 吡啶

D. 2- 苯基吡啶　　　E. 2- 羟基吡啶

3. 下列属于五元杂环化合物的有(　　　　)

A. 吡啶　　　　　　B. 噻吩　　　　　　C. 嘧啶

D. 吡唑　　　　　　E. 呋喃

4. 下列具有碱性的化合物是(　　　　)

A. 吡啶　　　　　　B. 四氢吡咯　　　　C. 咪唑

D. 吡咯　　　　　　E. 六氢吡啶

5. 下列属于稠杂环化合物的有(　　　　)

A. 吡啶　　　　　　B. 嘌呤　　　　　　C. 嘧啶

D. 吲哚　　　　　　E. 喹啉

三、命名下列化合物或写出结构简式

1. 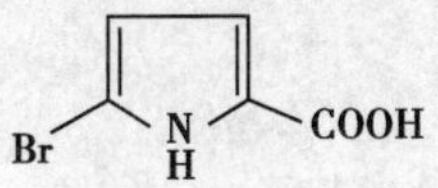
2. 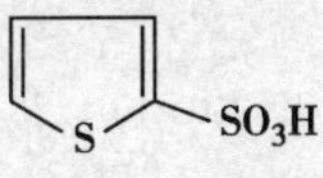
3.

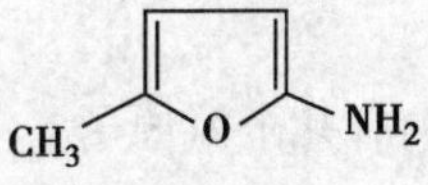

4. 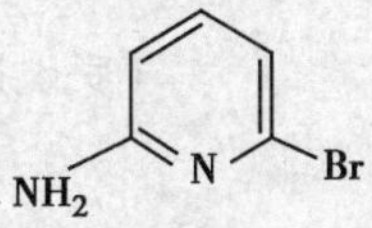
5. 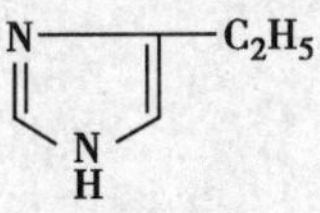
6.

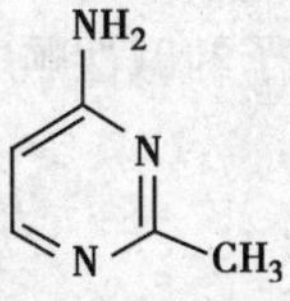

7. 4- 吡啶甲酸甲酯　　　8. 2- 吡咯乙酸　　　　9. 3- 吡咯甲酰胺

10. 2- 甲氧基噻吩　　　　11. 糠醛　　　　　　　12. 4- 羟基 -2- 吡咯甲酸

四、完成下列反应方程式

1. 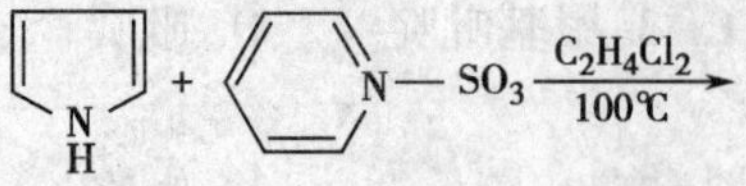 （吡咯）NH + （吡啶）N—SO₃ $\xrightarrow[100\text{℃}]{C_2H_4Cl_2}$

2. （呋喃）O + Br₂ $\xrightarrow[0\text{℃}]{}$

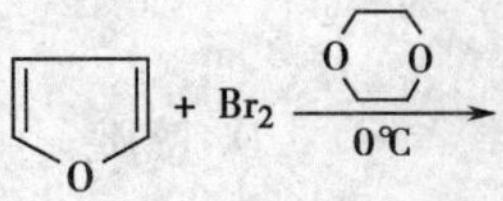

3. 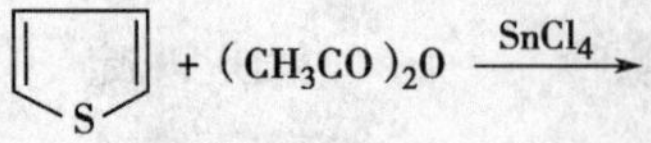 （噻吩）S + (CH₃CO)₂O $\xrightarrow{SnCl_4}$

4. （吡咯）NH + H₂ $\xrightarrow[200\text{℃}]{Ni}$

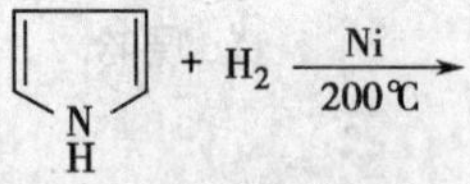

5. 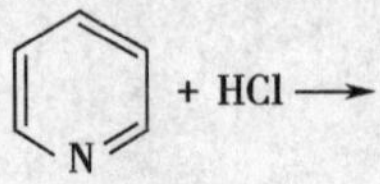 （吡啶）N + HCl $\longrightarrow$

6. 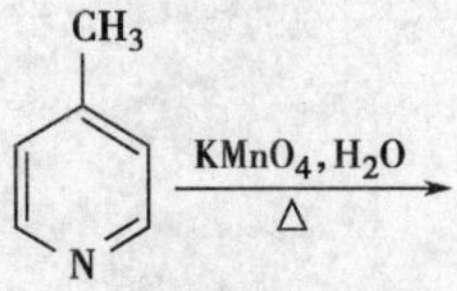 （4-甲基吡啶）CH₃ $\xrightarrow[\triangle]{KMnO_4,H_2O}$

五、分析题

1. 用化学方法区分下列各组化合物

(1) 呋喃、糠醛

(2) 吡啶、2-苯基吡啶

(3) 苯、噻吩

2. 将下列杂环化合物按碱性从强到弱的顺序排列，并解释原因。

吡啶；吡咯；四氢吡咯；3-甲基吡啶；2-硝基吡啶

六、团队练习题

组胺分子的结构简式为 （咪唑）N⌒NH—CH₂CH₂NH₂

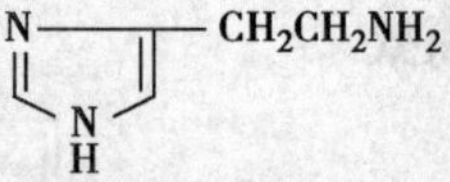

(1) 组胺分子中有几个氮原子？

(2) 这几个氮原子分别采用何种杂化轨道？是否存在孤电子对？

(3) 写出这几个氮原子的碱性顺序。

（罗婉妹）

第十四章　糖　　类

学习导航

　　糖类化合物是广泛存在于自然界的一类重要的有机化合物。糖类占人体质量的 1%～2%，糖是一切生物体维持生命活动所需能量的重要来源。本章主要介绍单糖、典型双糖和多糖的结构特点，并由此推断其主要理化性质，从而使我们学会还原糖和非还原糖的鉴别方法，醛糖和酮糖的鉴别方法，了解重要的糖在医药领域中的应用。

　　糖类是绿色植物光合作用的产物，是一切生物体维持生命活动所需能量的主要来源，同时也具有特殊的生物学功能，许多糖类化合物本身具有抗菌、抗病毒、抗肿瘤活性，是人类最重要的药物之一。

　　糖类化合物由碳、氢、氧 3 种元素组成，最初分析得知它们分子中氧原子和氢原子的比例为 2：1，具有通式 $C_m(H_2O)_n$，因此最早把这类物质称为"碳水化合物"。然而，随着科学的发展，发现有些化合物虽然分子组成上不符合 $C_m(H_2O)_n$ 的通式，但其结构和性质具有糖的特点，应属于糖类。如鼠李糖（$C_6H_{12}O_5$）及脱氧核糖（$C_5H_{10}O_4$）；而另外一些化合物，如甲醛（CH_2O）、乙酸（$C_2H_4O_2$）、乳酸（$C_3H_6O_3$），虽然分子组成上符合 $C_m(H_2O)_n$ 的通式，但其结构和性质与糖完全不同，不属于糖类；还有些糖类化合物中含有氮原子，如甲壳质就是氨基葡萄糖的缩聚物。因此，"碳水化合物"的名称是不够确切的，但出于沿用已久，故至今还在应用。

　　从化学结构上看，糖类是多羟基醛或多羟基酮及其脱水缩合产物。根据能否水解及水解后生成产物的情况不同，糖类化合物一般分为三类：单糖、低聚糖和多糖。

　　单糖：不能水解的多羟基醛或多羟基酮。如葡萄糖为多羟基醛，果糖为多羟基酮。

　　低聚糖：又称寡糖，在酸性条件下能够水解为 2～10 个单糖分子。即低聚糖是由 2～10 个单糖分子缩聚而成的物质。根据水解后得到的单糖的数目，低聚糖可分为双糖、三糖等。最重要的是双糖，如蔗糖、麦芽糖、乳糖。

　　多糖：在酸性条件下能够水解为 10 个以上乃至成百上千个单糖分子。即多糖是由 10 个以上单糖分子缩聚而成的物质。多糖大多为天然高分子化合物，如淀粉、糖原、纤维素等。

第一节　单　　糖

案　例

　　药物的含量测定是衡量药物质量的重要指标，是药物质量检测的关键环节，关乎药物的有效性。某制药企业生产葡萄糖注射液，根据《中国药典》用旋光度法测定注射液含量时，发现样液的旋光度随着时间推移不断变小，10 分钟内变化就比较大，无法进行测定。换一台旋光仪，问题同样存在。

　　是不是该批次药物存在着质量问题？

一、单糖的结构

单糖按其结构可分为醛糖和酮糖;按分子中所含碳原子的数目,可分为丙糖、丁糖、戊糖和己糖。自然界最简单的单糖是丙糖,即甘油醛和1,3-二羟基丙酮。最常见的是戊糖和己糖,其中最重要的戊糖是核糖和脱氧核糖,最重要的己糖是葡萄糖和果糖。

(一)葡萄糖的结构

1. 开链结构 葡萄糖为六碳醛糖,分子式为 $C_6H_{12}O_6$,是一个直链五羟基己醛,结构式为:

$$\underset{\underset{OH}{|}}{HOCH_2}\overset{*}{C}H\underset{OH}{\overset{*}{C}}H\overset{*}{C}H\underset{OH}{\overset{*}{C}}H\overset{*}{C}HCHO$$

己醛糖分子中含有 4 个不相同的手性碳原子,具有 $2^4=16$ 个光学异构体。其中 8 个为 D 型,8 个为 L 型,构成 8 对对映体。

在这些光学异构体中,自然界中存在的只有 D-(+)-葡萄糖、D-(+)-半乳糖、D-(+)-甘露糖、D-(+)-塔罗糖,其余的都需要人工合成。8 种 D-型己醛糖的费歇尔投影式如下:

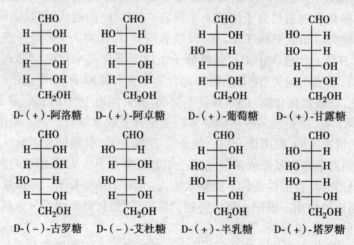

为书写方便,在书写糖的费歇尔投影式时,常用一根短线表示羟基,氢原子可省略不写;也可用"△"代表醛基(—CHO),"○"代表羟甲基(—CH₂OH)来书写。例如:

2. 环状结构及其表示方法 D-葡萄糖在不同条件下结晶,可以得到两种物理性质不同的晶体。一种是在常温下从乙醇溶液中析出的晶体,熔点为 146℃,比旋光度为 +112°;另一种是在 98℃以上从吡啶中析出的晶体,熔点为 150℃,比旋光度为 +18.7°。将这两种晶体分别溶于水后,它们的比旋光度都会逐渐变化,最终都增大或减小至恒定的 +52.7°。这种比旋光度发生变化的现象,称为变旋现象。

另外,从葡萄糖的开链结构来看,分子中含有醛基,能与 HCN 和羰基试剂发生类似醛的反应,但事实上,一般条件下它却与希夫试剂不发生显色反应;在无水的酸性条件下,只与 1 分子的甲醇反应。这些事实都无法用开链结构得以解释。

从醛酮性质得知,醛与 1 分子醇加成生成半缩醛,γ-、δ- 羟基醛一般主要以环状半缩醛的形式存在。葡萄糖分子中同时存在着醛基和羟基,可发生分子内加成反应,生成环状的半缩醛结构(X- 射线衍射分析已经证实晶体单糖是环状结构)。D- 葡萄糖主要是以 C-5 上的羟基与醛基加成,生成六元环状半缩醛。戊糖和己糖通常以六元环或五元环的形式存在,当其以六元环形式存在时,与六元杂环吡喃相似,称为吡喃糖;以五元环形式存在时,与五元杂环呋喃相似,称为呋喃糖。

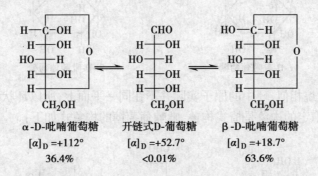

α-D-吡喃葡萄糖   开链式D-葡萄糖   β-D-吡喃葡萄糖

$[\alpha]_D$ =+112° $[\alpha]_D$ =+52.7° $[\alpha]_D$ =+18.7°

36.4%   <0.01%   63.6%

D- 葡萄糖由开链结构转变为环状结构时,醛基碳原子由非手性碳原子转变为手性碳原子,使得葡萄糖的环状半缩醛式有 2 种光学异构体,这 2 种异构体只是 C-1 构型不同,其他碳原子的构型完全相同,故称为端基异构体或异头体。C-1 上新生成的羟基称为半缩醛羟基或苷羟基,通常将苷羟基与决定开链式构型的 C-5 上的羟基同侧的称为 α- 型,异侧的称为 β-型。在不同条件下可分别得到 α-D-(+)- 吡喃葡萄糖和 β-D-(+)- 吡喃葡萄糖结晶,它们在固态时是稳定的,具有各自的熔点,但将其溶解于水中时,这两种环状结构均可以通过开链结构相互转变,比旋光度也相应随之改变,最后达到 3 种结构按一定比例同时存在的动态平衡体系,该混合溶液比旋光度为 +52.7° 时不再改变。凡是分子中具有环状半缩醛或半缩酮结构的糖都会产生变旋现象。

案例分析

> 上述现象不能断定该批次药物存在质量问题。因为葡萄糖具有变旋现象。刚配制的样液中异构体在相互转变,旋光度也相应随之改变,所以此时测旋光值变化较大,需要放置 6 小时以上或加入氨试液并放置 10 分钟,异构体之间达到动态平衡,旋光度稳定后再测,然后根据所测值判断药物的质量。但对于 10% 或 10% 以下的样液可以直接测定,不必加氨试液,因为该样液中,D- 葡萄糖的 α- 与 β- 两种互变异构体浓度都很低,相互影响不大。

在 D- 葡萄糖的平衡体系中,环状的半缩醛的比例 > 99%,所以只能与 1 分子甲醇脱水转变为缩醛。由于链状结构含量极少,葡萄糖与可逆性的亲核能力较弱的希夫试剂不容易反应。

上述葡萄糖的环状半缩醛结构书写为费歇尔投影式,但过长的碳氧碳价键不能合理的体现环的稳定性。为了更真实的表示单糖分子的环状结构,单糖分子的环状结构一般用哈沃斯(Haworth)透视式来表示。哈沃斯透视式的写法是先画 1 个横切纸平面的含 1 个氧原子的六元环,离我们视线近的(即纸平面的前方)用粗线和楔形线,远的(即纸平面的后方)用细线。习惯上将氧原子写在六元环的后右上方,氧原子右下侧的碳原子为决定环状构型的碳原子(如葡萄糖为 C-1),从这个碳原子开始顺时针依次对环中碳原子编号,将糖费歇尔投影式中位于碳链左侧的基团写在环平面的上方,位于碳链右侧的基团写在环平面的下方。D- 型糖 C-5 上的羟甲基写在环平面上方,L- 型糖 C-5 上的羟甲基写在环平面下方。半缩醛羟基与羟甲基处于环的异侧的为 α- 型,在环的同侧的为 β- 型。若无参照的羟甲基则以决定链状构型 D 或 L 的羟基为参照,半缩醛羟基与它同侧的为 α- 型,异侧的为 β- 型。例如:

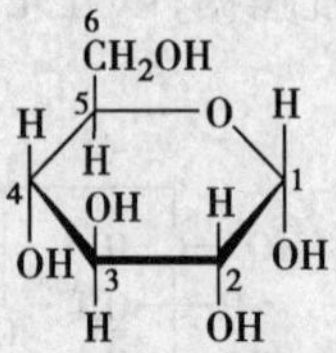

α -D-吡喃葡萄糖 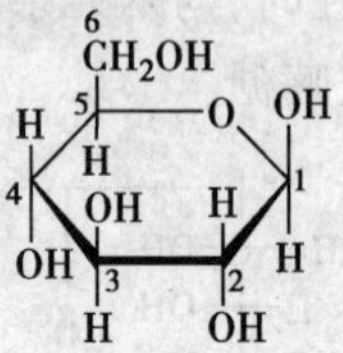   β -D-吡喃葡萄糖

吡喃糖与环己烷相似,环中的原子实际并不在同一平面上,所以环状结构是最合理的构象式书写方式,最稳定的构象是椅式构象,吡喃葡萄糖的构象式如下:

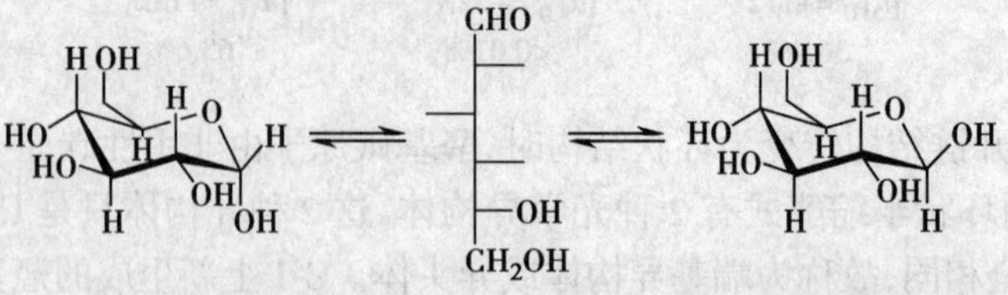

α -D-吡喃葡萄糖   β -D-吡喃葡萄糖

从构象式可以看出,在 β-D- 吡喃葡萄糖中,所有大基团(—CH_2OH,—OH)都处于平伏键上,而在 α-D- 吡喃葡萄糖分子中 C-1 上的苷羟基处在直立键上,故 β-D- 吡喃葡萄糖比α-D- 吡喃葡萄糖稳定,在葡萄糖的互变平衡体系中,β-D- 吡喃葡萄糖所占的比例大于 α-D-吡喃葡萄糖。

(二) 果糖的结构

1. 开链结构　果糖是己酮糖,分子式是 $C_6H_{12}O_6$,与葡萄糖互为同分异构体。其开链式结构为:

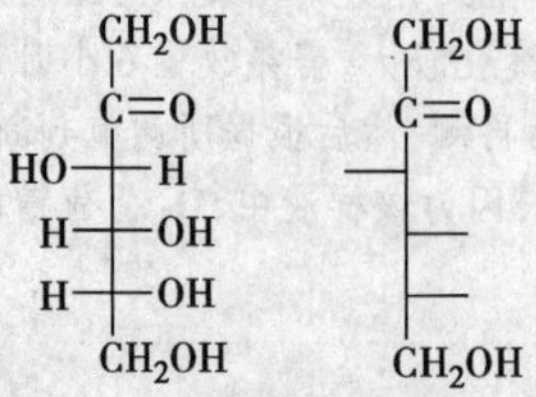

D- (-)-果糖

你 问 我 答

与葡萄糖结构对比,请问果糖有环状结构吗? 若有,羰基与几位碳原子上的羟基成环?

2. 环状结构　与葡萄糖相似,果糖也主要以环状结构存在。果糖开链结构中的 C-5 或C-6 上的羟基可以与酮基结合生成半缩酮,形成五元环呋喃型或六元环吡喃型两种环状结构的果糖,游离的果糖主要以吡喃型存在,结合态的果糖主要以呋喃型存在,如蔗糖中的果糖就是呋喃果糖。这两种环状结构都有各自的 α- 型异构体和 β- 型异构体,在水溶液中,同样存在开链结构与环状结构的互变平衡体系,因此,果糖也具有变旋现象,达到平衡时的比旋光度为 –92°。果糖的开链式以及吡喃果糖、呋喃果糖的哈沃斯式互变平衡体系如下所示:

α -D-吡喃果糖 · α -D-呋喃果糖 · β -D-吡喃果糖 · β -D-呋喃果糖

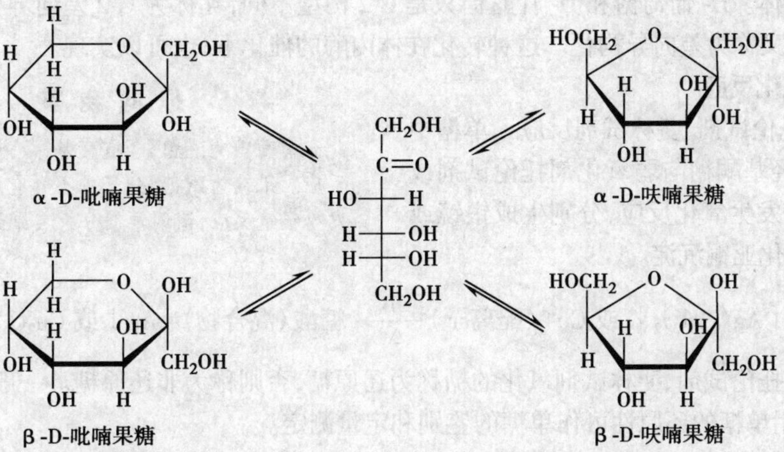

二、单糖的性质

单糖都是结晶性固体,有甜味,具有吸湿性,易溶于水,并能形成过饱和溶液(糖浆),难溶于乙醇等有机溶剂。单糖(除丙酮糖外)都具有旋光性,溶于水时出现变旋现象。

单糖是多羟基醛或多羟基酮,因此既具有醇和醛、酮的一般性质,又有处于同分子内相互影响而产生的特殊性质。另外,单糖在水溶液中以环状结构和开链结构动态平衡体系存在,虽然开链结构的量很少,但可通过平衡移动而不断产生。所以,当发生化学反应时,根据加入试剂的不同和反应部位的不同,有的反应是以开链结构进行,有的以环状半缩醛(酮)结构进行。

(一) 互变异构

单糖用稀碱溶液处理时,能形成 3 种异构体的平衡混合物。如用稀碱处理 D- 葡萄糖、D- 甘露糖和 D- 果糖任意一种糖,都会生成 3 种糖的互变平衡混合物。在碱性条件下,这三种糖可通过烯二醇中间体相互转化。

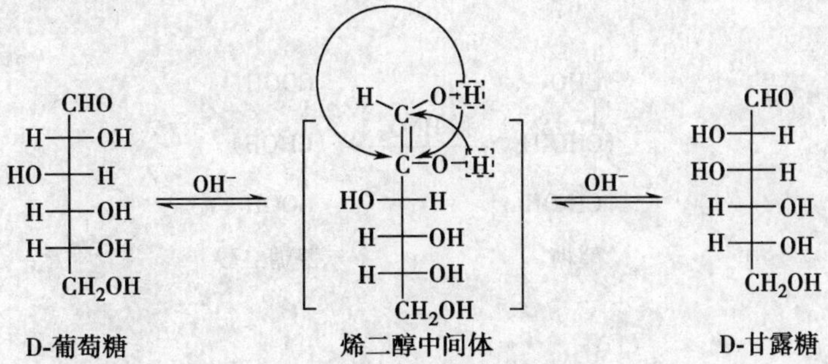

D-葡萄糖 · 烯二醇中间体 · D-甘露糖

$$
\begin{array}{c}
\overset{\displaystyle OH^-}{\big\uparrow} \\[2pt]
CH_2OH \\
| \\
C{=}O \\
HO{-}\!\!-\!\!-H \\
H{-}\!\!-\!\!-OH \\
H{-}\!\!-\!\!-OH \\
CH_2OH
\end{array}
$$

D-果糖

在含有 n 个手性碳原子的非对映异构体之间,只有一个手性碳原子的构型不同时,互称为差向异构体。D- 葡萄糖和 D- 甘露糖只是 C-2 构型不同,互称为 C-2 差向异构体,则它们之间的转化又称为差向异构化。这种转化在体内酶的催化下,也可以实现。

(二)氧化反应

1. 与托伦试剂、斐林试剂反应 单糖中醛糖或 α- 羟基酮糖与弱氧化剂托伦试剂或斐林试剂可发生氧化反应,分别生成银镜或砖红色的氧化亚铜沉淀。

$$
\text{醛糖} + \left[Ag(NH_3)_2 \right]^+ \text{或 } Cu^{2+}\text{(配离子)} \xrightarrow[\triangle]{OH^-} \text{糖酸(混合物)} + Ag\downarrow \text{或 } Cu_2O\downarrow
$$

凡能被托伦试剂、斐林试剂氧化的糖称为还原糖,否则称为非还原糖。一般单糖都具有还原性,利用单糖的还原性可作单糖的鉴别和定量测定。

2. 与溴水反应 溴水能将醛糖中的醛基氧化成为羧基,生成相应的醛糖酸。但因为溴水是酸性氧化剂,酮糖不能异构化为醛糖,因此,溴水不能氧化酮糖。则可利用溴水是否褪色来区分醛糖和酮糖。

$$
\begin{array}{c}
CHO \\
| \\
(CHOH)_n \\
| \\
CH_2OH
\end{array}
\xrightarrow[H_2O]{Br_2}
\begin{array}{c}
COOH \\
| \\
(CHOH)_n \\
| \\
CH_2OH
\end{array}
$$

醛糖　　　　　醛糖酸

3. 被稀硝酸氧化 稀硝酸的氧化性比溴水强,它能将醛糖中的醛基和末位羟甲基都氧化为羧基而生成糖二酸。

酮糖也可被稀硝酸氧化,经碳链断裂而生成较小分子的二元酸。

$$
\begin{array}{c}
CHO \\
| \\
(CHOH)_n \\
| \\
CH_2OH
\end{array}
\xrightarrow{\text{稀 }HNO_3}
\begin{array}{c}
COOH \\
| \\
(CHOH)_n \\
| \\
COOH
\end{array}
$$

醛糖　　　　　　　醛糖二酸

（三）成脎反应

单糖与等摩尔苯肼反应生成糖苯腙,当苯肼过量(1∶3)时,可将 α- 羟基氧化成羰基,然后继续与苯肼反应生成糖脎。总反应式是:

糖脎是不溶于水的美丽黄色晶体,很稀的糖溶液加入过量苯肼加热即有糖脎析出。不同的糖脎晶型不同,成脎所需时间也不同,并各有一定的熔点,因此成脎反应常用于糖类的定性鉴别。成脎反应仅发生在C-1和C-2上,对于含碳原子个数相同的单糖,如果除C-1或C-2外,其他碳原子的构型都相同时,则会生成相同的糖脎。例如 D- 葡萄糖、D- 甘露糖和D- 果糖分别与过量苯肼反应可生成相同的糖脎。反过来,只要单糖能形成相同的脎,那么,除 C-1 或 C-2 外,其他碳原子的构型必然相同,因此,成脎反应又可进行糖的构型确定。葡萄糖脎、麦芽糖脎和乳糖脎的晶体结构图见图 14-1。

图 14-1 糖脎的晶体结构图
A. 葡萄糖脎 B. 麦牙糖脎 C. 乳糖脎

(四) 成苷反应

单糖环状结构中的半缩醛羟基即苷羟基较活泼,容易与另外一分子含羟基、氨基、巯基等活泼氢的化合物反应失水生成缩醛,称为糖苷。例如,D- 葡萄糖在干燥氯化氢的条件下,可与甲醇作用,生成 α- 和 β- 葡萄糖甲苷的混合物。

$$D\text{-}吡喃葡萄糖 \xrightarrow{\text{干HCl}} \alpha\text{-}D\text{-}吡喃葡萄糖甲苷 + \beta\text{-}D\text{-}吡喃葡萄糖甲苷$$

在糖苷中,糖的部分称为糖苷基,另一部分称为配糖基或苷元。糖苷基和配糖基通过氧原子相连的键称为氧苷键,简称苷键。根据半缩醛羟基是 α- 型或 β- 型,将苷键相应的分为 α- 苷键和 β- 苷键两类。如 α-D- 吡喃葡萄糖甲苷中,α- 吡喃葡萄糖是糖苷基,来自甲醇的甲基是配糖基,形成的苷键为 α- 苷键。

由于糖苷分子中没有苷羟基,在水溶液中不能转变成开链式结构,所以糖苷没有还原性(不能与托伦试剂、斐林试剂、班氏试剂发生反应);不能与过量的苯肼成脎;也没有变旋现象。但在稀酸或酶的作用下,糖苷可水解生成原来的糖和配糖基部分。

> **小 贴 士**
>
> **糖苷的生物活性**
>
> 糖苷类化合物在自然界分布很广,大多数具有生物活性,是许多中草药的有效成分之一。如从熊果的叶子萃取的熊果苷有杀菌消炎功效;有活血化瘀、凉血解毒功效的藏红花中含藏红花苦苷;蒲公英和槐花中的芦丁可用作防高血压的辅助治疗剂等。

案例分析

> 苦杏仁味苦,性温,微毒,具有止咳平喘、润肺通便之功效,但大量服用会引起中毒。因为苦杏仁中含有苦杏仁苷和苦杏仁酶,遇水后水解而产生剧毒物质氢氰酸,氢氰酸可以阻断细胞的呼吸链,妨碍 ATP 的产生。每 100g 苦杏仁中所含的苦杏仁苷能分解释放出氢氰酸 100~250mg,而 60mg 氢氰酸就可以置人于死地。故食入过量或生食苦杏仁可引起氢氰酸中毒而致死。

(五) 成酯反应

单糖分子中含有多个羟基可以被酯化。单糖的磷酸酯是体内重要的代谢和生物合成的中间体,具有重要的生物学意义。例如,人体内的葡萄糖在体内酶的作用下可与磷酸作用生成吡喃葡萄糖 -1- 磷酸酯(俗称 1- 磷酸葡萄糖)、吡喃葡萄糖 -6- 磷酸酯(6- 磷酸葡萄糖)或葡萄糖 -1,6- 二磷酸酯。

$$+ H_3PO_4 \xrightarrow{\text{酶}}$$

β -6-磷酸葡萄糖

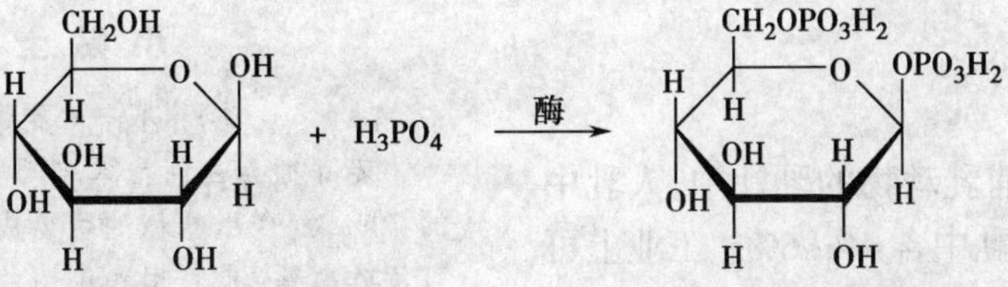

β-1,6-二磷酸葡萄糖

(六) 颜色反应

1. 莫立许（Molisch）反应　在糖的水溶液中加入 α- 萘酚的酒精溶液,然后沿试管壁缓慢加入浓硫酸,勿振摇,使密度较大的浓硫酸沉到试管底部,则在浓硫酸和糖溶液的交界面处很快会出现紫色环,该颜色反应称为莫立许反应。单糖、低聚糖和多糖都有此颜色反应,且反应很灵敏,常用于糖类的鉴别。

具有五碳糖或六碳糖结构的氨基糖苷类抗生素药物经酸水解后,在盐酸或硫酸作用下遇莫立许试剂显紫色。如链霉素、庆大霉素属于氨基糖苷类药物,其鉴别方法之一就是莫立许反应。

2. 塞利凡诺夫（Seliwanoff）反应　塞利凡诺夫试剂是间苯二酚的盐酸溶液。在酮糖（游离的酮糖或含有酮糖的双糖,例如果糖或蔗糖）的溶液中,加入塞利凡诺夫试剂,加热,很快出现红色,而此时醛糖溶液没有变化,从而用以区分酮糖和醛糖。

第二节 双 糖

双糖是最简单的低聚糖。双糖是 1 分子单糖的半缩醛羟基与另 1 分子单糖的羟基失水缩合后的产物,所以双糖其实也是糖苷。双糖的物理性质类似于单糖,如能形成结晶,易溶于水,有甜味。根据 2 分子单糖脱水方式的不同,可将双糖分为还原性双糖和非还原性双糖。

一、麦芽糖

你 问 我 答

请同学们想一想,如何判断双糖是否具有还原性?

麦芽糖主要存在于麦芽中,麦芽糖是淀粉在淀粉酶作用下的水解产物。

麦芽糖是由 1 分子 α-D- 吡喃葡萄糖 C-1 上的苷羟基与另 1 分子 α-D- 吡喃葡萄糖 C-4 上的醇羟基脱水,通过 α-1,4- 苷键结合而成。其结构为:

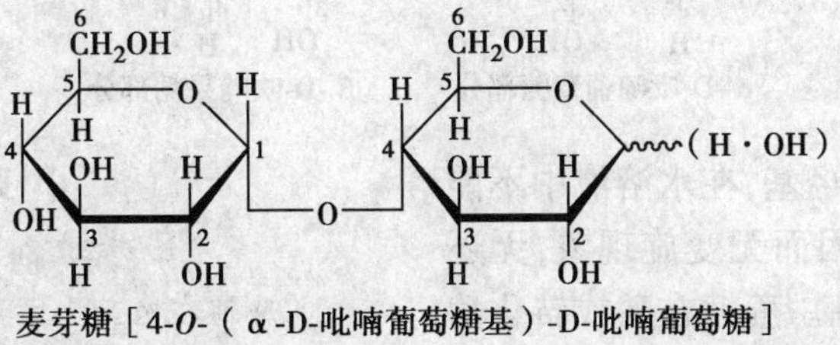

麦芽糖 [4-O-（α-D-吡喃葡萄糖基）-D-吡喃葡萄糖]

麦芽糖分子中仍保留有 1 个苷羟基,在水溶液中可通过互变形成 α- 型和 β- 型 2 种环状结构和开链结构的动态平衡,达平衡时的比旋光度为 +136°。因此,麦芽糖是还原性双糖,能与托伦试剂、斐林试剂、班氏试剂等弱氧化剂反应,能成脎、成苷,具有变旋现象。

二、乳糖

乳糖存在于哺乳动物的乳汁中,人乳中含 6%~8%,羊、牛乳中含 4%~6%。工业上可从乳酪的副产品乳清中得到。

乳糖是由 1 分子 β-D- 吡喃半乳糖 C-1 上的苷羟基与另 1 分子 D- 吡喃葡萄糖 C-4 上的醇羟基脱水,通过 β-1,4- 苷键结合而成。其结构为:

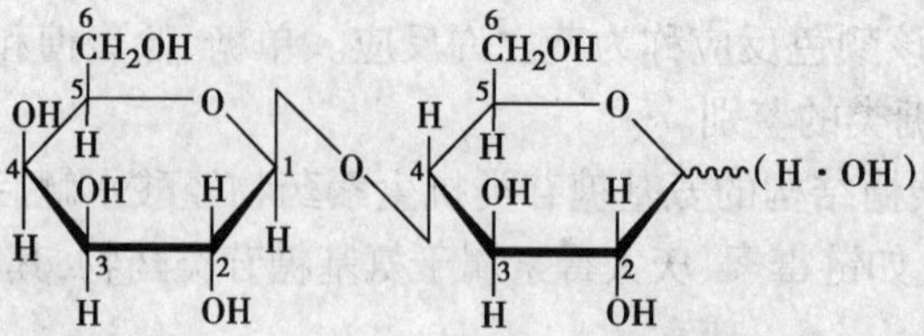

乳糖 [4-O-(β-D-吡喃半乳糖基)-D-吡喃葡萄糖]

乳糖分子中葡萄糖部分仍留有苷羟基,所以乳糖是还原性双糖,有变旋现象,链状与环状结构达平衡时比旋光度为 +53.5°。

三、蔗糖

蔗糖广泛分布在各种植物中,在甘蔗和甜菜中含量较高,故也有甜菜糖之称,食用糖中白糖、红糖就是蔗糖。它是白色晶体,熔点 186℃,甜度仅次于果糖,易溶于水,难溶于乙醇,具有右旋性,在水溶液中的比旋光度为 +66.7°。

蔗糖是由 1 分子 α-D- 吡喃葡萄糖 C-1 上的苷羟基与 1 分子 β-D- 呋喃果糖 C-2 上的苷羟基通过 1,2- 苷键结合而成的双糖。其结构式为:

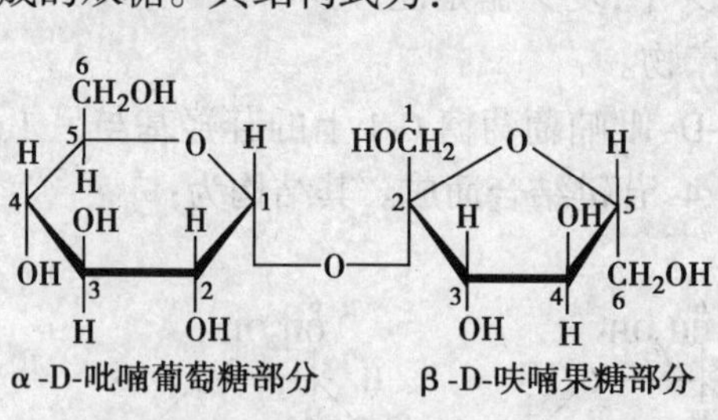

α-D-吡喃葡萄糖部分   β-D-呋喃果糖部分

蔗糖分子中无苷羟基,在水溶液中不能转变成开链式结构,因而无变旋现象,无还原性,是非还原性双糖。蔗糖在酸或转化酶的作用下,水解生成等量的葡萄糖和果糖的混合物,具有左旋性,与水解前蔗糖的右旋性相反,所以将此混合物称为转化糖。转化糖比蔗糖要甜,蜂蜜中大部分是转化糖,它是在蜜蜂体内能催化蔗糖水解的酶即转化酶作用下而得到。

第三节 多 糖

案 例

乳品和乳制品加入淀粉是一种掺假行为,掺入淀粉主要起增稠和稳定作用,同时提高乳品的干物质含量,其实质是为了掩盖因大量掺水和盐类而造成的稀薄感。从而大大降低了乳粉的成本,然而却严重的损害了消费者的经济利益和身体健康。

请问如何检测乳品和乳制品中掺有淀粉?

多糖是由成千上万个单糖分子之间通过苷键失水缩合而成的天然高分子化合物。由于多糖分子中的苷羟基几乎都被结合为苷键,因此,多糖的性质与单糖、双糖的性质有较大的区别。多糖大多为无定形粉末,没有甜味,大多数不溶于水,即便能溶于水也形成胶体溶液。多糖无还原性,不能生成糖脎,也没有变旋现象。在酸或酶的作用下,多糖可以逐步水解,水解的最终产物为单糖。

多糖在自然界分布极广,是生物体的重要组成部分,与生命活动密切相关,其中淀粉、纤维素和糖原较为重要。

一、淀粉、糖原

(一)淀粉

淀粉是无臭无味的白色粉末状物质,广泛存在于植物的茎、块根和种子中,是绿色植物光合作用的产物,是植物储存的营养成分之一,也是人类粮食的主要成分。淀粉是由 D- 葡萄糖通过 α- 苷键失水缩合而成。

淀粉用热水处理后,可溶解部分为直链淀粉或可溶性淀粉;不溶而膨胀的部分为支链淀粉或胶淀粉。一般淀粉中含直链淀粉 10%~30%,支链淀粉 70%~90%。

1. 直链淀粉 直链淀粉存在于淀粉的内层,是由 1000~4000 个 α-D- 吡喃葡萄糖通过 α-1,4- 苷键结合而成的链状聚合物,其结构如下:

$$\alpha\text{-}1,4\text{-苷键}$$

直链淀粉溶液遇碘显深蓝色,加热颜色消失,冷却后又复现。因为直链淀粉的空间结构并非直线型,由于分子内氢键的作用,有规律的卷曲成螺旋状(每一螺旋圈约含 6 个葡萄糖单位),而直链螺旋状结构中间的空穴恰好适合碘分子进入,依靠范德华力使碘与淀粉生成蓝色配合物。此反应非常灵敏,常用于淀粉的鉴别(图 14-2)。

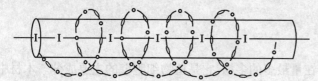

图 14-2 淀粉 - 碘蓝色物质结构示意图

2. 支链淀粉 支链淀粉存在于淀粉的外层，组成淀粉的皮质。它是由 20~30 个 α-D- 吡喃葡萄糖单位通过 α-1,4- 苷键结合成的短链组成，短链之间又以 α-1,6- 苷键连接而形成高度分支化的多支链结构，比直链淀粉要复杂得多，分子量比直链淀粉大，有的可达 600 万左右（图 14-3）。支链淀粉的结构如下：

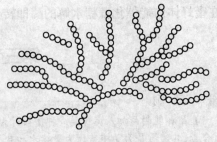

图 14-3 支链淀粉分支状结构示意图

淀粉在酸或酶的作用下可逐步水解，最后得到葡萄糖。

$$(C_6H_{10}O_5)_n \longrightarrow (C_6H_{10}O_5)_m \longrightarrow C_{12}H_{22}O_{11} \longrightarrow C_6H_{12}O_6$$

淀粉　　　　　　糊精　　　　　麦芽糖　　　　葡萄糖

糊精是白色或淡黄色粉末，分子比淀粉小，但仍是多糖。溶于冷水，有黏性，用作黏合剂以及纸张、布匹的上胶剂。

小 贴 士

赋形剂——淀粉

淀粉是发酵工业、制药工业的重要原料，在药物制剂中用作赋形剂。在分析化学上，淀粉用作指示剂。

（二）糖原

糖原是在人和动物体内储存葡萄糖的一种多糖，又称动物淀粉或肝糖，主要存在于肝脏和肌肉中，因此糖原有肝糖原和肌糖原之分。

糖原的结构与支链淀粉相似，但其支链更多更密，每隔 8~10 个葡萄糖单位就出现 1 个 α-1,6- 苷键，其分子量在 100 万 ~400 万之间，含 6000~20 000 个 D- 葡萄糖单位。分支的增多可增大水溶解度。

糖原是白色无定形粉末，可溶于热水形成透明胶体溶液，遇碘显红色。

糖原在人体代谢中对维持人血液中的血糖浓度有着重要的调节作用。当血糖浓度增高时，多余的葡萄糖就聚合成糖原储存于肝内；当血糖浓度降低时，肝糖原就分解成葡萄糖进入血液，以保持血糖浓度正常，为各组织提供能量。肌糖原是肌肉收缩所需的主要能源。

二、纤维素

纤维素是自然界中分布最广、存在量最多的多糖，它是植物细胞壁的主要成分。木材中含纤维素 50%~70%，棉花是含纤维素最多的物质，含量高达 90% 以上。纯的纤维素常用棉纤维获得，脱脂棉、滤纸几乎是纯的纤维素制品。

纤维素是由成百上万个 β-D- 葡萄糖分子通过 β-1,4- 苷键结合而成的长链分子，一般无分支链，与链状的直链淀粉结构相似，但纤维素分子链相互间通过氢键作用形成绳索状（图14-4）。纤维素的结构如下：

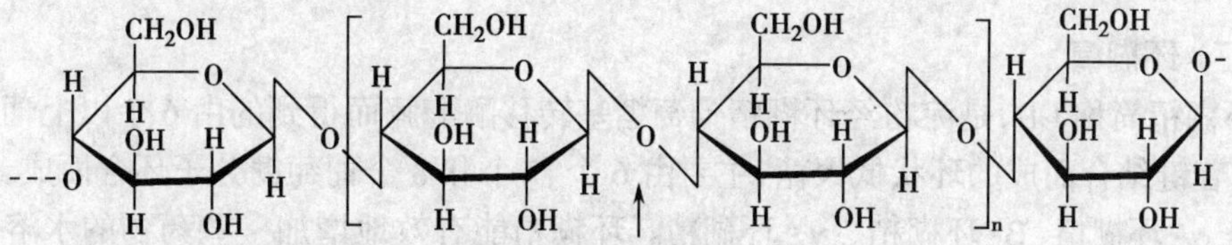

β-1,4-苷键

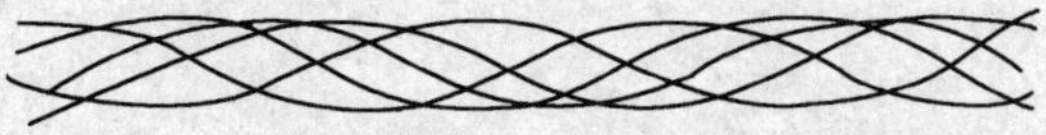

图 14-4 纤维素的绳索状链结构示意图

纤维素是白色物质，不溶于水，韧性很强，在高温、高压下经酸水解的最终产物是 β-D- 葡萄糖。人体内的淀粉酶只能水解 α-1,4- 苷键，不能水解 β-1,4- 苷键，因此，纤维素不能直接作为人的营养物质。纤维素虽然不能被人体消化吸收，但有刺激胃肠蠕动、防止便秘、排除有害物质、减少胆酸和中性胆固醇的肝肠循环、降低血清胆固醇、影响肠道菌、抗肠癌等作用，所以食物中保持一定量的纤维素对人体健康是十分有益的。牛、马、羊等食草动物的胃中能分泌纤维素水解酶，能将纤维素水解成葡萄糖，所以纤维素可作为食草动物的饲料。纤维素的用途很广，可用于制纸，还可用于制造人造丝、火棉胶、电影胶片（赛璐璐）、硝基漆等。在药物制剂中，纤维素经处理后可用作片剂的黏合剂、填充剂、崩解剂、润滑剂和良好的赋形剂。

三、重要的糖类化合物及其在药学上的应用

（一）D- 核糖和 D-2- 脱氧核糖

D- 核糖和 D-2- 脱氧核糖具有左旋性，在自然界均不以游离状态存在，常与磷酸和一些有机含氮杂环结合而存在于核蛋白中，是组成核糖核酸（RNA）和脱氧核糖核酸（DNA）的重要组分之一，在细胞中起遗传作用，与生命现象有密切的关系。在核酸中核糖和脱氧核糖都以 β- 型呋喃糖存在。D-2- 脱氧核糖是核苷类药物的基础原料和关键中间体，目前主要用于合成抗病毒药物和抗肿瘤药物，多用于治疗艾滋病、乙肝和肿瘤，有着重要的开发价值和市场前景。

瞭 望 台

糖是自然界存在量最大的物质，糖链是自然界中最大的生物信息库，糖链的结构改变和很多疾病的发生相伴随，美国科学家费兹已经确认糖蛋白和糖脂组成的碳链可以对抗癌症。因此，糖链的功能不再局限于为人体提供能量。科学家认为，在核酸和蛋白质基础上的生命现象只有在生物糖的作用下才能进行更多的生命活动，如受精、免疫、发育、衰老、癌变等，糖类的深入研究已经成为生命科学研究的新热点。

D-核糖　　　　β-D-呋喃核糖　　　　D-2-脱氧核糖　　　β-D-呋喃脱氧核糖

(二) 环糊精

环糊精简称 CD,是淀粉经环糊精葡萄糖基转移酶酶解而得到的由 6 个以上葡萄糖通过 α-1,4- 苷键结合而成的环状低聚糖,主要由 6 个、7 个和 8 个葡萄糖分子环合而成,其中最常见的是 α- 环糊精、β- 环糊精、γ - 环糊精。环糊精能有效地增加一些药物的水溶性和溶解速度,增加药物的稳定性和生物利用度,降低药物的刺激性、毒性、副作用、掩盖苦味,使药物缓释和改善剂型等。

(三) 甲壳质

俗称甲壳素,是一种多糖类生物高分子,属于氨基多糖。在自然界中广泛存在于低等生物菌类、藻类的细胞;节肢动物虾、蟹、昆虫的外壳;软体动物(如鱿鱼、乌贼)的内壳和软骨;高等植物的细胞壁等。因甲壳质的化学结构与植物中广泛存在的纤维素结构非常相似,故又称为动物纤维素,是自然界唯一带正电荷的可食性动物纤维素。目前已研究证明甲壳质具有抗菌抗感染、降血压、降血脂、降血糖和防止动脉硬化、抗病毒等作用,小分子甲壳质还具有抗癌作用;医疗用品上可做隐形眼镜、人工皮肤、缝合线、人工透析膜和人工血管等。甲壳质在医药领域有着广阔的应用前景。

学习小结

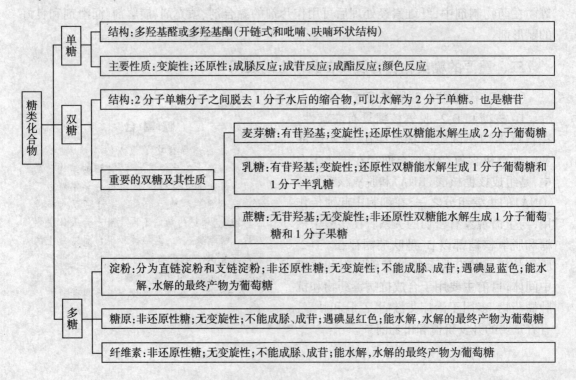

自我测评

一、单项选择题

1. 下列糖中没有还原性的是( )

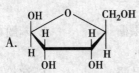

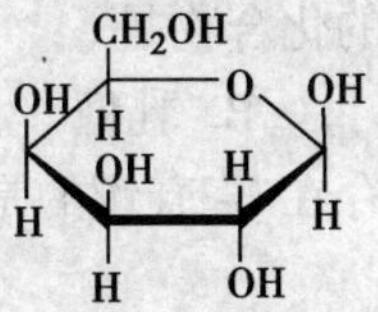

2. 下列说法正确的是( )
   A. 糖类都符合通式 $C_m(H_2O)_n$
   B. 糖类都有甜味
   C. 糖类一般含有碳、氢、氧三种元素
   D. 糖类都能发生水解

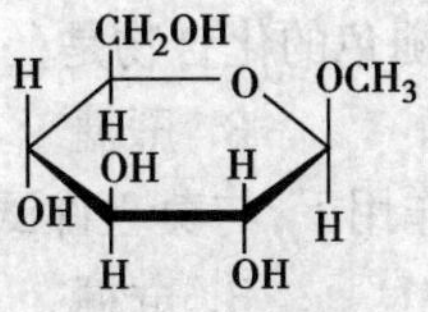

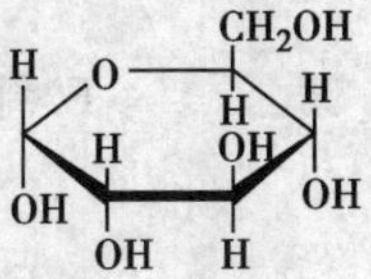

3. 可用于区分蔗糖和果糖的试剂是( )
   A. 塞利凡诺夫试剂   B. 溴水   C. 托伦试剂   D. 莫立许试剂

4. 下列糖中属于非还原糖的是( )
   A. 蔗糖   B. 葡萄糖   C. 乳糖   D. 果糖

5. 临床上检验糖尿病患者尿液中葡萄糖的常用试剂是( )
   A. 班氏试剂   B. 托伦试剂   C. 溴水   D. 苯肼

6. 下列各组化合物可用托伦试剂区分开的是( )
   A. 葡萄糖和己醛   B. 果糖和甘露糖
   C. 半乳糖和麦芽糖   D. 葡萄糖和蔗糖

7. 碘量法中用于指示终点的指示剂是( )
   A. 纤维素   B. 淀粉   C. 糖原   D. 麦芽糖

8. 人体内消化酶不能消化的糖是( )
   A. 蔗糖   B. 淀粉   C. 糖原   D. 纤维素

9. 下列糖被稀硝酸氧化后具有旋光性的是( )

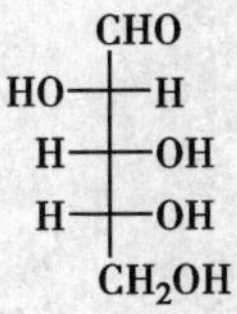

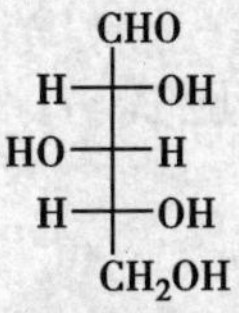

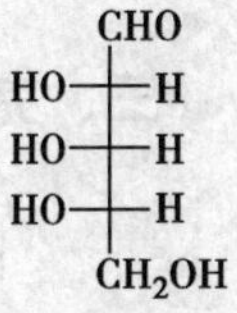

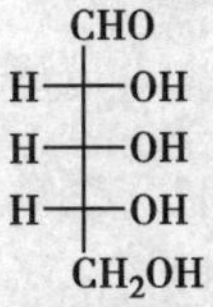

10. 血糖通常是指血液中的( )
    A. 葡萄糖   B. 果糖   C. 半乳糖   D. 糖原

二、多项选择题

1. 能与托伦试剂反应产生银镜的是(　　　　)

A. 葡萄糖　B. 果糖　C. 蔗糖　D. 麦芽糖　E. 己醛

2. 与葡萄糖脎晶型一样的脎是(　　　　)

A. 乳糖脎　B. 果糖脎　C. 半乳糖脎　D. 甘露糖脎　E. 麦芽糖脎

3. 能使溴水褪色的化合物是(　　　　)

A. 葡萄糖　B. 蔗糖　C. 甘露糖　D. 果糖　E. 苯酚

4. 在浓硫酸作用下,与莫立许试剂显色的是(　　　　)

A. 葡萄糖　B. 蔗糖　C. 果糖　D. 己醛　E. 淀粉

5. 具有变旋性的化合物是(　　　　)

A. 葡萄糖　B. 乳糖　C. 果糖　D. 蔗糖　E. 纤维素

6. 下列糖苷中存在 β- 苷键的是(　　　　)

A. 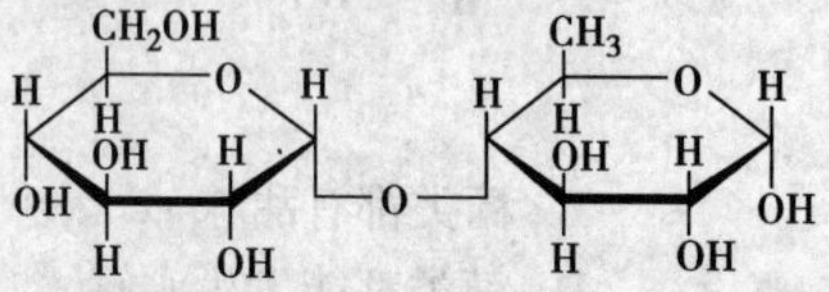

B. 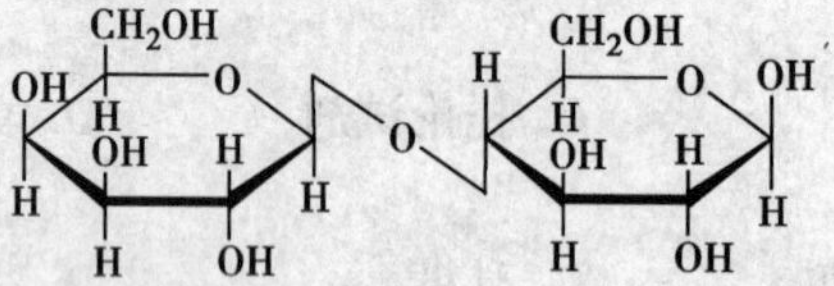

C. 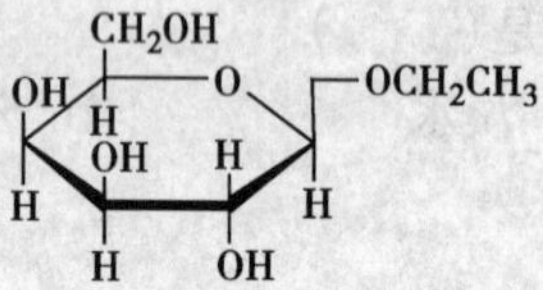

D. 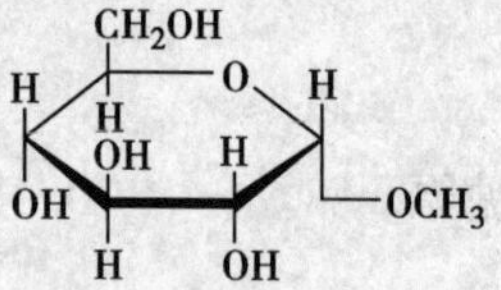

E. 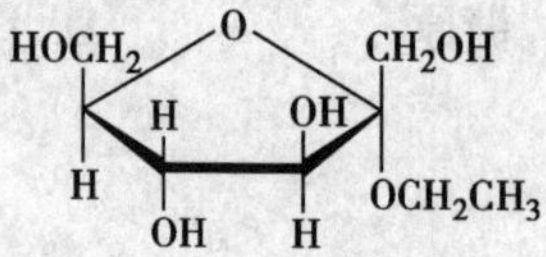

三、完成下列反应式

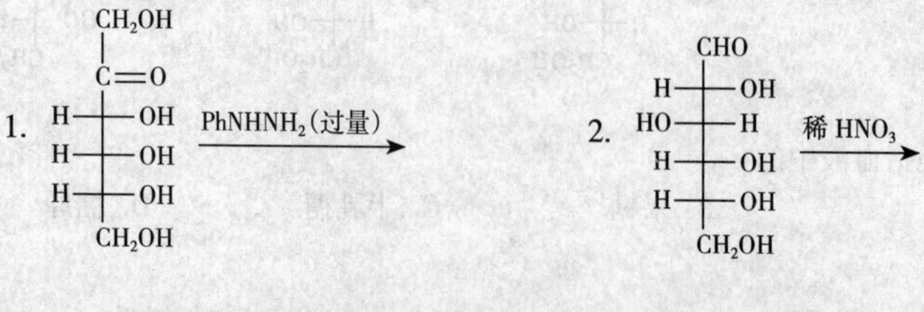

3.

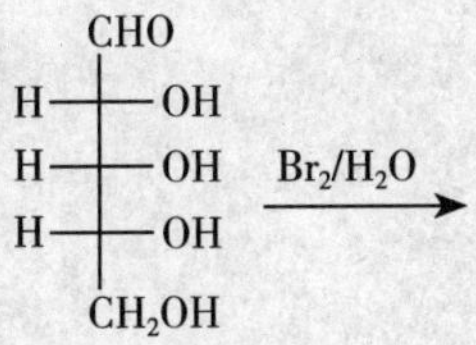

$$\begin{array}{c} CHO \\ H\!-\!\!\!-\!OH \\ H\!-\!\!\!-\!OH \\ H\!-\!\!\!-\!OH \\ CH_2OH \end{array} \xrightarrow{Br_2/H_2O}$$

4. 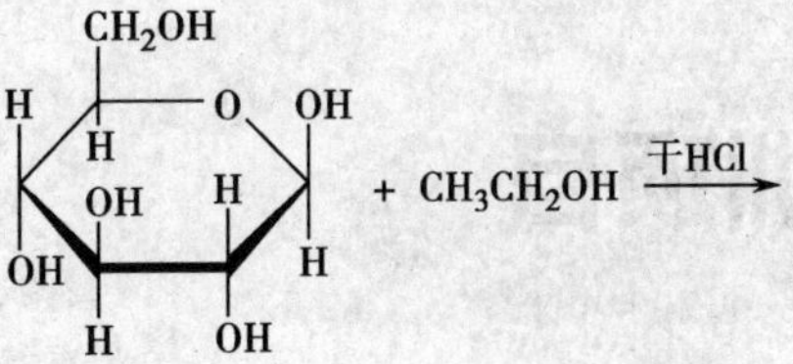 （环状葡萄糖结构） $+ CH_3CH_2OH \xrightarrow{\mp HCl}$

四、分析题

1. 用简单的化学方法区分下列各组化合物

(1) 苯甲醛、葡萄糖、果糖

(2) 果糖、蔗糖、淀粉

(3) 乳糖、蔗糖、果糖

(4) 葡萄糖、果糖、蔗糖

2. 推断结构

化合物（A）$C_9H_{18}O_6$ 没有还原性，水解可生成化合物（B）和（C）。（B）$C_6H_{12}O_6$ 具有还原性，可被溴水氧化，与过量苯肼形成的脎与葡萄糖脎相同。（C）C_3H_8O 可发生碘仿反应，遇活泼金属钠冒出气泡，试推断（A）、（B）、（C）的结构式。

五、团队练习题

葡糖脑苷脂是一类糖脂，它可以在不同的组织中积累，可导致严重的神经性疾病，甚至是威胁生命的 Gaucher's 症（即高雪病，又称葡糖脑苷脂沉积病，是一种家族性糖脂代谢疾病）。葡糖脑苷脂的结构如下：

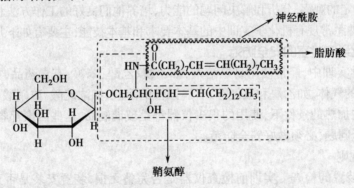

(1) 请分析葡糖脑苷脂中的苷键是 α 型还是 β 型？

(2) 请说出葡糖脑苷脂中的官能团。

(3) 葡糖脑苷脂在酸性溶液中可以水解为葡萄糖和神经酰胺，神经酰胺又可水解为鞘氨醇和脂肪酸，请写出总水解反应式。

(4) 请命名脂肪酸，并分析该脂肪酸所具有的主要化学性质。

(5) 请问鞘氨醇和脂肪酸发生什么反应生成神经酰胺？

（卫月琴）

实训项目

实训项目一　有机实训玻璃仪器的基本技能

【实训目的】

1. 熟练掌握有机化学实验中常用玻璃仪器的名称和作用。
2. 学会实训中的安全防范、事故处理、结果记录和报告书写等技能。

【实训材料】

常规蒸馏装置仪器、分馏装置仪器、过滤装置仪器、实验室加热仪器、其他配套仪器。

【实训内容】

有机化学实训的目的是为了加深学生对理论知识的理解和巩固,掌握必要的实训技能,培养学生具有一定的观察、分析和解决问题的能力,培养他们良好的工作方法和工作作风。因此,在实训中应熟悉常规有机化学实训中的基本要求和基本技能,主要有如下几方面的内容:

一、有机化学实验室的安全防范

在有机化学实训中,经常使用易燃溶剂,如乙醚、乙醇、苯等;有毒药品,如氰化物、硝基苯等;易燃易爆的气体,如乙炔和氢气等;有腐蚀性的溶液,如浓硫酸、浓硝酸、溴等。有机化学实训常常要在加热的条件下,使用的很多仪器都是玻璃制品,这些因素都容易带来有机化学实训中的安全问题,必须做好安全防范。

(一) 安全规则

1. 仪器和装置的检查　实训前检查仪器是否完整无损,装置安装是否正确稳妥,观察有无漏气等情况;实训中时常注意装置有无破裂和漏气现象。

2. 加热选择及废物处理　易燃溶剂放在敞口容器内加热,要选择水浴加热。使用酒精灯或酒精喷灯时,要先熄灭火焰再加入酒精,不可用酒精灯对接引火。易燃易挥发的废物不得倒入废液缸,要专门处理。

3. 易燃易爆气体使用　蒸馏易燃易爆气体时,一定要先检查仪器装配是否合理,气体排放是否顺畅,仪器是否耐压。易爆固体和危险残渣,不能重压和撞击,应妥善处理。

4. 药品使用与保管　剧毒药品要严格按照规程进行保管和使用。有毒试剂、实训中会产生有毒气体或液体的反应都要在通风橱中操作,有毒残渣要另作处理。使用这些物品时要戴手套,仪器用过后要及时清理,操作完成后要洗手。

5. 电器防护　使用前要检查电器外壳是否漏电,使用中不要用湿手触摸电器插头,使用后要及时断开电源。

6. 准备措施　必备灭火器、急救药箱等安全用具,熟悉它们所放位置和使用方法。进入危险实验室时,要戴防护眼镜、面罩和手套等。

(二) 事故的处理

1. 割伤处理　先将伤口处的玻璃碎片取出。小伤口可用蒸馏水清洗后,再涂搽红药水,并视伤口受伤程度,选择是否涂撒药粉进行包扎;大伤口或是割破了主要血管时,应用力按住血管,并及时送医院治疗。

2. 灼伤处理　根据造成灼伤的试剂不同,选择不同的处理方法。

(1) 被酸或碱灼伤:先立即用大量水冲洗。酸灼伤用 1% Na_2CO_3 溶液冲洗,碱灼伤先用 1% 硼酸溶液冲洗,最后再用水冲洗。严重者要消毒灼伤面,并涂上软膏,送医院就医。

(2) 被溴灼伤:立即用 2% 硫代硫酸钠溶液洗至伤处呈白色,然后涂上甘油。

(3) 被烫伤:在患处涂抹烫伤软膏,重者立即送医院治疗。

3. 中毒　有毒药品溅到手上,通常是用水和乙醇洗去。如果感到有头晕、恶心等症状,要到空气新鲜的地方休息,情况严重者要到医院就诊。

4. 着火　实验室一旦发生了着火事故,应沉着冷静,及时采取措施控制火势。

(1) 熄灭火源,切断电源,移开易燃物,采用从火的周围开始向中心的方式进行灭火。

(2) 大多数情况下不能用水来灭火。因为有机物比水轻,会促使火势蔓延。

(3) 地面或桌面着火,如火势不大,可用淋湿的抹布灭火;反应瓶内的有机物着火,可用石棉板盖住瓶口,隔绝氧气灭火;油类着火用沙或灭火器灭火,千万不可用水灭火;电器着火应先切断电源,再用四氯化碳等灭火器灭火;身上着火,勿在实验室乱跑,邻近人员可用毛毡等东西盖在其身上,使之隔绝空气灭火。

(4) 二氧化碳灭火器适用于油脂、电器及其贵重的仪器着火时灭火,四氯化碳和泡沫灭火器一般不用,不得已时再用。

二、有机化学实验室常用玻璃仪器

(一) 常用玻璃仪器(见实训图 1-1)

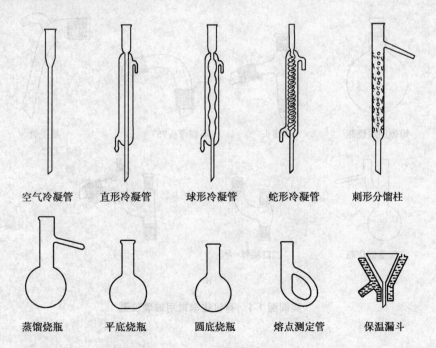

空气冷凝管　　直形冷凝管　　球形冷凝管　　蛇形冷凝管　　刺形分馏柱

蒸馏烧瓶　　　平底烧瓶　　　圆底烧瓶　　　熔点测定管　　保温漏斗

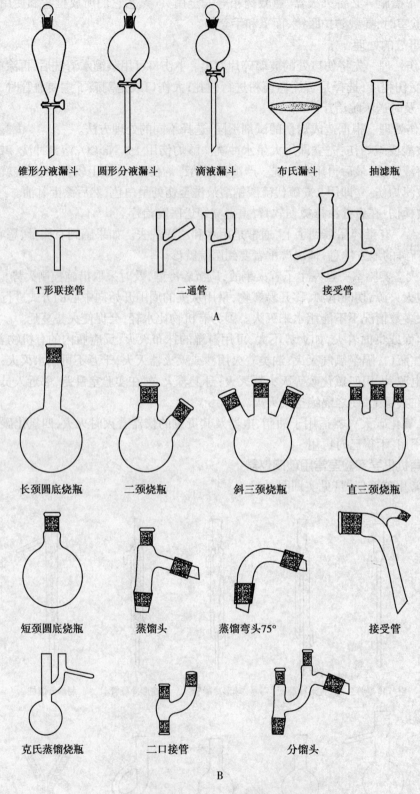

锥形分液漏斗　　圆形分液漏斗　　滴液漏斗　　布氏漏斗　　抽滤瓶

T形联接管　　　　二通管　　　　　接受管

A

长颈圆底烧瓶　　二颈烧瓶　　　斜三颈烧瓶　　直三颈烧瓶

短颈圆底烧瓶　　蒸馏头　　　蒸馏弯头75°　　　接受管

克氏蒸馏烧瓶　　二口接管　　　　分馏头

B

实训图 1-1　有机化学常用玻璃仪器

（二）常用玻璃仪器的作用（见实训表 1-1）

实训表 1-1　有机化学常用玻璃仪器的名称和作用

仪器		用途
冷凝管	空气冷凝管	1. 主要用于冷却被蒸馏物的蒸气。
	蛇形冷凝管	2. 蒸馏沸点高于 130℃的物质时，选用空气冷凝管。
	直形冷凝管	3. 蒸馏沸点低于 130℃的物质时，选用直形冷凝管。
	球形冷凝管	4. 蒸馏沸点很低的液体时，选用蛇形冷凝管。
	刺形冷凝管	5. 球形冷凝管一般用于回流。
		6. 直形冷凝管用于倾斜式蒸馏，蛇形、刺形、球形都用于垂直式蒸馏。
烧瓶	长颈（短颈）圆底烧瓶	1. 物质蒸馏提纯操作的加热容器。
	平底烧瓶	2. 温度较高，加热的量较大时用圆底烧瓶。
		3. 加热温度低、加热时间短的低沸点化合物用平底烧瓶。
		4. 不能进行长时间的减压蒸馏操作。
	蒸馏烧瓶	混合物分离的加热容器。
	克氏蒸馏烧瓶	1. 真空减压蒸馏。
		2. 有机化合物的分馏。
	斜（直）三颈烧瓶	1. 用于化学反应的容器，反应时需要控制温度和回流。
	四颈烧瓶	2. 反应需要滴加物料回流时，采用四颈烧瓶。
	三角烧瓶	盛放或接受液体物质及加热液体物质的容器。
漏斗	梨形分液漏斗	1. 分离不相容的两种液体。
	球形分液漏斗	2. 萃取。
		3. 洗涤某液体物质。
	滴液漏斗	用于反应时滴加反应物。
	保温漏斗	溶解度随温度变化较大物质的保温过滤。
	（长颈、短颈）三角漏斗	常温下固液组分的过滤分离。
	布氏漏斗	固液组分抽真空分离。
连接类	蒸馏头	
	蒸馏弯头	连接蒸馏烧瓶和冷凝器。
	分馏头	
	二接管	两通作用。
	T 形接管	三通作用。
	二通管	两通作用。
	接受管	将冷凝器中冷却液接引到接受瓶中。
其他	抽滤瓶	接受真空抽滤时的液体物质，连接漏斗和真空泵。
	熔点测定管	装导热油、加热和熔点测定。

（三）注意事项

玻璃仪器易碎、耐热能力有限、碱可腐蚀，因此要注意如下几点：

1. 使用时要仔细小心，轻拿轻放。

2. 加热玻璃仪器(除试管等外)时,要垫石棉网,不能直接用火加热。

3. 厚壁玻璃仪器不耐热(如抽滤瓶、量筒等)不能用来加热;计量容器不能在烘箱等干燥设备中高温烘烤;锥形瓶、平底烧瓶等不能用于减压;广口容器(如烧瓶)不能存放有机溶剂。

4. 使用完玻璃仪器要及时清洗、干燥(不急用的可晾干)。

5. 具活塞的玻璃仪器清洗后,在活塞与磨口之间应夹张纸片,防止粘合。

6. 使用温度计要在其测量范围内,不能当作玻璃棒使用,也不能骤冷骤热。

7. 标准磨口仪器的磨口处要洁净,不得沾有固体物质,否则磨口对接不紧密。

8. 通常磨口仪器无需涂抹凡士林,反应物为强碱性物质时,要涂抹润滑剂,防止碱腐蚀。

9. 仪器安装正确,不能使玻璃仪器的对接部位扭曲受力,以防仪器破裂。

10. 洗涤磨口时勿用去污粉擦洗,去污粉通常是碱性物质,会腐蚀磨口处。

三、有机化学实训记录

实训记录是科学研究的第一手资料,对最终结果的分析非常重要,因此,必须做好实训记录。

1. 态度 认真、仔细、实事求是。记录要写在实训记录本上,不得随便记在一张纸上。

2. 观察 认真观察反应体系的变化现象,如发生了颜色、沉淀、气体等的变化。

3. 记录 数据应按有效数字记录,即记录一位近似值,物理参数测试数据要有 2 个以上的值。现象应记录颜色、气味、溶解性、沉淀等特性变化的现象,语言表达要准确。

四、有机化学实训报告的书写

实训报告应及时、认真、工整、仔细地书写。每个人都可以按照自己的格式书写,但一定要清楚、美观、完整。不同类型的实训书写大致如下:

(一) 报告样式

实训报告内容大致有:实训目的、实训原理、数据记录、讨论,四方面的内容。如:

1. 物理参数测试实训

(1) 实训目的

(2) 实训原理

(3) 结果记录

参数	第一次	第二次	第三次	平均

(4) 讨论

2. 性质验证实训

(1) 实训目的

(2) 实训原理

(3) 现象记录

实训项目	现象	结果分析

（4）讨论

3. 技能操作和合成实训

（1）实训目的

（2）实训原理

（3）数据记录

操作前的量	操作完成的量	产量或产率

（二）提示

1. 对实训现象逐一做出正确的解释。能用反应式表示的尽量用反应式表示。

2. 计算产率。在计算理论产量时,应注意:

（1）有多种原料参加反应时,以物质的量最小的原料的量为准。

（2）不能用催化剂或引发剂的量来计算。

（3）有异构体存在时,要用各种异构体之和的量来进行计算,计算公式如下:

产率 =（各种异构体之和的实际产量 / 各种异构体之和的理论产量）× 100%

3. 填写物理常数的测试结果。分别填上产物的文献值和实测值,并注明测试条件,如温度、压力等。

4. 对实训进行讨论与总结。分析实训结果,对出现的问题提出解决办法,写出实训体会,提出建设性的建议,完成思考题。

【实训步骤】

一般知识简要讲解,仪器和实训报告等可对照介绍。

【实训结果】

谈实训的认识,写出相应的报告。

（俞晨秀）

实训项目二 熔点的测定

【实训目的】

1. 熟练掌握毛细管法测定熔点的操作技术。

2. 学会仪器的安装方法和正确记录与处理数据。

【实训材料】

仪器:熔点测定管（b形管）、酒精灯、温度计（200℃）、缺口单孔软木塞、玻璃管（长40cm左右）、毛细管（内径 1~2mm,长为 60~70mm）、表面皿、铁架台、铁环、铁夹、药匙。

药品:液状石蜡、分析纯苯甲酸或乙酰苯胺。

【实训内容及步骤】

（一）熔点管的制作

将毛细管呈45°角在酒精灯上边旋转边加热它的一端，待端头加热融化后封闭端口，即熔封。注意熔封部位不能过长、过厚或弯曲，并保证封闭严密。

（二）试样的填装

取0.1~0.2g试样粉末置于洁净干燥的表面皿上，聚成小堆。将一根一端封闭的熔点管的开口端插入粉末堆中，如此插入操作重复几次，使试样粉末进入管中，将玻璃管立在表面皿上，再把刚才装有试样的熔点管的开口端向上，让其从玻璃管口上端自由落下，或轻轻在桌面上敲击，同样操作反复几次，使试样粉末落入管底，直到粉末柱高2~3mm为止，擦去黏附在熔点管外壁的粉末，以免污染石蜡。实训中操作要迅速，避免受潮；装样要结实，不能有空隙。

（三）仪器的安装

实训装置如实训图2-1。

仪器安装应自下而上。先对量好酒精灯与b形管的高度，确定铁夹的位置，夹紧b形管，向b形管中加入液状石蜡，使其液面高出上侧管1cm左右。管口配一缺口单孔软木塞，软木塞大小选择应保证约1/2塞进b型管口，用橡皮筋将熔点管绑套在温度计上，并使熔点管装样品的一端紧靠在温度计水银球旁，温度计通过软木塞开口插入软木塞中，并使刻度朝向观察者，温度计水银球应位于b形管两侧管中间，熔点管中样品粉末柱部分应靠在温度计水银球的中部。加热时，用酒精灯火焰加热侧管。

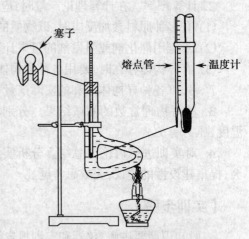

塞子 熔点管 温度计

实训图2-1 熔点测定装置

（四）熔点的测定

仪器安装好后，点燃酒精灯，加热开始时，加热升温可稍快（每分钟上升3~4℃），待热浴温度离预测熔点差15℃左右时，改用小火加热（或将酒精灯稍微离开b形管一些），使温度缓缓而均匀上升（每分钟上升1℃左右）。此时应特别注意温度的上升和熔点管中粉末柱的情况。当接近熔点时，加热速度要更慢，每分钟上升0.2~0.3℃。要精确测定熔点，则在接近熔点时升温的速度不能太快，必须严格控制加热速度。

当熔点管中粉末柱开始出现塌陷并有液相产生时，表示开始熔化，为初熔，记下温度。继续微热至恰好完全熔融成透明液体时，为全熔，记下温度。这两者的温度范围即为试样的熔点范围（熔程）。

初熔点和全熔点的平均值为熔点，再将各次所测熔点的平均值作为该样品的最终测定结果。试样熔点测定要重复3次，第一次为粗测，加热可稍快，测知大概数据，后两次在第一次数据的基础上准确测量。每次重复测试时都必须换用新的熔点管重装等高的试样粉末，应在b形管的温度低于试样熔点30℃以上时，才可放入重新装样的熔点管进行下次测定。

实训完毕后，一定要待b形管冷却至接近室温后，方可将液状石蜡倒回瓶中。温度计冷却至室温后，用废纸擦去传热液才可用水清洗，否则温度计极易炸裂。b形管如果不用了，要用加少量洗涤剂的水浸泡后,再刷洗干净,倒置晾干。

【实训提示】

（一）实训原理

1. 固体有机化合物加热到一定的温度时,就会从固态转变成液态,此时的温度即为该化合物的熔点。由于大多数有机化合物的熔点都小于400℃,通常多采用操作简便的熔点管法测定熔点。

2. 纯净的固体化合物一般都有固定的熔点,从开始溶化至完全溶化的温度范围叫熔程,也叫熔点范围,一般为0.5~1℃。但是,当有少量杂质存在时,其熔点一般会下降,熔点范围增大。因此,通过测定熔点,可以鉴别未知的固态化合物及其纯度。

（二）注意事项

1. 毛细管必须干净,否则产生误差;管底要熔封严密,否则造成漏管。

2. 药品粉碎要细,否则传热不均匀;装填要紧实,否则影响传热。

3. 样品要干燥,不含杂质,否则影响熔程。

4. 样品装量不能太少,太少不易观察,数据偏低;太多易造成熔程变大,熔点偏高。

5. 重复测试时,要用新装样品的熔点管,浴温下降到距离熔点20~30℃时才能放入熔点管。

【实训结果】

（一）结果报告

试样	初熔温度（℃）	全熔温度（℃）	熔程（℃）	熔点（℃）	最终测定结果
第一次					
第二次					
第三次					

（二）思考讨论

1. 杂质混入样品后,熔点为什么会降低?

2. 为什么在熔点测定时加热要选在b形管的外拐弯处?

3. 第一次测定时已熔化又固化的样品能否用于第二次测定?

4. 尿素和桂皮酸的熔点都是133℃,怎样通过熔点测定来鉴别它们(可以选用其他试剂)?

（俞晨秀）

实训项目三　常压蒸馏及沸点的测定

【实训目的】

1. 熟练掌握常压蒸馏操作和沸点测定的方法。

2. 学会蒸馏装置的使用、装配和拆卸技能。

【实训材料】

仪器：圆底烧瓶、蒸馏头、温度计套管、100℃温度计、直形冷凝管(短的)、接尾管、三角瓶、量筒、100ml 烧杯、250ml 加热套、三角架、沸石。

药品：70% C_2H_5OH(工业)、C_6H_6(AR 纯)。

【实训内容及步骤】

(一) 蒸馏装置和安装

1. 装置安装图　常压蒸馏装置主要由热源(水浴或电热套)、蒸馏烧瓶、冷凝管和接受器组成。如实训图 3-1。

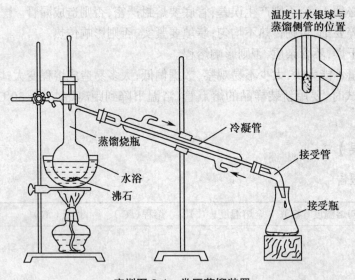

实训图 3-1　常压蒸馏装置

2. 仪器的选择　仪器的选择主要包括以下几项：

(1) 蒸馏烧瓶：根据蒸馏物的量，选择大小合适的蒸馏瓶(蒸馏物液体的体积通常不超过蒸馏瓶容积的 2/3，不少于 1/3)。

(2) 温度计：根据蒸馏液体的沸点选择，沸点低于 100℃的液体，可选刻度量程为 0~100℃的温度计；高于 100℃的液体物，根据它的大致沸点，最好选择最高值超过蒸馏物沸点值 30℃以上的水银温度计。

(3) 冷凝管：被蒸馏液体沸点低于 130℃，用水冷凝管；被蒸馏液体沸点高于 130℃，用空气冷凝管。普通蒸馏中常用直形冷凝管。

(4) 接受管(牛角管)和接受瓶：接受管只要与冷凝管尾部相互衔接即可。接受瓶多选用锥形瓶。

3. 仪器安装　装置安装遵循自下而上，从左到右，先难后易的顺序，主要有三个部分。

(1) 气化部分安装：根据热源高度，固定蒸馏瓶在铁架台上，使蒸馏瓶轴心与台面保持垂直，用铁夹夹住蒸馏瓶支管上部的瓶颈处，瓶口配一个单孔塞子，孔内插入温度计，使温度计水银球的上端与蒸馏烧瓶的支管的下端在同一水平线上。

（2）冷凝部分安装：在另一个铁架台上先夹住冷凝管的重心部位（中上部），不要夹得太紧，以稍能转动为宜；通过铁架台上的铁夹调整冷凝管在铁架台上的高低位置，使冷凝管与烧瓶支管相连接，保持冷凝管和蒸馏烧瓶的支管在同一直线上；冷凝管的进出水口在冷凝管的上下方（若为直形冷凝管则应保证上端出水口向上，下端进水口向下），下端进水口通过橡皮管与水龙头相连，上端用乳胶管相连至水池中。

（3）接受部分安装：冷凝管的尾部套上一个单孔橡皮塞或软木塞，再套上接液管（尾接管），接受管插入接液瓶（锥形瓶）中，一般不用烧杯作接受器，接受管的支管不能封闭，否则会引起爆炸。蒸馏易挥发、易燃、有毒液体时，应在支管上接一长胶管通入水槽或户外。如果蒸馏液易吸水，应在支管上装一干燥管与大气相通，沸点很低的馏出物可把接受瓶放置于冷水或冰水浴中。

（二）蒸馏操作

常压蒸馏可分为四步操作。

（1）加料：将待蒸馏液通过玻璃漏斗小心倒入蒸馏瓶中。不要使液体从支管流出。加入几粒沸石，塞好带温度计的塞子。

（2）加热：慢慢打开水龙头，缓缓通入冷凝水，控制为较小水流。开启热源迅速加热，直至蒸馏瓶中液体开始沸腾时，减缓加热速度。当蒸气的顶端达到水银球部位时，温度计读数急剧上升，这时应控制热源温度，使升温速度再次减慢，这样，蒸气顶端就会停留在原处，瓶颈上部和温度计就能均匀受热，达到水银球上的液滴形成和蒸发速度相等的暂时平衡。然后稍稍提高热源温度，开始进行蒸馏，控温以使接受器中馏出速度为每秒 1~2 滴为宜，在蒸馏过程中应使温度计水银球上保持有被冷凝的液滴存在，此时的温度即为液体与蒸气平衡时的温度。温度计的读数就是液体（馏出液）的沸点。

蒸馏过程中，温度控制至关重要，热源温度太高，会使蒸气成为过热蒸气，造成温度计所显示的沸点偏高；若热源温度太低，馏出物蒸气不能充分浸润温度计水银球，造成温度计读数的沸点偏低或不规则。

一般情况下，热源多选用电加热自动控温水浴锅，调节自动控温水浴锅中水的温度高出被蒸馏物沸点 10℃左右即可，过热时可通过加冷水、放热水来进行控温。

（3）观察沸点及收集分馏液：在蒸馏时，当温度未达到馏出液沸点之前，常有少量低沸点液体先蒸出，称前馏分或馏头。因此，在蒸馏前要准备两个接受瓶，其中一个接受前馏分。当温度稳定后，用另一个接受瓶（需称重）用于接受预期所需馏分（产物），并记下该馏分的第一滴和最后一滴时温度计的读数，也就是沸程。

一般液体中或多或少含有高沸点杂质，在所需馏分蒸出后，若继续升温，温度计读数会显著升高，若维持原来的温度，就不会再有馏液蒸出，温度计读数会突然下降。此时应停止蒸馏。即使杂质很少，也不要蒸干，以免蒸馏瓶破裂及发生其他意外事故。

（4）拆除蒸馏装置：蒸馏完毕，先应撤出热源（拔下电源插头，再移走热源），然后停止通水，最后拆除蒸馏装置。拆卸仪器与安装顺序正好相反。

【实训提示】

（一）蒸馏原理

蒸气压：液体分子有从表面逸出的倾向，在密闭的真空体系中，液体分子不断地逸出后在液面上部形成蒸气，当液体分子逸出的速度与蒸气凝结为液体的速度相等时，液面上的蒸气达到饱和,由此产生的压力称为饱和蒸气压。饱和蒸气压随着温度的升高而增大。

沸点:当液体的蒸气压增大到与外界施于液面的总压力(通常是大气压力)相等时,就有大量气泡从液体内部逸出,这时的温度称为沸点。

蒸馏:蒸馏就是将液态物质加热到沸腾变为蒸气,又将蒸气冷却为液体的两个过程的联合操作。

单一组分的液体有机化合物在一定的压力下具有一定的沸点,但是具有一定沸点的液体不一定都是单一组分的化合物,因为某些有机化合物常和其他组分形成二元或三元共沸混合物,它们也有一定的沸点。

由于组成混合液中的各组分具有不同的沸点,因此,混合液体在蒸馏过程中,低沸点的组分先蒸出,高沸点的组分后蒸出,不挥发的物质留在容器中,就可以达到分离或提纯的目的。用常压蒸馏方法分离液态有机物时,只有两组分的沸点相差30℃以上,才能达到较好的分离效果。

用常压蒸馏的方法可以测定液态的沸点,一般所用样品液为10ml以上。

(二) 注意事项

1. 仪器安装要严密、正确;注意安装拆卸的顺序。

2. 加热前放沸石,通冷凝水;准确量取70%的C_2H_5OH溶液15ml,蒸馏速度1~2滴/秒。

3. 切勿蒸干,残留液至少0.5ml,否则易发生事故(瓶碎裂等)

4. 液体沸点在80℃以下的液体用水浴加热蒸馏。

5. 仪器装配符合规范,热源温控适时调整得当,馏分收集范围严格无误。

【实训结果】

(一) 结果报告

1. 产品性状 _____。

2. 蒸馏前体积 _____。

3. 蒸馏后体积 _____。

4. 收率 =(蒸馏后体积/蒸馏前体积)×100% =_____。

(二) 思考讨论

1. 为什么蒸馏时不能将液体蒸干?

2. 蒸馏时加入沸石的作用是什么? 如果蒸馏前忘记加沸石,能否立即将沸石加至将近沸腾的液体中? 当重新蒸馏时,用过的沸石能否继续使用?

3. 如果液体具有恒定的沸点,那么能否认为它是纯净物质?

(俞晨秀)

实训项目四 水蒸气蒸馏

【实训目的】

1. 熟练掌握水蒸气蒸馏操作技术。

2. 学会正确选用水蒸气蒸馏相关仪器及正确的安装方法。

3. 学会正确记录与处理数据。

【实训材料】

仪器:水蒸气发生器、电炉、安全管、克氏蒸馏烧瓶(125ml)、长玻璃导气管、蒸馏头、直形冷凝管、玻璃塞子、接液管(以上玻璃仪器为标准磨口)、T形管、螺旋止水夹、分液漏斗(125ml)、锥形瓶(125ml)、升降台、十字夹、烧瓶夹、橡皮管等。

药品:松节油(或冬青油)。

【实训步骤】

水蒸气蒸馏装置如实训图4-1所示。包括水蒸气发生器、蒸馏部分、冷凝部分和接受器四个部分。

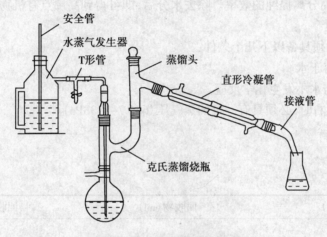

实训图4-1　水蒸气蒸馏装置

1. 按装置图安装好仪器,遵循从下而上,从左到右的原则进行安装。

2. 水蒸气发生器(内装3/4容量的水和数粒沸石)的出气管通过T形管与蒸馏器(圆底烧瓶)的蒸气导入管连接,通过接头插入蒸气导入管,使水蒸气和蒸馏物充分接触并起搅拌作用。T形管下端连接一段橡皮管,用螺旋夹夹住(便于及时放出冷凝水)。蒸馏头与直形冷凝管连接,冷凝管下端的接液管与接受瓶相连接。

3. 取10ml松节油和5ml水放入蒸馏瓶中作为待蒸馏的液体。先打开T形管处的螺旋夹,通冷却水,加热水蒸气发生器至水沸腾,当有大量蒸气从T形管支管冲出时,立即旋紧螺旋夹,水蒸气进入蒸馏部分,开始蒸馏。

4. 如由于水蒸气的冷凝而使烧瓶内液体量增加,以至超过烧瓶容积的2/3时,或者蒸馏速度不快时,可在烧瓶下置一石棉网,小火加热。但要注意不能使烧瓶内产生蹦跳现象,蒸馏速度控制在2~3滴/秒为宜。

5. 在蒸馏过程中,必须经常检查安全管中的水位是否正常,一旦出现安全管水位上升很高,应立即旋开螺旋夹,移去热源,找原因排故障,当故障排除后,才能继续蒸馏。

6. 当馏出液无明显油珠,澄清透明时,便可停止蒸馏。必须先旋开螺旋夹,然后移开热源,以免发生倒吸现象,关停冷却水,按安装时相反的顺序依次拆卸仪器。

7. 将馏液转移到分液漏斗中,静置,待完全分层后,再行分离得到松节油,弃去水。所得松节油可加入无水CaCl$_2$除去残存的水分。

【实训提示】

（一）实训原理

水蒸气蒸馏是用来分离和提纯液态或固态有机化合物的一种方法。此法适用于某些沸点高,常压蒸馏时易被破坏的有机化合物,特别适用于混有大量树脂状杂质或不挥发性杂质的有机物,采用蒸馏、萃取等方法都难于分离,在中草药的挥发油成分提取中常用此方法。

液体混合物在一定温度下有一定的蒸气压,并等于各组分蒸气压之和。即:

$$P_{混合物} = P_{有机物} + P_{水}$$

当系统的混合物气压与大气压力相等时,则混合物沸腾。显然,混合物的沸点比任一组分的沸点都低,因此在常压下应用水蒸气蒸馏,能在低于 100℃的温度下将高沸点组分随水蒸气一起蒸出,提高分离提纯的效率。除去水分后,即可得到高沸点有机物。

（二）注意事项

被提纯物质必须具备以下几个条件:

1. 不溶或难溶于水。

2. 共沸腾下与水不发生化学反应。

3. 在 100℃左右时,必须具有一定的蒸气压(666.7~1333Pa)。

【实训结果】

（一）结果报告

原料(ml)	回收物(ml)	回收率(%)
10		

（二）思考讨论

1. 适用于水蒸气蒸馏的物质应具备什么条件?

2. 水蒸气蒸馏的原理是什么? 为什么可以使一些高沸点而不稳定的有机物免于因蒸馏而被破坏?

3. 如何判断水蒸气蒸馏是否已完成?

4. 安装上述水蒸气发生器和蒸馏器时应注意什么?

（黄声岚）

实训项目五　有机化合物重结晶提纯法

【实训目的】

1. 熟练掌握抽滤、保温过滤、脱色、结晶、晶体的洗涤和干燥等基本操作技术。

2. 学会正确选择溶剂、选用重结晶相关仪器及正确的安装方法。

3. 掌握有机物重结晶提纯适用范围。能正确记录与处理数据。

【实训材料】

仪器:烧杯(250ml)、量筒(100ml)、保温漏斗(热水漏斗)、抽滤瓶(500ml)、布氏漏斗、锥形瓶、循环水真空泵、玻璃漏斗、电炉、滤纸、活性炭。

药品:粗制乙酰苯胺(或粗制苯甲酸)。

【实训步骤】

取粗乙酰苯胺 5g,纯水 80ml,放在 250ml 烧杯中,加热煮沸,搅拌,使乙酰苯胺完全溶解,若不溶,可适当添加入少量热的纯水。稍冷片刻,加入约 0.3g 活性炭,继续煮沸 5 分钟,不断搅拌,趁热过滤(用保温漏斗和菊花形滤纸),除去活性炭和不溶性杂质。每一次倒入漏斗的溶液不要太满,盛剩余溶液的烧杯放在石棉网上继续用小火加热,以防结晶析出,溶液过滤之后用少量热水洗涤烧杯和滤纸。滤液收集在一洁净烧杯中。滤液分作两份:一份用冰浴迅速冷却,另一份放置自然冷却,观察两种晶体的不同形状。抽气过滤,吸干,使结晶与母液尽量分开。然后用少量冷却的蒸馏水分次洗涤晶体两次,每次洗涤应停止抽滤,并用玻璃棒搅松晶体,然后再把母液抽干。抽滤后,打开安全瓶活塞停止抽滤,以免倒吸。取出结晶,干燥称重,得到精制的乙酰苯胺,mp.115~116℃。

【实训提示】

(一) 实训原理

从自然界或有机制备得到的固态有机物往往含有杂质——没反应完的原料、副产物、催化剂等,必须经过提纯才能得到纯品,提纯固态有机物常用的方法是重结晶法。在重结晶法中选择一种适宜的溶剂是非常重要的,作为适宜的溶剂,要符合下面几个条件:

1. 要提纯的物质不发生化学反应。

2. 被提纯的物质必须具备溶解度在冷和热时有很大差别的特性。

3. 被提纯的物质与杂质在溶剂中的溶解度有很大差别。

4. 溶剂的沸点适中,便于操作、便于与被精制的物质分离。

常用的溶剂有水、乙醇、丙酮、苯、乙醚、氯仿、石油醚、醋酸和乙酸乙酯等。如果难于选择一种适用的溶剂时,常使用混合溶剂。混合溶剂一般由两种能以任何比例互溶的溶剂组成,其中一种较易溶解被提纯物,另一种较难溶解。一般常用的混合溶剂有乙醇和水、乙醇和乙醚、乙醇和丙酮、乙醇和氯仿等。

固态有机物在溶剂中的溶解度与温度有关。升高温度,通常能增大其溶解度,相反,则降低溶解度。把固态有机物溶于适当的溶剂中制成热的饱和溶液,趁热过滤,再把滤液冷却,则原来溶解的固态有机物由于温度降低导致溶解度降低而析出结晶。至于杂质,不溶性的已在趁热过滤时除去;可溶性的,由于它的量很少,在精制物析出晶体时,极大部分仍留在母液中。倘若结晶一次尚不能符合要求,可以重复进行结晶。

(二) 注意事项

1. 重结晶时,溶剂的用量不能过量太多,也不能过少。过量太多,不能形成热饱和溶液,冷却时,析不出结晶或结晶太少。过少,有部分待结晶的物质热溶时未溶解,热过滤时和不溶性杂质一起留在滤纸上,造成损失。考虑到热过滤时,温度有所降低,且有部分溶剂被蒸发损失掉,使溶液过饱和,导致部分晶体析出留在滤纸上或漏斗颈中造成结晶损失。所以,适宜用量与做法是:分批添加溶剂,加热煮沸,使样品恰好完全溶解(若加入溶剂,加热后不见未溶物减少,则可能是不溶性杂质),制成热的饱和溶液后再多加 15%~20% 的溶剂。

2. 被提纯物质与溶剂混合加热溶解时,除了用水作溶剂外,必须进行回流。即使如此,在操作过程中,溶剂难免挥发损失,必要时可以增补。

3. 不纯的粗制品往往含有色杂质或树脂状物质,会影响晶体的外观质量,甚至妨碍结晶,所以常加活性炭进行吸附脱色。活性炭的用量,一般是粗制品重量的 1%~5%,如果一次脱色不好,可用新的活性炭再脱色一次。活性炭不能在溶液正在或接近沸腾时加入,以免溶液暴沸溢出,造成危险。加入活性炭后,要不断搅拌(如在回流装置中脱色,改为不断振摇),使活性炭与杂质充分接触而提高吸附效率。然后趁热过滤,滤液必须澄清,滤液中如尚有活性炭或其他固体杂质存在,应予重滤。

4. 为了减少被提纯物质的热饱和溶液因冷却而析出晶体,必须趁热过滤,同时加快过滤速度,为此:

(1) 把滤纸折成菊花形滤纸,如实训图 5-1。这种滤纸有较大的过滤面积,较快的过滤速度。

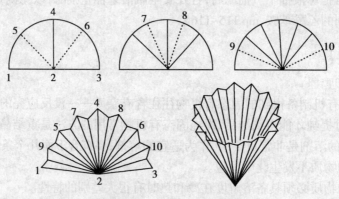

实训图 5-1　菊花形滤纸折叠法

(2) 用保温漏斗(或叫热水漏斗)过滤,热水从上面的加水口注入保温漏斗的夹层中,将它用烧瓶夹固定在铁架上,放入玻璃漏斗,再放入菊花形滤纸,用酒精灯在保温漏斗的侧管上加热,按常法过滤。如实训图 5-2。

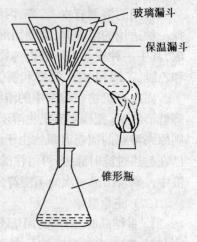

实训图 5-2　保温过滤

5. 滤液若放在冷水或冰浴中搅拌迅速冷却,得到的是颗粒细小的晶体。要得到粗大均匀的晶体,可在室温或保温下静置,缓慢冷却析出。晶体细小,里面所包裹的杂质少,但表面积大,吸附于表面的杂质就多;晶体粗大则与此相反。

6. 抽滤装置如实训图 5-3。漏斗中使用的滤纸直径应小于布氏漏斗内径。

7. 抽滤操作为先打开安全瓶上的活塞,把需要过滤的溶液倒入布氏漏斗中,打开抽滤泵,再慢慢关闭安全瓶上的活塞(防止滤纸破损),进行抽滤。

8. 每次停止抽滤前,先将抽滤瓶与抽滤泵间连接的橡皮管拆开,或者将安全瓶上的活塞打开与大气相通,再关闭泵,防止水倒流入抽滤瓶内。

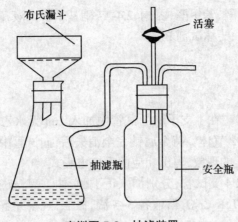

实训图 5-3　抽滤装置

【实训结果】

(一) 结果报告

原料(g)	提纯物(g)	回收率(%)

(二) 思考讨论

1. 重结晶的原理是什么？一个理想的溶剂应该具备哪些条件？

2. 用活性炭脱色的原理是什么？操作时应注意什么？

3. 为什么热过滤时要用少量热水洗涤盛饱和溶液的烧杯和滤纸,而用布氏漏斗抽滤、洗涤晶体则是用少量冷水？

4. 使用布氏漏斗过滤时,如果滤纸大于布氏漏斗瓷孔面时,有什么不好？

5. 停止抽滤时,如不先打开安全活塞就关闭水泵,会有什么现象产生,为什么？

(黄声岚)

实训项目六　醇、酚、醛和酮的性质

【实训目的】

1. 熟练掌握鉴别醛和酮的化学方法。

2. 认识醇、酚、醛和酮的一般化学性质。

3. 学会比较醇和酚之间在化学性质上的差异。

【实训材料】

仪器:大试管、小试管、试管架、试管夹、恒温水浴箱。

药品:无水乙醇、金属钠、酚酞试液、正丁醇、仲丁醇、叔丁醇、3mol/L H_2SO_4、0.1mol/L $K_2Cr_2O_7$、2.5mol/L NaOH、0.3mol/L $CuSO_4$、95% 乙醇、丙三醇、浓盐酸、苯酚(固体)、饱和 $NaHCO_3$、0.2mol/L 苯酚、饱和溴水、0.2mol/L 邻苯二酚、0.2mol/L 苯甲醇、0.06mol/L $FeCl_3$、

0.03mol/L KMnO$_4$、甲醛、乙醛、苯甲醛、丙酮、2,4- 二硝基苯肼试液、碘试剂、0.05mol/L AgNO$_3$、0.5mol/L 氨水、斐林试剂 A、斐林试剂 B。

【实训步骤】

（一）醇、酚的性质

1. 醇钠的生成及水解　在 1 支干燥的试管中加入 1ml 无水乙醇，并投入一小块新切的金属钠，观察现象，放出什么气体？待金属钠完全消失后，向试管中加入 2ml 水，并滴入 2 滴酚酞溶液，观察并解释变化的现象，写出相应的反应方程式。

2. 醇的氧化反应　取 4 支试管，分别加入正丁醇、仲丁醇、叔丁醇、蒸馏水各 5 滴，再各加入 3mol/L H$_2$SO$_4$、0.1mol/L K$_2$Cr$_2$O$_7$ 溶液各 3~5 滴，振摇，观察并解释变化的现象，写出反应方程式。

3. 丙三醇与 Cu(OH)$_2$ 的反应　取 2 支试管，分别加入 2.5mol/L NaOH 溶液 1ml 和 0.3mol/L CuSO$_4$ 溶液 10 滴，摇匀，观察现象。再各加入乙醇 3~5 滴、丙三醇 3~5 滴，振摇，观察现象变化。然后往深蓝色溶液中滴加浓盐酸到酸性，观察并解释变化的现象，写出反应方程式。

4. 酚的弱酸性试验　取 2 支试管，分别加入固体苯酚少许和 1ml 水，振摇，观察现象。往其中一只试管中加 2.5mol/L NaOH 溶液数滴，振摇，观察现象的变化；往另一只试管中加饱和 NaHCO$_3$ 溶液 1ml，振摇，观察并解释变化的现象，写出反应方程式。

5. 苯酚与溴的反应　在试管中加 0.2mol/L 苯酚溶液 3 滴，逐滴加入饱和溴水，振摇，直至白色沉淀生成，观察并解释变化的现象，写出反应方程式。

6. 酚与 FeCl$_3$ 的显色反应　取 4 支试管，分别加入 0.2mol/L 苯酚溶液、0.2mol/L 邻苯二酚溶液、0.2mol/L 苯甲醇溶液各 5 滴，再各加 0.06mol/L FeCl$_3$ 溶液 1 滴，振摇，观察并解释出现的现象。

7. 酚的氧化反应　在试管中加入 2.5mol/L NaOH 溶液 5 滴，0.03mol/L KMnO$_4$ 溶液 1~2 滴，再加入 0.2mol/L 苯酚溶液 3~5 滴，观察并解释变化的现象。

（二）醛、酮的性质

1. 醛、酮与羰基试剂的加成反应　取 4 支试管，分别加入 3 滴甲醛、乙醛、苯甲醛、丙酮，再各加入 5 滴 2,4- 二硝基苯肼试剂，充分振荡后，观察并解释出现的现象，写出反应方程式。

2. 碘仿反应　取 4 支试管，标明号码。各加 10 滴碘溶液，再分别滴加 2.5mol/L NaOH 溶液至碘的颜色恰好褪去为止，然后分别在试管中滴加 5 滴甲醛、乙醛、丙酮、乙醇，振摇，观察有何现象，若变化不明显，可在 50~60℃水浴中温热数分钟，冷却后再观察。解释出现的现象，写出反应方程式。

3. 银镜反应　在 1 支洁净的大试管中加入 2ml 0.05mol/L AgNO$_3$ 溶液，再加入 1 滴 2.5mol/L 的 NaOH 溶液，然后边振摇边滴加 0.5mol/L 氨水，直到生成的沉淀恰好溶解为止（即为托伦试剂）。把配好的托伦试剂分装在 4 支标明号码的洁净试管中，分别加入 5 滴甲醛、乙醛、丙酮、苯甲醛，摇匀后，放在 60℃左右的水浴中加热。观察并解释出现的现象。

4. 斐林反应　在 1 支大试管中依次加入 2ml 斐林试剂 A 和 2ml 斐林试剂 B，混合均匀（为斐林试剂），然后分装到 4 支标明号码的洁净试管中，再分别加入 2 滴甲醛、乙醛、丙酮、苯甲醛，振荡，放在 80℃水浴中加热 3~5 分钟。观察并解释出现的现象。

【实训提示】

（一）实训原理

醇有羟基,其结构与水相似,能与金属钠反应,生成的醇钠极易水解。伯醇、仲醇具有活泼的 α-H,能被氧化剂所氧化,叔醇则不易被氧化。具有邻二醇结构的多元醇,能与新制的氢氧化铜反应,形成深蓝色的溶液。

酚的羟基直接与苯环相连,具有不同于醇的性质,酚具有弱酸性,极易发生取代反应,酚类易于被氧化,大多数酚类遇到三氯化铁溶液发生显色反应。

醛和酮都含有羰基,有共同的反应,如与羰基试剂的反应。由于醛和酮中羰基的连接方式有所不同,所以反映在性质上醛、酮有一定的差异。醛容易被氧化而酮则困难,醛可与托伦试剂、斐林试剂反应而酮不反应。

由于芳香族醛酮的羰基直接与芳香烃基相连,受其影响,芳香族醛酮不如脂肪族醛酮活泼。

（二）注意事项

1. 醇与金属钠的反应要求试管和试剂必须是无水的。如果有水,金属钠会和水立即发生剧烈的反应,对实验结果产生干扰。

2. 对丙三醇与 $Cu(OH)_2$ 的多元醇特性反应,在制备氢氧化铜时,氢氧化钠的量稍微多些,现象明显。

3. 苯酚有较强的腐蚀性,在取用固体苯酚时要注意尽量不要碰到手上。

4. 进行银镜反应时应注意,试管壁要洁净才能形成明亮的银镜;加入的氨水不能过多,否则现象不理想;托伦试剂必须现用现配,不宜久置;反应物不能直接加热,必须水浴,防止生成爆炸性物质。

【实训结果】

（一）结果报告

（二）思考讨论

1. 乙醇与金属钠的反应为何要用干燥的试管和无水乙醇?

2. 苯酚为何溶于氢氧化钠溶液而不溶于饱和碳酸氢钠溶液?

3. 为何苯酚容易发生取代反应生成白色沉淀?

4. 鉴别醛和酮有哪些方法?

5. 进行银镜反应须注意什么?

6. 什么样结构的化合物能发生碘仿反应?

（黄声岚）

实训项目七　乙酸异戊酯的制备

【实训目的】

1. 熟悉酯化反应原理,掌握乙酸异戊酯的制备方法。

2. 掌握带分水器的回流装置的安装与操作。

3. 熟悉液体有机物的干燥,掌握分液漏斗的使用方法。

4. 学会利用萃取、洗涤和蒸馏的方法纯化液体有机物的操作技术。

【实训材料】

仪器:三口烧瓶(100ml)、球形冷凝管、分水器、蒸馏烧瓶(50ml)、直形冷凝管、尾接管、分液漏斗(100ml)、量筒(25ml)、温度计(200℃)、锥形瓶(500ml)、电热套。

药品:异戊醇、冰醋酸、硫酸(98%)、碳酸钠溶液(10%)、食盐水(饱和)、硫酸镁(无水)。

【实训步骤】

1. 酯化 在干燥的三口烧瓶中加入 18ml 异戊醇和 15ml 冰醋酸,在振摇与冷却下加入 1.5ml 浓硫酸,混匀后放入 1~2 粒沸石,如图 7-1 所示。安装带分水器的回流装置,三口烧瓶中口安装分水器,分水器中事先充水至支管口处,然后放水,使水面低于分水器回流支管下沿 3~5mm(加水量须计量),以保证醇能及时回到反应体系继续参加反应。烧瓶一侧口安装温度计(温度计应浸入液面以下),另一侧口用磨口塞塞住。

检查装置气密性后,用电热套缓缓加热,当冷凝管的第一滴液体滴下,分水器中出现油层,并不断增厚。起初油层浑浊,随着不断加热,由上而下逐渐变澄清。观察油层底部可见有水珠从油层滴入水层。当温度升至约 108℃时,三口瓶中的液体开始沸腾。继续加热,控制回流速度,使蒸气浸润面不超过冷凝管下端的第一个球。注意:反应中只要水不回流到反应体系中就不要放水。当分水器中不再有水珠下沉,水面不再升高,即可停止反应。

2. 洗涤 停止加热,稍冷后拆除回流装置。将烧瓶中的反应液倒入分液漏斗中(勿将沸石倒入),用 15ml 冷水淋洗烧瓶内壁,洗涤液并入分液漏斗。充分振摇(振摇时要不时打开漏斗旋塞),静置,待液层界面清晰后,将塞孔对准漏斗孔,缓慢旋开旋塞,分去水层(下层)。再用 15ml 冷水重复操作一次,然后有机层用 20ml 10%碳酸钠溶液分两次洗涤,最后再用 15ml 饱和食盐水洗涤一次,分去水层(下层)。

3. 干燥 有机层由分液漏斗上口倒入干燥的锥形瓶中,加入 2g 无水硫酸镁,配上塞子,充分振摇后,放置 30 分钟。

4. 蒸馏 将干燥好的粗酯小心滤入干燥的蒸馏烧瓶中,放入 1~2 粒沸石,安装一套普通蒸馏装置,加热蒸馏。用干燥的量筒收集 138~142℃馏分,量取体积,称量质量,并计算产率。

【实训提示】

(一) 实训原理

乙酸异戊酯又称香蕉油、香蕉水,不溶于水,无色透明,易溶于乙醇、乙醚等有机溶剂,用作溶剂及用于调味、制革、人造丝、胶片和纺织品等工业,同时它也天然存在于梨、香蕉、菠萝、苹果、葡萄、草莓及可可豆中。实验室通常采用冰醋酸和异戊醇在浓硫酸的催化下发生酯化反应来制取。反应式如下:

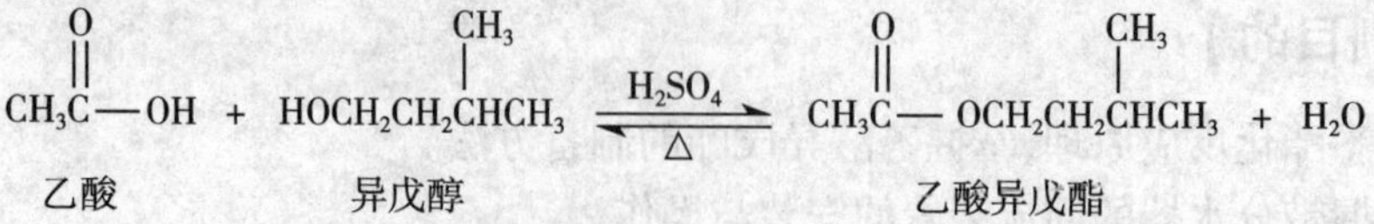

$$CH_3C\underset{O}{\overset{O}{||}}-OH + HOCH_2CH_2\underset{CH_3}{\overset{CH_3}{|}}CHCH_3 \underset{\triangle}{\overset{H_2SO_4}{\rightleftarrows}} CH_3C\underset{O}{\overset{O}{||}}-OCH_2CH_2\underset{CH_3}{\overset{CH_3}{|}}CHCH_3 + H_2O$$

乙酸　　　　　　异戊醇　　　　　　　　　　乙酸异戊酯

酯化反应是可逆的,本实验采取加入过量冰醋酸,并除去反应中生成的水,使反应不断向右进行,提高酯的产率。

生成的乙酸异戊酯中混有过量的冰醋酸、未完全转化的异戊醇、起催化作用的硫酸及副产物醚类,经过洗涤、干燥和蒸馏予以除去。

（二）实训要求

实验前要认真学习回流、萃取、洗涤、干燥和蒸馏的原理及意义,掌握带分水器回流装置、普通蒸馏装置的安装与操作要点,分液漏斗的使用方法。

（三）回流分水装置

有机化学反应通常很慢,且大多需要在体系沸腾条件下反应较长时间,为了不使反应物和溶剂的蒸汽逸出损失,需让反应在回流装置中进行。实训图 7-1 是带分水器的回流装置,可以不断将水从反应混合体系中除去。

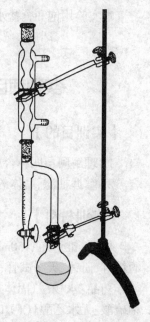

进行一些可逆平衡反应时,为了使反应正向进行彻底,可将产物之一的水不断从反应混合体系中除去,可以用回流分水装置。回流下来的蒸气冷凝液进入分水器,分层后,有机溶剂在上层,有机层自动流回到反应烧瓶,生成的水从分水器中放出去。

实训图 7-1 回流分水装置

仪器安装要点：

1. 在安装仪器前,首先检查分水器的旋塞是否严密,如有泄漏,可在旋塞上涂上凡士林或润滑脂。

2. 圆底烧瓶和球形冷凝管均应固定在铁架台上。

（四）实训注意事项

1. 加浓硫酸时,要分批加入,并在冷却下充分振摇,以防止异戊醇被氧化。

2. 回流酯化时,注意分水器中收集的水,回流结束,应收集分水器的油层。

3. 回流酯化时,要缓慢均匀加热,以防止碳化并确保完全反应。

4. 分液漏斗使用前要涂凡士林试漏,防止洗涤时漏液,造成产品损失。

5. 碱洗时放出大量热并有二氧化碳产生,因此洗涤时要不断放气,防止分液漏斗内的液体冲出来。

6. 最后蒸馏时仪器要干燥,不得将干燥剂倒入蒸馏瓶内。

7. 冰醋酸具有强烈刺激性,要在通风橱内取用。

【思考题】

1. 制备乙酸异戊酯时,使用的哪些仪器必须是干燥的,为什么?

2. 分水器内为什么事先要充有一定量水?

3. 酯化反应制得的粗酯中含有哪些杂质? 是如何除去的? 洗涤时能否先碱洗再水洗?

4. 酯可用哪些干燥剂干燥? 为什么不能使用无水氯化钙进行干燥?

5. 酯化反应时,实际出水量往往多于理论出水量,这是什么原因造成的?

【说明】

本实验用饱和食盐水洗涤产品,可降低酯在水中的溶解度,减少酯的损失。

(李国喜)

实训项目八 阿司匹林的制备、提纯及性能测定

【实训目的】

1. 理解阿司匹林合成的原理和方法,熟悉酯化反应在药物合成方面的应用。
2. 掌握抽滤、晶体的洗涤、重结晶等实验操作技能。

【实训材料】

仪器:锥形瓶(150ml×2)、50ml量筒、40ml布氏漏斗、药匙、250ml抽滤瓶、恒温水浴锅、酒精灯、研钵、天平试管、木试管夹。

药品:水杨酸(固体CP)、醋酐(CP,密度1.08g/ml)、1%三氯化铁试液、碳酸钠试液(CP)、稀硫酸、无水乙醇(CP)、试管。

【实训步骤】

(一) 酰化

称取6.0g水杨酸置于150ml的干燥锥形瓶中,加入9.0g乙酸酐,滴加4~5滴浓硫酸,小心振摇混匀,使水杨酸溶解;再在60℃左右的水浴中搅拌、加热并保温20分钟。取出锥形瓶冷却,并加入50ml蒸馏水,并用冰水冷却15分钟,直至白色晶体完全析出,抽滤,并用18ml蒸馏水分3次快速洗涤,并尽量压紧抽干,即得粗乙酰水杨酸。

(二) 精制

将所得粗品置于150ml锥形瓶中,加入20ml无水乙醇,于水浴上加热至乙酰水杨酸全部溶解。另取150ml锥形瓶加入蒸馏水50ml,加热至60℃;将乙酰水杨酸粗品乙醇溶液倒入热水中,若有颜色可以加入活性炭加热脱色10分钟,并趁热抽滤。在滤液中加入30ml的蒸馏水,冰水冷却15分钟后,白色结晶完全析出后,再进行抽滤,并用少量蒸馏水洗涤结晶,洗涤2次,抽干,即得纯化了的乙酰水杨酸。

将纯化的乙酰水杨酸置红外灯下干燥(干燥时温度不超过60℃为宜),计算收率。

(三) 精制后的阿司匹林性能测定

1. 三氯化铁试验 在两个试管中分别加入水杨酸、阿司匹林各0.1g,分别加水10ml,摇动溶解,分别滴入2滴三氯化铁溶液,混匀,观察现象并解释之。有颜色反应为正性反应。

2. 取阿司匹林约0.1g置试管中,加水10ml,煮沸10分钟,放冷,加三氯化铁试液2滴,观察现象并解释之。

3. 取精制的阿司匹林约1.0g置试管中,加碳酸钠试液10ml,煮沸2分钟后,放冷,加过量的稀硫酸,观察现象,并注意有无酸味气体放出,如有气体放出,用湿润的pH试纸在试管口检查气体的酸碱性,并解释实验现象。

【实训提示】

（一）实训原理

阿司匹林(乙酰水杨酸)是一种广泛使用的解热镇痛药,用于治疗伤风、感冒、头痛、发烧、神经痛、关节痛及风湿病等。近年来,又证明它具有抑制血小板凝聚的作用,其治疗范围又进一步扩大到预防血栓形成,治疗心血管疾患。人工合成它已有百年,但由于它价格低廉,疗效显著,且防治疾病范围广,因此至今仍被广泛使用。阿司匹林化学名为 2- 乙酰氧基苯甲酸,化学结构式为:

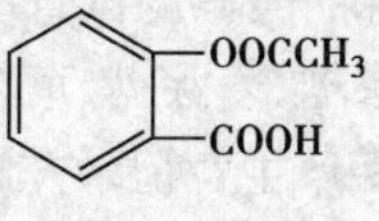

$$\text{—OOCCH}_3 \quad \text{—COOH}$$

阿司匹林为白色针状或板状结晶,m.p.135~136℃ (受热易分解,熔点难测准),无臭或微带醋酸臭,味微酸;遇湿气即水解。易溶于乙醇,可溶于氯仿、乙醚,微溶于水。在氢氧化钠溶液或碳酸钠溶液中溶解,但同时分解。

阿司匹林是由水杨酸(邻羟基苯甲酸)和乙酐合成的,合成路线如下:

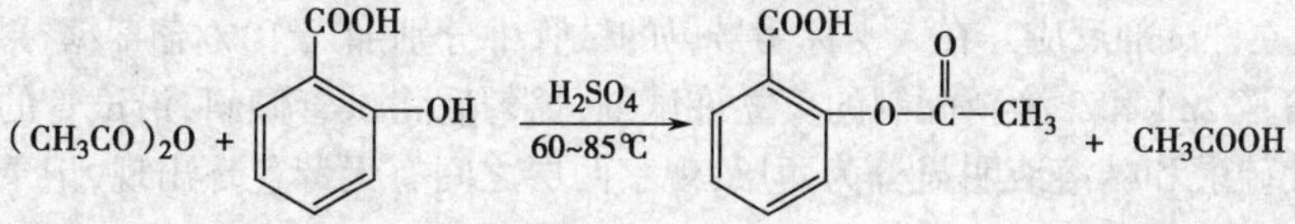

$$(CH_3CO)_2O + \underset{OH}{\overset{COOH}{\bigcirc}} \xrightarrow[60\sim85℃]{H_2SO_4} \underset{O-C-CH_3}{\overset{COOH}{\bigcirc}} + CH_3COOH$$

（二）注意事项

1. 乙酰化反应所使用的仪器、量具必须干燥无水。

2. 乙酰化反应的温度不宜太高,否则增加副产物的生成。

3. 抽滤后得到的固体,在洗涤时应该先停止减压,用玻璃棒将滤饼刮松并用水湿润后,再继续减压抽滤。

【思考题】

1. 本反应可能发生哪些副反应? 产生哪些副产物?

2. 在乙酰水杨酸重结晶时,为什么选择乙醇 - 水作为溶剂?

3. 本试验中加硫酸的目的是什么?

4. 若在生产中用氯仿、乙酸乙酯进行重结晶精制阿司匹林行不行,为什么?

5. 乙酰化反应如果有水进入会产生什么后果? 为什么?

(李国喜)

实训项目九　糖 的 性 质

【实训目的】

1. 熟练掌握鉴别糖类化合物的化学方法。

2. 学会验证糖类化合物的主要化学性质。

【实训材料】

仪器：大试管、小试管、试管架、试管夹、酒精灯。

药品：2%和10%的葡萄糖溶液、2%和10%的果糖溶液、2%和10%的麦芽糖溶液、2%和10%的蔗糖溶液、2%和10%的淀粉溶液、班氏试剂、碘液、0.05mol/L AgNO₃、2.5mol/L NaOH、0.5mol/L氨水、10% Na₂CO₃、塞利凡诺夫试剂、莫立许试剂、浓盐酸。

【实训步骤】

1. 与班氏试剂的反应　在5支标明号码的试管中分别加入1ml班氏试剂，用小火微微加热至沸腾。分别加入2%葡萄糖、果糖、麦芽糖、蔗糖、淀粉溶液各10滴，摇匀后在沸水浴中加热2~3分钟，观察有无砖红色沉淀产生？记录并解释所观察到的现象。

2. 与托伦试剂的反应　在1支洁净的大试管中加入0.05mol/L AgNO₃溶液2ml，再加入2滴2.5mol/L的NaOH溶液，然后边振摇边滴加0.5mol/L氨水，直到生成的沉淀恰好溶解为止（即为托伦试剂）。把配好的托伦试剂分装在4支标明号码的洁净试管中，再分别加入10滴2%葡萄糖、果糖、麦芽糖、蔗糖溶液，混匀后，将4支试管在60~70℃水浴中加热数分钟，观察有无银镜生成，记录并解释所观察到的现象。

3. 与莫立许试剂反应　在5支标明号码的试管中分别加入10%葡萄糖、果糖、麦芽糖、蔗糖、淀粉溶液2ml和2滴新配制的莫立许试剂，摇匀后将试管倾斜，沿试管的管壁徐徐加入浓硫酸，使硫酸和糖溶液明显分为两层，观察两层之间有无紫色环出现，记录并解释所观察到的现象。

4. 与塞利凡诺夫试剂反应　在4支标明号码的试管中各加入1ml塞利凡诺夫试剂，再分别加入10滴2%葡萄糖、果糖、麦芽糖、蔗糖溶液，混匀，于沸水浴中加热2分钟，观察颜色有何变化。加热20分钟后，再观察，记录并解释所观察到的现象。

5. 蔗糖的水解　在试管中加入10%的蔗糖溶液3ml和2滴浓盐酸，混匀后加热煮沸3~5分钟，冷却后，用10% Na₂CO₃溶液中和至无气泡放出为止，再加入10滴班氏试剂，放入沸水浴中加热，记录并解释所观察到的现象。

6. 淀粉的检验　在试管中加入2%淀粉溶液10滴和碘液1滴，观察有何颜色变化，再加热有何现象，放冷后又有什么变化，记录并解释所观察到的现象。

【实训提示】

（一）实训原理

糖类化合物是多羟基醛酮或它们的缩合物，通常分为单糖、双糖和多糖三类。另外根据糖分子中是否具有苷羟基，能否与托伦试剂、班氏试剂反应，又将糖类化合物分为还原糖和非还原糖，能发生反应的是还原糖，不能反应的是非还原糖。双糖和多糖都能水解。

糖类化合物都能与莫立许试剂——α-萘酚的醇溶液及浓硫酸反应呈现紫色，它是鉴定糖类化合物的一个常用方法。酮糖能与塞利凡诺夫试剂立即反应而醛糖很慢，这个反应可用来区别酮糖和醛糖。淀粉遇碘呈蓝色，这是鉴定淀粉（同时也是鉴定碘）的一个很灵敏的方法。

（二）注意事项

1. 班氏试剂即改进的斐林试剂，配制方法为在500ml烧杯中溶解20g柠檬酸钠和11.5g

无水碳酸钠于 100ml 热水中。在不断搅拌下把含 2g 硫酸铜结晶的 20ml 水溶液慢慢地加到此柠檬酸钠和碳酸钠溶液中。此混合液应十分澄清,否则需过滤。班氏试剂放置时不易变质,所以比斐林试剂使用方便,不必临时配制。

2. 莫立许试剂的配制　取 10g α- 萘酚溶于 95% 酒精中,再用同样的酒精稀释至 100ml,用前配制。

3. 塞利凡诺夫试剂的配制　取 0.05g 间苯二酚溶于 50ml 浓盐酸内,再用水稀释至 100ml。

4. 酮糖与塞利凡诺夫试剂反应的速率比醛糖快,在短时间内,酮糖已呈现红色而醛糖还没变化。但加热时间过久,醛糖也会呈现红色。

【实训结果】

(一) 结果报告

(二) 思考讨论

1. 糖与非糖用何方法鉴别? 如何区别还原糖或非还原糖? 醛糖或酮糖?

2. 在糖类的还原性试验中,蔗糖与班氏试剂或托伦试剂长时间加热时,有时也能得到阳性结果,如何解释此现象?

(黄声岚)

自我测评参考答案

第一章　绪　　言

一、单项选择题

1. B　　2. C　　3. B

二、分析题

1. 提示:从无机物多数属离子型晶体化合物,而有机物多数属分子型晶体化合物来分析。

2. 略。

三、团队练习题

答:(1) 均裂:$CH_3CH_2Cl \longrightarrow$ 1,3- 丁二烯

　　　异裂:$CH_3CH_2Cl \longrightarrow CH_3\overset{+}{C}H_2 \longrightarrow +Cl^-$

(2) 略。

(3) 卤代烃,可发生取代、消除等反应。

(4) 键 - 线式:

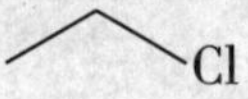

$$\diagdown\diagup\diagdown Cl$$

　　结构式:

$$H - \underset{\underset{H}{|}}{\overset{\overset{H}{|}}{C}} - \underset{\underset{H}{|}}{\overset{\overset{H}{|}}{C}} - Cl$$

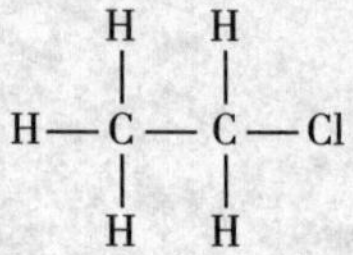

第二章　烷　　烃

一、单项选择题

1. A　　2. C　　3. C　　4. B　　5. A　　6. D　　7. C　　8. B

二、多项选择题

1. ACE　　2. AD　　3. AD　　4. ACD

三、用系统命名法命名下列化合物或写出结构简式

1.（1）3,3-二甲基己烷；　　（2）2,2-二甲基丁烷；　　（3）2,4-二甲基己烷；

（4）2,7-二甲基-4-乙基壬烷；　　（5）2,2,4-三甲基戊烷。

2.（1）
$$CH_3CH—CHCH_2CH_2CH_3$$
$$\quad\quad|\quad\quad\ |$$
$$\quad\quad CH_3\quad CH_3$$

（2）
$$\quad\quad\quad CH_3$$
$$\quad\quad\quad\ |$$
$$CH_3CH_2CCH_2CH_2CH_3$$
$$\quad\quad\quad\ |$$
$$\quad\quad\quad CH_3$$

（3）
$$\quad\quad\quad CH_2CH_3$$
$$\quad\quad\quad\ |\quad\ H$$
$$CH_3CH—C—C—CH_3$$
$$\quad\ |\quad\ |\quad\ |$$
$$\quad CH_3\ H\ CH_3$$

（4）
$$\quad\quad CH_3\ CH_2CH_3$$
$$\quad\quad\ |\quad\ |$$
$$CH_3CCH_2CHCHCH_3$$
$$\quad\quad\ |\quad\quad\ |$$
$$\quad\ CH_3\quad CH_3$$

四、分析题

2-甲基戊烷或3-甲基戊烷

五、团队练习题

（1）C_8H_{18}

$$\quad\quad\quad CH_2CH_3$$
$$\quad\quad\quad\ |$$
$$CH_3CHCH CH_2CH_3$$
$$\quad\quad\ |$$
$$\quad\quad CH_3$$

$$\quad\quad\quad CH_2CH_3$$
$$\quad\quad\quad\ |$$
$$CH_3CH_2CCH_2CH_3$$
$$\quad\quad\quad\ |$$
$$\quad\quad\quad CH_3$$

（2）2-甲基-3-乙基戊烷　　　3-甲基-3-乙基戊烷

（3）
$$\quad\quad\ 2°\ 1°$$
$$\quad\quad CH_2CH_3$$
$$\quad\quad\ |$$
$$CH_3CHCHCH_2CH_3$$
$$1°\ 3°\ 3°\ 2°\ 1°$$
$$\quad\ CH_3$$
$$\quad\ 1°$$

$$\quad\quad\quad 2°\ 1°$$
$$\quad\quad\quad CH_2CH_3$$
$$\quad\quad\quad\ |$$
$$CH_3CH_2CCH_2CH_3$$
$$1°\ 2°\ 4°\ 2°\ 1°$$
$$\quad\quad\quad CH_3$$
$$\quad\quad\quad 1°$$

第三章　不饱和烃

一、单项选择题

1. A　　2. D　　3. C　　4. B　　5. D　　6. D　　7. B　　8. D　　9. B　　10. C

二、多项选择题

1. AC　　2. ACE　　3. CD　　4. ACD　　5. ADE

三、用系统命名法命名下列化合物或写出结构简式

1. 4-甲基-2-己烯　　　　2. 8-甲基-2,5-壬二烯

3. (Z)-3-乙基-2-己烯　　　4. 3-乙基-1-戊烯-4-炔

5. $CH_2=\overset{\displaystyle CH_3}{\underset{\displaystyle |}{C}}-CH_2-CH_2-CH_3$

6. $\overset{\displaystyle H_3C}{\underset{\displaystyle H_3C}{}}C=C\overset{\displaystyle H}{\underset{\displaystyle CH_2CH_3}{}}$

7. $CH_2=CH-C\equiv C-CH_3$　　　8. $CH_2=CH-C\equiv C-CH=CH_2$

四、完成下列反应方程式

1. $(CH_3)_2CH\overset{\displaystyle Br}{\underset{\displaystyle |}{CH}}-\overset{\displaystyle Br}{\underset{\displaystyle |}{CH_2}}$

2. $CH_3-\overset{\displaystyle O}{\overset{\displaystyle \|}{C}}-CH_3 + CH_3COOH$

3. $CH_3CH_2\overset{\displaystyle |}{\underset{\displaystyle CH_3}{CH}}-CH_2Br$

4. $CH_3C\equiv C-CHBr-CH_2Br$

5. $CH_3COOH+CO_2$

6. $CuC\equiv CCu$

7.

8. CH_3CHO

9. $\overset{\displaystyle Br}{\underset{\displaystyle |}{CH_2}}-\overset{\displaystyle |}{\underset{\displaystyle CH_3}{C}}=CH-\overset{\displaystyle Br}{\underset{\displaystyle |}{CH_2}}$

10. $CH_3\overset{\displaystyle |}{\underset{\displaystyle OSO_2OH}{CH}}-CH_3$　　　$CH_3\overset{\displaystyle |}{\underset{\displaystyle OH}{CH}}-CH_3$

五、分析题

1. 用简便的化学方法鉴别下列各组化合物

(1)

(2)

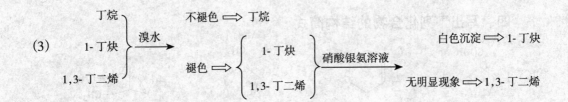

(3)

2. 推断结构

(1) A　$CH_3CH{=\!=}CHCH_3$　2-丁烯

反应式略。

(2) A　$(CH_3)_2CH{-\!-}C{\equiv}CH$

B　$CH_2{=\!=}CH{-\!-}\underset{\underset{\displaystyle CH_3}{|}}{C}{=\!=}CH_2$

　名称:3-甲基-1-丁炔　　　　名称:2-甲基-1,3-丁二烯

反应式略。

六、团队练习题

(1) 它可能是炔烃或二烯烃。可能的结构简式:

1-丁炔$CH{\equiv}CCH_2CH_3$;　2-丁炔$CH_3C{\equiv}CCH_3$;　1,2-丁二烯$CH_2{=\!=}C{=\!=}CHCH_3$;

1,3-丁二烯$CH_2{=\!=}CHCH{=\!=}CH_2$。

(2) 略

(3) $CH{\equiv}CCH_2CH_3$

反应方程式略。

第四章　脂环烃、萜类及甾族化合物

一、单项选择题

1. C　　2. A　　3. B　　4. A　　5. C　　6. A　　7. C　　8. B　　9. D　　10. A

二、多项选择题

1. BD　　2. BCD　　3. ADE　　4. ACD　　5. BCE

三、用系统命名法命名下列化合物

1. 1-甲基-2-异丙基环戊烷　　　　2. 1,6-二甲基螺[4.5]癸烷

3. 1-甲基-2-乙基环戊烷　　　　　4. 螺[3.4]辛烷

5. 二环[2.2.1]庚烷　　　　　　　6. 1,4-二甲基环己烷

7. 异丙基环丙烷　　　　　　　　8. 5-溴螺[3.4]辛烷

9. 6-甲基螺[2.5]辛烷　　　　　　10. 7,7-二氯二环[4.1.0]庚烷

四、写出下列化合物的结构简式

1. 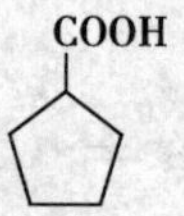 2. 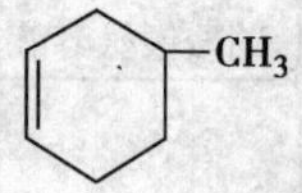 3. 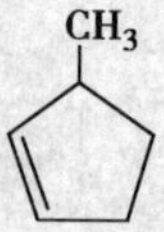 4.

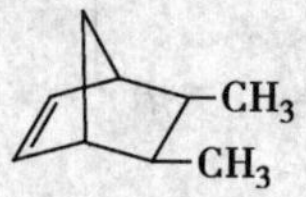

5. 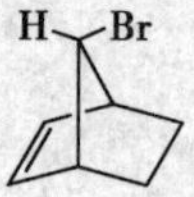 6.

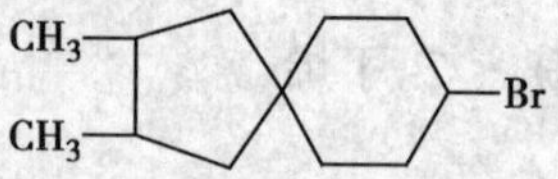

五、完成下列反应方程式

1. 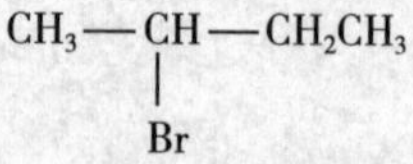 CH₃—CH—CH₂CH₃
   |
   Br

2.

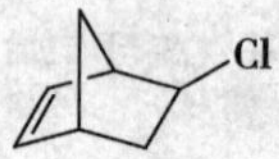

3.

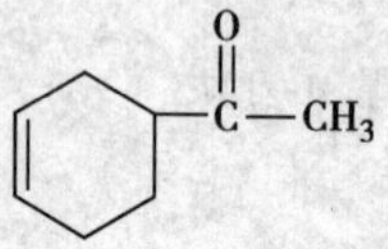

4.

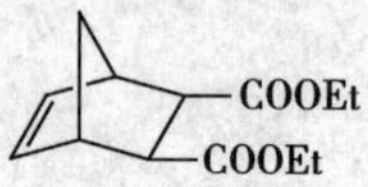

5. 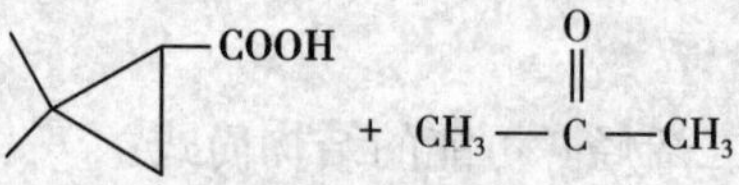 + CH₃—C—CH₃

六、分析题

1. { 1,2-二甲基环丙烷 / 环戊烷 } →[Br₂/H₂O] { 溴水褪色 / 无现象 }

2. { 环己烯 / 苯乙炔 / 环己烷 } →[Br₂/H₂O] { 溴水褪色 / 溴水褪色 / 无现象 } →[Ag(NH₃)₂⁺] { 无现象 / 白色沉淀 }

3. { 1-戊烯 / 甲基环丁烷 } →[Br₂/H₂O] { 溴水褪色 / 无现象 }

4. { 2-丁烯 / 1-丁炔 / 乙基环丙烷 } →[KMnO₄] { 褪色 / 褪色 / 无现象 } →[Ag(NH₃)₂⁺] { 无现象 / 白色沉淀 }

5. { 胆固醇 / 胆酸 } →[FeCl₃] { 出现紫色 / 无现象 }

七、简答题

1. 异戊二烯规则是指,在结构上,萜类化合物分子中的碳原子都是 5 的整数倍,而且由异戊二烯作为基本骨架单元,可以看成是由两个或两个以上异戊二烯单位以头尾相连或互相聚合而成,这种结构特征称为"异戊二烯规则"。

2. 甾族化合物的分子式中,都含有一个环戊烷多氢菲的基本骨架,并且带有三个侧链。按照甾族化合物的来源或生理作用的不同,包括甾醇类、胆汁酸类、甾族激素和甾族生物碱等物质。

八、团队练习题

(A)

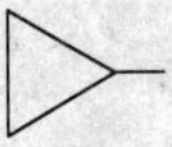

(B) 分子式：C_4H_9Br　　结构式：

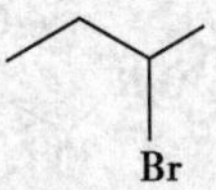

(C) 分子式：C_4H_8　　结构式：

第五章　芳　香　烃

一、单项选择题

1. D　　2. B　　3. A　　4. A　　5. C　　6. C　　7. C　　8. D　　9. A　　10. A

二、多项选择题

1. BD　　2. ABCD　　3. BCE　　4. ABCDE　　5. CDE

三、命名下列化合物或写出化合物的结构简式

1. 间氯苯甲酸；　2. 4-硝基-1-甲氧基苯；　3. 邻羟基苯甲醛；　4. 3-苯基丁烯；

5. 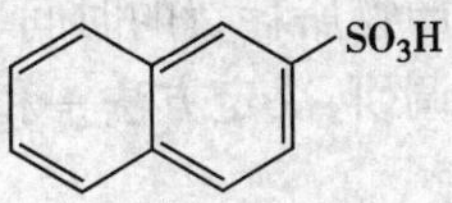 　　6. 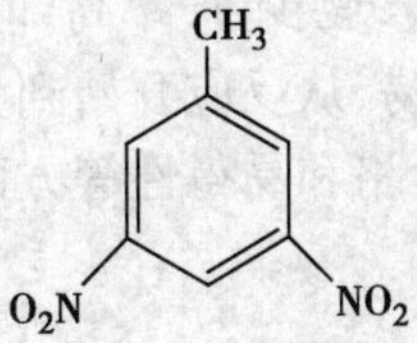 　　7.

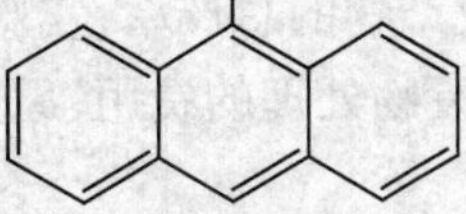

四、简答题

1. (1)、(2)、(4)被活化，(3)被钝化。
2. 活性顺序　(4) > (2) > (1) > (3)。

五、写出下列反应的主要产物

1. 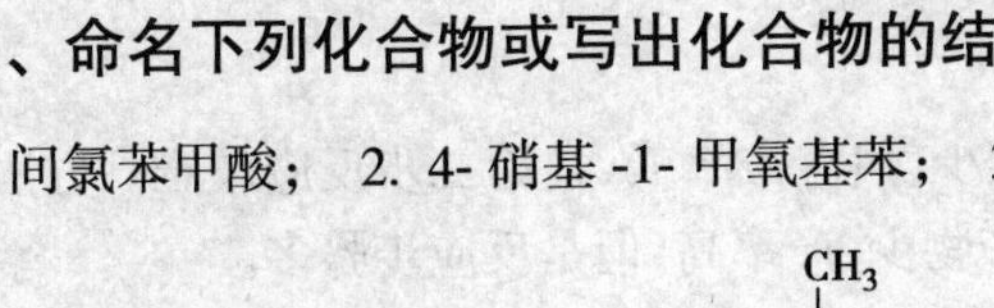 　　2. 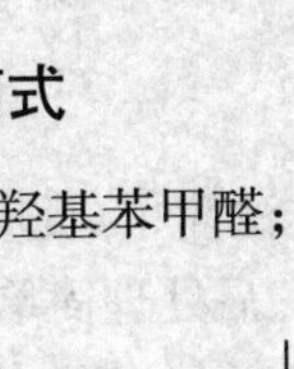 　　3.

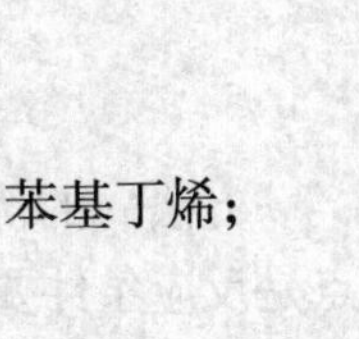

六、写出由苯合成下列化合物的合理路线

1. 先用傅-克反应得到乙苯，再和 CH_3COCl 发生傅-克反应。
2. 先硝化，再卤化。
3. 先用傅-克反应得到甲苯，硝化反应得到对硝基甲苯，再氧化即可。

4. 先用傅 - 克反应得到甲苯,磺化反应得到对甲基苯磺酸,氯代反应后水解即可。

5. 先傅 - 克反应得到苯乙酮,再磺化反应。

七、团队练习题

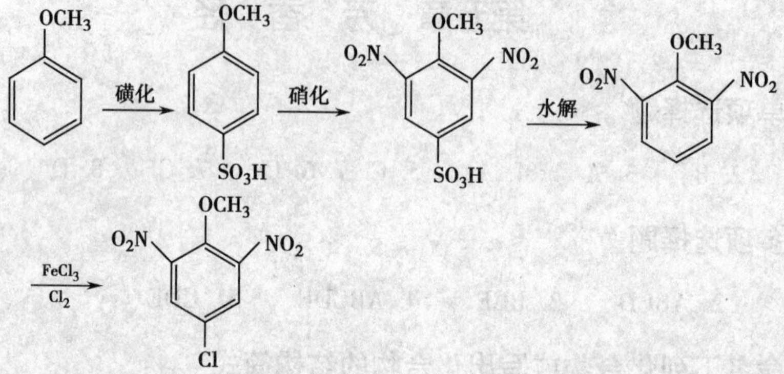

方法一的优点是方法简单、反应步骤少,但总产率低,且第二步反应较难。方法二的优点是反应条件要求不高、后处理简单、副产物少、产率高,但是反应步骤多。

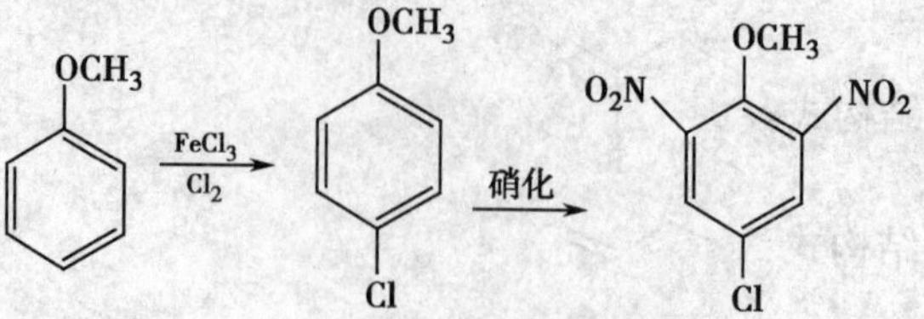

可从合成产物的总产率、实验的难易、从反应开始到分离出产物所耗费的时间、实验后处理的难易、废物处理的费用、原料的价格和易得性等方面进行调研,决定方法一和方法二的取舍。

第六章 卤 代 烃

一、单项选择题

1. C   2. C   3. B   4. D   5. D   6. A   7. B   8. C   9. D   10. C

二、多项选择题

1. CE   2. BD   3. ACD   4. BDE   5. ABCDE

三、用系统命名法命名下列化合物或写出结构简式

1. 2,5- 二甲基 -3- 氯己烷

2. 3- 甲基 -1- 氯丁烷

3. 2- 氯 -1,3- 丁二烯

4. 1- 苯基 -2- 溴乙烷

5. 苯基氯甲烷

6. 2- 甲基 -1- 溴 -2- 丁烯

7.

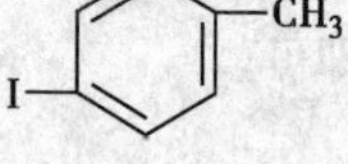

8.

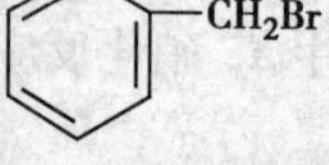

9.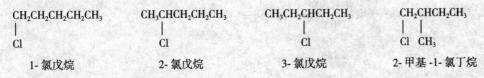

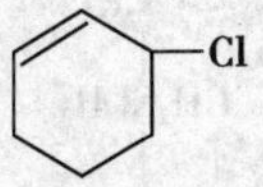

10.

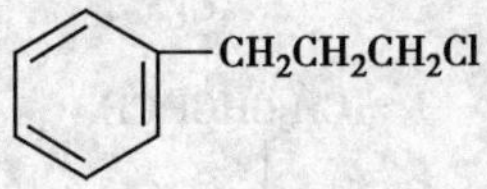

四、完成下列反应方程式

1. $CH_3CH_2CH_2$—$CN+NaI$

2. CH_3—O—CH_3+NaI

3. CH_3—CH_2—$\underset{\underset{CH_3}{|}}{CH}$—$\underset{\underset{OH}{|}}{CH}$—$CH_3+NaBr$

4. CH_3—CH_2—$\underset{\underset{CH_3}{|}}{C}$=$CH$—$CH_3+NaBr$

5. 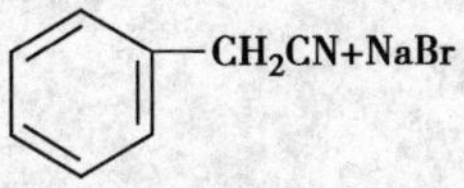 —$CH_2CN+NaBr$

五、分析题

1. 用化学方法区分下列各组化合物

(1) 丁烷
   1-溴丁烷 } $\xrightarrow{+AgNO_3/醇}$ 无变化
                                     浅黄色↓

(2) 氯乙烷
   氯乙烯 } $\xrightarrow{+溴水}$ 无变化
                               褪色

(3) 对氯甲苯
   苄氯 } $\xrightarrow{+AgNO_3/乙醇}$ 无变化
                                      白色↓

2. 推断结构

(1) (A)$CH_3CH_2CH_2Cl$ (B)CH_3CH=CH_2 (C)$CH_3CHClCH_3$

(2) (A) CH_3—$\underset{\underset{CH_3}{|}}{CH}$—$\overset{\overset{Cl}{|}}{\underset{\underset{CH_3}{|}}{C}}$—$CH_3$ (B) CH_3—$\underset{\underset{CH_3}{|}}{C}$=$\overset{\overset{CH_3}{|}}{C}$—$CH_3$

六、团队练习题

(1) 它属于卤代烷烃。

(2) 略。

(3) 它有 8 种同分异构体：

$\underset{\underset{Cl}{|}}{CH_2}CH_2CH_2CH_2CH_3$ $CH_3\underset{\underset{Cl}{|}}{CH}CH_2CH_2CH_3$ $CH_3CH_2\underset{\underset{Cl}{|}}{CH}CH_2CH_3$ $\underset{\underset{Cl}{|}}{CH_2}\underset{\underset{CH_3}{|}}{CH}CH_2CH_3$

　　1-氯戊烷　　　　　　　　2-氯戊烷　　　　　　　　3-氯戊烷　　　　　　2-甲基-1-氯丁烷

$$\begin{array}{c} Cl \\ | \\ CH_3CHCH_2CH_3 \\ | \\ CH_3 \end{array}$$

2- 甲基 -2- 氯丁烷

$$\begin{array}{c} Cl \\ | \\ CH_3CHCHCH_3 \\ | \\ CH_3 \end{array}$$

2- 甲基 -3- 氯丁烷

$$\begin{array}{c} Cl \\ | \\ CH_3CHCH_2CH_2 \\ | \\ CH_3 \end{array}$$

3- 甲基 -1- 氯丁烷

$$\begin{array}{c} CH_3 \\ | \\ CH_3CCH_2 \\ | \ \ | \\ Cl \ \ CH_3 \end{array}$$

2,2- 甲基 -1- 氯丙烷

第七章　醇、酚、醚

一、单项选择题

1. C　　2. A　　3. B　　4. D　　5. B　　6. C　　7. B　　8. C　　9. C　　10. A

二、多项选择题

1. BDE　　2. ABE　　3. AD　　4. ACD　　5. ACD

三、用系统命名法命名下列化合物或写出结构简式

1. 2,4- 二甲基 -2- 戊醇　　　　2. 2- 甲基 -1,4- 苯二酚　　　3. 2- 甲基 -2- 丁醇

4. 1- 甲基 -2- 萘酚　　　　　　5. 对甲氧基苯酚　　　　　　6. 苯乙醚

7. 苯甲醇 CH_2OH（苯环）

8. $CH_3-O-CH(CH_3)_2$

9. $HO-$（苯环）$-SO_3H$

10. $CH_3-CH-CH=CH_2$ ， OH

11. 苯酚 OH（苯环）

12. $CH_2-CH-CH_2$ ， $OH \ \ OH \ \ OH$

13. $CH_2-CH_2-CH_2-CH_2-CH_2$ ， OH ... OH

14. 2,4-二硝基苯酚 OH（苯环）NO_2 ... NO_2

四、完成下列反应方程式

1. $(CH_3)_3COH + HCl \xrightarrow{\text{无水氯化锌}} (CH_3)_3CCl + H_2O$

2. $CH_3CH_2OH + HNO_3 \longrightarrow CH_3CH_2ONO_2 + H_2O$

3. $CH_3-\underset{\underset{OH}{|}}{\overset{\overset{CH_3}{|}}{C}}-CH_2-CH_3 \xrightarrow[170℃]{\text{浓 } H_2SO_4} CH_3-\overset{\overset{CH_3}{|}}{C}=CH-CH_3 + H_2O$

4. $CH_3-\underset{\underset{CH_3}{|}}{CH}-CH_2OH \xrightarrow{K_2Cr_2O_7,H_2SO_4} CH_3-\underset{\underset{CH_3}{|}}{CH}-CHO \longrightarrow CH_3-\underset{\underset{CH_3}{|}}{CH}-COOH$

5. $+ 2Br_2 \xrightarrow{H_2O}$ $\downarrow + 2HBr$

6. $+ HI \longrightarrow$ $+ CH_3I$

7. $CH_3\cdot CH_2OH \xrightarrow{Na} (CH_3\cdot CH_2ONa) \xrightarrow{CH_3Br} (CH_3CH_2OCH_3)$

五、分析题

1. 用简单的化学方法区分下列各物质

(1) 甘油 / 异丙醇 / 乙醚 / 2-戊烯 $\xrightarrow{\text{新制 Cu(OH)}_2}$ 深蓝色溶液 / 无变化 / 无变化 / 无变化 $\xrightarrow{\text{饱和溴水}}$ 无变化 / 无变化 / 溴水褪色 $\xrightarrow{\text{酸性 K}_2Cr_2O_7}$ 无变化 / 橙色变绿色

(2) 苯乙烯 / 甲苯 / 乙二醇 / 苯酚 $\xrightarrow{\text{FeCl}_3 \text{溶液}}$ 无变化 / 无变化 / 无变化 / 紫色 $\xrightarrow{\text{饱和溴水}}$ 溴水褪色 / 无变化 / 无变化 $\xrightarrow{\text{新制 Cu(OH)}_2}$ 无变化 / 深蓝色溶液

(3) 已烯 / 苯甲醚 / 苯甲醇 / 对甲苯酚 $\xrightarrow{\text{FeCl}_3 \text{溶液}}$ 无变化 / 无变化 / 无变化 / 紫色 $\xrightarrow{\text{饱和溴水}}$ 溴水褪色 / 无变化 / 无变化 $\xrightarrow{\text{酸性 K}_2Cr_2O_7}$ 无变化 / 橙色变绿色

2. 推断结构

(1) (A) $CH_3-\underset{\underset{OH}{|}}{CH}-\underset{\underset{CH_3}{|}}{CH}-CH_3$ (B) $CH_3-\underset{\underset{OH}{\overset{\overset{CH_3}{|}}{|}}}{C}-CH_2-CH_3$ (C) $CH_3-\underset{\overset{\overset{CH_3}{|}}{\,}}{C}=CH-CH_3$

(2) (A) $O-CH_3$ (B) OH (C) CH_3I

六、团队练习题

1. 苯环上取代基的定位效应分为邻、对位定位基和间位定位基。如甲基、羟基等是邻、对位定位基,硝基、羧基等是间位定位基。

2. 苯酚的硝化反应比苯的硝化反应容易,因为苯酚中的酚羟基能使苯环的电子云密度增加,是邻、对位定位基,具有活化苯环的作用。

3. 苯酚硝化反应得到的主要产物有邻硝基苯酚和对硝基苯酚,用水蒸气蒸馏法可以将二者分开。因为邻硝基苯酚可以形成分子内氢键,沸点比较低,能随水蒸气蒸馏出去,而对硝基苯酚只能形成分子间氢键,沸点较高,不能随水蒸气蒸馏出去。

4.

第八章　醛　和　酮

一、单项选择题

1. A　　2. C　　3. B　　4. A　　5. D　　6. D　　7. A　　8. D　　9. B　　10. C

二、多项选择题

1. AC　　2. BD　　3. CDE　　4. ABCE　　5. AB

三、用系统命名法命名下列化合物或写出结构简式

1. 2,4- 二甲基 -3- 戊烯醛　　2. 3- 苯基丙醛　　3. 4,4- 二甲基 -3- 己酮

4. 3,5- 庚二酮　　5. 4- 甲基 -2- 甲氧基苯甲醛　　6. 3- 乙基环己酮

7.
$$CH_3-CH-\overset{\overset{\textstyle O}{\|}}{C}-CH-CH_2-CH_3$$
$$\quad\ \ \ |\qquad\qquad\ |$$
$$\quad\ \ CH_3\qquad\ \ CH_2-CH_3$$

8.
$$HO-\!\!\!\!\bigcirc\!\!\!\!-CH_2CHO$$

9.
$$CH_3-CH_2-\overset{\overset{\textstyle O}{\|}}{C}-CH-\overset{\overset{\textstyle O}{\|}}{C}-CH_2-CH_3$$
$$\qquad\qquad\qquad\ \ |$$
$$\qquad\qquad\qquad CH_3$$

10.

四、写出下列反应的主产物

1.
$$CH_3COCH_3 + CH_3CH_2MgBr \xrightarrow[H^+]{无水乙醚} CH_3-\overset{\overset{\textstyle OH}{|}}{\underset{\underset{\textstyle CH_3}{|}}{C}}-CH_2-CH_3$$

2. 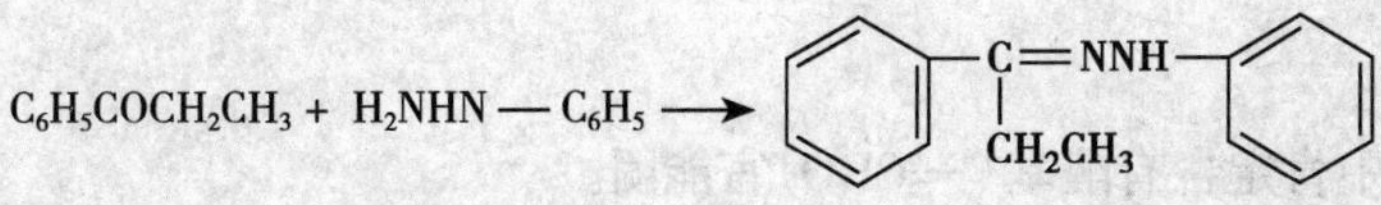 $C_6H_5COCH_2CH_3 + H_2NHN—C_6H_5 \longrightarrow$

3. $\underset{\underset{CH_3}{|}}{CH_3CHCHO} + NaHSO_3 \longrightarrow \underset{\underset{CH_3}{|}}{CH_3CHCH}\overset{\overset{OH}{|}}{—}SO_3Na \downarrow$

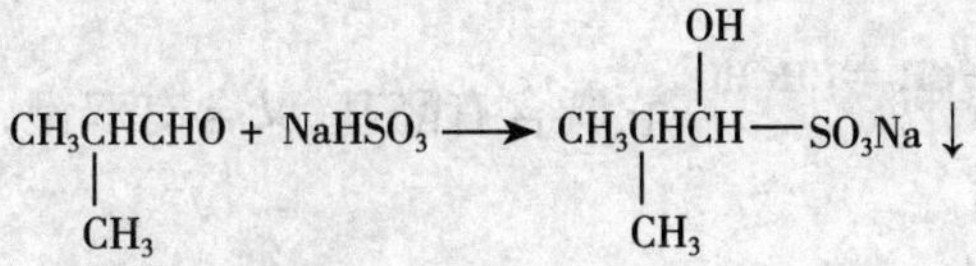

4. 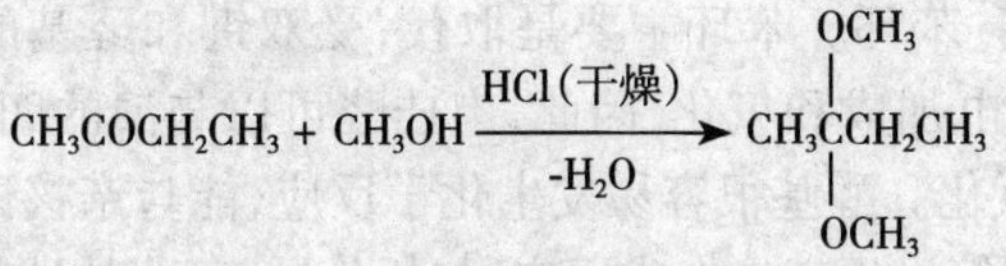 $CH_3COCH_2CH_3 + CH_3OH \xrightarrow[-H_2O]{HCl(干燥)} \underset{\underset{OCH_3}{|}}{CH_3C}\overset{\overset{OCH_3}{|}}{CH_2CH_3}$

5. $CH_2{=}CHCH_2CHO \xrightarrow[\text{或 } NaBH_4]{LiAlH_4} CH_2{=}CHCH_2CH_2OH$

五、分析题

1. 用简单的化学方法区分下列各物质

(1)
乙醛
甲醛
苯乙酮
丙酮
} 托伦试剂 →
银镜
银镜
无变化
无变化
}
银镜 } I_2/NaOH → 黄色沉淀 / 无变化
无变化 } 饱和亚硫酸氢钠 → 无变化 / 结晶析出

(2)
苯酚
苯乙醇
苯乙酮
苯甲醛
} $FeCl_3$ 溶液 →
紫色
无变化
无变化
无变化
}
无变化 } 2,4 二硝基苯肼 → 橙色沉淀 / 橙色沉淀 } 托伦试剂 → 无变化 / 银镜

(3)
乙醚
戊醛
2-戊酮
3-戊酮
} 2,4- 二硝基苯肼 →
无变化
橙色沉淀
橙色沉淀
橙色沉淀
} 托伦试剂 → 银镜 / 无变化 / 无变化 } I_2/NaOH → 黄色沉淀 / 无变化

2. 推断结构

(1)（A)

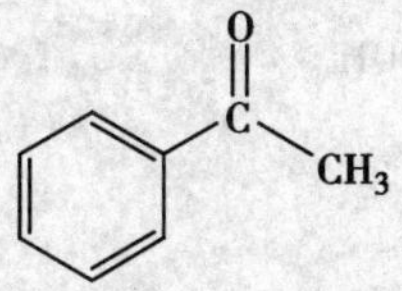

(2)(A)

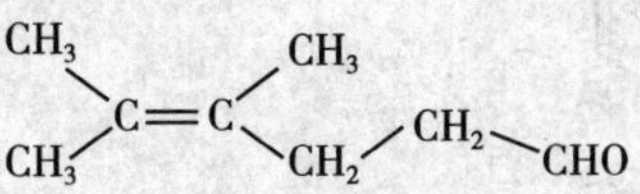

(B)

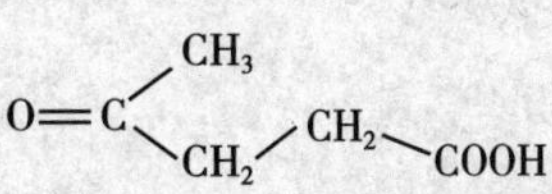

六、团队练习题

(1) 肉桂醛的结构式中肯定含有醛基(—CHO)官能团。

(2) 已知肉桂醛的结构式为: [苯环]—CH=CHCHO ;它既含有醛基,又含有双键,属于不饱和醛;命名为:3- 苯基丙烯醛。

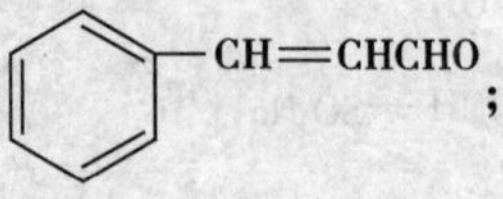

(3) 肉桂醛中的官能团有醛基、双键、苯环。苯环主要是取代,受双键和醛基的作用,苯环的取代活性将降低。双键主要是亲电加成和氧化,因此,肉桂醛可以与溴的四氯化碳溶液发生加成反应,也可以被高锰酸钾氧化。醛基很容易发生化学反应,能与亲核试剂,如 HCN、$NaHSO_3$、氨的衍生物、醇、格氏试剂等发生亲核加成反应;与托伦试剂、斐林试剂、希夫试剂这些弱氧化剂发生氧化反应;能被还原试剂还原,不同的还原条件下,还原的产物不同;必须与含 α-H 的醛才可发生羟醛缩合反应。

(4) 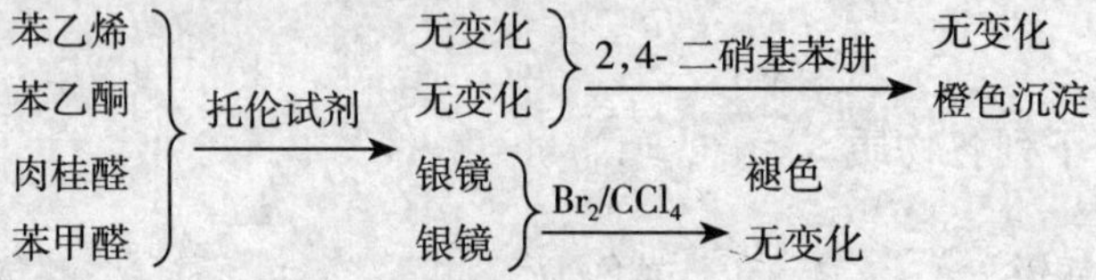
苯乙烯
苯乙酮 } 托伦试剂 无变化 无变化 } 2,4- 二硝基苯肼 无变化 橙色沉淀
肉桂醛
苯甲醛 } 银镜 银镜 } Br_2/CCl_4 褪色 无变化

第九章 羧酸和取代羧酸

一、单项选择题

1. D 2. C 3. D 4. C 5. D 6. B 7. B 8. B 9. D 10. A

二、多项选择题

1. CD 2. AC 3. ABDE 4. BCDE 5. ABC

三、用系统命名法命名下列化合物或写出结构简式

1. 4- 甲基 -2- 己烯酸

2. 3,4- 二甲基苯甲酸

3. 2- 甲基 -3- 羟基丁酸

4. 4- 甲基 -3- 戊酮酸

5. $H-\overset{O}{\underset{\|}{C}}-CH_2COOH$

6. $\overset{COOH}{\underset{OH}{HOOCCH_2\overset{|}{\underset{|}{C}}CH_2COOH}}$

7. $CH_3\overset{O}{\underset{\|}{C}}CH_2CH_2COOH$

8. 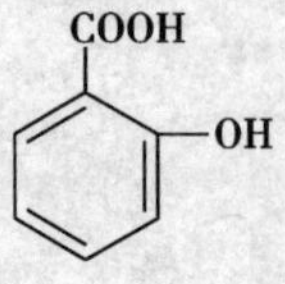 [苯环带 COOH 和 OH]

四、完成下列反应方程式

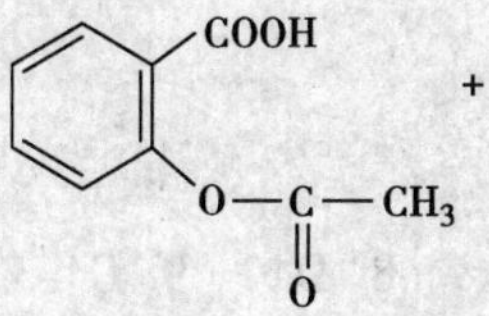

1. +NaHCO₃ →

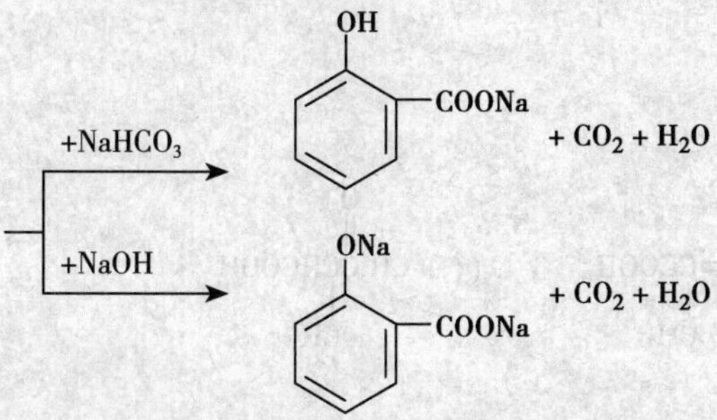

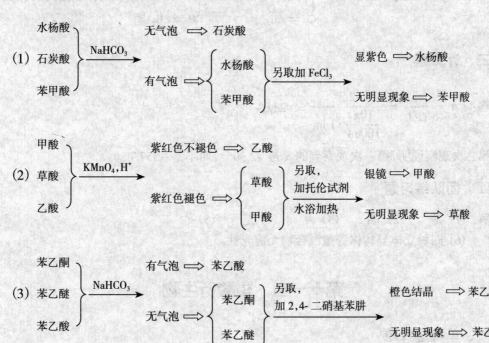

+NaOH →

2. H—COOH+CO₂

3. （图）COOH + CH₃COOH

4. CH₃CH₂CCH₃+HCOOH

5. CH₃CH₂C=CHCH₂COOH

五、分析题

1. 用简便的化学方法鉴别下列各组化合物

2. 推断结构

（A）CH_3CH_2COOH　　　　（B）CH_3COOCH_3　　　　（C）$HCOOCH_2CH_3$

反应式（略）

六、团队练习题

（A）
$$\underset{\underset{CH_3}{|}}{CH_3CHCHCOOH}$$
（OH在第二个C上）

（B）
$$\underset{\underset{CH_3}{|}}{CH_3CH=CCOOH}$$

（C）
$$\underset{\underset{CH_3}{|}}{CH_3\overset{\overset{O}{||}}{C}CHCOOH}$$

第十章　对映异构

一、多项选择题

1. B　　2. C　　3. A　　4. A　　5. C　　6. A　　7. C　　8. D　　9. C　　10. D

二、推测结构式

1. $C_{10}H_{14}$ 的结构式为：
$$\underset{\underset{CH_3}{|}}{C_6H_5-CH-CH_2CH_3}$$

2. （A）3-甲基-1-戊炔、（B）3-甲基-1-戊炔银、（C）3-甲基戊烷

3. 解：C_6H_{12} 不饱和烃是
$$H_3C-\overset{\overset{C_2H_5}{|}}{\underset{\underset{CH=CH_2}{|}}{C}}-H$$
　　或　　
$$H-\overset{\overset{C_2H_5}{|}}{\underset{\underset{CH=CH_2}{|}}{C}}-CH_3$$
，生成的饱和烃无旋光性。

三、计算题

解：$[\alpha]=\dfrac{\alpha}{C\cdot L}=\dfrac{+2.3°}{\dfrac{10g}{100ml}\cdot 1dm}=+23.0°$

第二次观察说明，第一次观察到的 α 是 +2.30°，而不是 −357.7°。

四、团队练习题

解：（1）是　　（2）否　　（3）否　　（4）是　　（5）否

　　（6）四种立体异构体等量混合物无旋光性。

第十一章　羧酸衍生物

一、单项选择题

1. C　　2. D　　3. B　　4. D　　5. B　　6. A　　7. A　　8. D　　9. A　　10. D

二、多项选择题

1. CD　　2. BC　　3. BCD　　4. ABC　　5. ABCD

三、命名下列化合物

1. 2- 乙基 -2- 丁烯二酸酐　　2. 4- 甲氧基苯甲酸甲酯　　3. β - 羰基戊酰胺

4. 邻羟基苯甲酸　　5. α - 萘乙酰胺　　6. N- 甲基邻苯二甲酰亚胺

7. 2- 丁烯酰氯　　8. 苯甲酸苯甲酯

四、完成下列反应

1. 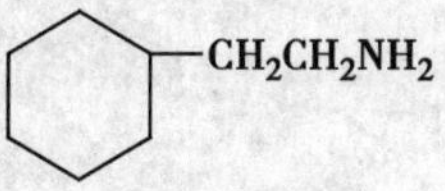 —CH$_2$CH$_2$NH$_2$

2. —COOCH$_2$CH(CH$_3$)CH$_2$CH$_3$

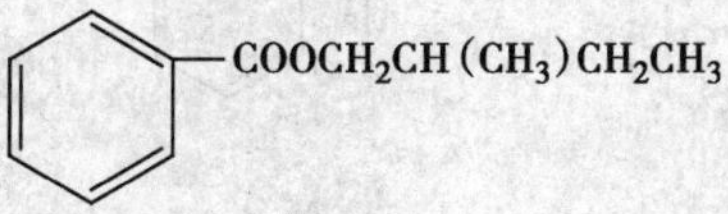

3. CH$_3$CH(OH)CH$_2$CH$_2$COOCH$_3$

4. 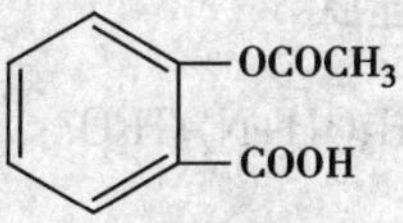 —OCOCH$_3$ / —COOH

五、用化学方法区别下列各组化合物

1. 先用羟胺分别与二者作用,再用 FeCl$_3$ 检验哪个会出现紫红色。

2. 三者新配制的水溶液遇到 FeCl$_3$ 出现红色者为邻羟基苯甲酸乙酯,过段时间出现红色者为乙酸苯酯,剩下的为邻甲氧基苯甲酰胺。

六、推断结构

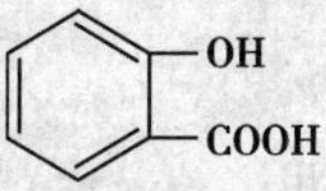

—OH / —COOH

七、团队练习题

对氨基苯甲酸乙酯分子中氨基给电子的 P-π 共轭效应比吸电子诱导效应大得多, 因此总的电子效应为给电子效应,使酯羰基碳原子正电荷降低,其水解速度慢而有药用价值;对硝基苯甲酸乙酯,分子中硝基的吸电子诱导效应和 p-π 共轭效应方向相同,使酯羰基碳原子上正电荷增强而水解性增强,不宜用于临床药物。

第十二章　含氮有机化合物

一、单项选择题

1. C　　2. A　　3. C　　4. B　　5. B　　6. A　　7. D　　8. C　　9. D　　10. B

二、多项选择题

1. AC　2. AB　3. AD　4. BCD　5. ACD

三、用系统命名法命名下列化合物或写出结构式

1. 三甲胺　2. 乙二胺　3. 2-硝基丁烷　4. *N*-甲基苯胺　5. 氢氧化四乙铵

6. $CH_3-CH_2-NH_2$　7. $[(CH_3)_4N]^+I^-$　8. 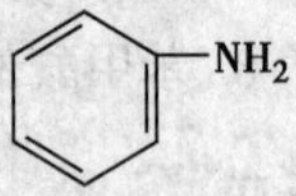

9. 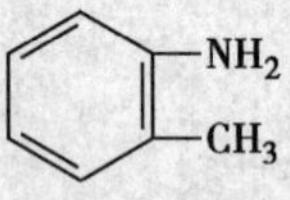　10. 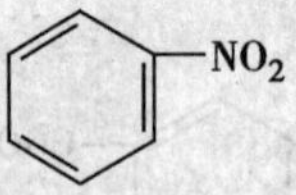

四、完成化学反应方程式

1. $CH_3NH_2+HNO_2 \longrightarrow CH_3OH+N_2+H_2O$

2. 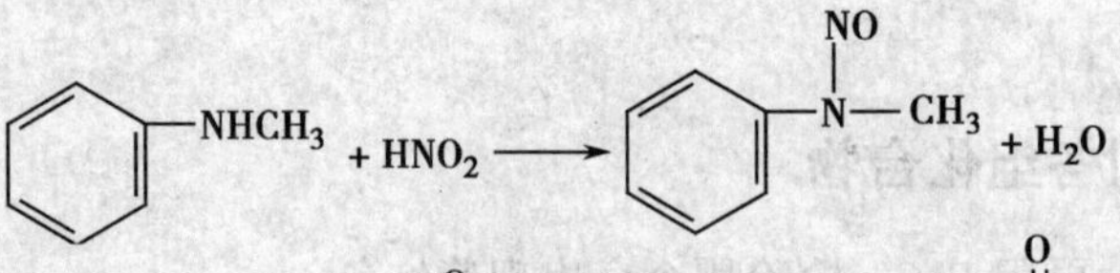

3. 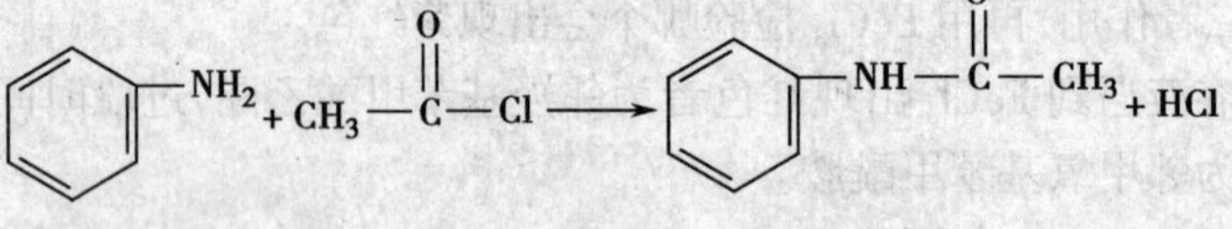

4. 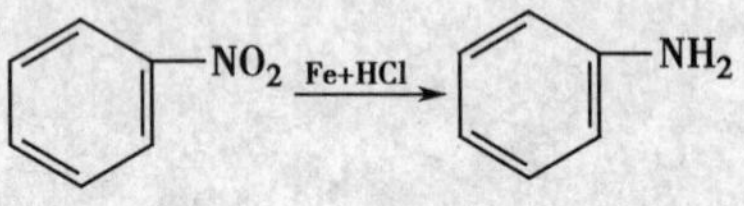

5. 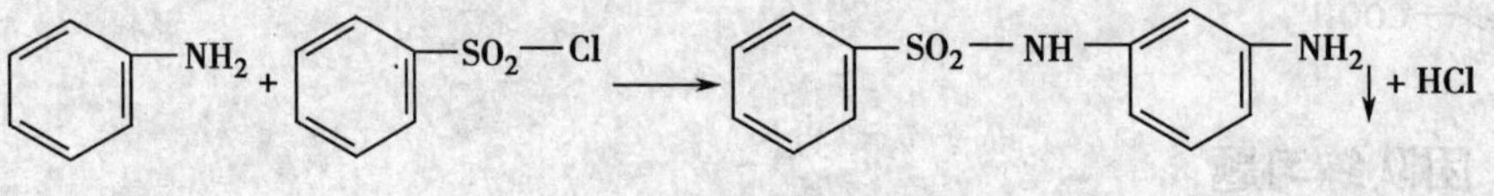

五、分析题

1. 用化学方法鉴别下列化合物

(1) 苯胺、苯酚、苯甲醛 $\xrightarrow{\text{加溴水}}$ 苯胺：白色沉淀；苯酚：白色沉淀；苯甲醛：无变化

白色沉淀 $\xrightarrow{FeCl_3}$ 苯胺：无变化；苯酚：紫色

(2) 甲胺、二甲胺、三甲胺 $\xrightarrow{NaNO_2, HCl}$ 甲胺：氮气；二甲胺：黄色油状物；三甲胺：无变化

2. 推断题

(A) $CH_3CH_2CH_2NH_2$

(B) CH_3CHCH_3
        |
        NH_2

六、团队练习题

(1) $CH_3CH_2-NH_2$ $CH_3CH_2-NH-CH_2CH_3$ $CH_3CH_2-\overset{\overset{\displaystyle CH_2CH_3}{|}}{N}-CH_2CH_3$

(2) 三种化合物都属于胺类化合物,官能团是—NH_2。胺分子中—NH_2 氮原子上有未共用电子对,能接受质子,因此胺呈碱性。乙胺和二乙胺氮原子上还连有氢原子,还应该能发生取代反应。

(3) 二乙胺 > 乙胺 > 三乙胺

(4) $CH_3CH_2NH_2+(CH_3CO)_2O \longrightarrow CH_3CH_2NHCOCH_3+CH_3COOH$

  $(CH_3CH_2)_2NH+(CH_3CO)_2O \longrightarrow (CH_3CH_2)_2NCOCH_3+CH_3COOH$

  三乙胺的氮上因无氢原子,不发生反应。

(5) $CH_3CH_2NH_2+HNO_2 \longrightarrow CH_3CH_2OH+N_2\uparrow +H_2O$

  $(CH_3CH_2)_2NH+HNO_2 \longrightarrow (CH_3CH_2)_2N-NO+H_2O$

  $(CH_3CH_2)_3N+HNO_2 \longrightarrow [(CH_3CH_2)_3\overset{+}{N}H]NO_2^-$

(6) 分别向三种胺溶液中滴加几滴 NaOH 溶液,再分别加入苯磺酰氯 1~2ml,振荡,有沉淀生成的是二乙胺。再分别向另外两支试管中加入盐酸酸化,有沉淀生成的是乙胺,三乙胺始终无变化。

第十三章　杂环化合物与生物碱

一、单项选择题

1. D   2. A   3. B   4. A   5. B   6. C   7. B   8. C   9. C   10. B

二、多项选择题

1. ACD   2. ADE   3. BDE   4. ABCDE   5. BDE

三、命名下列化合物或写出结构简式

1. 5-溴-2-吡咯甲酸   2. 2-噻吩磺酸   3. 2-甲基-5-氨基呋喃

4. 2-氨基-6-溴吡啶   5. 4-乙基咪唑   6. 2-甲基-4-氨基嘧啶

7.

8.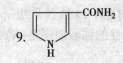

9.

10. 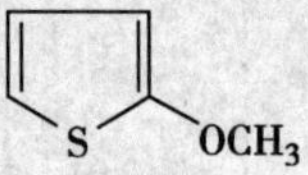 11. 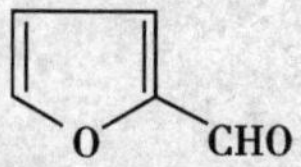 12.

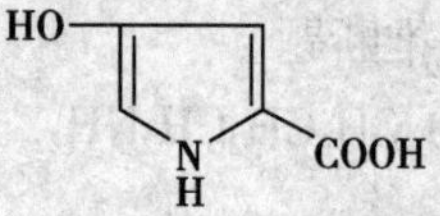

四、完成下列反应方程式

1. 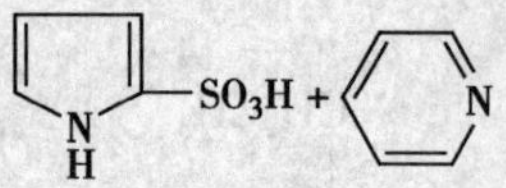 ─SO₃H +

2. 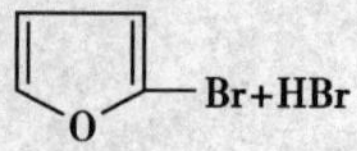 ─Br + HBr

3. 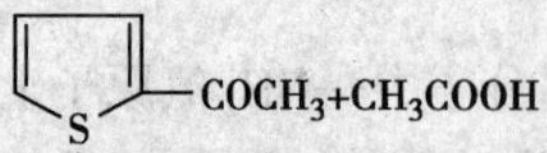 ─COCH₃ + CH₃COOH

4.

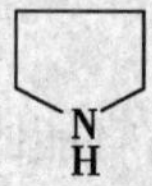

5. 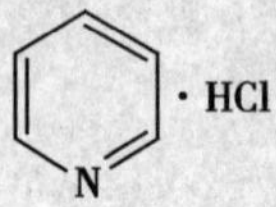 · HCl

6.

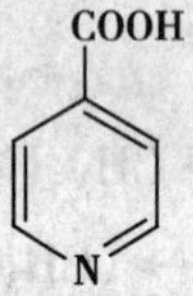

五、分析题

1. 用化学方法区分下列各组化合物

(1) 呋喃、糠醛 + 多伦试剂/△ → 无变化、银镜

(2) 吡啶、2-苯基吡啶 + KMnO₄/△ → 无变化、褪色

(3) 苯、噻吩 + 浓硫酸 → 无变化、溶解,不分层

2. 杂环化合物的碱性

四氢吡咯 > 3-甲基吡啶 > 吡啶 > 2-硝基吡啶 > 吡咯
原因(略)。

六、团队练习题

(1) 组胺分子中有 3 个氮原子。

(2) 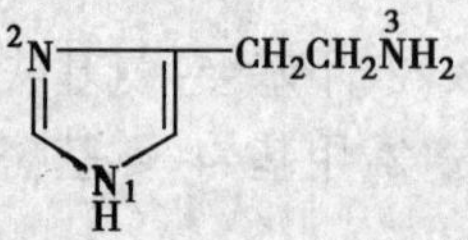 1 号 N 采用 sp² 杂化,N 上无孤对电子;2 号 N 采用 sp² 杂化,N

上存在孤对电子;3 号 N 采用 sp³ 杂化,N 上存在孤对电子。

(3) 碱性的强弱顺序是:N³ > N² > N

第十四章 糖 类

一、单项选择题

1. B　　2. C　　3. C　　4. A　　5. A　　6. D　　7. B　　8. D　　9. B　　10. A

二、多项选择题

1. ABDE　　2. BD　　3. ACE　　4. ABCE　　5. ABC　　6. BC

三、完成下列反应式

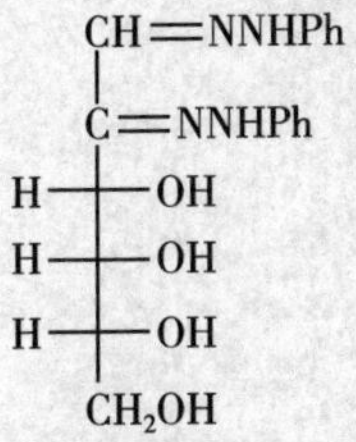

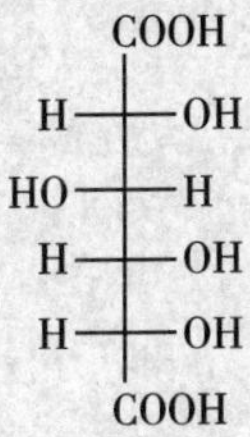

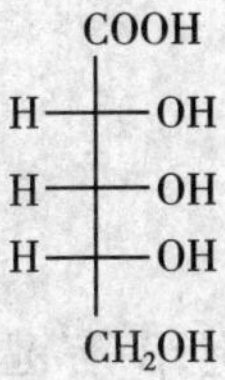

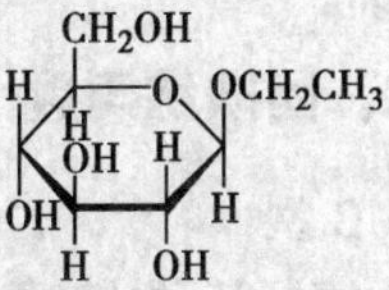

四、分析题

1. 用简单的化学方法区分下列各组化合物

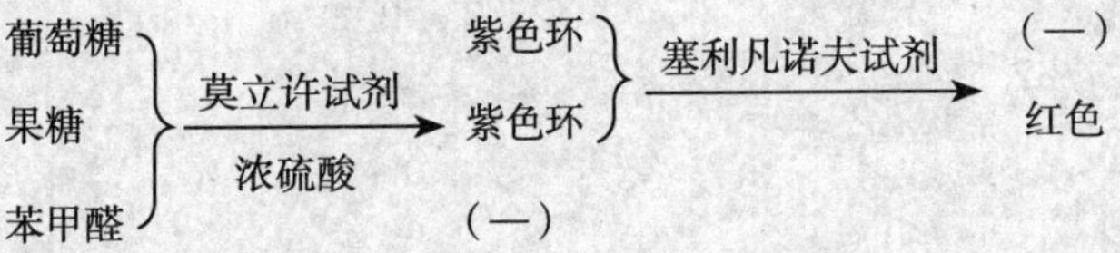

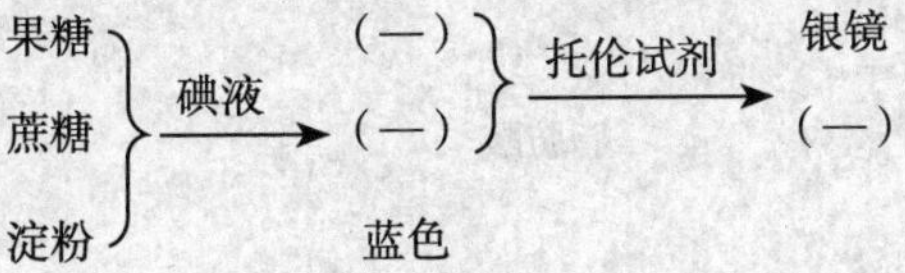

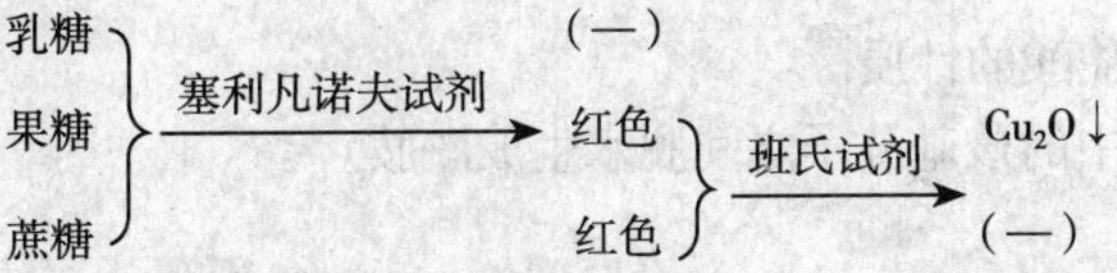

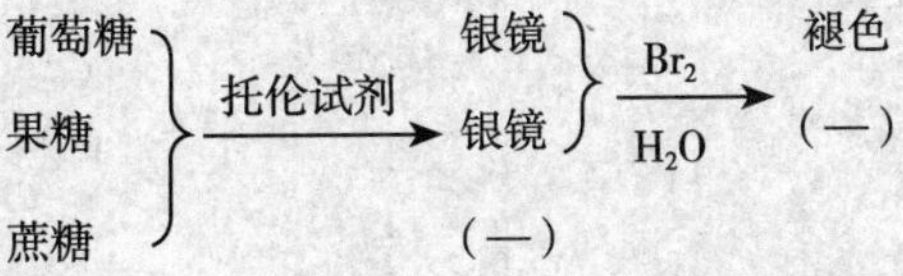

2. 推断结构

A
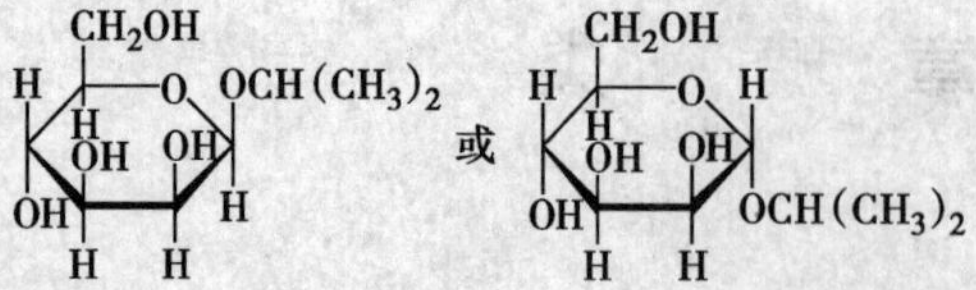

B
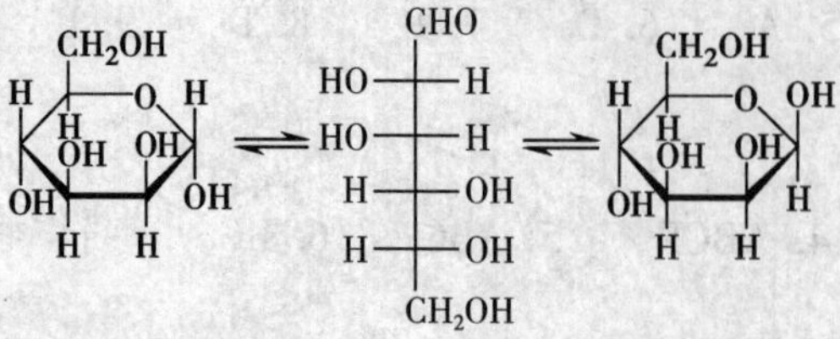

C
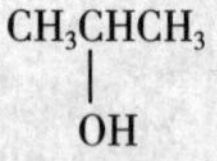

五、团队练习题

(1) β 型

(2) 醇羟基;酰胺键;碳碳双键;β-苷键。

(3)
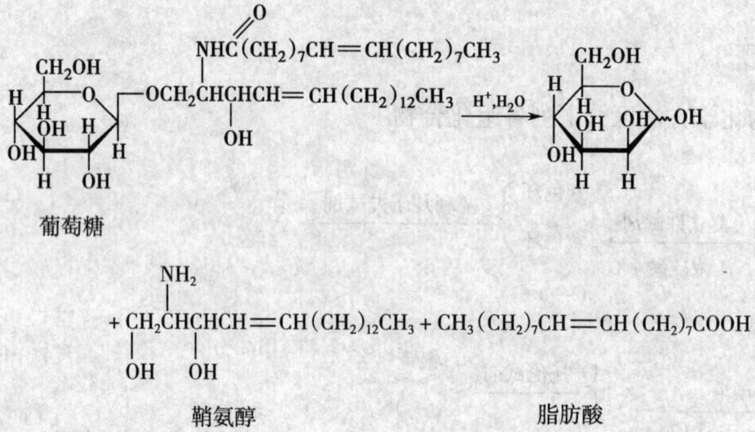

(4) 命名:9- 十八碳烯酸。

性质:既具有烯的性质又具有羧酸的性质。

(5) 鞘氨醇中的氨基与脂肪酸中的羧基分子之间脱水生成酰胺。

学习目标

第一章　绪　　言

知识要求：掌握有机化合物的概念、特点，σ 键和 π 键的主要特点及有机化合物的分类；熟悉共价键的断裂方式和有机化学反应的分类，以及常见的官能团；了解有机化合物按碳架和官能团分类的方法，有机化学的发展史、有机化学与药学的关系。

能力要求：学会对有机化合物进行分类研究。能对有机物与无机物进行区别。

第二章　烷　　烃

知识要求：掌握烷烃的通式、构造异构现象，烷烃的系统命名法，烷烃的取代反应；熟悉烷烃碳的四面体结构；了解烷烃的分类，碳原子 sp^3 杂化的特点。

能力要求：学会应用系统命名法命名烷烃；根据命名能够正确书写相应烷烃的结构式。具备识别烷烃分子中四种不同类型的碳原子的能力。

第三章　不 饱 和 烃

知识要求：掌握烯烃、炔烃、共轭二烯烃的结构特点、命名和主要化学性质，烯烃的顺反异构；熟悉诱导效应和共轭效应及其对有机化合物性质的影响；了解烯烃亲电加成历程。

能力要求：学会应用系统命名法命名烯烃、炔烃及烯烃的顺反异构体。能应用马氏定则写出烯烃加成反应的主产物；学会应用烯烃氧化产物推断烯烃的结构式。学会用化学方法区别饱和烃和不饱和烃，能鉴别端基炔。

第四章　脂环烃、萜类及甾族化合物

知识要求：掌握脂环烃的结构、命名和性质；熟悉萜类和甾族化合物的定义、分类和结构特点；了解一些重要的脂环烃、萜类和甾族化合物的作用。

能力要求：学会用化学方法鉴别常见的脂环烃；具备根据化合物结构预判药物性质及提供用药咨询服务的能力。

第五章　芳　香　烃

知识要求：掌握苯环的结构、单环芳烃的构造异构和命名，单环芳烃的物理化学性质，苯

271

环上亲电取代反应的定位规律;熟悉苯环上取代反应规律在有机合成上的运用,常见多环芳烃的结构;了解单环芳烃、多环芳烃的来源。

能力要求:学会应用苯环上亲电取代反应的定位规律判断反应产物,学会用苯环定位规律选择合理的合成路线。

第六章 卤 代 烃

知识要求:掌握卤代烃的结构、分类和命名,卤代烃的主要化学性质;熟悉不同类型卤代烃的鉴别;了解卤代烃在药学方面的应用。

能力要求:学会用系统命名法命名卤代烃。解释不同卤代烃的反应活性。具备运用本章相关知识解决药学方面问题的能力。

第七章 醇、酚、醚

知识要求:掌握醇、酚、醚的分类、命名法及醇、酚主要的化学性质;熟悉醇、酚、醚的结构,醇的物理特性及醚的化学性质;了解重要的醇、酚、醚及其在医药上的应用。

能力要求:学会运用系统命名法给醇、酚、醚命名;能正确书写醇、酚、醚的相关反应方程式;学会各种醇、酚的定性鉴别方法;具备根据醇、酚、醚的性质推导相应结构的能力。

第八章 醛 和 酮

知识要求:掌握醛和酮的分类、命名和化学性质;熟悉醛和酮的结构、物理性质;了解重要的醛和酮及在医药领域的作用。

能力要求:学会醛和酮的鉴别和测定方法,具备分离提取醛和酮的能力。

第九章 羧酸和取代羧酸

知识要求:掌握羧酸、取代羧酸的定义、结构、分类、命名和主要化学性质;熟悉甲酸的结构特点、结构与性质的关系,重要羧酸的俗名及其在药学上的应用;了解酯化反应历程,酮体的概念。

能力要求:能通过官能团熟练判断羧酸、取代羧酸。能正确比较常见各类羧酸、取代羧酸的酸性强弱。能应用羧酸、取代羧酸的化学性质进行综合鉴别。

第十章 对 映 异 构

知识要求:掌握顺反异构体产生的条件,构造异构、构象异构、几何异构、构型的概念;熟悉异构现象的分类;了解优势构象。

能力要求:能够准确识别手性碳原子,并用 R/S、D/L 构型标记法熟练正确标记含 1 个手性碳原子的化合物构型。学会用 Fischer 投影式正确表示手性分子的构型。

第十一章　羧酸衍生物

知识要求:掌握羧酸衍生物的结构特征和命名规则,羧酸衍生物典型的化学性质(水解、醇解、氨解等反应);熟悉羧酸衍生物乙酰乙酸乙酯、丙二酸二乙酯的互变异构现象及其在合成中的应用,羧酸衍生物的重要的代表化合物——乙酐、乙酰水杨酸等的合成和重要应用。

能力要求:能够根据有机物、药物的结构特点选择适宜的酰化试剂。

第十二章　含氮有机化合物

知识要求:掌握胺的结构、分类、命名和主要化学性质;熟悉硝基化合物结构和命名以及季铵、重氮、偶氮化合物的结构特点;了解硝基化合物的分类。

能力要求:学会比较胺的碱性强弱;学会用化学方法鉴别各种胺类化合物。

第十三章　杂环化合物与生物碱

知识要求:掌握常见杂环化合物的结构和命名;熟悉杂环化合物的分类及其结构与性质的关系;了解构成核酸的嘧啶和嘌呤的衍生物。

能力要求:学会书写常见杂环化合物的结构并加以命名。能用化学方法鉴别常见的杂环化合物。

第十四章　糖　　类

知识要求:掌握糖的定义及其结构特点,单糖的氧化反应、成脎反应和成苷反应,典型双糖的化学性质;熟悉单糖的变旋现象,典型双糖的结构;了解淀粉、纤维素、蛋白质的结构,重要的糖在医药上的应用。

能力要求:葡萄糖、果糖的链状结构和环状哈沃斯透视式的书写。学会完成有关反应方程式。具备还原糖和非还原糖、醛糖和酮糖、糖类化合物和其他类化合物的区分能力。

参考文献

［1］许新,刘斌.有机化学.北京:高等教育出版社,2006.

［2］宋海南.医学化学.合肥:安徽科技出版社,2008.

［3］郭扬.药用有机化学.北京:中国医药科技出版社,2008.

［4］贾云宏.有机化学.北京:科学出版社,2008.

［5］刘斌,陈任宏.有机化学.北京:人民卫生出版社,2009.

［6］吉卯祉,彭松,吴玉兰.有机化学.北京:科学出版社,2009.

［7］马祥志.有机化学.北京:中国医药科技出版社,2006.

［8］潘英华,叶国华.有机化学.北京:化学工业出版社,2010.

［9］刘斌.有机化学.北京:人民卫生出版社,2009.

［10］卢苏.有机化学.北京:人民卫生出版社,2010.

［11］陈任宏.药用有机化学.北京:化学工业出版社,2005.

［12］陆阳,李勤耕.有机化学.北京:科学出版社,2010.

［13］卢苏.有机化学学习指导与习题集.北京:人民卫生出版社,2010.

［14］韦国锋.有机化学.北京:中国医药科技出版社,2008.

［15］董陆陆.有机化学图表解.北京:人民卫生出版社,2008.

［16］王礼琛.有机化学.北京:中国医药科技出版社,2006.

［17］李勤耕,石晓霞.有机化学.西安:第四军医大学出版社,2007.

［18］王礼琛.有机化学.南京:东南大学出版社,2003.

［19］刘斌.有机化学分册——归纳·释疑·提升练习.北京:人民卫生出版社,2010.

［20］吕以仙,邓健.有机化学.北京:人民卫生出版社,2008.

［21］高鸿宾.有机化学.北京:高等教育出版社,2007.

［22］邢其毅,徐瑞秋,周政,等.有机化学.北京:高等教育出版社,1993.

［23］徐寿昌.有机化学.北京:高等教育出版社,1979.

［24］陆光裕.有机化学.北京:人民卫生出版社,1998.

［25］何敬文.药物合成反应.北京:中国医药科技出版社,1995.

［26］曾崇理.有机化学.北京:人民卫生出版社,2008.

［27］John McMurry,Eric Simanek 著.有机化学基础.任丽君,向玉联,译.北京:清华大学出版社,2008.

［28］彼得 K.,福尔哈特 C.,尼尔 E.,等著.有机化学结构与功能.戴立信,席振峰,王梅祥,等译.北京:化学工业出版社,2005.

［29］黄涛.有机化学实验.第 2 版.北京:高等教育出版社,1998.

［30］伍焜贤.有机化学实验.第 2 版.北京:医药科技出版社,2002.

［31］秦川.有机化学实验员读本.上海:华东理工大学出版社,2008.

07检